2024 新趨勢

計算機概論

Introduction to Computer Science

關於本書

資訊科技的不斷創新，人工智慧的大放異彩，ChatGPT 的橫空出世，以及雲端運算、大數據、區塊鏈、元宇宙、5G 與物聯網的應用呈現爆炸性的成長，這股趨勢不僅改變了人們的生活習慣，也改變了人們的學習型態與工作模式。

針對這些變革，本書除了涵蓋資訊科學的核心知識與實務應用，更將下列熱門的主題融入適當的章節，讓讀者擁有扎實的學理基礎，並掌握最新的資訊脈動：

- 人工智慧、機器學習、深度學習、類神經網路、生成式 AI、生成對抗網路 (GAN)、擴散模型、深偽 (deepfake)、ChatGPT、Bard、Midjourney、自然語言、模式辨認、電腦視覺、機器人、仿生機器人。

- 元宇宙、虛擬實境 (VR)、擴增實境 (AR)、混合實境 (MR)、延展實境 (XR)。

- 物聯網 (IoT)、智慧物聯網 (AIoT)、工業物聯網 (IIoT)、智慧城市、智慧交通、智慧家庭、智慧農業、自駕車、無人機、無人商店。

- 區塊鏈、加密貨幣、NFT、去中心化金融、去中心化醫療、智慧合約、金融科技、點對點借貸、點對點匯款、群眾募資、行動支付、純網銀。

- 量子電腦。

- 網路霸凌、灌爆臉書、人肉搜索、網路公審、公布監視器畫面、散布假新聞、使用深偽技術製造假影片等行為的法律責任，以及 AI 創作是否受著作權法保護。

本書內容

- 從第 1 章「資訊科技與智慧生活」開始，介紹電腦的發展過程、電腦系統的組成、電腦的類型、資訊科技的新發展，例如物聯網、雲端運算、大數據、自駕車、區塊鏈、加密貨幣、NFT、DeFi、金融科技 (FinTech)、VR、AR、MR、XR、元宇宙、量子電腦、人工智慧、機器學習、深度學習、生成式 AI、自然語言、模式辨認、機器人等，以及資訊科技所衍生的社會與道德議題。

接著是第 2 章「數字系統與資料表示法」，介紹電腦的資料基本單位、數字系統、整數表示法、浮點數表示法，以及文字、圖形、聲音與視訊等資料在電腦內部的表示方式。

再來是第 3 章「電腦硬體」，介紹電腦硬體的基本組成，包括輸入單元、處理單元、記憶單元與輸出單元，同時涵蓋行動處理器、多核心處理器、固態硬碟、超高畫質藍光光碟、觸控技術、體感操控介面、生物回饋裝置、虛擬實境裝置等最新的硬體資訊，以及電腦元件的使用與故障排除。

- 在認識電腦硬體後，接著是第 4 章「電腦軟體」和第 5 章「作業系統」，介紹軟體的類型、開放原始碼軟體與 App、常見的應用軟體、程式語言、作業系統的功能與技術、知名的作業系統，例如 UNIX、MS-DOS、macOS、Windows、Linux、iOS、iPadOS、watchOS、Android、wearOS 等。

- 在知道單機的電腦如何運作後，接著是**第 6 章「電腦網路」**和**第 7 章「無線網路與行動通訊」**，介紹最新的網路通訊技術，尤其是無線個人網路 (藍牙、ZigBee、UWB)、近距離無線通訊技術 (RFID、NFC)、無線區域網路 (IEEE 802.11/a/b/g/n/ac/ad/ax/ay/be…、Wi-Fi 7、Wi-Fi Direct)、4G 標準 (WiMAX 2、LTE-Advanced)、5G 標準 (5G NR)，以及衛星網路，包括同步軌道衛星 (GEO)、中軌道衛星 (MEO) 和低軌道衛星 (LEO)，例如太空服務公司 SpaceX 所推出的「星鏈」(Starlink) 是低軌道衛星群，提供覆蓋全球的高速網際網路存取服務。

  繼續是**第 8 章「網際網路」**，介紹網際網路的起源、網際網路的應用 (全球資訊網、電子郵件、FTP、BBS、即時通訊、網路電話、視訊會議、多媒體串流技術、部落格、微網誌、社群網站等)、TCP/IP 參考模型、IP 位址、網域名稱系統 (DNS)、網頁設計等。

  再來是**第 9 章「雲端運算與物聯網」**，介紹雲端運算的服務模式 (IaaS、PaaS、SaaS) 與部署模式 (公有雲、私有雲、混合雲)、物聯網 (IoT) 的架構與應用、智慧物聯網 (AIoT)、工業物聯網 (IIoT)、智慧城市、智慧交通、智慧家庭、智慧農業、智慧養殖等。

- 在看過網路通訊的蓬勃發展後，接著是**第 10 章「電子商務與網路行銷」**，除了介紹 B2C、B2B、C2C、B2G、C2B、O2O、OMO 等經營模式、共享經濟、行動商務、行動行銷、電子付款系統 (電子現金、電子支票、線上信用卡、電子錢包、第三方支付)、網路交易的安全機制 (SSL/TLS、SET)，還有多種網路行銷方式，例如網路廣告、關鍵字行銷、搜尋引擎行銷、許可式行銷、聯盟網站行銷、病毒式行銷、行為瞄準行銷、部落格行銷、微網誌行銷、微電影行銷、社群行銷、直播行銷等，並另有專文討論跨境電商與網紅經濟。

  繼續是**第 11 章「資訊系統」**，介紹企業的組織層級、資訊系統的架構與類型；**第 12 章「資料庫與大數據」**，介紹資料的階層架構、資料庫模式 (階層式、網狀式、關聯式、物件導向式、NoSQL)、資料庫操作實例、資料倉儲、資料探勘，以及大數據的特點、大數據分析的技術與應用。

  再來是**第 13 章「資訊安全」**，探討網路帶來的安全威脅、常見的安全攻擊手法和資訊安全措施，教育讀者慎防「電腦病毒 / 電腦蠕蟲 / 特洛伊木馬」、「間諜軟體」、「網路釣魚」、「垃圾郵件」、「勒索軟體」等惡意程式，認識加密的原理與應用、數位簽章、數位憑證。

  最後是**第 14 章「資訊倫理與法律」**，介紹電腦犯罪的類型、案例與刑責，例如撰寫電腦病毒、盜賣個資、網路霸凌、灌爆臉書、洗版、人肉搜索、網路公審、公布監視器畫面、散布假新聞、使用深偽技術製造假影片等行為的法律責任，而資訊隱私權、智慧財產權、個人資料保護法、著作權法、專利法、營業秘密法等法條亦不能錯過。

本書特色

為了方便學生研讀，本書的章節設計了：

- **豐富圖表**：透過拍攝精緻的產品照片與豐富圖表，提升學生的理解程度。

- **資訊部落**：透過資訊部落，針對專業的技術或主題做進一步的討論。

- **隨堂練習**：透過隨堂練習，讓學生即刻驗證在課堂上學習的知識。

- **本章回顧**：每章的結尾均提供簡短摘要，幫助學生快速回顧內容。

- **學習評量**：每章的結尾均提供學習評量，檢測學生的學習成效或做為課後作業之用。

此外，為了因應學生未來報考資訊相關科系的研究所或準備國家考試，本書將計算機概論科目的部分考題融入相關章節與學習評量，建議讀者勤加練習，以掌握最新命題趨勢。

教學建議

本書的章節內容安排均相當獨立，教師可以針對學生的需求、上課的節數等情況，斟酌增減講授內容，或指定由學生自行研讀部分章節，培養學生自我學習的能力。

教學資源

本書提供用書教師相關的教學資源，包括教學投影片、隨堂練習與學習評量解答。

聯絡我們

- 「碁峰資訊」網站：
  https://www.gotop.com.tw/

- 國內學校業務處電話：
  台北 (02)2788-2408
  台中 (04)2452-7051
  高雄 (07)384-7699

- 相關資源至 http://books.gotop.com.tw/download/AEB004400 下載，僅供合法持有本書的讀者使用，未經授權請勿抄襲、轉載或散布。

感謝

本書的完成要感謝許多人的貢獻與合作：

- 碁峰資訊股份有限公司董事長廖文良先生與圖書事業處的全力支持。

- 圖書事業處 Novia、Sonala 與業務團隊訪察國內多所大學、技術學院及科技大學，充分反映教師的教學需求。

- 華碩電腦等公司提供產品照片。

- 美術編輯 Zoey 協助本書內文排版；美術編輯 Poli 協助本書封面設計；文字編輯 Joy 協助本書內文校對。

最後要特別感謝的是採用本書以及多年來支持本書前幾版的教師與讀者，您們的肯定與鼓勵是我們努力不懈的最大動力。

陳惠英　謹誌

參考書目

Computer Science An Overview (Brookshear), Pearson Education

Fundamentals Of Computer Science (Behrouz A. Forouzan), Thomson

Computer Networks (Tanenbaum), Pearson Education

Data And Computer Communications (William Stallings), Pearson Education

Data Communications And Networking (Behrouz A. Forouzan), McGraw-Hill

Computer Networks And Internet (Halsall), Pearson Education

Computer Networks (Tanenbaum), PH PTR

Network Security Essentials (William Stallings), Pearson Education

Management Information Systems (Laudon), Pearson Education

Fundamentals Of Data Structure (Horowitz), Computer Science Press

Introduction To Logic Design (Sajjan G. Shiva), Scott Forestman and Company

Software Engineering (Ian Sommerville), Pearson Education

Database Systems (Ramez Elmasri), Pearson Education

System Software (Beck), Addison Wesley

Programming Languages (Sethi), Addison Wesley

Operating Systems (William Stallings), Pearson Education

Computer Organization And Design (Patterson & Hennessy), Morgan Kaufmann

E-Commerce (Kenneth Laudon & Carol Guercio Traver), Pearson Education

版權聲明

COMPUTER
計 算 機 概 論

目錄

第 3 章　電腦硬體

第 6 章　電腦網路

第 7 章　無線網路與行動通訊

第 11 章　資訊系統

第 12 章 資料庫與大數據

第 13 章 資訊安全

第 14 章　資訊倫理與法律

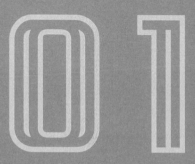

1-1 電腦的發展過程

資訊科技的演進與電腦的發展過程息息相關，其中比較重要的里程碑如下：

- 西元前 3000 年起源於中國的**算盤**被認為是最早的機械式計數裝置。

- 知名的畫家**達文西** (1452 ~ 1519) 畫出想像的機械式加法裝置，但直到 1642 年，法國數學家 Blaise Pascal (1623 ~ 1662) 才建造出可以計數的齒輪轉盤機器 Pascaline。

- 法國織布工人 Joseph Jacquard (1752 ~ 1834) 於 1801 年發明**提花織布機** (Jacquard loom)，這部機器的卡片上面刻意打洞，以引導針線布料的移動，編織出漂亮的花紋。

- 英國數學家 Charles Babbage (1792 ~ 1871) 於 1830 年開始建造**差分機** (difference engine)，這部蒸汽機器可以分析等式，而且是透過打孔卡片控制一連串的動作。然差分機的建造因經費不足於 1842 年宣告終止，Charles Babbage 於 1833 年想出更先進的**分析機** (analytical engine)，這部蒸汽機器有「輸入」、「儲存」、「處理器」、「控制單元」、「輸出」等單元，可以進行加減乘除，最後由 Charles Babbage 的兒子將它建造出來。

英國詩人拜倫的女兒 Ada Lovelance (1815 ~ 1852) 和 Charles Babbage 共同研究如何使用分析機進行運算，Ada 程式語言就是為了紀念這位歷史上第一個程式設計師所命名。

(a)

(b)

(c)

圖 1.1 (a) 差分機 (圖片來源：www.computerhistory.org)　(b) 分析機 (圖片來源：www.sciencemuseum.org.uk)　(c) 歷史上第一個程式設計師 Ada (圖片來源：維基百科) (d) ENIAC (圖片來源：www.fi.edu)　(e) UNIVAC (圖片來源：www.computermuseum.li)

- 美國科學家 Herman Hollerith (1860 ~ 1929) 於 1890 年使用以電能為動力的**打孔卡片製表機器**，在兩年半內完成全美人口普查，相較於 1880 年，這得以人力耗費 8 年才能完成。

- Herman Hollerith 於 1896 年成立 Tabulating Machine Company，之後陸續併購幾家公司，於 1911 年成立 Computing Tabulating Recording Company，到了 1924 年，總裁 **Thomas J. Watson Sr.** 將公司改名為 **IBM** (International Business Machines Corporation)，這曾是全球最大的電腦公司。

- 美國愛荷華州立大學教授 John V. Atanasoff 與研究生 Clifford E. Berry 於 1942 年使用真空管、記憶體、邏輯電路及二進位建造了一部電子式數位電腦 **ABC** (Atanasoff-Berry Computer)。

- 美國哈佛大學教授 Howard Aiken 在 IBM 公司的贊助下，於 1944 年建造了一部電子機械式電腦 **Mark I**，這部機器高約 8 英呎、長約 55 英呎，由鋼絲線與玻璃所組成，可以分析等式。

- 美國軍方於 1946 年邀請賓州大學教授 **John W. Mauchly** 和 **J. Presper Eckert Jr.**，建造一部可以計算彈道的機器 **ENIAC** (Electronic Numerical Integrator And Calculator)，這是一部電子式電腦，使用真空管及十進位，速度比電子機械式電腦快上 1000 倍，佔地 1500 平方英呎，重達 30 噸。

- 美國人口普查局於 1951 年使用 **UNIVAC** (Universal Automatic Computer) 完成全美人口普查，UNIVAC 也是由 John W. Mauchly 和 J. Presper Eckert Jr. 所建造，這是電腦第一次應用在商業用途，而非軍事、科學或工程用途。

(d)

(e)

從 ENIAC 誕生迄今，電腦的硬體元件歷經了真空管、電晶體、積體電路、超大型積體電路等階段，每個階段都為電腦帶來了突破性的發展。

第一代電腦 (1946 ~ 1955)

ENIAC 是由近兩萬個**真空管** (vacuum tube) 所組成，每秒鐘可做 1900 個加法運算和 300 個乘法運算，體積龐大、成本高、可靠度差、耗電量高，平均每隔幾分鐘就會燒毀一個真空管。

這個時期的電腦僅內含固定用途的程式，若要變更用途，就必須修改線路，**John Von Neumann**（馮紐曼）於 1945 年提出**儲存程式概念** (stored-program concept)，也就是電腦在執行程式之前要先將程式儲存於記憶體，若要變更用途，只要修改程式，再儲存於記憶體即可，以省去修改線路的麻煩，現代的電腦大多屬於此種架構。

第二代電腦 (1956 ~ 1963)

AT&T 貝爾實驗室的 John Bardeen、Walter Bratain 和 William Shockley 於 1947 年發明**電晶體** (transistor)，接著麻省理工學院 (MIT) 於 1955 年首度使用電晶體建造 TX-0 電腦並於 1956 年上線，之後電晶體遂取代真空管，而前述的三位科學家也因為這項重要的發明獲頒諾貝爾物理學獎。電晶體可以完成和真空管相同的工作，但體積小、速度快、成本低、可靠度高、耗電量低且無須暖機。

值得一提的是這個時期開始發展出組合語言及早期的高階程式語言，例如 FORTRAN、ALGOL 60、COBOL、APL、LISP 等，而不再是只有電腦才看得懂的機器語言，程式設計人員可以集中注意力在解決問題上，不用費心在電腦的構造上。

(a)

(b)

(c)

第三代電腦 (1964 ~ 1970)

德州儀器公司於 1958 年發明**積體電路** (IC，Integrated Circuit)，這種技術可以將**數**百個電晶體放在一片矽晶片，體積更小、速度更快、成本更低、可靠度更高、耗電量更低，率先使用 IC 的電腦首推 IBM 公司於 1964 年建造的 **System/360** 系列。

電腦硬體的技術一日千里，最能說明此現象的就是 Intel 公司的創辦人 **Gordon Moore** 於 1965 年所預測的晶片上可容納的電晶體數量約每年增加一倍，之後於 1975 年修正為每兩年增加一倍，此稱為**摩爾定律** (Moore's law)。

第四代電腦 (1971 ~ 現在)

世界上第一顆**微處理器** (microprocessor) 於 1971 年問世，所使用的技術叫做**超大型積體電路** (VLSI，Very Large Scale Integrated)。

雖然微處理器是一片小小的矽晶片，裡面卻包含數百萬個電路，電腦最關鍵的功能都是由它來執行，從此電腦就變得體積更小、速度更快、成本更低、可靠度更高、儲存容量更大，同時微處理器的應用並不侷限於電腦，諸如家電或其它商業機器也都因為加入微處理器而變得功能強大。

在歷經數個階段的演進後，電腦除了元件、體積、速度的改良，功能也由單純的計算功能，演變成多元化的應用，例如文書處理、簡報製作、資料庫管理、影像處理、音樂創作、虛擬實境、網路通訊、雲端運算等。未來宣稱「第五代電腦」將有何種突破呢？據說是一種具有學習、判斷、思考、溝通等特質的電腦，應用的領域涵蓋人工智慧、機器人、模式辨認、自然語言等。

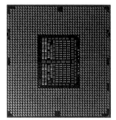
(d)

(e)

圖 1.2　(a) 真空管 (圖片來源：維基百科)　(b) 電晶體 (圖片來源：www.protostack.com)
(c) 積體電路 (圖片來源：solarbotics.com)　(d) 微處理器 (圖片來源：Intel)
(e) IBM System/360 (圖片來源：IBM)

1-2 電腦系統的組成

電腦 (computer) 是由許多電子電路所組成，可以接受數位輸入，依照儲存於內部的一連串指令進行運算，然後產生數位輸出。一個完整的電腦系統包含**硬體** (hardware) 與**軟體** (software) 兩個部分，前者指的是組成電腦的電子電路及各項設備，而後者指的是告訴電腦去做什麼的指令或程式。

1-2-1 硬體

電腦硬體的基本組成包括下列四個單元：

● **輸入單元** (input unit)：輸入單元可以接收外面的資料，包括文字、圖形、聲音與視訊，然後將這些資料轉換成電腦能夠讀取的格式，傳送給處理單元做運算，例如鍵盤、滑鼠、觸控板、數位相機、數位攝影機、掃描器、搖桿、體感操控介面等。

● **處理單元** (processing unit)：處理單元指的是**中央處理器** (CPU，Central Processing Unit)，電腦的算術運算與邏輯運算都是由它來執行。

● **記憶單元** (memory unit)：記憶單元用來儲存處理單元進行運算時所需要的資料或程式，以及儲存處理單元運算完畢的結果。

記憶單元又分成**記憶體**（memory）和**儲存裝置** (storage device) 兩種類型，前者又稱為**主要儲存媒體** (primary storage)，用來暫時儲存資料，例如暫存器、快取記憶體、主記憶體等；而後者又稱為**次要儲存媒體** (secondary storage) 或**輔助儲存媒體** (auxiliary storage)，用來長時間儲存資料，例如硬碟、光碟、隨身碟、記憶卡、固態硬碟等。

● **輸出單元** (output unit)：輸出單元可以將處理單元運算完畢的資料轉換成使用者能夠理解的文字、圖形、聲音與視訊，然後呈現出來，例如螢幕、印表機、喇叭、投影機等。

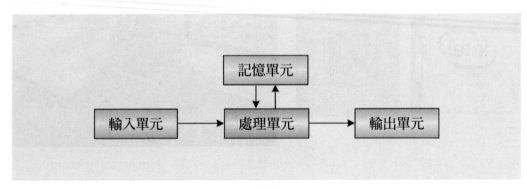

圖 1.3　電腦硬體的基本組成

螢幕：螢幕可以顯示執行結果，屬於輸出單元

主機：處理單元及主記憶體、硬碟、光碟等記憶單元均位於主機內

鍵盤：鍵盤可以取得使用者輸入的資料，屬於輸入單元

喇叭：螢幕內建的喇叭可以播放聲音，屬於輸出單元

滑鼠：滑鼠可以取得使用者輸入的動作，屬於輸入單元

圖 1.4 個人電腦 (圖片來源：ASUS)

1-2-2 軟體

電腦軟體可以分成下列兩種類型：

● **系統軟體** (system software)：這是支援電腦運作的程式，最典型的例子就是**作業系統** (operating system)，例如安裝於 PC 的 Microsoft Windows 或安裝於智慧型手機的 iOS、Android 等。此外，**公用程式** (utility) 和**程式開發工具** (program development tool) 也通常被歸類為系統軟體，前者是用來管理電腦資源的程式，例如磁碟管理程式，而後者是用來開發應用軟體的工具，例如 Microsoft Visual Studio、Anaconda。

● **應用軟體** (application software)：這是針對特定事務或工作所撰寫的程式，目的是協助使用者解決問題，例如 Microsoft Office、Adobe Photoshop。

1-3 電腦的類型

雖然電腦的運作原理類似，但我們經常可以在不同場合或不同應用中看到不同類型的電腦，例如金融業、保險業、航空業等機構所使用的大型電腦，辦公室、校園或家庭常見的個人電腦、行動裝置、穿戴式裝置，以及消費性電子產品內含的嵌入式系統。

1-3-1 超級電腦

超級電腦 (supercomputer) 是功能最強、執行速度最快的電腦，每秒鐘能夠執行數兆個運算，造價昂貴，通常只有國家級的單位或大型機構才可能使用超級電腦來進行大量儲存與高速運算，例如武器研發、天氣預測、生物實驗、新藥開發、航太科技、能源探勘、地質分析、天文研究等。

1997 年擊敗西洋棋世界冠軍卡斯帕洛夫的**深藍** (Blue Deep) 就是一部每秒鐘能夠計算兩億步棋的超級電腦，IBM 公司將深藍應用到醫療、金融、交通等領域，並投注一億美元研發執行速度比深藍快 1,000 倍的**藍色基因** (Blue Gene)，每秒鐘能夠執行 10^{15} 個數學運算，用來模擬人體蛋白質的摺疊過程，找出疾病的成因以進行治療。

之後 IBM 公司的 25 位科學家花了四年時間研發出聽得懂人類語言的超級電腦，並以創辦人之名命名為**華生** (Watson)。華生於 2011 年參加美國益智搶答節目，打敗真人贏得冠軍寶座。它的成功不僅代表電腦運算能力的大躍進，更顯現出電腦在資料探勘、商業分析及自然語言等技術的突破。

(a)

此外，Google 旗下的 DeepMind 公司所開發的人工智慧系統 AlphaGo，於 2016 年 3 月以 4：1 的戰績擊敗圍棋世界冠軍，之後更於 2017 年 1 月以「Master」的名義在弈城、野狐等網路圍棋對戰平台挑戰台中日韓的頂尖高手，並獲得 60 戰全勝。與當年擊敗西洋棋世界冠軍的深藍相比，AlphaGo 的思考方式更接近人類，智慧水準亦是有過之而無不及，因為圍棋的規則雖然很簡單，就是對戰雙方以黑、白子圍地吃子，根據圍地大小來決勝負，但圍棋的複雜度卻比西洋棋還高。

1-3-2 大型電腦

大型電腦 (mainframe) 指的是從 IBM System/360 開始的一系列電腦，其功能及執行速度僅次於超級電腦，每秒鐘能夠執行數百萬個運算，而且能夠同時服務多位使用者，提供集中的資料儲存與處理功能，適合金融業、保險業、航空業、製造業、政府單位等機構，用來執行大規模的工作，例如人口普查、企業資源規劃、追蹤銀行金融交易、記錄保險資料、安排航班等。

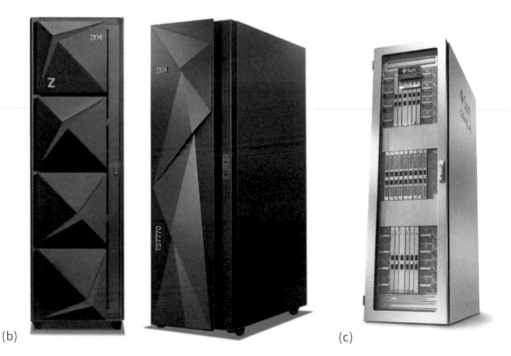

(b)   (c)

圖 1.5   (a) 航太科技須借重超級電腦強大的運算能力
          (b) 大型電腦 (圖片來源：IBM)
          (c) 工作站 (圖片來源：Oracle)

1-3-3 個人電腦

個人電腦 (PC，Personal Computer) 指的是在功能、執行速度、大小及價格等方面，適合個人使用的電腦。我們可以根據大小、功能及行動性等特點，將個人電腦分成桌上型電腦、工作站、筆記型電腦、行動裝置、穿戴式裝置等類型。

此外，我們也可以根據系統架構，將個人電腦分成「IBM 相容 PC」與「麥金塔」兩種類型。IBM 公司於 1981 年推出使用 Intel 8088 微處理器和 MS-DOS 作業系統的 **IBM PC**，並提供硬體設計圖及軟體清單給其它廠商製造 **IBM 相容 PC**，如此一來，針對 IBM PC 所撰寫的軟體也可以在這些廠商製造的電腦上執行。

時至今日，IBM 相容 PC 的微處理器已經從 16 位元的 8088，32 位元的 386、486、Intel Pentium、Intel Pentium II、AMD K6、Intel Celeron、Intel Pentium !!!、AMD Athlon、AMD Duron、Intel Pentium 4、AMD Athlon XP、AMD Sempron…，發展到 64 位元的 Intel Itanium、Intel Xeon、Intel Core i9/i7/i5/i3、AMD Phenom、AMD Athlon II、AMD Opteron、AMD FX、AMD A10/A8/A6/A4、Ryzen…。

至於**麥金塔** (Mac，Macintosh) 則是 Apple 公司推出的個人電腦，以人性化的圖形使用者介面著稱。

早期麥金塔使用 Motorola 或 IBM 微處理器，例如 68000 系列、PowerPC、G5，從 2006 年開始使用 Intel 微處理器，到了 2020 年則改用 Apple 公司的自研晶片。

目前麥金塔包含幾個不同的產品線，例如桌上型電腦分成高階的 Mac Studio 和 Mac Pro、一般的 iMac 和入門的 Mac mini，而筆記型電腦分成高階的 MacBook Pro 和輕型的 MacBook Air。

桌上型電腦

桌上型電腦 (desktop computer) 是為了在桌上使用而設計的電腦，由主機和螢幕、鍵盤、滑鼠等周邊所組成。相較於筆記型電腦或平板電腦，桌上型電腦的體積較大，功能也較強。

近年來市場上更興起所謂的**電競電腦**，這是針對運算需求較高的電腦遊戲及玩家所設計，會配備較高階的硬體，例如內部有高階的 CPU、顯示卡、音效卡、水冷式系統等，而外部有遊戲手把和特殊的電競機箱、電競鍵盤、電競滑鼠、電競耳機等。

工作站

工作站 (workstation) 是一種運算能力強大的高階桌上型電腦，適合用來從事財務分析、電腦動畫、工程設計、軟體開發等複雜的工作，過去亦經常在網路環境中被用來做為伺服器，提供資源或服務給網路上的其它電腦。

圖 1.6 (a) iMac (圖片來源：Apple) (b) MacBook Pro (圖片來源：Apple)
(c) 電競電腦 (圖片來源：ASUS)

筆記型電腦

筆記型電腦 (notebook computer) 又稱為**膝上型電腦** (laptop computer) 或**可攜式電腦** (portable computer)，簡稱為**筆電**，這是一種輕巧的個人電腦，輕到可以放在膝上使用，然後摺起來收進公事包內拎著走。

為了方便攜帶，機體本身必須輕巧、耐震、穩定性高、耗電量低、支援無線通訊，如此一來，外出工作的人員、司機或外出上課的學生不僅能夠攜帶大量資料，還可以利用無線通訊功能與同事、客戶或朋友聯繫。當然，方便攜帶是要付出代價的，筆記型電腦往往比相同等級的桌上型電腦來得貴，硬體的選擇性亦較少。

行動裝置

行動裝置 (mobile device) 又稱為**手持式裝置** (handheld device)，指的是以觸控、手寫或語音等方式來做輸入的裝置，機體小到可以放進口袋或手提袋，支援無線通訊、電話、簡訊、網頁瀏覽、電子郵件、影音多媒體、相機、攝影機、GPS 等功能，例如**智慧型手機** (smartphone)、**平板電腦** (tablet PC)。

使用者除了可以透過行動裝置無線上網、即時通訊、觀看影片、聆聽音樂、玩遊戲、拍照、攝影、直播之外，還可以閱讀電子書，也因此改變出版公司的經營模式。

(b)

(a)

穿戴式裝置

穿戴式裝置 (wearable device) 指的是將行動裝置的功能移植到可穿戴的裝置，常見的有智慧眼鏡、智慧手錶、智慧手環、智慧服飾、智慧運動鞋等，例如智慧眼鏡集合了手機、相機、攝影機、GPS 等功能於一身，可以在使用者眼前顯示訊息，眨眨眼就能拍照、攝影、閱讀郵件或簡訊。

又例如華碩智慧手錶可以顯示來電與社群訊息提醒，也可以搭配智慧型手機和專屬的 App，提供全天候健康管理（脈波指數、血氧參考值、心率、舒壓指數…），服藥提醒與血壓資訊，睡眠監控（快速動眼期、淺眠、舒眠…），以及單車、跑步、游泳等運動模式。

1-3-4 嵌入式系統

前面所介紹的個人電腦屬於通用用途電腦，然生活中有許多只做某些工作的特殊用途電腦，例如遊戲機、冷氣機、冰箱、智慧家電、車用電子產品、醫療監視儀器、交通號誌等，這些電子產品都是由嵌入在內部的微處理器來加以控制，也就是**嵌入式系統** (embedded system)。

嵌入式系統用來控制電子產品的軟體是蝕刻在硬體中，我們將這種蝕刻在硬體中的軟體稱為**韌體** (firmware)。韌體通常儲存在快閃記憶體或唯讀記憶體 (ROM，Read Only Memory)，可以透過外部硬體來更新。

(c)

(d)

圖 1.7　(a) 筆記型電腦（圖片來源：ASUS）　(b) 搭載 Chrome OS 作業系統的 Chromebook 希望將桌面使用模式轉移到網際網路，透過雲端服務來完成在電腦上進行的工作（圖片來源：ASUS）　(c) 智慧型手機（圖片來源：ASUS 電競手機）　(d) 智慧手錶可以搭配手機進行健康管理（圖片來源：ASUS VivoWatch）

1-4 資訊科技的新發展

隨著**資訊科技** (IT，Information Technology) 的進步，生活的面貌正快速的改變中。讓我們試著想像，下班後您搭乘自駕車返家，車子會視路況調整路線，也會在轉角處減速避免與來車碰撞，而在即將抵達家門前，智慧管家會先將您專屬的停車位自動升起至停車場入口，一停好車，上樓的電梯也正等著您；當您走進客廳時，照明、空調與您最喜歡的背景音樂已經開啟，並將光線、溫度和窗簾調整到您平常習慣的模式，而這樣的智慧生活已經真實降臨，不再局限於電影場景。

事實上，資訊科技的新發展已經超乎我們的想像，以下有進一步的說明。

1-4-1 網路通訊

人們可以透過網路快速傳遞與交換訊息，進行各項通訊，例如全球資訊網 (Web)、電子郵件 (E-mail)、檔案傳輸 (FTP)、電子布告欄 (BBS)、即時通訊、網路電話、視訊會議、直播、部落格、微網誌、社群網站、多媒體影音、網路購物、網路拍賣、線上財富管理、線上遊戲、開放課程、搜尋引擎、遠距教學、遠距醫療、遠距工作、電子地圖、在地服務、電子商務、行動商務、跨境電商、網路行銷、雲端運算、雲端軟體服務、全球定位系統 (GPS)、物聯網、車聯網、無人機、自駕車、智慧家庭、智慧城市、智慧製造等。

圖1.8 穿戴式裝置帶動了新一波的運動風潮 (圖片來源：ASUS)

1-4-2 物聯網

物聯網 (IoT，Internet of Things) 指的是將物體連接起來所形成的網路，通常是在公路、鐵路、橋梁、隧道、油氣管道、供水系統、電網、建築物、家電、衣物、眼鏡、手錶等物體上安裝感測器與通訊晶片，然後經由網際網路連接起來，再透過特定的程序進行遠端控制，以應用到智慧家庭、智慧城市、智慧製造、智慧零售、智慧醫療、智慧農業、環境監測、犯罪防治等領域。

舉例來說，**智慧電網**可以監控電力的供給與使用，進而調整用電模式，減少電力損耗，好比是在節費時段將電池充電或使用洗衣機等較耗電的家電。

智慧家庭除了涵蓋維繫居家安全的門禁系統、保全系統及火災瓦斯警報系統，更發展出具有感測、辨識與通訊功能的智慧家電，例如當空氣品質不佳時，就自動開啟空氣清淨機；當光線不足時，就自動開啟照明；當冰箱的食物快吃完時，就自動提示使用者上網訂購。

此外，因應高齡化社會的來臨，**健康照護**也是智慧家庭重要的一環，透過智慧手錶、智慧手環、智慧服飾、智慧運動鞋等穿戴式裝置記錄家人的體溫、血壓、心率、血糖、活動量、睡眠品質等數據，然後安排專屬的健身計劃或傳送給合作的醫療院所做監控。

圖1.9 物聯網實現了智慧家庭的願景 (圖片來源：shutterstock)

1-4-3 雲端運算

雲端運算 (cloud computing) 的「雲」指的是網路,也就是將軟硬體與資料放在網路上,讓使用者透過網路取得資料並進行處理,即便沒有高效能的電腦或龐大的資料庫,只要能連上網路,就能即時處理大量資料。對使用者來說,雲端運算所提供的服務細節和網路設備都是看不見的,就像在雲裡面。

雲端運算讓線上軟體服務成為一種新趨勢,愈來愈多軟體透過網路提供服務,使用者不再需要大量投資軟硬體,取而代之的是向雲端運算供應商購買運算服務,稱為**隨選運算** (on-demand computing)。

以 Apple 公司推出的 iCloud 為例,它不只是一組在遠端的硬碟,能夠存放使用者的電子郵件、文件、行事曆、聯絡人、相片、影片、音樂等資料,還能讓使用者的 iPhone、iPad、Apple TV、Mac 或 PC 等裝置保持資料同步更新。

近年來更因為智慧型手機、平板電腦等行動裝置的普及,加上無線網路與行動通訊的蓬勃發展,使得雲端運算與人們的生活息息相關,並衍生出不同類型的概念雲,例如健康雲、教育雲、交通雲、社群雲、中小企業雲、金融雲、製造雲、電信雲、軍事雲等。

1-4-4 大數據

大數據 (big data) 又稱為**巨量資料**、**海量資料**，指的是資料量巨大到無法在一定時間內以人工或常規軟體進行擷取、處理、分析與整合，應用遍及交通運輸、金融經濟、搜尋引擎、科學研究、能源探勘、軍事偵察、犯罪防治、醫療照護、電信通訊、生產製造、電子商務、社群媒體、物聯網、天文學、大氣學、生物學、社會學等領域。

舉例來說，在網路通訊發達的今日，每個人在每個時刻、每種情況下所做的每個動作都在創造數據，而透過大數據的交叉分析，擷取出有價值的資訊，就能掌握商業趨勢，創新產品與服務。

事實上，從產品的研發、設計、採購、製造、行銷、運輸到客服，每個環節都可以運用大數據的技術，而且愈傳統的企業利用大數據與物聯網改善的效益會愈明顯，例如在產品的研發與設計階段共享數據以縮短開發時間，或在產品的製造階段透過感測器記錄數據並進行分析以提升良率。

圖 1.10 資訊科技廣泛應用於商業活動 (圖片來源：ASUS)

1-4-5 自駕車

自駕車指的是無人駕駛的汽車,具有傳統汽車的運輸能力,但不需要人為操控,而是整合感測器、電腦視覺、電腦高速運算、GPS 等技術,達到自動駕駛的目的,例如透過雷射感測車輛周遭的物體,透過攝影機辨識路況和交通號誌,透過 GPS 和電子地圖進行導航。美國國家公路交通安全管理局 (NHTSA) 將自駕車分成下列幾種等級:

● **等級 0**:無自動,完全由駕駛人操控車輛。

● **等級 1**:由駕駛人操控車輛,但有個別裝置協助行車安全,例如防鎖死煞車系統能夠避免車輛失控。

● **等級 2**:由駕駛人操控車輛,但系統會自動協助,例如主動式定速巡航系統能夠自動跟車。

● **等級 3**:在自動駕駛輔助期間,駕駛人須隨時準備操控車輛,例如在跟車時切換到自動駕駛,一旦偵測到需要駕駛人介入,就立刻由駕駛人接手。

● **等級 4**:駕駛人可以在某些條件下讓車輛自動駕駛,例如高速公路。

● **等級 5**:全自動,無人操控車輛。

目前等級 5 的自駕車還在原型機及展示系統階段,隨著各大車廠積極投入研發,相關技術已經日趨成熟。

圖 1.11 漂亮的女士與老人坐在自駕車內自在地聊天 (圖片來源:shutterstock)

1-4-6 區塊鏈、加密貨幣、NFT與DeFi

區塊鏈的概念

區塊鏈 (blockchain) 是一種用來記錄資料的技術，這些資料會被寫入一個個區塊 (block)，每個區塊會經由雜湊 (hash) 運算加到一條不斷延伸的鏈 (chain)，若鏈上出現超過一種版本的區塊，那麼比較長的那條鏈就是受到大家認可的事實 (圖 1.12)。

區塊鏈源自一個化名為中本聰 (Satoshi Nakamoto) 的人於 2008 年所發表的比特幣白皮書《Bitcoin: A Peer-to-Peer Electronic Cash System》（比特幣：一個點對點電子現金系統），主要的概念是利用密碼學和共識機制發展出一個點對點 (peer-to-peer)、去中心化 (decentralization) 的電子現金系統，讓有意願的雙方能夠直接交易，無須透過可信的第三方機構。

區塊鏈採取分散式帳本技術 (DLT, Distributed Ledger Technology)，傳統的銀行屬於中心化的第三方機構，負責維護所有人的交易記錄，當小明將錢存進銀行時，銀行會給小明一本存摺，裡面只有小明的交易記錄，該存摺就是「帳本」；反觀在區塊鏈中，銀行的角色是不存在的（即所謂的去中心化），而是每個人共同持有一本同步更新的帳本，無論任何人進行任何交易，帳本都會即時更新。

圖 1.12 區塊鏈的每個區塊會包含前一個區塊的雜湊值而鏈結在一起 (圖片來源：shutterstock)

區塊鏈的運作

從區塊鏈技術提出迄今,已經發展出很多條區塊鏈,各有各的特點與功能,知名的有**比特幣** (Bitcoin) 區塊鏈、**以太坊** (Ethereum) 區塊鏈…。

以比特幣區塊鏈為例,鏈上有成千上萬個參與者,稱為**節點** (node) 或**礦工** (miner),他們都有完整的帳本,裡面記錄著比特幣從誕生到目前為止的所有交易。

假設節點 A 要支付 1 個比特幣給節點 B,於是發起一筆新交易,該交易會被廣播到鏈上的其它節點,這些節點會去驗證該交易的真實性,一旦驗證成功,就將該交易打包成新的區塊加到區塊鏈並廣播通知其它節點,交易完成,而且第一個驗證成功的節點會獲得一定量的比特幣做為報酬。

我們將礦工透過自己電腦的運算能力來幫忙驗證區塊、加到區塊鏈以獲取比特幣的過程叫做**挖礦** (mining),而礦工用來挖礦的設備叫做**礦機**,結合大量運算能力的挖礦平台則叫做**礦池**。

區塊鏈的特點

區塊鏈具有下列特點:

- **去中心化**:區塊鏈不需要第三方機構做為管理者或中間人,而是改由區塊鏈上的節點共同驗證與保存交易記錄,所以不會因為第三方伺服器遭受攻擊而導致資料遺失,也不會因為第三方中介服務而需要繳交手續費。

- **匿名性**:區塊鏈上的節點是以英文字母和數字做為代碼,沒有身分識別、電話、電子郵件等個人資訊,因而具有匿名性,可以保護使用者的隱私,但也正因此特點,讓各國政府對區塊鏈產生洗錢的疑慮,而必須設法加以監管。

- **不可竄改性**:在區塊鏈上,所有寫入的資料都會被打包成區塊鎖住不能變更,而且每個區塊會包含前一個區塊的雜湊值而鏈結在一起,若有人想竄改某個區塊,就必須連帶竄改環環相扣的其它區塊,而這得掌握 50% 以上的運算能力,難度很高,再加上每個節點都有完整的帳本,只要加以比對立刻就能發現。

- **可追蹤性**:區塊鏈上的所有資料變更都會被記錄下來,而且時間序無法更動,一旦發生問題都有辦法追溯。

- **加密安全性**:在區塊鏈上,所有寫入的資料都會經過加密,讓區塊就像一個上了鎖的透明箱,看得到卻改不了,允許資料保持公開透明,又能維持資料安全。

區塊鏈的類型

根據不同的應用需求,區塊鏈又分成下列幾種類型:

- **公有鏈** (public chain):這是任何人都能參與的區塊鏈,可以自由存取、發送、接收與驗證交易,由所有節點共同管理,不受中心化的機構控制。

優點：去中心化程度最高、所有交易皆公開透明。

缺點：採取共識決議，節點數量多導致交易速度相對較慢。

例如：比特幣區塊鏈、以太坊區塊鏈（以太幣為其原生加密貨幣）。

● **私有鏈** (private chain)：對單一企業或單一機構來說，內部通常會有一些機密資料，而公有鏈公開透明的特點反倒會造成機密外洩，於是衍生出私有鏈，這是由中心化的機構所管理的區塊鏈，必須得到機構的授權才能參與，而且機構可以限制參與者的存取權限。

優點：保有內部機密、交易速度快。

缺點：去中心化程度最低、遭駭風險高、如有發行加密貨幣，價格可能被人為操縱。

例如：Quorum（摩根大通所建立的私有鏈，後來被區塊鏈開發商 ConsenSys 收購）。

● **聯盟鏈** (consortium chain)：這是由多個企業或多個機構共同管理的區塊鏈，必須得到聯盟的授權才能參與，而且聯盟可以限制參與者的存取權限。聯盟鏈可以促進企業之間的資訊流通，例如銀行業的聯盟鏈可以制定一套通用的記帳標準，讓不同的銀行之間可以透過聯盟鏈進行更安全、更高效率、更低成本的資訊流通。

優點：保有私有鏈的機密性、去中心化程度比私有鏈高、交易速度比公有鏈快。

缺點：架設成本高。

例如：R3 Corda（區塊鏈開發商 R3 針對金融機構所建立的分散式帳本平台）。

表 1.1 不同類型的區塊鏈比較

	公有鏈	私有鏈	聯盟鏈
所有者	無	單一機構	多個機構（聯盟）
參與者	任何人	鏈的所有者	聯盟的成員
去中心化程度	最高	最低	次之
交易速度	慢	快	快
獎勵機制	有	無	可有可無
應用領域	加密貨幣、NFT、去中心化金融等	私人企業的業務	金融服務、供應鏈管理、醫療保健等

區塊鏈的應用

區塊鏈的應用廣泛,例如加密貨幣、智慧合約、NFT、元宇宙、身分認證、資產證明、產品溯源、金融服務、電玩遊戲、社交網路、去中心化金融、去中心化醫療等,下面是一些應用實例。

● **加密貨幣** (cryptocurrency):這是利用密碼學的加密技術所創造出來的虛擬貨幣,例如比特幣、以太幣、幣安幣、瑞波幣、萊特幣、泰達幣、狗狗幣等,而所謂**虛擬貨幣** (virtual currency) 指的是非真實的貨幣,由開發者發行與控管,在特定的虛擬社群中被接受和使用的數位貨幣,例如玩家靠著玩遊戲過關等方式獲得遊戲幣,進而使用遊戲幣購買武器或裝備。

● **智慧合約** (smart contract):這是一種在區塊鏈上制定合約的電腦程式或交易協定,當條件達成時,就會在沒有第三方的情況下自動執行合約的內容,適合用來記錄資產、股權或智慧財產權的交易,例如歌手可以在區塊鏈打造的音樂平台上發行歌曲,然後透過智慧合約進行授權與分潤,聽眾就能直接付錢給歌手,不用再透過類似 Spotify 的線上音樂中介平台。

● **NFT** (Non-Fungible Token,非同質化代幣):這是一種儲存在區塊鏈上的資料單位,每個代幣代表一個獨一無二的數位資產,例如藝術品、圖像、影音、程式碼、球員卡、賽事片段、電玩遊戲、元宇宙的土地或其它形式的創意作品。

(a)

(b)

NFT 的概念和加密貨幣不同，舉例來說，每一枚比特幣都是一樣的，價值相同，可以互相替代，也可以分割成更小的單位，不一定要買賣完整一枚；NFT 則不然，每一枚 NFT 都是唯一的，不會重複，價值不同，不可以互相替代，也不可以分割。

每個人都可以在 NFT 交易平台將自己的作品鑄造成 NFT，然後上架販售，而 NFT 的購買者所買到的是作品的所有權，並不是作品本身，例如世界上第一則推特推文的 NFT 是以 290 萬美元賣出。常見的加密貨幣交易平台有 Binance、Coinbase、KuCoin、Bitfinex 等，而常見的 NFT 交易平台有 OpenSea、Nifty Gateway、Binance NFT 等。

- **去中心化金融** (DeFi，Decentralized Finance)：這是一種建立在區塊鏈上的金融應用，利用智慧合約提供儲蓄、借貸、抵押、投資、支付、保險等金融服務，雙方直接交易，無須透過銀行、券商或交易所等金融機構，例如人們可以在 DeFi 平台交易加密貨幣、借錢給他人或向他人借錢，也可以在類似儲蓄的帳戶中賺取利息。

- **去中心化醫療**：這是一種建立在區塊鏈上的醫療應用，例如將個人的病歷保存在區塊鏈，由個人掌握自己的醫療記錄與病史，做為之後看病或治療的參考，而不是像目前是由醫院或一些機構負責管理病歷。

(c)

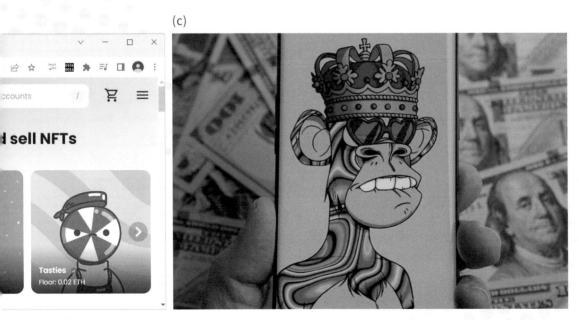

圖 1.13 (a) 加密貨幣交易平台 Binance (b) NFT 交易平台 OpenSea
(c) 無聊猿俱樂部所創作的 BORED APE 8585 NFT (圖片來源：shutterstock)

1-4-7 金融科技

金融科技 (FinTech) 一詞是 Financial（金融）與 Technology（科技）的組合，指的是新創公司利用網路去中心化的特點提供金融服務。在過去，諸如儲蓄、借貸、轉帳、匯兌、投資理財等金融服務大多是由銀行獨佔，然隨著愈來愈多數位原住民的出現，他們高度使用網路與社群，傳統的銀行已經無法滿足其需求，他們需要的是在網路平台中完成這些金融服務。

FinTech 新創公司提供了新型態的金融服務，例如：

● **行動支付**：使用者透過行動裝置綁定銀行帳戶或信用卡來進行付款，取代實體的貨幣或信用卡，例如 Google Pay、Apple Pay、LINE Pay、街口支付、台灣 Pay、悠遊付等。對使用者來說，行動支付不僅免除了攜帶現金的麻煩，還經常能夠享有優於現金支付的回饋，例如使用 LINE Pay 付款就會有 LINE Points 點數回饋，可以用來買貼圖、買禮物或折抵消費。

● **投資管理**：隨著大數據分析與人工智慧的發展，國外已經有專門的理財機器人公司，例如 Wealthfront、Betterment、Personal Capital 等，可以根據客戶的財務目標與風險承受度，提供自動化、客製化的投資組合，進行資產配置及後續再平衡，而在台灣因為受限於法令，大多是由銀行或投信業者提供理財機器人協助客戶購買基金或其它金融商品。

● **點對點借貸**：貸放雙方在網路借貸平台（例如 Lending Club 貸款俱樂部）達成共識，放款人可以知道借款人是誰，借款目的為何，以及還款進度，而貸款人可以獲得利率低於銀行的快速貸款。

● **點對點匯款**：當人們要匯款到國外時，通常是透過銀行電匯，中間會經過匯款銀行、中轉銀行和收款銀行，手續費比較高，而點對點匯款會把不同國家有匯款需求的人集結起來，然後加以媒合交換貨幣。以 Wise 國際匯款平台為例，假設台灣的使用者 A 要匯款給美國的使用者 B，於是 A 先將台幣存入 A 在 Wise 開立的台幣帳戶，接著 Wise 會去媒合想反方向匯款的使用者，媒合成功後，就會從 Wise 的美元帳戶轉帳給 B，省去國際電匯和換匯的手續費。

● **群眾募資**：個人或小企業可以透過群眾募資平台（例如 Kickstarter、Indiegogo、GoFundMe、flyingV、嘖嘖）展示計畫內容或創意作品，向願意支持、參與的群眾募集資金，只要在限時內達到事先設定的募資金額即為成功，可以使用這些資金實現計畫。

● **純網路銀行（純網銀）**：純網銀是透過網路來進行銀行業務，例如開戶、定存、轉帳、貸款、繳費、外匯、信託、保險等，和傳統銀行最大的差別在於沒有實體銀行，沒有營業時間和營業地點限制，目前台灣的純網銀有 LINE Bank、樂天純網銀和將來銀行。

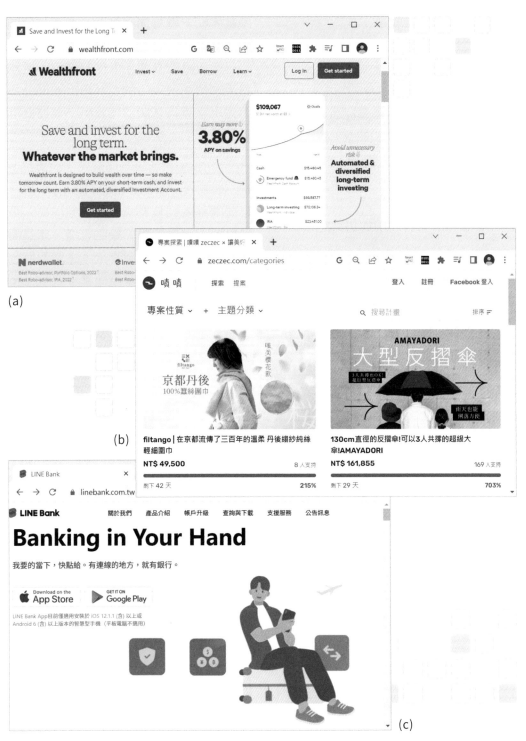

圖 **1.14** (a) Wealthfront 自動化投資公司　(b) 嘖嘖群眾募資平台　(c) LINE Bank 純網銀

1-4-8 VR、AR、MR與XR

虛擬實境 (VR)

虛擬實境 (VR,Virtual Reality) 是利用電腦產生一個虛擬的三度空間,使用者只要穿戴 VR 裝置就能進入該空間,感受到視覺、聽覺及觸覺,彷彿身歷其境一般 (圖 1.15 (a))。當使用者移動時,電腦會立刻進行運算,進而產生影像、聲音或觸覺回饋給使用者。

市面上的 VR 裝置大部分是**頭戴式顯示器** (HMD,Head-Mounted Display),例如 Meta Quest、HTC VIVE 等,可能還會搭配一對手持控制器,用來協助偵測使用者的動作 (圖 1.15 (b))。

頭戴式顯示器裡面通常包含螢幕、感測器和計算元件,其中螢幕用來顯示仿真的影像並投射在使用者的視網膜,感測器用來偵測使用者的旋轉角度,而計算元件用來蒐集感測器的資料,並據此計算螢幕的顯示畫面。

VR 最初是應用在娛樂體驗,例如電玩遊戲、演唱會、運動賽事等 (圖 1.15 (c)),目前則推廣到教育訓練、太空模擬、飛行模擬、課堂教學、網路直播、產品設計、自動駕駛、消防安全、主題展館、商業行銷、工程、醫療照護等領域,下面是一些應用實例。

(a)

- 以 VR 讓玩家化身為遊戲的角色，在場景中自由行動，體驗沉浸式的聲光效果，增加遊戲的趣味性。

- 以 VR 引導民眾從多角度或近距離參觀建築物、美術館、博物館、體育館或主題展館的內部陳列與線上表演。

- 以 VR 模擬火災、地震、海嘯或土石流等災難現場，訓練人們緊急應變的能力，以及如何迅速且安全地撤離。

- 以 VR 模擬工程環境、飛機座艙或太空艙，讓機具的操作者、飛行員或太空人先模擬操作，並瞭解可能遭遇的困難及處理方式，以降低成本減少意外。

- 以 VR 讓學生在虛擬手術台上反覆練習，做為預習或強化學習效果。

- 以 VR 模擬各種高度的環境，克服患者的懼高症。

(b)

(c)

圖 1.15　(a) VR 的使用者會完全沉浸在虛擬的空間，不會看到現實的環境 (圖片來源：shutterstock)
(b) VR 頭戴式顯示器和手持控制器 (圖片來源：Meta Quest)　(c)《Among Us VR》熱門
的多人遊戲 VR 版 (圖片來源：Meta)

擴增實境 (AR)

擴增實境 (AR，Augmented Reality) 是利用電腦將虛擬的物件投射到現實的環境，讓虛擬的物件與現實的環境進行結合與互動，例如寶可夢 Go 遊戲的地圖就是現實的環境，玩家可以透過手機的鏡頭看到神奇寶貝出現在周遭，然後點擊螢幕上的神奇寶貝來加以捕捉，感覺就像在現實的環境中捕捉到神奇寶貝一樣。

有別於 VR 必須穿戴相關的裝置並配合相當程度的硬體規格，才能呈現沉浸式體驗，AR 只要透過有螢幕的設備 (例如手機) 或頭戴式裝置 (例如頭盔、眼鏡)，就能將虛擬的物件投射到現實的環境。

原則上，VR 的使用者會完全沉浸在虛擬的空間，而 AR 的使用者會看到虛擬的物件與現實的環境並存，下面是一些應用實例。

● 消費者利用傢俱業者提供的 AR App 將虛擬的傢俱擺設在家中，體驗布置的效果。

● 醫生透過 AR 頭戴式裝置將手術病人的生理數據顯示在眼前，即時掌握病人的情況。

● 消防隊員透過 AR 頭戴式裝置將失火建築物的格局顯示在眼前協助搜救。

● 遊客利用博物館提供的 AR App 將虛擬的指示路線顯示在導覽的平板電腦，方便進行參觀。

圖 1.16 建築師透過 AR 頭戴式裝置討論 3D 城市模型 (圖片來源：shutterstock)

混合實境 (MR)

混合實境 (MR，Mixed Reality) 是混合了虛擬實境和擴增實境，通常是以現實的環境為基礎，在上面搭建一個虛擬的空間，讓現實的物件能夠與虛擬的物件共同存在並互動，打破現實與虛擬的界線，例如使用者親手移動虛擬的物件，或將另一個人的影像帶到虛擬的空間與使用者互動。

MR 與 AR 類似，但互動性更高，舉例來說，假設前方出現一隻神奇寶貝，AR 的玩家必須點擊螢幕上的神奇寶貝來加以捕捉，而 MR 的玩家只要擺動手臂即可加以捕捉。

MR 的應用範圍大致上和 VR、AR 重疊，包括休閒娛樂、教育訓練、模擬訓練、商業行銷、工程、醫療照護等。以 Microsoft Mesh 為例，這是微軟公司所推出的 MR 平台，員工只要透過 MR 頭戴式裝置 (例如 Microsoft Hololens)，就能以專屬的數位化身走進虛擬辦公室和同事開會，而且該平台的開發者可以打造自己的 3D 模型，例如傢俱、飛機、汽車、展示間等，並讓它們出現在共享的虛擬空間中。

延展實境 (XR)

延展實境 (XR，Extended Reality) 是虛擬與現實融合技術的總稱，前面所介紹的 VR、AR、MR 都可以視為 XR 的一部分。

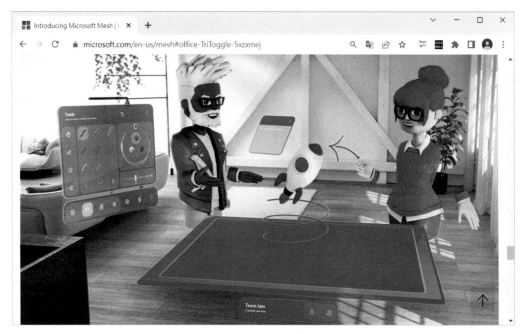

圖 1.17　Microsoft Mesh 平台的使用者以數位化身和同事在虛擬辦公室中開會

1-4-9 元宇宙

元宇宙的概念

元宇宙 (metaverse) 一詞最早出現在美國小說家 Neal Stephenson 於 1992 年出版的作品《Snow Crash》，在這本小說中，元宇宙是一個虛擬的共享空間，打破了虛擬世界、真實世界與網際網路的界線，而在 Facebook 公司於 2021 年更名為 Meta 並宣布大舉投入研發之後，更掀起一股元宇宙熱潮。

元宇宙主要的概念是一個 3D、擬真的虛擬世界，人們可以透過虛擬化身在裡面從事工作、娛樂、社交、教育、金融、購物、醫療等活動，也可以擁有自己的數位資產，而想要實現元宇宙的沉浸式體驗，VR、AR、MR、XR 等技術就扮演著關鍵的角色。

元宇宙的應用

目前已經有許多公司投入元宇宙產業，下面是一些應用實例。

- **Horizon Worlds** 是 Meta 公司推出的元宇宙服務，使用者可以在這個多人線上虛擬平台玩遊戲、健身、社交或舉辦演唱會、音樂會、舞會、大型展覽等活動，也可以建立自己專屬的私人空間。

另外還有 **Horizon Workrooms** 可以讓使用者透過 VR 裝置或一般的視訊通話進入虛擬辦公室，身歷其境地與團隊成員面對面交談、分享簡報並完成工作。使用者可以根據心情選擇不同的辦公室環境，例如沙灘、叢林或都市，也可以透過臉部表情和手部追蹤讓虛擬化身更生動傳神。

(a)

(b)

- Roblox 是一個加入元宇宙概念的線上遊戲創作平台，玩家可以透過虛擬化身在 Roblox 與其它玩家互動、聊天、玩遊戲或自創新遊戲與服裝，也可以使用 Robux 虛擬貨幣進行交易，擁有自給自足的經濟體系。

  目前 Roblox 的每月全球活躍用戶高達數千萬人，吸引 Nike、Gucci、Ralph Lauren、YSL 等時尚品牌進駐，以 Nike 在 Roblox 推出的 NIKELAND 為例，裡面有 Nike 主題的建築、跑道和競技場，玩家可以參加彈跳、跑酷、躲避球等迷你遊戲，也可以進入數位陳列室選購運動鞋、服裝及配飾打扮虛擬化身，或透過感測裝置讓虛擬化身做出光速奔跑、遠跳等特殊技能。

此外，Roblox 亦跨足教育領域推出 Roblox Education，打造 3D 多人互動式教育平台，讓教育變得更加生動有趣，例如學生可以在這個平台和其它成員一起探索太空站並登陸火星，體驗在火星生活的情況。

- Decentraland 是基於以太坊區塊鏈的虛擬實境平台，核心資產是虛擬土地，玩家可以透過虛擬化身在 Decentraland 漫遊、尋找寶箱、玩遊戲，也可以使用 MANA 虛擬貨幣買賣虛擬土地、建造房子、打造商城或主題社區。

(c)

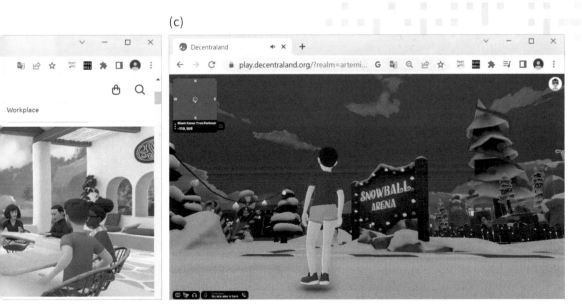

圖 1.18 (a) 人們可以在元宇宙從事工作、娛樂、教育、金融、經濟等活動 (圖片來源：shutterstock) (b) Horizon Workrooms (c) Decentraland

1-4-10 量子電腦

量子電腦 (quantum computer) 是基於量子力學所發展出來的電腦,傳統電腦的資料基本單位叫做**位元** (bit),一個位元在同一時間只能為 0 或 1 一種狀態;而量子電腦的資料基本單位叫做**量子位元** (qubit),一個量子位元可以同時為 0 和 1,兩種狀態同時存在。

量子電腦具有極快的運算速度,適合應用在 N 種方案中找出最佳解答,例如製藥業可以利用量子電腦模擬各種分子組合的化學反應,加速新藥研發;金融業可以利用量子電腦分析各檔股票走勢,提出最佳投資建議;交通業可以利用量子電腦模擬車流量,找出最佳行駛路線。

目前量子電腦尚未量產的幾個原因如下:

● 首先是量子態容易受到振動、熱擾動或電磁場的干擾,使得量子電腦必須在極低溫下操作。

● 其次是量子位元的可擴充性,以 IBM 所發展的量子電腦為例,量子位元的數目從 2019 年的 20 個 (IBM Q System One) 成長至 65 個 (Hummingbird)、127 個 (Eagle)、433 個 (Osprey),到 2023 年增加為 1121 個 (Condor),屆時這樣的數目將有機會對加密貨幣進行暴力破解。

● 最後是需要開發量子軟體,將量子電腦的物理原理和位元限制考慮進去,才能發揮量子電腦的效能。

圖 1.19　全球首款商業化量子電腦 IBM Q System One (圖片來源:shutterstock)

1-4-11 人工智慧、機器學習與深度學習

人工智慧

人工智慧 (AI，Artificial Intelligence) 是資訊科學的一個領域，目的是創造出具有智慧的機器，解決與人類智慧相關的問題，例如演繹、推理與解決問題、規劃與學習、模式辨認、自然語言、機器感知、創造力等。

人工智慧的概念源自 Alan Turing（艾倫・圖靈）於 1950 年所提出的**圖靈測試** (Turing Test)，這是由人類透過鍵盤與測試對象進行對話，若人類分辨不出此對象是機器而不是人類，那麼該機器就會被認定為具有智慧，之後 John McCarthy 於 1956 年在達特茅斯學院舉行的會議上提出人工智慧一詞。

事實上，人工智慧相關的演算法早在幾十年前就已經出現，但直到最近 10 年左右才有了重大的進展，主要是因為電腦的運算能力大幅提升，加上網際網路、物聯網、社群媒體、電子商務、行動商務的普及帶來了大數據，讓人工智慧有足夠的學習資料，以及演算法的進步，尤其是深度學習的突破，使得人工智慧的應用呈現爆炸性的成長，例如機器人、語音辨識、影像辨識、臉部辨識、電腦視覺、自動駕駛、自然語言處理、大數據分析、智慧音箱、語音助理、智慧客服、智慧理專、市場行銷、推薦系統、工業自動化、醫療診斷、語言翻譯等。

圖 1.20　隨著深度學習的發展，臉部辨識的準確度也愈來愈高了 (圖片來源：shutterstock)

機器學習

機器學習（machine learning）指的是讓人工智慧自動學習的技術，由於人工智慧無法像人類一樣可以透過觀察、觸摸或自我體驗等方式來學習，因此，科學家先設計好讓電腦能夠自動學習的演算法，接著提供大量資料讓電腦進行分析以找出規則，然後利用這些規則對未知的資料進行預測，下面是一些應用實例。

- Facebook 利用機器學習分析使用者的貼文、評論及按讚的對象，然後推薦符合個人喜好的內容。

- Amazon 利用機器學習分析消費者的搜尋過程、購買記錄、評分、評論等資料，然後推薦消費者可能會感興趣的商品。

- Netflix 利用機器學習分析影片的類型、導演、演員、主題等內容，然後提供個人化的影片推薦名單。

- 自動駕駛系統利用機器學習分析駕駛人的行車資料，然後預測該如何駕駛，再將預測結果與行車資料做比對，調整參數讓預測結果愈來愈接近駕駛人的行車策略，最後達到自動駕駛的目的。

- 醫療院所利用機器學習分析 X 光、CT（電腦斷層）、MRI（磁振造影）等醫學影像，協助醫生診斷疾病。

- 金融機構利用機器學習進行信用評等、客戶分類、理財服務及詐欺偵測。

- 郵件軟體利用機器學習過濾垃圾郵件。

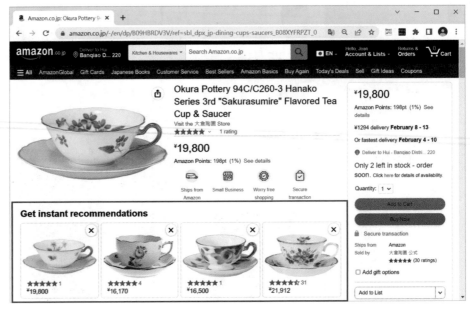

圖 1.21　Amazon 利用機器學習推薦消費者可能會感興趣的商品

機器學習可以分成下列幾種類型：

- **監督式學習** (supervised learning)：這是利用預先識別好的問題與答案來訓練電腦，讓電腦學習如何解決問題，例如提供大量照片並標註哪些是貓，讓電腦找出其中的規則，進而學會如何辨識貓，屆時就能預測新照片是否為貓。

  監督式學習可以從訓練資料建立一個函數或模型，並依此函數或模型預測新資料，其中訓練資料是由輸入物件和預期輸出所組成，而函數的輸出可以是一個連續的值，稱為**迴歸** (regression)，或是一個離散的值，稱為**分類** (classification)，例如預測股票走勢、預測房價走勢是迴歸問題，而預測腫瘤是良性或惡性、預測明天是晴天、陰天或雨天是分類問題。

  以機器學習普遍使用的「鳶尾花資料集」為例，裡面包含 150 筆資料，每筆資料有四個**特徵** (feature)，分別是「花萼長度」(sepal length)、「花萼寬度」(sepal width)、「花瓣長度」(petal length) 和「花瓣寬度」(petal width)，同時每筆資料也會對應一個**標籤** (label) 或**目標值** (target)，用來指出這朵花是屬於「山鳶尾」、「變色鳶尾」或「維吉尼亞鳶尾」等分類。在以監督式學習針對鳶尾花資料集完成訓練找出模型後，只要輸入鳶尾花的特徵，就能預測它是屬於哪個分類。

- **非監督式學習** (unsupervised learning)：這是只提供問題但不提供答案來訓練電腦，讓電腦學習如何解決問題。例如提供大量照片但不標註哪些是貓，讓電腦找出其中的共通性、相似性或關聯性，進而學會如何辨識貓。

  監督式學習的優點是準確度高，缺點則是需要人力做資料標註，所建立的模型可能過度擬合，尤其是在訓練資料不足的情況下；反之，非監督式學習的優點是無需人力做資料標註，找出潛在的規則，缺點則是可能產生不一致或無意義的結果。

- **半監督式學習** (semi-supervised learning)：這是介於監督式學習與非監督式學習之間，部分資料有做標註，部分資料則沒有。

- **強化學習** (reinforcement learning)：這是評估在某種狀態下的各種行動，然後自動學習更適當的行動，雖然不像監督式學習有明確的答案，但有行動選項，以及評估行動優劣的準則，人工智慧就在人們設定的行動選項與評估準則之間反覆試誤，找出更適當的行動。

  強化學習適合應用在圍棋、將棋、西洋棋、走迷宮、找出最短路徑等規則固定、有評估準則的問題，以走迷宮為例，第一次先讓電腦隨機找出一個答案，並將這次的解答時間做為第二次的基準；第二次也是讓電腦隨機找出一個答案，若解答時間比第一次短就加分，比第一次長就扣分；第三次會根據第二次的經驗，為了要加分而找出更快抵達終點的答案，…，依此類推。

深度學習

深度學習 (deep learning) 是機器學習的一種方法，以類神經網路為架構，讓電腦模擬生物神經網路的運作方式對資料進行特徵學習。舉例來說，AlphaGo 的研發團隊先設計好類神經網路的架構，接著輸入大量棋譜讓 AlphaGo 學習下棋的方法，進而學會如何根據棋盤的情況和對手的落子做出反應。

類神經網路 (artificial neural network) 是一種模擬生物神經網路的結構與功能的**數學模型**或軟體程式，由多個互相連結的**神經元** (neuron) 所組成，並按層次分層排列，神經元可以接收多個輸入，然後使用權重與閾值（臨界值）來計算輸出，再將這些輸出做為其它神經元的輸入。圖 1.22 是一個基本的類神經網路，包含下列三個層次，其中輸入層的所有神經元會連結到隱藏層的各個神經元，而隱藏層的所有神經元會連結到輸出層的各個神經元。若類神經網路包含超過一層的隱藏層，則稱為**深度神經網路** (deep neural network)。

● **輸入層** (input layer)：來自外界的資料會從輸入層進入類神經網路，輸入層的神經元會接收輸入資料，然後進行處理，再將資料傳遞到下一層。

● **隱藏層** (hidden layer)：隱藏層的神經元會從輸入層或前面的隱藏層取得資料，然後進行學習，再將學習到的特徵傳遞到下一層。

● **輸出層** (output layer)：輸出層的神經元會根據隱藏層所傳遞過來的特徵進行預測或分類，做為類神經網路的結果。輸出層可以有一個或多個神經元，若問題本身屬於二分類問題（例如是／否、對／錯、會／不會…），那麼輸出層將有一個神經元；若問題本身屬於多分類問題（例如山鳶尾、變色鳶尾或維吉尼亞鳶尾），那麼輸出層將有多個神經元。

類神經網路需要做訓練，程式設計人員不必將權重與閾值植入類神經網路，而是在監督式訓練的過程中，經由比對預測結果和實際結果，不斷地調整權重與閾值來提高準確度。

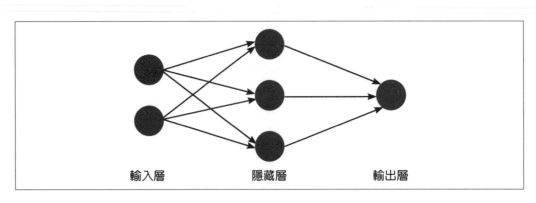

圖 1.22　基本的類神經網路

1-4-12 生成式AI

相較於傳統的 AI 著重於分析資料，然後找出規則進行預測，**生成式 AI** (Generative AI) 則是著重於分析資料，然後生成文字、圖像、影音等內容。

生成式 AI 之所以快速發展主要是因為生成對抗網路、擴散模型等技術的突破，其中**生成對抗網路** (GAN，Generative Adversarial Network) 是透過**生成器** (Generator) 和**判別器** (Discriminator) 兩個類神經網路相互對抗的方式進行學習，生成器會從訓練資料中模仿真實樣本生成新資料，而判別器會去分辨新資料是否為真實樣本，兩者相互對抗，不斷回饋調整參數，最終目標是讓判別器分辨不出生成器的輸出結果是否真實。

至於**擴散模型** (Diffusion Model) 則是運用熱力學擴散原理，透過連續添加噪訊的過程將現有的圖像逐步擴散，然後進行逆向還原，以生成新圖像。例如 OpenAI 公司所開發的 AI 聊天機器人 ChatGPT 是使用生成對抗網路技術，而 OpenAI 公司所開發的文本生成圖像模型 DALL-E 2 是使用擴散模型技術。

事實上，ChatGPT 只是生成式 AI 浪潮的代表之一，其它在寫作、繪圖、音樂、影片、遊戲、程式等領域也出現許多學習門檻低的生成式 AI 工具，表 1.2 是一些例子。可以想見的，這些工具將會翻轉目前的生活、學習及工作模式，與其擔心被 AI 取代，不如擁抱 AI，讓它成為最佳利器。

表 1.2 生成式 AI 工具範例

分類	工具名稱	說明
文字	ChatGPT	AI 聊天機器人，能夠自動產生對話並提供資訊，微軟 New Bing 搜尋引擎就是結合了 ChatGPT。
	Google Bard	AI 聊天機器人，能夠自動產生對話並提供資訊，Google 搜尋引擎未來可能會結合 Bard。
	Jasper AI	AI 內容生成工具，可以根據輸入的文字自動產生文本，例如行銷文案、電子郵件、部落格文章、社群網站貼文等。
圖像	Midjourney、DALL-E 2、Stable Diffusion、Jasper Art	AI 圖像生成工具，可以根據輸入的文字自動產生圖像，並進一步透過文字修改或編輯圖像。
影音	MuseNet	AI 音樂生成工具，可以自動產生不同樂器、不同風格的音樂，例如古典樂、爵士樂、搖滾樂等，尤其是模仿蕭邦、莫札特等頂級的音樂家。
	Boomy	AI 音樂生成工具，可以根據曲風、樂器、節奏等條件自動產生音樂。
	Meta Mark-A-Video	AI 影片生成工具，可以根據輸入的文字或圖像自動產生影片。

深偽 (deepfake)

深偽 (deepfake) 一詞是 deep learning（深度學習）與 fake（偽造）的組合，該技術可以將現有的圖像或影片疊加至目標圖像或影片，常見的應用是將圖像或影片中的人臉換成他人的臉，讓這張臉做出使用者想要的表情或動作。傳統的「換臉」是採取基於圖學的 3D 模型重建追蹤技術，而新的做法則是融合了生成對抗網路 (GAN)，以提升深度學習的生成品質，而且除了圖像之外，GAN 亦可應用在變造聲音。

之前在社群媒體上流行的 FaceApp、「去演」App 都是深偽技術的應用，其中 FaceApp 可以將使用者的照片變老或變性，而「去演」App 可以將使用者的臉孔合成到電視或電影的經典片段，一秒變身大明星。不過，這類的 App 可能會有個資外洩的疑慮，使用前請三思。

ChatGPT

ChatGPT 是一款能夠使用自然語言回答各種問題的 AI 聊天機器人，所謂**自然語言** (natural language) 指的是人類平常所說、所聽、所寫的語言，發展自然語言主要的困境在於語言的模糊性，相同詞彙在不同場合可能有不同意義，想要讓電腦以自然語言與人類溝通，那麼電腦除了要能辨識所聽到的語言，還要能融合上下文。

ChatGPT 使用基於 GPT-3.5 架構的大型語言模型並以強化學習進行訓練，**GPT-3.5** (Generative Pre-trained Transformer 3.5，生成型預訓練變換模型 3.5) 是一個自迴歸語言模型，使用深度學習生成自然語言。ChatGPT 能夠和人類對話，回答問題，即時翻譯，生成文章、報告、講稿、電子郵件、故事、劇本、詩歌等文本，甚至還能寫程式和除錯。

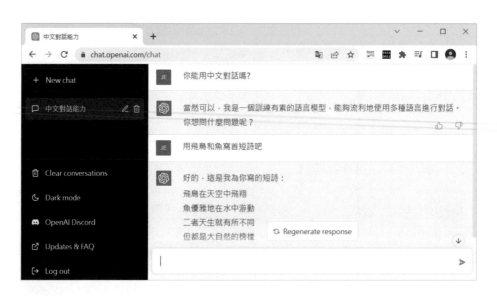

圖 1.23 ChatGPT 具有強大的自然語言處理能力，能夠因應人類語言自動產生對話

Midjourney

在過去從事電腦繪圖必須具備一定程度的技能與美感，但自從 AI 圖像生成工具出現後（例如 DALL-E 2、Stable Diffusion、Midjourney 等），只要輸入幾個關鍵字，就會自動產生圖像，若要進一步修改或編輯，同樣也只要輸入一些文字敘述即可，讓不具備繪圖能力的人也能輕鬆製作出精美的圖像。

以 **Midjourney** 為例，這是由同名的研究實驗室所開發的 AI 文本生成圖像模型，使用者可以透過和 Discord 的 AI 機器人進行對話輸入關鍵字，再由 Midjourney 自動在雲端生成圖像，不僅速度快，而且作品很有質感，圖 1.24 就是使用者輸入「a japanese beautiful girl, hyper realstic, hot, good, 8k」（一個美麗的日本女孩、超逼真、優秀、8K 畫質）等關鍵字所產生的作品。

1-4-13 模式辨認

人類天生具有**模式辨認**（pattern recognition）的本能，例如嬰兒出生沒多久就能辨認其它人的臉孔，尤其是母親。然模式辨認對電腦來說卻是艱鉅的挑戰，於是科學家努力讓電腦從輸入資料中識別出重複的模式，進而瞭解分類輸入的意義。

常見的應用有科學資料分析、專家系統、電腦視覺、生物辨識裝置等，其中**電腦視覺**（computer vision）是一門讓電腦具有視覺的科學，利用電腦和攝影機對目標進行辨識與追蹤，然後處理成適合人眼觀察或儀器檢測的圖像，例如自駕車的視覺辨識可以識別出道路使用者與交通號誌；手機的臉部辨識可以識別出戴口罩或戴眼鏡的臉孔；內容審核軟體可以識別出影片中不當的內容並加以移除。

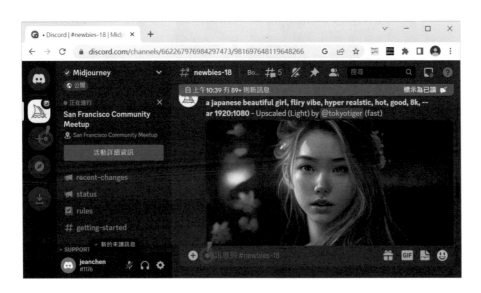

圖 **1.24** Midjourney 根據使用者輸入的文字自動產生如圖片中的日本女孩

1-4-14 機器人

機器人 (robot) 是一種能夠自動執行特定任務的裝置，通常是由電子設備、感測器、控制器、軟體所組成，但有些電腦程式亦被稱為機器人，例如 ChatGPT、Google Bard、百度「文心一言」就被歸類為 AI 聊天機器人。

機器人可以用來做一些重複性高或具有危險性的工作，也可以用來做一些人類不想做或無法做到的工作。科學家已經研發出許多不同用途的機器人，並成功利用機器人深入海底探勘石油、偵測污染、追蹤魚群、拍攝沉船、探索未知的生物、進入太空採集樣本、進行防震動的外科手術、處理炸彈、瓦斯槽、核廢料、輻射外洩、森林火災等危險情況。

機器人也已經進入日常的應用，例如掃地機器人、居家照護機器人、客服機器人、理財機器人、送藥機器人、送餐機器人、生產線機器人、機器手臂、智慧音箱、語音助理，或在餐廳、賣場、門市、銀行等場所提供服務的接待機器人。

由於機器人必須要能夠感知、推理並在環境中自主運作，因此，機器人的研究不僅涉及人工智慧，還涵蓋機械和電子電機等領域。另外有**仿生機器人** (bionic robot) 指的是模仿自然界生物的外型、結構、行為等來建造機器人，例如仿生機器魚可以用來監測水質或探測海洋生物、海洋環境，仿生機器狗可以用來巡邏軍事基地，仿生人形機器人可以打造成為新聞主播或偶像明星。

圖 1.25 在不久的未來機器人可望進入職場與人類共事 (圖片來源：shutterstock)

1-5 資訊科技所衍生的社會與道德議題

資訊科技改善了人們的生活，卻也引發了社會與道德議題，常見的如下：

● **健康風險**：長時間使用電腦可能帶來緊張與壓力，使人易怒、焦慮或精神耗弱，還可能引起視力衰退、肌腱炎、偏頭痛、脊髓神經傷害等「電腦終端機症候群」，而這通常是缺乏活動、坐姿錯誤、使用高度不當的桌椅或光線不足所致。

近年來更出現「低頭族症候群」，指的是長時間滑手機或平板電腦，造成頸肩腰背的痠痛與僵硬、脊椎側彎、手臂或腿部麻痛無力、頭痛、視力模糊、乾眼症、視網膜剝離、黃斑部病變等症狀，而「手機成癮症」亦導致人們專注於學習的能力下降。

● **環保爭議**：電腦在製造過程中可能產生有毒物質或廢水，而過時或損壞之電腦的可回收資源偏低，對環保來說都是嚴峻的挑戰。

● **取代人力**：對於重複且固定的工作，電腦往往能夠做得比人力好。雖然有不少人因為資訊科技獲得新興的工作，例如設計、製造與維護資訊設備，卻有更多人因為資訊科技失去原有的工作，甚至被迫從事更低薪、低技能的工作，造成貧富懸殊和相對剝奪感。隨著人工智慧的應用逐漸落實到職場、生活、教育、製造、金融、醫療、零售、交通等各個場域，取代人力的問題將更加惡化。

● **容錯率不足**：雖然資訊科技讓生活更便利，也讓企業降低成本、提升效率，可是一旦電腦當機或發生錯誤，人們的生活與工作往往會跟著停擺，而企業亦將蒙受損失。

● **非人性化**：企業大量電腦化與自動化造成失業，連帶衍生出詐騙、偷竊、暴力、離婚等社會問題；電腦結合生物科技（例如人工生命），造成機器與生物之間的分際日趨模糊；具有人工智慧的機器愈來愈聰明，說不定有天會超出人類所能控制的範圍，演變成少數聰明的人或機器主宰著多數人的局面；無所不在的雲端運算、行動運算、遠距辦公打破了工作、家庭與休閒的界線，造成愈來愈多人無法擺脫工作。

● **現實與虛擬混淆**：身處在充斥著高度模擬、步調緊湊、快速變化的資訊科技時代，使得有些人迷失在大量資訊或過度倚賴資訊科技，造成身體負擔、精神壓力、心靈空虛、家庭崩解、人際關係疏離、現實與虛擬混淆。

● **數位落差**：電腦與網路提供了存取各項資訊的管道，引爆了空前的知識交流熱潮，但這僅限於懂得使用電腦與網路的人，對於偏遠落後地區的人，反倒加深數位落差，造成資源分配不均，社會貧富懸殊，甚至資訊科技讓先進國家更容易透過遠距的方式剝削其它國家。

- **侵犯隱私權**：事實上，偷窺、跟拍、竊聽、盜取資訊等侵犯隱私權的問題並不侷限於電腦與網路，只是電腦與網路使得這個問題更加嚴重。此外，當人們在從事瀏覽網頁、收發電子郵件、網路購物、網路遊戲等活動時，無意間會在多部電腦中留下個人資料，而這亦將威脅到隱私。

- **侵犯智慧財產權**：無論是書籍、繪畫、音樂、影片或軟體，這些著作在開發的過程中往往有著許多人智慧的結晶，然電腦與網路的發達，使得人們可以輕易地不付出任何代價就取得或複製這些著作，此舉不僅侵犯智慧財產權，更會降低作者繼續從事原創的意願。

- **電腦犯罪**：在電腦與網路進入人們的生活後，許多前所未見的問題也逐漸浮現出來，例如層出不窮的電腦病毒與駭客入侵事件、散布腥羶暴力的網路媒體、隨意下載並散布音樂、影片或軟體、濫發垃圾郵件、發表不實言論誹謗中傷侮辱、製造並散布假新聞、肉搜公布個人資料、交易違禁品或管制品、散布色情資訊、援交、詐欺、盜刷信用卡、網路釣魚、網路霸凌、網路公審、網路賭博、盜賣個人資料、利用深偽技術將人物影像換臉製造假影片欺騙社會大眾等。

圖 1.26　資訊科技取代了例行性的工作，但也帶來了更有創造力的工作

本·章·回·顧

● 電腦的硬體元件歷經了**真空管**、**電晶體**、**積體電路 (IC)**、**超大型積體電路 (VLSI)** 等階段，每個階段都為電腦帶來了突破性的發展。

	第一代	第二代	第三代	第四代
組成元件	真空管	電晶體	積體電路	超大型積體電路
體積	大 ──────────────→ 小
重量	重 ──────────────→ 輕
速度	慢 ──────────────→ 快
耗電量	高 ──────────────→ 低
價格	高 ──────────────→ 低

● **電腦 (computer)** 是由許多電子電路所組成，可以接受數位輸入，依照儲存於內部的一連串指令進行運算，然後產生數位輸出。一個完整的電腦系統包含**硬體 (hardware)** 與**軟體 (software)** 兩個部分。

● 電腦硬體的基本組成包括下列四個單元：

■ **輸入單元 (input unit)**：負責接收外面的資料，然後傳送給處理單元做運算。

■ **處理單元 (processing unit)**：負責執行算術運算與邏輯運算。

■ **記憶單元 (memory unit)**：負責儲存資料。

■ **輸出單元 (output unit)**：負責將處理單元運算完畢的資料呈現出來。

● 電腦軟體可以分成下列兩種類型：

■ **系統軟體 (system software)**：支援電腦運作的程式，包括作業系統、公用程式和程式開發工具。

■ **應用軟體 (application software)**：針對特定事務或工作所撰寫的程式，目的是協助使用者解決問題。

● 電腦的類型有超級電腦、大型電腦、個人電腦、嵌入式系統等，其中個人電腦指的是在功能、執行速度、大小及價格等方面，適合個人使用的電腦，例如桌上型電腦、工作站、筆記型電腦、行動裝置、穿戴式裝置等。

● 資訊科技有許多新發展，例如網路通訊、物聯網 (IoT)、雲端運算、大數據、自駕車、區塊鏈、加密貨幣、NFT、DeFi、金融科技、VR（虛擬實境）、AR（擴增實境）、MR（混合實境）、XR（延展實境）、元宇宙、量子電腦、人工智慧、機器學習、深度學習、生成式 AI、模式辨認、機器人。

學・習・評・量

一、選擇題

( )1. 第二代電腦與第三代電腦的分野是發明了什麼技術？
A. 超大型積體電路　　　　　　　B. 電晶體
C. 積體電路　　　　　　　　　　D. 真空管

( )2. 根據由早到晚的順序寫出後述元件的演進過程：(1) VLSI (2) 電晶體 (3) 真空管 (4) IC
A. 1234　　　　　　　　　　　　B. 3412
C. 3241　　　　　　　　　　　　D. 3214

( )3. 下列對於電腦未來發展的敘述何者錯誤？
A. 體積愈來愈小　　　　　　　　B. 速度愈來愈快
C. 重量愈來愈輕　　　　　　　　D. 耗電量愈來愈大

( )4. 電腦硬體的基本組成不包括下列哪個單元？
A. 處理單元　　　　　　　　　　B. 快取單元
C. 記憶單元　　　　　　　　　　D. 輸入單元

( )5. 下列何者不屬於電腦的輸出單元？
A. 螢幕　　　　　　　　　　　　B. 印表機
C. 喇叭　　　　　　　　　　　　D. 固態硬碟

( )6. 下列關於雲端運算的敘述何者錯誤？
A.「雲」指的是網路
B. Apple iCloud 屬於雲端運算服務
C. 使用者必須自備高效能的電腦
D. 雲端運算是將軟硬體和資料放在網路上

( )7. 下列哪種活動往往需要連線到大型電腦？
A. 列印文件　　　　　　　　　　B. 製作投影片
C. 播放音樂　　　　　　　　　　D. 從 ATM 櫃員機提款

( )8. 下列何者不是超級電腦的用途？
A. 天氣預測　　　　　　　　　　B. 彈道模擬
C. 武器研發　　　　　　　　　　D. 車載系統

( )9. 歷史上第一位程式設計師是誰？
A. Steve Jobs　　　　　　　　　B. Bill Gates
C. Ada Lovelance　　　　　　　　D. Thomas J. Watson

( ) 10. 下列哪種技術可以擷取出有價值的資訊，協助企業掌握商業趨勢？

    A. 智慧電網   B. 物聯網

    C. 大數據分析   D. 雲端運算

( ) 11. 下列何者不是區塊鏈的特點？

    A. 中心化   B. 不可竄改性

    C. 匿名性   D. 可追蹤性

( ) 12. 下列何者可以用來代表一個獨一無二的數位資產？

    A. 加密貨幣   B. NFT

    C. 專利權   D. 智慧財產權

( ) 13. 下列哪種技術能夠讓現實的物件與虛擬的物件共同存在並互動，打破現實與虛擬的界線？

    A. VR   B. MR

    C. NFT   D. FinTech

( ) 14. 量子電腦的資料基本單位叫做什麼？

    A. bit   B. qubit

    C. TB   D. EB

二、簡答題

1. 簡單說明第一代到第四代電腦之間的分野。

2. 簡單說明電腦硬體的基本組成包括哪四個單元？各舉出一個實例。

3. 簡單說明電腦軟體可以分成哪兩種類型？各舉出一個實例。

4. 簡單說明何謂超級電腦與大型電腦。

5. 簡單說明何謂物聯網。

6. 簡單說明何謂雲端運算。

7. 簡單說明何謂區塊鏈並舉出兩種應用。

8. 簡單說明何謂虛擬實境 (VR) 並舉出一種應用。

9. 簡單說明何謂擴增實境 (AR) 並舉出一種應用。

10. 簡單說明何謂深度學習。

CHAPTER

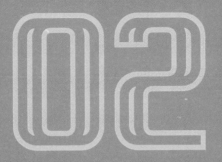

數字系統與
資料表示法

2-1 電腦的資料基本單位

在介紹電腦的資料基本單位之前，我們先來說明資料與訊號有何不同。**資料** (data) 指的是要傳送的東西，例如文字、圖形、聲音或視訊，而**訊號** (signal) 指的是可以傳送的東西，例如電流、聲波或電磁波，故訊號可以用來載送資料。

資料與訊號都有類比與數位之分，**類比資料** (analog data) 具有連續的形式，例如水銀溫度計的水銀高度變化是連續的，兩個刻度之間的值有無限多個，而**數位資料** (digital data) 具有不連續的形式，例如電腦內部的資料是由 0 與 1 所組成，0 與 1 中間沒有其它值存在。

同理，**類比訊號** (analog signal) 是連續的訊號，例如我們可以毫不間斷地在紙上描繪聲波、電磁波等類比訊號的波形，例如圖 2.1(a)；反之，**數位訊號** (digital signal) 是不連續的訊號，可以使用預先定義的符號來表示，例如圖 2.1(b)，其中高電位表示 1，低電位表示 0。

電腦的資料基本單位叫做**位元** (bit, binary digit)，一個位元有 0 與 1 兩個值，可以用來表示 On 或 Off、Yes 或 No、對或錯等只有兩個狀態的資料，我們將這種只有兩個值的系統稱為**二進位系統** (binary system)。

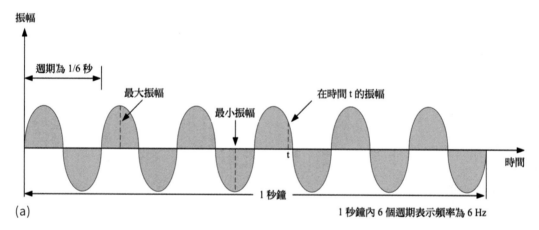

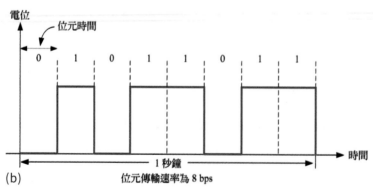

圖 2.1 (a) 類比訊號 (b) 數位訊號

由於一個位元只能表示兩個狀態，無法表示字母、數字或特殊符號，此時可以將多個位元組合成較大的單位，例如將八個位元組合成一個**位元組** (byte)，一個位元組裡面有八個 0 與 1，共有 256 (2^8) 個不同順序的組合，可以用來表示英文字母、阿拉伯數字或 +、-、% 等特殊符號。我們將使用一個位元組來表示的資料稱為**字元** (character)。

除了位元組之外，常見的單位還有**千位元組** (KB，kilobyte)、**百萬位元組** (MB，megabyte)、**十億位元組** (GB，gigabyte)、**兆位元組** (TB，terabyte)、**千兆位元組** (PB，petabyte)、**百京位元組** (EB，exabyte) 等，分別是由 2^{10}、2^{20}、2^{30}、2^{40}、2^{50}、2^{60} 個位元組所組成。

由於電腦儲存的是二進位數字，所以 1KB 並不剛好等於 10^3Bytes，1MB 也不剛好等於 10^6Bytes，這些近似值只是用來幫助記憶 (表 2.1)。

我們可以使用 KB、MB、GB 等單位來描述記憶體或硬碟、光碟、隨身碟、記憶卡等儲存裝置的容量，例如一部 500GB 的硬碟或一片 650MB 的 CD-ROM，也可以使用這些單位來描述檔案的大小，例如一個 3KB 的檔案。

至於數據機、網路卡等通訊裝置的**資料傳輸速率** (data transfer rate) 則是以 **bps** (bits per second) 為單位，意指每秒鐘傳輸幾個位元。由於通訊裝置可以在瞬間傳輸大量資料，因此，我們通常使用 **Kbps** (kilobits per second)、**Mbps** (megabits per second)、**Gbps** (gigabits per second) 等單位來描述，意指每秒鐘傳輸 1,024 (2^{10})、1,048,576 (2^{20})、1,073,741,824 (2^{30}) 個位元。

表 2.1 常見的單位

單位	準確值	近似值
千位元組 (KB)	2^{10}Bytes = 1,024Bytes	10^3Bytes
百萬位元組 (MB)	2^{20}Bytes = 1,024KB = 1,048,576Bytes	10^6Bytes
十億位元組 (GB)	2^{30}Bytes = 1,024MB = 1,073,741,824Bytes	10^9Bytes
兆位元組 (TB)	2^{40}Bytes = 1,024GB= 1,099,511,627,776Bytes	10^{12}Bytes
千兆位元組 (PB)	2^{50}Bytes = 1,024TB = 1,125,899,906,842,624Bytes	10^{15}Bytes
百京位元組 (EB)	2^{60}Bytes = 1,024PB = 1,152,921,504,606,846,976Bytes	10^{18}Bytes

2-2 數字系統

我們使用的數字系統通常是**十進位系統** (decimal system)，也就是以 0、1、2 ~ 9 等十個數字做為計數的基底，逢 10 即進位，而電腦使用的是 0 與 1 所組成的二進位系統，但一長串的 0 與 1 並不好記，於是有了八進位系統和十六進位系統。為了便於區分，我們習慣在十進位系統以外的數字右下方標示基數，例如 10_2 表示二進位數字。

● **二進位系統** (binary system)：以 0、1 等兩個數字做為計數的基底，逢 2 即進位，例如二進位數字 1111_2 就是十進位數字 15_{10}。

● **八進位系統** (octal system)：以 0、1、2 ~ 7 等八個數字做為計數的基底，逢 8 即進位，例如二進位數字 1111_2 就是八進位數字 17_8。

● **十六進位系統** (hexadecimal system)：以 0、1、2 ~ 9、A、B、C、D、E、F 等十六個數字做為計數的基底，逢 16 即進位，例如二進位數字 1111_2 就是十六進位數字 F_{16}。

表 2.2 十、二、八、十六進位對照表

十進位	二進位	八進位	十六進位	十進位	二進位	八進位	十六進位
0	0000	0	0	16	10000	20	10
1	0001	1	1	17	10001	21	11
2	0010	2	2	18	10010	22	12
3	0011	3	3	19	10011	23	13
4	0100	4	4	20	10100	24	14
5	0101	5	5	21	10101	25	15
6	0110	6	6	22	10110	26	16
7	0111	7	7	23	10111	27	17
8	1000	10	8	24	11000	30	18
9	1001	11	9	25	11001	31	19
10	1010	12	A	26	11010	32	1A
11	1011	13	B	27	11011	33	1B
12	1100	14	C	28	11100	34	1C
13	1101	15	D	29	11101	35	1D
14	1110	16	E	30	11110	36	1E
15	1111	17	F	31	11111	37	1F

2-3 數字系統轉換

2-3-1 將二、八、十六進位數字轉換成十進位數字

在說明如何將二、八、十六進位數字轉換成十進位數字之前，我們先來研究十進位數字的表示法，以 1234.56_{10} 為例，這個十進位數字可以分解成如下多項式：

$$
\begin{aligned}
1234.56_{10} &= 1000_{10} + 200_{10} + 30_{10} + 4_{10} + 0.5_{10} + 0.06_{10} \\
&= (1 \times 1000) + (2 \times 100) + (3 \times 10) + (4 \times 1) + (5 \times 0.1) + (6 \times 0.01) \\
&= (1 \times 10^3) + (2 \times 10^2) + (3 \times 10^1) + (4 \times 10^0) + (5 \times 10^{-1}) + (6 \times 10^{-2})
\end{aligned}
$$

只要瞭解上面最後一個多項式的意義，很快就可以將二、八、十六進位數字轉換成十進位數字。

範例 將八進位數字 76543.2_8 轉換成十進位數字。

$$
\begin{aligned}
76543.2_8 &= (7 \times 8^4) + (6 \times 8^3) + (5 \times 8^2) + (4 \times 8^1) + (3 \times 8^0) + (2 \times 8^{-1}) \\
&= (7 \times 4096) + (6 \times 512) + (5 \times 64) + (4 \times 8) + (3 \times 1) + (2 \times 0.125) \\
&= 28672_{10} + 3072_{10} + 320_{10} + 32_{10} + 3_{10} + 0.25_{10} \\
&= 32099.25_{10}
\end{aligned}
$$

範例 將十六進位數字 $BA98.F_{16}$ 轉換成十進位數字。

$$
\begin{aligned}
BA98.F_{16} &= (B \times 16^3) + (A \times 16^2) + (9 \times 16^1) + (8 \times 16^0) + (F \times 16^{-1}) \\
&= (11 \times 4096) + (10 \times 256) + (9 \times 16) + (8 \times 1) + (15 \times 0.0625) \\
&= 45056_{10} + 2560_{10} + 144_{10} + 8_{10} + 0.9375_{10} \\
&= 47768.9375_{10}
\end{aligned}
$$

範例 將二進位數字 11001.1101_2 轉換成十進位數字。

$$
\begin{aligned}
11001.1101_2 &= (1 \times 2^4) + (1 \times 2^3) + (0 \times 2^2) + (0 \times 2^1) + (1 \times 2^0) + (1 \times 2^{-1}) + (1 \times 2^{-2}) + \\
&\quad (0 \times 2^{-3}) + (1 \times 2^{-4}) \\
&= (1 \times 16) + (1 \times 8) + (0 \times 4) + (0 \times 2) + (1 \times 1) + (1 \times 0.5) + (1 \times 0.25) + \\
&\quad (0 \times 0.125) + (1 \times 0.0625) \\
&= 16_{10} + 8_{10} + 1_{10} + 0.5_{10} + 0.25_{10} + 0.0625_{10} \\
&= 25.8125_{10}
\end{aligned}
$$

2-3-2 將十進位數字轉換成二、八、十六進位數字

範例 將十進位數字 47.75_{10} 轉換成二進位數字。

1. 將十進位數字分成整數部分及小數部分：$47.75_{10} = 47_{10} + 0.75_{10}$。

2. 找出整數部分的二進位表示法：利用餘數定理將整數部分持續除以 2，直到商數小於除數，第一次得到的餘數為小數點左邊第一個位數，第二次得到的餘數為小數點左邊第二個位數，依此類推。

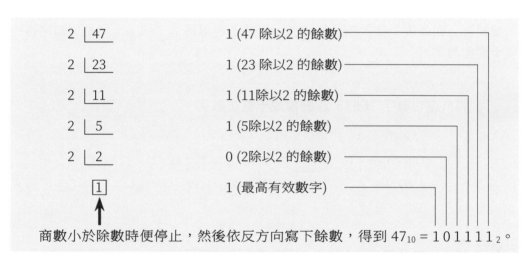

　商數小於除數時便停止，然後依反方向寫下餘數，得到 $47_{10} = 101111_2$。

3. 找出小數部分的二進位表示法：將小數部分持續乘以 2，直到小數部分等於 0 或出現循環，第一次得到之積數的整數部分為小數點右邊第一個位數，第二次得到之積數的整數部分為小數點右邊第二個位數，依此類推。

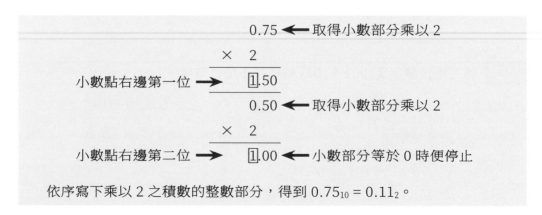

　依序寫下乘以 2 之積數的整數部分，得到 $0.75_{10} = 0.11_2$。

4. 將整數部分及小數部分的二進位表示法合併：得到 $47.75_{10} = 101111.11_2$。

範例 將十進位數字 4567.3125_{10} 轉換成八進位數字。

1. 將十進位數字分成整數部分及小數部分：$4567.3125_{10} = 4567_{10} + 0.3125_{10}$。

2. **找出整數部分的八進位表示法**：利用餘數定理將整數部分持續除以 8，直到商數小於除數，第一次得到的餘數為小數點左邊第一個位數，第二次得到的餘數為小數點左邊第二個位數，依此類推。

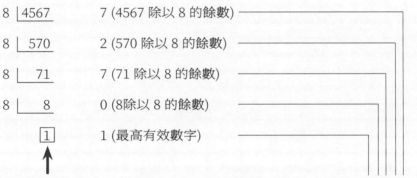

商數小於除數時便停止，然後依反方向寫下餘數，得到 $4567_{10} = 10727_8$。

3. **找出小數部分的八進位表示法**：將小數部分持續乘以 8，直到小數部分等於 0 或出現循環，第一次得到之積數的整數部分為小數點右邊第一個位數，第二次得到之積數的整數部分為小數點右邊第二個位數，依此類推。

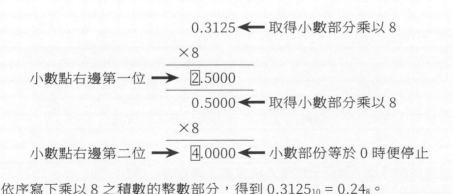

依序寫下乘以 8 之積數的整數部分，得到 $0.3125_{10} = 0.24_8$。

4. **將整數部分及小數部分的八進位表示法合併**：得到 $4567.3125_{10} = 10727.24_8$。

範例 將十進位數字 4987.8_{10} 轉換成十六進位數字。

1. 將十進位數字分成整數部分及小數部分：$4987.8_{10} = 4987_{10} + 0.8_{10}$。

2. 找出整數部分的十六進位表示法：利用餘數定理將整數部分持續除以 16，直到商數小於除數，第一次得到的餘數為小數點左邊第一個位數，第二次得到的餘數為小數點左邊第二個位數，依此類推。

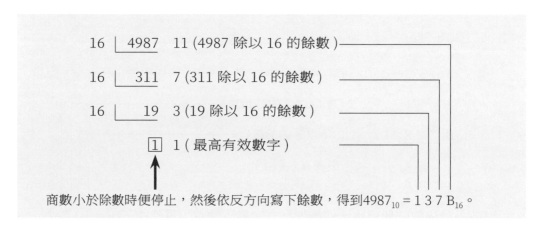

3. 找出小數部分的十六進位表示法：將小數部分持續乘以 16，直到小數部分等於 0 或出現循環，第一次得到之積數的整數部分為小數點右邊第一個位數，第二次得到之積數的整數部分為小數點右邊第二個位數，依此類推。

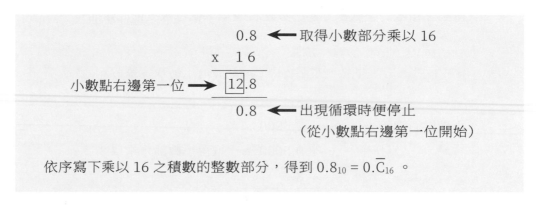

依序寫下乘以 16 之積數的整數部分，得到 $0.8_{10} = 0.\overline{C}_{16}$。

4. 將整數部分及小數部分的十六進位表示法合併：得到 $4987.8_{10} = 137B.\overline{C}_{16}$。

2-3-3 將八或十六進位數字轉換成二進位數字

將八或十六進位數字轉換成二進位數字的方法很簡單，只要將每個八進位數字轉換成三個二進位數字，每個十六進位數字轉換成四個二進位數字即可。

範例 將八進位數字 2345.67_8 轉換成二進位數字。

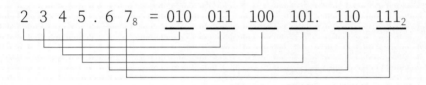

$2\ 3\ 4\ 5\ .\ 6\ 7_8 = 010\quad 011\quad 100\quad 101.\quad 110\quad 111_2$

範例 將十六進位數字 $6789.A_{16}$ 轉換成二進位數字。

$6\ 7\ 8\ 9\ .\ A_{16} = 0110\quad 0111\quad 1000\quad 1001.\quad 1010_2$

隨堂練習

(1) $10011100.1001_2 = (\quad)_{10}$

(2) $11000.111_2 = (\quad)_{10}$

(3) $1234.4_8 = (\quad)_{10}$

(4) $25.67_8 = (\quad)_{10}$

(5) $FED.C_{16} = (\quad)_{10}$

(6) $1000.8_{16} = (\quad)_{10}$

(7) $132.1875_{10} = (\quad)_2$

(8) $89.59375_{10} = (\quad)_2$

(9) $28713.3_{10} = (\quad)_8$

(10) $83.8625_{10} = (\quad)_8$

(11) $255.09375_{10} = (\quad)_{16}$

(12) $8613.2_{10} = (\quad)_{16}$

(13) $65.43_8 = (\quad)_2$

(14) $12345.6_8 = (\quad)_2$

(15) $ABC.DE_{16} = (\quad)_2$

(16) $9876.ACE_{16} = (\quad)_2$

2-3-4 將二進位數字轉換成八或十六進位數字

將二進位數字轉換成八或十六進位數字的方法剛好與前一節相反,您必須以小數點為界,分別向左右每三個數字一組,轉換成八進位數字,或分別向左右每四個數字一組,轉換成十六進位數字,最後一組若不足三或四的倍數,就補上 0。

範例 將二進位數字 1101111.01011_2 轉換成八進位數字。

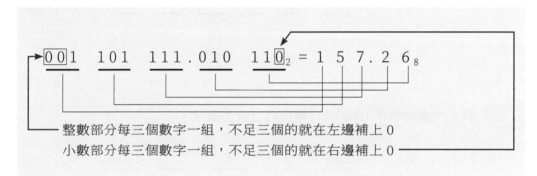

範例 將二進位數字 11001010000101.0000111_2 轉換成十六進位數字。

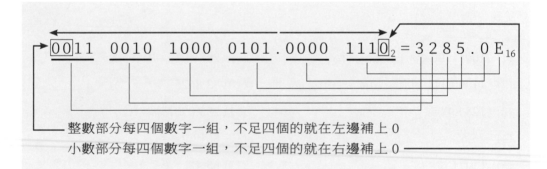

隨堂練習

(1) $10111000011.1001_2 = ($ $)_8$

(2) $1110000111000.11001_2 = ($ $)_8$

(3) $EDC.BA_{16} = ($ $)_8$

(4) $ABCD.8765_{16} = ($ $)_8$

(5) $10111000011.00111_2 = ($ $)_{16}$

(6) $10001111000.1100111_2 = ($ $)_{16}$

(7) $765.43_8 = ($ $)_{16}$

(8) $12345.6_8 = ($ $)_{16}$

2-4 整數表示法

前面介紹的二進位系統只能表示正整數,無法表示負整數。為此,科學家遂發展出數種有號整數表示法,例如帶符號大小、1's 補數、2's 補數等,這些表示法都是以二進位系統為基礎去做變化,好更適用於電腦,其中以 2's 補數最普遍。

2-4-1 帶符號大小

帶符號大小 (signed-magnitude) 是以最高有效位元表示整數的正負符號,0 為正,1 為負。假設使用固定長度的 n 位元儲存每個正負整數,則最高有效位元為**符號位元** (sign bit),剩下的 n - 1 位元為數值大小,能夠表示的正整數範圍為 0 ~ 2^{n-1}- 1,負整數範圍為 -(2^{n-1}- 1) ~ 0。表 2.3 是使用 4 位元儲存正負整數的帶符號大小表示法,請注意,+0 與 -0 的表示法是不同的。

註:一個屬於二進位系統的正數 N 可以寫成 $N_2 = (d_{p-1}d_{p-2}\cdots d_1d_0.d_{-1}d_{-2}\cdots d_{-q})_2$,其中最左邊的數字 d_{p-1} 稱為**最高有效位元** (MSB,Most Significant Bit),而最右邊的數字 d_{-q} 稱為**最低有效位元** (LSB,Least Significant Bit)。

表 2.3	帶符號大小表示法(假設使用 4 位元儲存整數)						
十進位	帶符號大小	十進位	帶符號大小	十進位	帶符號大小	十進位	帶符號大小
+0	0000	-0	1000	+5	0101	-5	1101
+1	0001	-1	1001	+6	0110	-6	1110
+2	0010	-2	1010	+7	0111	-7	1111
+3	0011	-3	1011	+8	無	-8	無
+4	0100	-4	1100				

2-4-2 1's補數

1's 補數 (1's complement) 是以最高有效位元表示整數的正負符號,0 為正,1 為負,其正整數表示法和帶符號大小一樣,而負整數表示法則是將對應的正整數表示法中 0 與 1 互換,所謂的**補數** (complement) 就是將 0 變成 1,將 1 變成 0,所得到的**位元圖樣** (bit pattern),例如 0111 的補數為 1000,而 1010 的補數為 0101。

假設使用固定長度的 n 位元儲存每個正負整數,則最高有效位元為符號位元,剩下的 n - 1 位元為數值大小,能夠表示的正整數範圍為 0 ~ 2^{n-1}- 1,負整數範圍為 -(2^{n-1}- 1) ~ 0。表 2.4 是使用 4 位元儲存正負整數的 1's 補數表示法,請注意,+0 與 -0 的表示法是不同的。

| 表 2.4 | 1's 補數表示法（假設使用 4 位元儲存整數） |

十進位	1's 補數	十進位	1's 補數	十進位	1's 補數	十進位	1's 補數
+0	0000	-0	1111	+5	0101	-5	1010
+1	0001	-1	1110	+6	0110	-6	1001
+2	0010	-2	1101	+7	0111	-7	1000
+3	0011	-3	1100	+8	無	-8	無
+4	0100	-4	1011				

2-4-3 2's補數

2's 補數 (2's complement) 是以最高有效位元表示整數的正負符號，0 為正，1 為負，其正整數表示法和 1's 補數一樣，而負整數表示法則是 1's 補數加 1。假設使用固定長度的 n 位元儲存每個正負整數，則最高有效位元為符號位元，剩下的 n - 1 位元為數值大小，能夠表示的正整數範圍為範圍為 $0 \sim 2^{n-1} - 1$，負整數範圍為 $-2^{n-1} \sim 0$。表 2.5 是使用 4 位元儲存正負整數的 2's 補數表示法，請注意，+0 與 -0 的表示法是相同的。

| 表 2.5 | 2's 補數表示法（假設使用 4 位元儲存整數） |

十進位	2's 補數	十進位	2's 補數	十進位	2's 補數	十進位	2's 補數
+0	0000	-0	0000	+5	0101	-5	1011
+1	0001	-1	1111	+6	0110	-6	1010
+2	0010	-2	1110	+7	0111	-7	1001
+3	0011	-3	1101	+8	無	-8	1000
+4	0100	-4	1100				

現代電腦之所以普遍使用 2's 補數，原因除了 0 只有一種表示法之外，最重要的是只要一個加法電路和一個轉換正負電路，就可以完成整數的加法與減法。舉例來說，我們知道 X - Y 的減法問題其實就相當於 X + (-Y) 的加法問題，那麼當電腦要計算 6 (0110) - 2 (0010) 時，只要先將 2 (0010) 轉換成 -2 (1110)，然後進行 0110 (6) 和 1110 (-2) 的加法，就會得到 0100 (4)。

2-5 浮點數表示法

若要儲存包含小數或數值超過所有位元能夠表示之最大範圍的整數，可以使用**浮點數表示法** (floating-point notation)，之所以稱為「浮點數」，就是因為其小數點的位置取決於精確度及數值，而不是固定在某個位元。IEEE 754 定義了 Single、Double、Extended、Quadruple 等四種浮點數格式，圖 2.2 為 Single 格式，以 2 為基底，長度為 32 位元，所表示的浮點數為 $(-1)^S \times 2^{E-127} \times 1.F$。

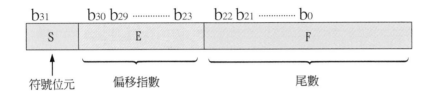

圖 2.2 IEEE 754 Single 格式

● **符號位元** (sign bit)：最高有效位元 b_{31} 為符號位元 S，0 為正，1 為負。

● **偏移指數** (biased exponent)：接下來的 8 位元 $b_{30}b_{29}\cdots b_{23}$ 為偏移指數 E，可以表示 0 ~ 255 (2^8 - 1) 的整數，由於該格式以 127 做為**指數偏移值** (exponent bias)，所以真正的指數 = 偏移指數 - 127，也就是 -127 ~ 128 的整數。

● **尾數** (fraction、mantissa)：剩下的 23 位元 $b_{22}b_{21}\cdots b_0$ 為尾數 F，這是經過**正規化** (normalization) 後的小數部分，也就是表示成二進位的 $1.b_{22}b_{21}\cdots b_0 \times 2^n$ 形式，準確度達小數點後面 23 位 (2^{-23})，例如 22.5_{10} 轉換成二進位為 10110.1_2，經過正規化後得到 1.01101×2^4，故尾數 F 為小數部分 01101，不足 23 位的補上 0。

假設要以 IEEE 754 Single 格式表示 22.5_{10}，其步驟如下：

1. 將 22.5_{10} 正規化，得到 1.01101×2^4。

2. 求取符號位元 S 的值，由於 1.01101×2^4 是正的，故 S 的值為 0。

3. 求取偏移指數 E 的值，由於真正的指數 = 偏移指數 - 127，而真正的指數為 4，故 E 的值為 131，也就是 10000011。

4. 求取尾數 F 的值，由於 22.5_{10} 經過正規化後得到 1.01101×2^4，故 F 的值為小數部分 01101，不足 23 位的補上 0，得到 01101000000000000000000。

5. 將 S、E 及 F 合併在一起，得到 01000001101101000000000000000000。

2-6 文字表示法

為了適用於二進位系統，電腦內部的資料都會被編碼成一連串的**位元圖樣** (bit pattern)，例如 01010101、11111111 等。這些位元圖樣所代表的可能是**文字** (text)、**圖形** (image)、**聲音** (audio) 或**視訊** (video)，確實的意義得視其應用而定。

在本節中，我們會介紹下列幾種常見的文字編碼方式，至於圖形、聲音與視訊的編碼方式，則會在接下來的小節中做說明：

● **ASCII** (American Standard Code for Information Interchange，唸做 "AS-kee"，美國資訊交換標準碼)：早期在 1940、1950 年代，不同的電腦系統各自發展出不同的編碼方式，造成通訊上的問題，為此，美國國家標準局 (ANSI，American National Standards Institute， 唸做 "AN-see") 於 1967 年 提 出 ASCII，這種編碼方式是使用 7 個位元表示 128 (2^7) 個字元，以大小寫英文字母、阿拉伯數字、鍵盤上的特殊符號 (% $ # @ * & !…) 及諸如喇叭嗶聲、游標換行、列印指令等控制字元為主。為了方便起見，ASCII 字元是儲存在一個位元組裡面，也就是在原來的 7 位元之外，再加上一個最高有效位元 0 。

表 2.6 列出部分的 ASCII 字元集，根據此表可知，下面的位元圖樣會被解碼為 HAPPY。

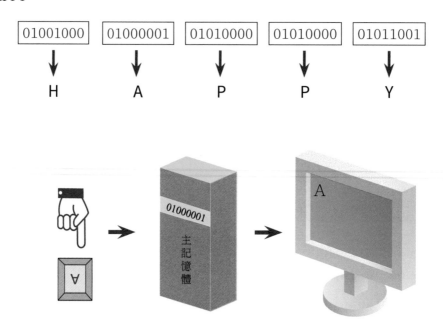

圖 2.3　當使用者在鍵盤上按 A 鍵時，會自動轉換成 ASCII 碼 01000001，並儲存在主記憶體的一個位元組中，然後在螢幕上顯示英文字母 A。

表 2.6	ASCII 字元集（此處僅列出 26 個大寫英文字母和 0 ~ 9 數字的 ASCII 碼，剩下的 92 個 ASCII 碼則表示 26 個小寫英文字母和特殊符號）				
字元	ASCII 碼 （十進位）	ASCII 碼 （二進位）	字元	ASCII 碼 （十進位）	ASCII 碼 （二進位）
A	65	01000001	S	83	01010011
B	66	01000010	T	84	01010100
C	67	01000011	U	85	01010101
D	68	01000100	V	86	01010110
E	69	01000101	W	87	01010111
F	70	01000110	X	88	01011000
G	71	01000111	Y	89	01011001
H	72	01001000	Z	90	01011010
I	73	01001001	0	48	00110000
J	74	01001010	1	49	00110001
K	75	01001011	2	50	00110010
L	76	01001100	3	51	00110011
M	77	01001101	4	52	00110100
N	78	01001110	5	53	00110101
O	79	01001111	6	54	00110110
P	80	01010000	7	55	00110111
Q	81	01010001	8	56	00111000
R	82	01010010	9	57	00111001

請注意，雖然 ASCII 字元集裡面也包含了 0、1、…、9 等阿拉伯數字，不過，電腦並不是使用 ASCII 來表示數值，而是使用二進位表示法或其它變形，我們在前幾節中有做過介紹，主要的原因就是使用 ASCII 表示數值的效率不佳。

舉例來說，假設以 ASCII 表示整數 15，其位元圖樣為 00110001 00110101，總共需要兩個位元組，但若改用二進位表示法，其位元圖樣為 00001111，只要 1 個位元組即可；再者，在 ASCII 中，兩個位元組所能表示的最大整數為 99，而二進位表示法卻能表示 0 ~ 65535 (2^{16} - 1) 的整數。

● **EASCII** (Extended ASCII，延伸美國資訊交換標準碼)：由於 ASCII 字元是儲存在一個位元組裡面，所以有些廠商將它擴充為 EASCII，也就是使用 8 位元表示 256 (2^8) 個字元，前面 128 個字元 (最高有效位元維持為 0) 和 ASCII 相同，剩下的 128 個字元 (最高有效位元設定為 1) 則用來表示希臘字母、表格符號、計算符號和特殊的拉丁符號等。

事實上，EASCII 有數種擴充字元集，例如 Code Page 437、ISO/IEC 8859-1，其中最常見的是 ISO/IEC 8859-1，又稱為「Latin-1」或「西歐語系」，支援多數的西歐語系，例如英文、法文、西班牙文、葡萄牙文、德文等。

● **EBCDIC** (Extended Binary Coded Decimal Interchange Code)：EBCDIC 是 IBM 公司於 1963 年所推出的編碼方式，使用 8 位元表示字元，原先只有 58 個字元，後來在不同版本中加入了其它字元，以符合當地使用者的需求。

● **中文編碼方式**：由於 ASCII 和 EASCII 並不足以用來表示中文，因此，國人遂針對繁體中文設計多種編碼方式，其中最普遍的是資策會所設計的 **Big5** (大五碼)，這種編碼方式是使用 16 位元表示繁體中文，至於簡體中文的編碼方式則有 **GB2312**、**GBK**、**GB18030** 等。

● **Unicode** (萬國碼)：雖然 ASCII 曾經是最廣泛使用的編碼方式，但它侷限於英文字母、阿拉伯數字和英式標點符號，並不足以用來表示多數的亞洲語系和東歐語系，而且在不同國家之間使用時也經常出現不相容的情況，為此，一些知名的軟硬體廠商於 1991 年首次發布 Unicode。

這種編碼方式是使用 16 位元表示 2^{16} (65536) 個字元，前 128 個字元和 ACSII 相同，涵蓋電腦所使用的字元及多數語系，例如西歐語系、中歐語系、希臘文、中文、日文、阿拉伯文、土耳其文、越南文、韓文、泰文、藏文等，而不必針對不同的語系設計不同的編碼方式。Unicode 目前已經成為國際標準，同時負責其標準化的 Unicode Consortium (萬國碼聯盟) 仍持續增修 Unicode，以納入更多字元。

附帶一提，**UTF-8** (8-bit Unicode Transformation Format) 是一種針對 Unicode 的可變長度字元編碼方式，用來表示 Unicode 字元，例如使用 1 位元組儲存 ASCII 字元、使用 2 位元組儲存重音、使用 3 位元組儲存常用的漢字等。由於 UTF-8 編碼的第一個位元組與 ASCII 相容，所以原先用來處理 ASCII 字元的軟體無須或只須做些微修改，就能繼續使用，因而逐漸成為電子郵件、網頁或其它文字應用優先使用的編碼方式。

常見的文件檔格式

- **TXT**：純文字檔，只能包含文字，不能插入圖形、表格等資料，副檔名為 .txt。Windows 的使用者可以使用記事本、WordPad、Word、UltraEdit、Notepad++ 等程式來開啟，而 UNIX / Linux 的使用者可以使用 VI、VIM、Nano、Emacs、Kwrite、Kate 等程式來開啟。

- **DOC/DOCX**：Microsoft Word 文件檔，能夠包含文字、圖形、表格等資料，副檔名為 .doc/.docx，可以使用 Word 來開啟，其中 .docx 是 Word 2007 開始支援的 Office Open XML 檔案格式，以 XML 格式儲存文件，並使用 ZIP 壓縮技術減少檔案大小。

- **PDF** (Portable Document Format)：PDF 是 Adobe 公司於 1993 年針對文件交換所提出的檔案格式，一開始是用來表示二維的平面文件，裡面可以包含文字、圖形或字型，發展迄今，連 3D 圖形都可以嵌入 PDF 文件。

  PDF 於 2008 年成為開放標準 ISO/IEC 32000-1:2008，任何文件只要轉換成 PDF 格式，就能在安裝有 PDF 檢視軟體的平台上開啟，達到可攜式文件的目的，無須理會文件所在的作業系統、應用軟體或硬體。至於 Adobe Acrobat Reader 則是 PDF 檢視軟體，能夠對 PDF 檔案進行檢視、搜尋、數位簽名、驗證、列印及協同作業。

圖 2.4 Adobe Acrobat Reader 是免費的 PDF 檢視軟體

2-7 圖形表示法

圖形 (image) 主要有「點陣圖」與「向量圖」兩種類型，兩者並沒有優劣之分，只是用途不同，以下有進一步的說明。

2-7-1 點陣圖

點陣圖 (bitmap) 是由一個個小方格所組成，以矩形格線形式排列，每個小方格稱為一個像素 (pixel)，每個像素儲存了圖形中每個點的色彩資訊。只要將點陣圖放大，就能看出它是由一個個像素所組成，如圖 2.5。

以尺寸 (size) 為 300×200 像素的圖形為例，表示它的長有 300 個像素，寬有 200 個像素，總共有 6 萬個像素；而所謂解析度 (resolution) 指的是單位長度內的像素數目，通常以 DPI (Dots Per Inch) 或 PPI (Pixels Per Inch) 為單位，也就是每英吋有幾個點或像素。

理論上，圖形的解析度愈高，品質就愈細緻，檔案也愈大。不過，圖形實際呈現的效果還是要看媒體設備，例如電腦螢幕支援的解析度通常是 72DPI，而印表機或印刷機支援的解析度通常是 300DPI 或以上，即使圖形的解析度超過 300DPI，也無法提升它在電腦螢幕上顯示的品質，徒增檔案大小與處理時間而已。

點陣圖的每個像素都有特定的位置與色彩值，色彩值常見的編碼方式如下：

● RGB (Red, Green, Blue)：這是以「紅」、「綠」、「藍」三原色光依不同強度混合加色來表示色彩，例如 (R, G, B) 為 (255, 0, 0) 表示紅色、(0, 0, 255) 表示藍色、(255, 255, 255) 表示白色、(0, 0, 0) 表示黑色、(255, 255, 0) 表示黃色、(255, 128, 0) 表示橘色、(128, 0, 128) 表示紫色。

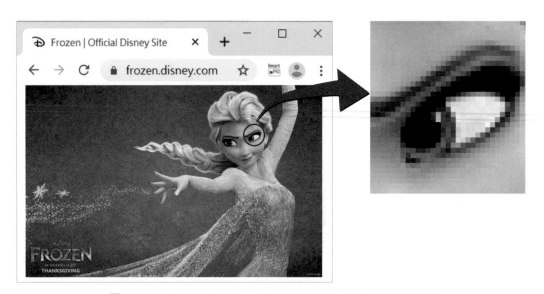

圖 2.5 只要將點陣圖放大，就能看出它是由一個個像素所組成

● **CMYK** (Cyan, Magenta, Yellow, Black)：這是彩色印刷所使用的一種套色模式，以「青」、「洋紅」、「黃」、「黑」四種油墨依不同濃度混合疊加來表示色彩，諸如 Photoshop、Illustrator 等影像繪圖軟體或 InDesign、QuarkXPress 等排版軟體均會提供 CMYK 四色分色的功能，以配合打樣、製版、印刷等用途。

除了解析度之外，另一個影響品質的因素是圖形的色彩深度，所謂**色彩深度** (color depth) 指的是使用幾個位元儲存一個像素的色彩資訊，例如 1、4、8、16、24 位元，位元數目愈多，能夠表示的色彩就愈多，圖形的色彩表現也愈逼真。

事實上，解析度和色彩深度不僅決定了圖形的品質，也決定了圖形的檔案大小，解析度愈高、色彩深度愈高，圖形的檔案就愈大。以一張 800×600 的全彩圖形為例，其檔案大小為 (800×600×24) ÷ 8 = 1440000 位元組，約 1.4MB。

點陣圖的優點是原理簡單、能夠精密展現圖形的色彩層次變化及濃度，適合用來表示連續色調的自然景物，例如花草樹木、光影、街景、人物等影像；缺點則是浪費儲存空間，必須搭配 JPEG、PNG 等壓縮技術來減少檔案大小，當點陣圖以高倍率放大時，由於是將每個點做縱橫向的複製，沒有經過修飾，點與點之間的縫隙隨著圖形的放大而變大，因而容易出現鋸齒狀。

表 2.7	常見的色彩深度	
色彩深度	使用幾個位元儲存一個像素的色彩資訊	能夠表示幾種色彩
黑白	1	黑或白兩色
灰階	8	256 (2^8) 種黑白色的灰階變化
16 色	4	預先指定的 16 (2^4) 色
256 色	8	預先指定的 256 (2^8) 色
高彩 (high color)	16	每個像素是由不同強度的 RGB 三原色光所組成，能夠表示 65,536 (2^{16}) 色
全彩 (true color)	24	每個像素是由不同強度的 RGB 三原色光所組成，能夠表示 16,777,216 (2^{24}) 色

註：圖形的透明度是由 Alpha 值來決定，舉例來說，假設使用 32 位元儲存每個像素的色彩資訊，其中各以 8 位元來表示紅色、綠色、藍色，剩下的 8 位元表示透明度，則該圖形可以有 256 (2^8) 種層級的透明度。

(a)

(b)

(c)

(d)

常見的點陣圖檔格式

- **BMP**：這是 Windows 標準的點陣圖檔格式，副檔名為 .bmp，幾乎所有影像繪圖軟體都能加以開啟。BMP 檔案通常是不壓縮的，優點是不會失真，適合用來儲存及顯示高品質的圖片，缺點則是檔案比 JPEG、PNG 等格式來得大，不適合在網際網路上傳送。儘管如此，BMP 依然相當普遍，因為原理簡單，而且沒有專利限制。

- **JPEG**：這是 Joint Photographic Experts Group 所發展的壓縮技術，分為無失真模式與基本模式兩種，**無失真模式** (lossless) 的原理是記錄連續像素之間的差異，理論上這會比記錄每個像素的值來得節省空間，最後得出的位元圖樣再做進一步的壓縮，雖然不會損失任何資料，但所壓縮出來的檔案仍然太大，所以比較少使用。

  至於**基本模式** (baseline standard) 的原理則是利用人類眼睛對於亮度的變化比色彩的變化來得敏感，故以 1 位元組記錄每個像素的亮度，以 2 位元組記錄每四個連續像素的色彩平均值，如此一來，儲存每四個連續像素原本需要 12 位元組，JPEG 卻只需要 6 位元組，最後得出的位元圖樣再做進一步的壓縮。

圖 **2.6** (a) 原始圖片 (b) 黑白圖形 (c) 灰階圖形 (d) 16 色圖形

JPEG 支援 8 位元灰階與 24 位元全彩圖形，副檔名為 .jpg、.jpe、.jpeg，大部分影像繪圖軟體都能加以開啟，適合用來儲存色彩較多、較能容忍失真、不需要縮放的圖形或照片。

- **GIF** (Graphics Interchange Format)：這是 CompuServe 公司所發展的圖檔格式，採取無失真壓縮，副檔名為 .gif，大部分影像繪圖軟體都能加以開啟。

  GIF 格式限制圖形只能有 256 色，並使用 3 位元組將這些由紅、綠、藍所組成的色彩儲存在一個稱為「調色盤」的表格，圖形必須轉換成黑白、灰階、16 色或 256 色才能儲存成 GIF 格式，適合用來儲存構圖簡單、色彩較少的圖形，例如圖示、標誌、按鈕、表情符號、商標等。

GIF 格式支援「透明度」，也就是在圖形的調色盤中指定一種色彩，而該色彩可以被背景圖片的像素色彩取代，又稱為「去背」；此外，GIF 格式亦支援「動畫」，也就是在一個圖檔中儲存多張圖形，然後指定顯示順序以營造動態效果。

GIF 格式的檔案較小，適合在網際網路上傳送，但只能有 256 色，而且有專利限制，雖然目前專利到期了，但已經逐漸被 PNG 格式取代。

- **TIFF** (Tagged Image File Format)：這是排版印刷常用的圖檔格式，副檔名為 .tif、.tiff，採取無失真壓縮並支援 CMYK 四色分色，適合用來儲存照片、藝術畫作等圖形，大部分影像繪圖軟體和排版軟體都能加以開啟。

圖 2.7　JPEG 適合用來儲存色彩較多、較能容忍失真的照片 (圖片來源：故宮博物院)

- PNG (Portable Network Graphics)：這是一種適合在網際網路上傳送的圖檔格式，副檔名為 .png，目標是改善並取代 GIF 格式，具有下列特點：

  ■ 屬於開放標準，沒有專利限制。

  ■ 採取無失真壓縮，支援 256 色調色盤、8 位元灰階與 24 位元全彩圖形。

  ■ 支援透明度與圖形亮度校準資訊。

  ■ 支援儲存附加文字資訊，可以保留圖形名稱、作者、版權、創作時間、註釋等資訊。

  ■ 支援漸近顯示與串流讀寫，可以快速顯示預覽效果，再顯示全貌。

  ■ 可以透過擴充格式 APNG (Animated PNG) 製作動態效果。

- PSD：這是 PhotoShop 所使用的圖檔格式，副檔名為 .psd，包含圖層、色版、路徑、動作、步驟記錄等資訊，將不同物件以圖層分離的方式儲存，便於日後編輯、修改或製作特效，可以使用 Photoshop、Illustrator 等影像繪圖軟體來開啟。

- RAW：這是數位相機所提供的原始檔案，在感光元件捕捉到影像後，會先加以處理再儲存為 JPEG 或 TIFF 格式，然這些處理卻不一定符合需求，於是另外提供沒有經過處理、保留更多影像資訊的 RAW 格式，而且不同型號的數位相機可能採取不同的原始檔案格式，所以副檔名也不盡相同，例如 .raw、.kdc (Kodak)、.nef (Nikon)、.orf (Olympus)、.rw2 (Panasonic)、.sr2 (Sony) 等。

圖 2.8　Line 動態貼圖就是使用 APNG 格式

2-7-2 向量圖

向量圖（vector graphic）是由**數學方式**所產生之點、線、多邊形等幾何形狀所組成，能夠依照任意比例放大、縮小、旋轉及傾斜，不會失真或出現鋸齒狀。

向量圖適合用來儲存線條清晰、形狀平滑、要做縮放的圖形，例如商標、漫畫、插圖、圖表、工業設計、商業設計、數位藝術創作等，而點陣圖則適合用來儲存色彩層次變化豐富、要做美化的圖形或照片，例如陰影、紋理、濾鏡等。

常見的向量圖檔格式

- **WMF**（Windows MetaFile）：這是 Windows 所使用的一種向量圖檔格式，副檔名為 .wmf，Word 中的剪貼圖片就是 WMF 格式。

- **DXF、DWG**：這是 AutoCAD 所使用的圖檔格式，副檔名為 .dxf、.dwg。

- **AI**：這是 Illustrator 所使用的圖檔格式，副檔名為 .ai。

- **SVG**（Scalable Vector Graphics）：這是一種基於 XML 語言的向量圖檔格式，副檔名為 .svg，由 W3C（全球資訊網協會）所制定，屬於開放標準，可以直接顯示在網頁上。

- **EPS**（Encapsulated PostScript）：PostScript 是 Adobe 公司所發展的列印語言，用來描述文字或圖形，高階雷射印表機或輸出裝置會內建支援 PostScript，而 EPS 是印前系統常用的圖檔格式，可以包含點陣圖和向量圖，副檔名為 .eps。

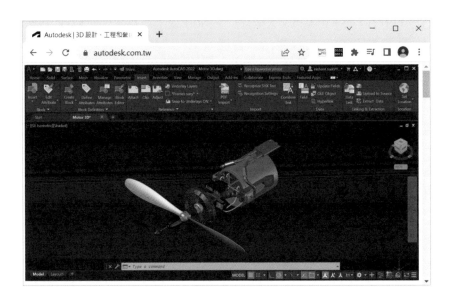

圖 2.9 AutoCAD 使用向量圖檔（圖片來源：Autodesk 網站）

2-8 聲音表示法

由於**聲音** (audio) 屬於連續的類比訊號,而電腦只能接受 0 與 1 的數位訊號,因此,聲音必須經過如圖 2.10 的轉換過程,才能儲存於電腦。這種轉換技術是由貝爾實驗室所提出,稱為**脈波編碼調變** (PCM,Pulse Code Modulation)。

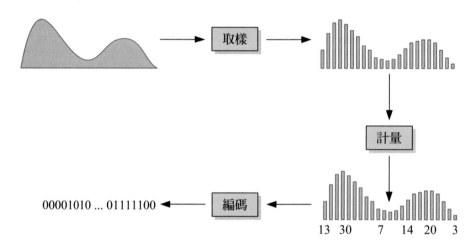

取樣

計量

編碼

00001010 ... 01111100

13　30　　7　14　20　　3

圖 2.10　將聲音的類比訊號轉換成數位訊號

1. **取樣** (sampling):這是在單位時間內測量聲音訊號的值,而取樣頻率是在單位時間內對聲音訊號取樣的次數,取樣頻率愈高,就愈接近真實的聲音,就像問卷調查一樣,抽樣人數愈多,就愈接近真實的情況。**取樣頻率**通常是 11KHz (11000 次 / 每秒)、22KHz (22000 次 / 每秒) 或 44.1KHz (44100 次 / 每秒),分別代表一般聲音、錄音機效果及音樂 CD 效果。

2. **計量** (quantization):每個取樣都必須指派一個值,舉例來說,假設取樣的結果為 25.2,但合法的值為 0 到 100 的整數,那麼取樣的值就指派為 25。

3. **編碼** (encoding):每個取樣有了合法的計量後,就可以將它轉換成位元圖樣,舉例來說,假設使用 8 位元儲存每個取樣,那麼值為 25 的取樣就可以轉換成 00011001。由於取樣頻率相當高 (11、22、44.1KHz),再加上儲存每個取樣需要 8、16 或 32 位元,稱為**取樣解析度**,所以往往會搭配 MP3、AAC 等壓縮技術,來減少聲音的儲存空間需求。

此外,還有一個工業標準的電子通訊協定稱為 MIDI (Musical Instrument Digital Interface,樂器數位介面),該技術並不是直接錄製音樂,而是記錄演奏者所使用的樂器 (鋼琴、小提琴、爵士鼓、吉他…)、所演奏的音高、響度、延續時間等參數,然後利用儲存在電腦上的各種樂器聲音資訊,再配合前述的演奏參數來合成音樂,所以不會佔用太多儲存空間。

常見的音訊檔格式

- **WAV**：這是 Microsoft 公司所發展的音訊編碼格式，透過 PCM 技術將聲音轉換成數位訊號，沒有壓縮，副檔名為 .wav，廣泛應用於 Windows 平台，優點是接近原音，缺點則是檔案較大。

- **AIFF**：這是 Apple 公司所發展的音訊編碼格式，透過 PCM 技術將聲音轉換成數位訊號，沒有壓縮，副檔名為 .aiff、.aif，廣泛應用於 macOS 平台，優點是接近原音，缺點則是檔案較大。

- **MP3** (MPEG-1 Audio Layer 3)：這是相當普遍的音訊編碼格式，採取失真壓縮，副檔名為 .mp3。MP3 的壓縮比高達 12:1，也就是壓縮後的資料大小是原始資料大小的 1/12，其原理是先分析聲音的頻率範圍，然後過濾掉人類耳朵無法聽到的頻率，再進行壓縮，優點是檔案較小，缺點則是聲音經過失真壓縮後將無法復原。

- **WMA** (Windows Media Audio)：這是 Microsoft 公司所發展的音訊編碼格式，採取失真壓縮，副檔名為 .wma，擁有比 MP3 更高的壓縮比與更佳的音質，同時具備線上串流能力並內建數位版權保護機制。

- **AAC** (Advanced Audio Coding)：這是杜比實驗室、貝爾實驗室、SONY 等公司所發展的音訊編碼格式，採取失真壓縮，壓縮比高達 18:1，略勝 MP3 一籌，音質亦比 MP3 佳，副檔名為 .aac、.mp4、.m4a，又稱為 **MP4**。

- **Vorbis**：這是一個開放的音訊編碼格式，採取失真壓縮，由 Xiph.Org 基金會所發展，沒有專利限制，音質比 MP3 佳。

- **Opus**：這是一個開放的音訊編碼格式，採取失真壓縮，由 Xiph.Org 基金會所發展，沒有專利限制，目的是希望使用單一格式包含聲音和語音，取代 Vorbis 和 Speex，並適用於網際網路上的即時聲音傳輸。

- **FLAC** (Free Lossless Audio Codec)：這是一個開放的音訊編碼格式，採取無失真壓縮，由 Xiph.Org 基金會所發展，沒有專利限制。由於音訊在經過壓縮後不會有任何損失，使得 FLAC 獲得許多軟硬體音訊產品的支援，例如 YouTube、KKBOX。

- **ALAC** (Apple Lossless Audio Codec)：這是 Apple 公司所發展的音訊編碼格式，採取無失真壓縮，能夠將 WAV、AIFF 等沒有壓縮的音訊壓縮至原先容量的 40%～60%，而且不會有任何損失。

音訊檔的檔案大小和音質會受到壓縮類型的影響，原則上，檔案大小是以沒有壓縮的最大（例如 WAV、AIFF)，無失真壓縮的次之（例如 FLAC、ALAC)，失真壓縮的最小（例如 MP3、WMA、AAC、Vorbis、Opus)；至於音質則是沒有壓縮的最佳，無失真壓縮的次之，失真壓縮的最差。

2-9 視訊表示法

視訊 (video) 指的是同步播放連續畫面與聲音,其原理是利用人類眼睛有視覺暫留的特性,在短時間內播放連續畫面以營造動畫效果。

主要的類比電視廣播標準如下:

● NTSC (National Television Standards Committee):NTSC 是美國國家電視系統委員會於 1952 年所提出,掃描線有 525 條,更新頻率為每秒鐘 30 個畫面,寬高比為 4:3,應用於美國、加拿大、日本、台灣、南韓等地。

● PAL (Phase Alternating Line):PAL 是德國於 1963 年所提出,掃描線有 625 條,更新頻率為每秒鐘 25 個畫面,寬高比為 4:3,應用於英國、德國、西歐、南美洲、中國、香港等地。

● SECAM (SEquential Color And Memory):SECAM 是法國於 1966 年所提出,掃描線有 625 條,更新頻率為每秒鐘 25 個畫面,寬高比為 4:3,但使用的技術與 PAL 不同,應用於法國、東歐、俄羅斯、非洲一些法語系國家、埃及等地。

視訊品質取決於每秒鐘幾個畫面、每個畫面的解析度及聲音品質,視訊品質愈佳,佔用的儲存空間就愈多,例如在 NTSC 中,每秒鐘有 30 個 640×480 全彩畫面,那麼每秒鐘就需要 (640×480×24÷8)×30 ≒ 900KB×30 ≒ 27MB。

目前類比電視已經逐漸淡出市場,例如美國從 2009 年開始推行數位電視,而台灣也於 2012 年 6 月底終止使用 NTSC,邁入數位電視的時代。

「數位電視」就是畫面的播出、傳送與接收均使用數位訊號,常見的視訊標準如下:

● SDTV (Standard-Definition Television,標準畫質電視):包含數種格式,例如 576i 的解析度為 720×576 像素,寬高比為 4:3 或 16:9,480i 的解析度為 640×480 像素,寬高比為 4:3。

● HDTV (High Definition Television,高畫質電視):包含數種格式,例如 1080p 的解析度為 1920×1080 像素,寬高比為 16:9,720p 的解析度為 1280×720,寬高比為 16:9。

● UHDTV (Ultra High Definition Television,超高畫質電視):包含 4K UHDTV (2160p) 和 8K UHDTV (4320p) 兩種格式,前者的解析度為 3840×2160 像素,寬高比為 16:9,後者的解析度為 7680×4320,寬高比為 16:9。

所謂「4K 電視」、「8K 電視」指的就是 2160p 和 4320p 格式的 UHDTV,目前除了液晶面板的硬體技術已經能夠達到 4K 和 8K,包括影音錄製來源也有了 4K 和 8K 相機、攝影機及後製的軟體。

圖 2.11 8K 電視（圖片來源：Sharp Aquos 8K TV）

常見的視訊檔格式

一部影片其實是結合了「視訊串流」和「音訊串流」，但我們並不會因此就拿到兩個檔案，而是將視訊串流和音訊串流儲存在同一個容器檔案，常見的容器檔案格式如下：

● AVI (Audio Video Interleave)：這是 Microsoft 公司針對 Windows 的影音功能所發展的視訊檔格式，副檔名為 .avi，可以使用 Windows Media Player 來播放。AVI 格式將視訊資料與音訊資料交錯排列在一起，藉此達到視訊與音訊同步播放的效果，能夠提供高品質的影片，檔案通常較大，適合在電腦上播放，也適合在電視上觀看。

● MPEG (Moving Picture Experts Group)：這是 MPEG 工作小組所制定的一系列標準，和視訊相關的如下：

■ MPEG-1：這是 MPEG 工作小組所制定的第一個影音壓縮標準，原先的目的是在 CD 光碟記錄影像，之後應用於 VCD，附檔名為 .dat。

■ MPEG-2：這是廣播品質的影音壓縮標準，應用於 DVD、數位電視等，副檔名為 .mpg、.mpe、.mpeg。

■ MPEG-4：這是擴充自 MPEG-1 和 MPEG-2 的影音壓縮標準，包含 MPEG-1 和 MPEG-2 的多數功能，並加入視訊音訊物件編碼、3D 內容、低位元率編碼、數位版權管理等功能，應用於線上串流、視訊電話、電視廣播等。市面上有不少基於 MPEG-4 標準的視訊檔格式，例如 QuickTime、WMV 9、DivX、Xvid 等，副檔名為 .mp4、.m4v。

- **QuickTime**：這是 Apple 公司所發展的視訊檔格式，可以用來容納視訊、音訊、文字（例如字幕）、動畫等資料，副檔名為 .mov 或 .qt，可以使用 QuickTime Player 來播放，iTunes 就是採取 QuickTime 做為播放技術。

- **RealVideo**：這是 RealNetworks 公司所發展的視訊檔格式，副檔名為 .rm、.rvm、.rmvb、.rmhd，可以使用 RealPlayer 來播放。

- **WMV** (Windows Media Video)：這是 Microsoft 公司所發展的視訊檔格式，副檔名為 .wmv，可以使用 Windows Media Player 來播放，擁有良好的壓縮比與視訊品質，同時具備線上串流能力並內建數位版權保護機制。

- **Ogg**：這是一個開放的視訊檔格式，由 Xiph.Org 基金會所發展，沒有專利限制，可以用來容納視訊、音訊、文字（例如字幕）等資料，副檔名為 .ogg (Vorbis 音訊)、.ogv (Theora 視訊)、.oga (只包含音效)、.ogx (只包含程式)，諸如 Opera、FireFox、Chrome 等瀏覽器均支援 Ogg 格式，不需要安裝外掛程式。

- **WebM**：這是由 Google 所贊助的專案，目的是發展一個開放的視訊檔格式，採取 On2 Technologies 研發的 VP8、VP9 視訊編解碼器和 Xiph.Org 基金會研發的 Vorbis、Opus 音訊編解碼器，副檔名為 .webm，諸如 Opera、FireFox、Chrome 等瀏覽器均支援 WebM 格式。

由於影片結合了視訊串流和音訊串流，因此，影音播放程式需要**視訊編解碼器** (video codec) 來解譯視訊串流，以及**音訊編解碼器** (audio codec) 來解譯音訊串流，例如 MP3、AAC、Vorbis、Opus 等。順便一提的是音訊有**聲道** (channel) 的概念，而視訊沒有，大多數的音訊編解碼器至少可以處理左右兩個聲道，有些為了營造環繞音效，還會提供更多聲道。

至於視訊編解碼器的種類也相當多，常見的如下：

- **H.264**：又稱為 **MPEG-4 AVC** (MPEG-4 Part 10, Advanced Video Coding)，受到專利保護，產品製造廠商和服務提供廠商必須支付授權費。目前藍光光碟和一些數位電視、網路串流媒體已經將 H.264 納入必須的視訊編碼技術。

- **H.265**：又稱為 **HEVC** (High Efficiency Video Coding)，這是 H.264 的繼任者，能夠提升影片品質，處理直播影片或 4K 影片的效率也更好。

- **Theora**：這是一個開放的視訊編碼技術，由 Xiph.Org 基金會所發展，沒有專利限制。

- **VP8、VP9**：VP8 也是一個開放的視訊編碼技術，最早由 On2 Technologies 所發展，隨後由 Google 買下 On2 並釋出，可以免費使用，而 VP9 則是 Google 為了替換掉 VP8 所推出的後續版本。

本·章·回·顧

- 電腦的資料基本單位是 0 與 1，稱為一個**位元** (bit)，而這種只有兩個值的系統稱為**二進位系統**，至於一個**位元組** (byte) 則是由 8 個位元所組成。

- 我們通常使用 KB、MB、GB、TB 等單位描述儲存裝置的容量或檔案的大小，分別是由 2^{10}、2^{20}、2^{30}、2^{40} 個位元組所組成。

- 我們通常使用 bps、Kbps、Mbps、Gbps 等單位描述通訊裝置的資料傳輸速率，分別表示每秒鐘傳送 1、1,024 (2^{10})、1,048,576 (2^{20})、1,073,741,824 (2^{30}) 個位元。

- 常見的有號整數表示法有帶符號大小 (signed-magnitude)、1's 補數、2's 補數，而電腦使用的是 **2's 補數**。

- 若要儲存包含小數或數值超過所有位元能夠表示之最大範圍的整數，可以使用**浮點數表示法** (floating-point notation)。

- 電腦內部的資料都會被編碼成一連串的位元圖樣，這些位元圖樣所代表的可能是**文字** (text)、**圖形** (image)、**聲音** (audio) 或**視訊** (video)。

- 常見的文字編碼方式有 ASCII、EASCII、EBCDIC、Unicode、繁體中文編碼 (Big5)、簡體中文編碼 (GB2312、GBK、GB18030) 等。

- **圖形** (image) 可以分為點陣圖與向量圖兩種類型，**點陣圖** (bitmap) 是由一個個小方格所組成，以矩形格線形式排列，每個小方格稱為一個**像素** (pixel)，而**向量圖** (vector graphic) 是由數學方式所產生之點、線、多邊形等幾何形狀所組成，能夠依照任意比例放大、縮小、旋轉及傾斜，不會失真或出現鋸齒狀。

- **聲音** (audio) 屬於連續的類比訊號，必須經過取樣、計量、編碼的過程，才能轉換成數位訊號。

- **視訊** (video) 指的是同步播放連續畫面與聲音，主要的類比電視廣播標準有 NTSC、PAL、SECAM，而數位電視常見的視訊標準有 SDTV、HDTV、UHDTV。

- 常見的文件檔格式有 TXT、DOC/DOCX、PDF 等。

- 常見的點陣圖檔格式有 BMP、JPEG、GIF、TIFF、PNG、PSD、RAW 等；常見的向量圖檔格式有 WMF、DXF、DWG、AI、SVG、EPS 等。

- 常見的音訊檔格式有 WAV、AIFF、MP3、WMA、AAC、Vorbis、Opus、FLAC、ALAC 等。

- 常見的視訊檔格式有 AVI、MPEG、QuickTime、RealVideo、WMV、Ogg、WebM 等。

學·習·評·量

一、選擇題

( ) 1. 下列何者為電腦的資料基本單位？
    A. 位元   B. 位元組
    C. 字元   D. 字組

( ) 2. 1GB 等於多少位元組？
    A. 2^{10} B. 2^{20}
    C. 2^{30} D. 2^{40}

( ) 3. 下列何者可以用來描述檔案的大小或硬碟的容量？
    A. bps   B. PPM
    C. KHz   D. GB

( ) 4. 電腦儲存容量 GM、KB、TB、MB 從大到小排序的結果為何？
    A. GB > MB > TB > KB
    B. TB > GB > KB > MB
    C. MB > TB > GB > KB
    D. TB > GB > MB > KB

( ) 5. 下列關於點陣圖的敘述何者錯誤？
    A. 圖形的色彩深度會影響圖形的品質
    B. 可以依照任意比例縮放而不會影響圖形的品質
    C. 可以精密展現圖形的色彩層次變化
    D. 浪費儲存空間

( ) 6. 下列何者指的是每個像素所能顯示的色彩數？
    A. 圖形尺寸   B. 解析度
    C. 列印尺寸   D. 色彩深度

( ) 7. 下列何者適合用來壓縮音訊？
    A. PSD   B. GIF
    C. MP3   D. JPEG

( ) 8. 下列何者支援透明度與動畫？
    A. GIF   B. BMP
    C. JPEG   D. TIFF

( ) 9. 下列哪種編碼方式可以用來表示不同語系的文字？
    A. EBCDIC   B. ASCII
    C. Unicode   D. BIG5

(　　) 10. 下列關於向量圖的敘述何者正確？

        A. 適合儲存照片

        B. 以高倍率放大時容易產生鋸齒狀

        C. 由數學方式產生之幾何形狀所組成

        D. 必須搭配 JPEG、GIF 等壓縮技術來減少檔案大小

(　　) 11. 下列何者是採取無失真壓縮？

        A. WAV   B. FLAC

        C. MP3   D. AAC

(　　) 12. 所謂「4K 電視」是採取下列哪個視訊標準？

        A. PAL   B. UHDTV

        C. NTSC   D. HDTV

(　　) 13. 下列有關時間或儲存容量的換算何者錯誤？

        A. 1PB = 1024TB   B. 1EB = 2^{60}B

        C. 1 毫秒 = 10^{-6} 秒   D. 1 奈秒 = 10^{-9} 秒

(　　) 14. 下列哪種編碼方式無法顯示中文字？

        A. ASCII   B. BIG5

        C. Unicode   D. UTF-8

(　　) 15. 下列關於文字表示法的敘述何者錯誤？

        A. ASCII-8 的編碼長度是 8 位元   B. BIG5 的編碼長度是 16 位元

        C. Unicode 的編碼長度是 16 位元 D. UTF-8 的編碼長度是 8 位元

(　　) 16. 下列何者不是視訊檔格式？

        A. MPEG   B. WMV

        C. PNG   D. AVI

(　　) 17. 下列何者為 $6\frac{5}{8}$ 的二進位表示法？

        A. 110.101   B. 110.11

        C. 110.011   D. 100.101

(　　) 18. 假設一間學校有 1000 個學生，至少需要多少位元來編碼學號？

        A. 9   B. 10

        C. 11   D. 12

(　　) 19. 以 600PPI 的裝置輸出 3266×2450 的數位照片會得到多大的結果？

        A. 5.12×7.24   B. 5.44×4.08

        C. 6.34×4.52   D. 8.32×6.36

( ) 20. 假設要以 4 位元 2's 補數表示 +8，下列何者正確？

A. 1000　　　　　　　　　　　B. 1111

C. 0100　　　　　　　　　　　D. 無

( ) 21. 假設電腦以 8 位元 2's 補數表示整數，則 -251 應該表示為下列何者？

A. 11111011　　　　　　　　　B. 11111001

C. 00000101　　　　　　　　　D. 00011010

( ) 22. 假設網路下載速度是 15Mbps，那麼下載一個 200GB 的檔案需要多少時間？

A. 約 2.9 小時　　　　　　　　B. 約 3.7 小時

C. 約 29 小時　　　　　　　　 D. 約 37 小時

( ) 23. 假設以 IEEE 754 Single 格式儲存一個浮點數，
試問 11000011101011100000000000000000 表示下列何者？

A. -1.010111×2^{8}　　　　　　　B. -1.010111×2^{-8}

C. 0.010111×2^{7}　　　　　　　 D. -0.010111×2^{-7}

( ) 24. MP3 的壓縮技術始於下列哪個標準？

A. H.320　　　　　　　　　　 B. AAC

C. MPEG-1　　　　　　　　　　D. HEVC

( ) 25. 在 ASCII 編碼中，若英文字母 A 對應的 16 進位數字為 41，那麼英文字母 F 對應的 10 進位數字為下列何者？

A. 71　　　　　　　　　　　　 B. 70

C. 47　　　　　　　　　　　　 D. 46

( ) 26. 假設電腦以 32 位元 2's 補數表示整數，則有效範圍為何？

A. $-2^{30} - 1 \sim 2^{30}$　　　　　　　B. $-2^{31} - 1 \sim 2^{31}$

C. $-2^{32} \sim 2^{32}$　　　　　　　　 D. $-2^{31} \sim 2^{31} - 1$

( ) 27. 一張 20×20 的 16 色彩色圖片，在沒有壓縮時，至少需要多少位元組的儲存空間？

A. 200　　　　　　　　　　　　B. 400

C. 1600　　　　　　　　　　　 D. 6400

( ) 28. 若要將一張 4×6 彩色照片掃描為 3,840,000 像素的影像檔，則掃描器的解析度應該設定為多少？

A. 200dpi　　　　　　　　　　 B. 300dp

C. 400dpi　　　　　　　　　　 D. 500dpi

二、簡答題

1. 名詞解釋：bit、byte、bps、DPI、KB、MB、GB、TB、EB、ASCII、Unicode、PDF、JPEG、MPEG、MP3、MIDI、HDTV、UHDTV。

2. 完成下列數字系統轉換：

   (1) $132.15_{10} = ($ $)_2$

   (2) $7543.65_8 = ($ $)_2$

   (3) $1101.111_2 = ($ $)_{10}$

   (4) $59C.A_{16} = ($ $)_{10}$

   (5) $11100111111.001111_2 = ($ $)_8$

   (6) $132.15_{10} = ($ $)_8$

   (7) $132.15_{10} = ($ $)_{16}$

   (8) $7543.65_8 = ($ $)_{16}$

   (9) $101110101101.10001_2 = ($ $)_{16}$

   (10) $2017.3125_{10} = ($ $)_2$

3. 簡單說明何謂點陣圖並舉出三種常見的點陣圖檔格式。

4. 簡單說明何謂向量圖並舉出三種常見的向量圖檔格式。

5. 簡單說明聲音的類比訊號如何轉換成數位訊號？

6. 簡單說明主要的類比電視廣播標準有哪幾種？而數位電視常見的視訊標準又有哪幾種？

7. 寫出 01001001 01001101 00110010 以 ASCII 解碼的結果。

8. 寫出 LUCKY 以 ASCII 編碼的結果。

9. 寫出 3428_{10} 的二進位、十六進位、1's 補數及 2's 補數表示法。

10. 假設電腦採取 IEEE 754 Single 格式儲存浮點數，試問下列數值表示哪個十進位數值？

    ```
    0 10000000 110 0000 0000 0000 0000 0000
    ```

11. 一般音樂 CD 的取樣頻率為 44.1KHz、雙聲道、取樣解析度為 16 位元，試問，一首 1 分鐘的歌曲在沒有壓縮時，需要多少儲存空間？

12. 一張 1024×1024、全彩 (約 16.7 百萬色) 的 BMP 圖檔需要多少儲存空間？

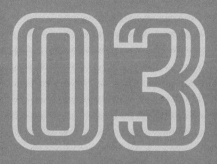

CHAPTER

03

電腦硬體

3-1 處理單元

電腦硬體的基本組成包括輸入單元、處理單元、記憶單元和輸出單元，其中**處理單元** (processing unit) 指的是**中央處理器** (CPU，Central Processing Unit)，電腦的算術運算與邏輯運算都是由它來執行。

CPU 位於一個盒狀、塑膠或金屬材質的**機殼** (case) 內，又稱為**主機**。除了 CPU 之外，主記憶體、硬碟、光碟等記憶單元，以及網路卡、音效卡、顯示卡等重要的元件亦位於主機內，而諸如鍵盤、滑鼠、螢幕、印表機、喇叭等輸入 / 輸出單元則位於主機外，然後透過纜線或紅外線、無線電等無線介面與主機連接，統稱為**周邊** (peripheral)。

3-1-1 主機板

主機板 (motherboard) 是位於主機內的**印刷電路板** (PCB，Printed Circuit Board)，一片綠色、黑色或紅色的玻璃纖維 (染料不同所致)，上面搭載 CPU 插槽、主記憶體插槽、介面卡插槽 (PCI-E…)、周邊插槽 (PS/2、USB、SATA、M.2…)、晶片組、時脈產生器、CMOS 等元件 (圖 3.1)。

晶片組 (chipset) 的功能是控制主機板上面的元件與電路，協調各個介面，內含快取介面控制器、電源管理系統、匯流排介面控制器、CPU 介面控制器、主記憶體介面控制器等裝置，而**時脈產生器** (clock generator) 是會產生固定頻率脈波的石英振盪器，諸如 CPU、主記憶體等元件都必須參考時脈做為時間計數與資料傳輸的依據。

至於 **CMOS** (Complementary Metal-Oxide Semiconductor，互補金氧半導體) 原是一種積體電路，可以用來製作處理器、記憶體等元件，而對 PC 來說，CMOS 專指儲存系統參數的晶片，這些參數包括硬碟型態、系統日期時間、開機順序等。

❶ PS/2 埠：連接 PS/2 介面的鍵盤與滑鼠

❷ USB 埠 (Type-A)：連接 USB 介面的周邊，
例如印表機、隨身碟、滑鼠、鍵盤等

❸ DP：連接螢幕

❹ HDMI：連接螢幕

❺ USB 埠 (TYPE-A)

❻ USB 埠 (TYPE-C)

❼ RJ-45 插槽：連接乙太網路線

❽ USB 埠 (TYPE-A)

❾ 內建音訊插孔

❿ 光纖 S/PDIF 輸出

⓫ Intel Wi-Fi 6

⓬ M.2 散熱器用於兩個 M.2 插槽：連接 M.2
介面的周邊，例如固態硬碟 (SSD)

⓭ PCI-E 插槽：連接音效卡、顯示卡等介面卡

⓮ SATA 插槽：連接硬碟、光碟、固態硬碟等
儲存裝置

⓯ 晶片組散熱器下面有晶片組

⓰ 電源供應器插槽

⓱ 主記憶體插槽

⓲ CPU 插槽

圖 3.1　主機板（圖片來源：ASUS）

3-1-2 中央處理器 (CPU)

中央處理器 (CPU,Central Processing Unit) 的功能是進行算術運算與邏輯運算,又稱為**微處理器** (microprocessor) 或**處理器** (processor),由下列元件所組成 (圖 3.2) :

● **控制單元** (CU,Control Unit) : CU 是負責控制資料流與指令流的電路,它可以讀取並解譯指令,然後產生訊號控制算術邏輯單元、暫存器等 CPU 內部的元件完成工作。

● **算術邏輯單元** (ALU,Arithmetic/ Logic Unit) : ALU 是負責進行算術運算與邏輯運算的電路。

● **暫存器** (register) : 暫存器是位於 CPU 內部的記憶體,用來暫時儲存目前正在進行運算的資料或目前正好運算完畢的資料。當 CPU 要進行運算時,CU 會先讀取並解譯指令,將資料儲存在暫存器,然後啟動 ALU,令它針對暫存器內的資料進行運算,完畢後再將結果儲存在暫存器。

從圖 3.2 還可以看到 CPU 是透過匯流排存取主記憶體,其中**匯流排** (bus) 是主機板上面的鍍銅電路,負責傳送電腦內部的電子訊號,而**主記憶體** (main memory) 是安插在主機板上面的記憶體,用來暫時儲存 CPU 進行運算所需要的資料或 CPU 運算完畢的資料。

請注意,暫存器和主記憶體不同,暫存器位於 CPU 內部,速度較快、容量較小,而主記憶體位於 CPU 外部,速度較慢、容量較大。

常見的 PC 處理器有 Intel Core 系列、Pentium 系列、Celeron 系列、Xeon 系列、AMD Ryzen 系列、Athlon 系列等,而時下流行的智慧型手機、平板電腦等行動裝置則內含行動處理器,除了 iPhone、iPad 所使用的 Apple A16 處理器,還有 Android 陣營的 ARM (安謀) Cortex、Qualcomm (高通) Snapdragon、NVIDIA (輝達) Tegra、聯發科行動處理器等 (圖 3.3)。

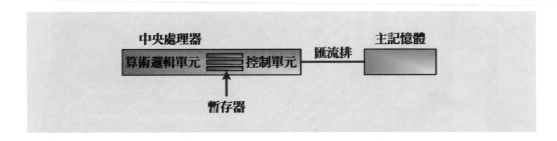

圖 3.2 CPU 的結構

(a)

(b)

圖 3.3 (a) A16 CPU (b) Core i7 CPU (圖片來源：Apple、by Eric Gaba 維基百科)

CPU 的效能

在說明如何評估 CPU 的效能之前，我們先來認識主機板上面一個重要的元件，叫做**時脈** (clock)，又稱為**系統時鐘**，這是一個類似時鐘的裝置，它每計數一次，稱為一個**時脈週期** (clock cycle)，CPU 就能完成少量工作。

在過去，完成一個指令需要多個時脈週期，但現在，一個時脈週期就能完成多個指令，而且時脈的速度非常快，通常是以 **MHz**（百萬赫茲）、**GHz**（十億赫茲）為單位，即每秒鐘幾百萬次 (10^6) 或每秒鐘幾十億次 (10^9)。

原則上，時脈速度愈快，CPU 的效能就愈佳，早期 XT 電腦的時脈速度只有 4.77MHz，而 Intel Core 電腦的時脈速度已經超過 3GHz。不過，我們不能純粹以時脈速度來做比較，例如 Celeron 600MHz 就不一定比 PowerPC G5 400MHz 快，因為兩者的設計架構不同。

除了 MHz、GHz 之外，CPU 的速度也可以使用下列幾個單位來描述：

- **MIPS** (Million Instructions Per Second)：每秒鐘能執行幾百萬個指令，適用於 PC、工作站或大型電腦。

- **MFLOPS** (Million Floating Operations Per Second)：每秒鐘能執行幾百萬個浮點數運算，適用於需要大量浮點數運算的機器，例如超級電腦。

- **TPS** (Transactions Per Second)：每秒鐘能執行幾個交易，適用於商業交易機器。

至於電腦的效能則主要是取決於 CPU 的效能，但也會受到其它元件的影響，例如主記憶體的多寡、快取記憶體的多寡、匯流排的速度、儲存裝置與主記憶體之間的資料傳輸速率等。

CPU 的相關規格

● **外頻、內頻、倍頻**：「外頻」是 CPU 存取主記憶體、晶片組等外部元件的工作頻率，例如 800、1066、1333MHz，頻率愈高，速度就愈快；「內頻」是 CPU 內部執行運算的工作頻率，通常是外頻的倍數，而此倍數稱為「倍頻」。舉例來說，假設 CPU 的內頻為 3.2GHz，外頻為 800MHz，則倍頻為 3.2GHz／800MHz＝4。

● **封裝**：CPU 是一顆晶片，需要包裝起來以茲保護，並提供腳位與外界溝通，這就叫做「封裝」。封裝方式有很多種，例如 **DIP** (Dual Inline Package) 是晶片的針腳呈兩排平行向下插的形式、**SECC** (Single Edge Contact Cartridge) 是晶片呈卡匣的形式、**PGA** (Pin Grid Array) 是將針腳鑲在晶片上、**LGA** (Land Grid Array) 是將針腳移到主機板上面的 CPU 插槽，CPU 本身只有許多訊號接觸點 (圖 3.4(a))。

● **核心數目**：早期的 CPU 只有單核心，而現在的 CPU 則是以**多核心** (multi-core) 為主，也就是將多個獨立的處理器封裝在同一顆晶片以提升效能，例如雙核心、四核心等。

● **CPU 插槽** (CPU socket)：這是主機板上面用來安插 CPU 的插槽 (圖 3.4(b))，不同的主機板可能會有不同形式的 CPU 插槽，而即便是相同形式，也不見得能夠安插相同的 CPU，還得視晶片組的功能而定。對於採取 PGA 封裝方式的 CPU 來說，其針腳是鑲在 CPU 上，安裝時只要將 CPU 的針腳插到 CPU 插槽即可，例如 AMD Ryzen 的 CPU 插槽稱為 Socket AM5；反之，對於採取 LGA 封裝方式的 CPU 來說，其針腳是位於 CPU 插槽，安裝時只要將 CPU 固定在 CPU 插槽即可，例如 Intel Core i7-7700 的 CPU 插槽稱為 LGA 1151，其中 1151 表示針腳數目。

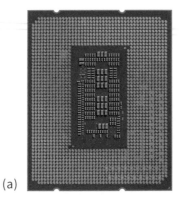

(a)

(b)

圖 3.4 (a) Core i7 CPU 採取 LGA 封裝方式 (圖片來源：by Eric Gaba 維基百科) (b) CPU 插槽

● **快取記憶體** (cache memory)：這是介於 CPU 與主記憶體之間的記憶體，存取速度較快，成本也較高。CPU 在進行運算時會到主記憶體存取資料，雖然現階段主記憶體的速度已經相當快，但與 CPU 的工作頻率動輒數 GHz 相比，仍落後不少，因而在 CPU 與主記憶體之間加入速度較快的快取記憶體，以暫時儲存最近存取過或經常存取的資料，當 CPU 需要資料時，就先到快取記憶體找，若找不到，才到主記憶體找。

早期快取記憶體又分為 **L1 快取** (Level 1 cache、internal cache)、**L2 快取** (Level 2 cache、external cache)、**L3 快取** (Level 3 cache) 等層次，目前 L1 快取和 L2 快取已經整合於 CPU，而在 CPU 廠商提供的規格中，快取記憶體指的是 L3 快取，通常有數十 MB。

● **匯流排寬度** (bus width)：匯流排是主機板上面的鍍銅電路，負責傳送電腦內部的電子訊號，而匯流排寬度指的是這些電路在同一時間內能夠傳送多少位元，寬度愈大，傳送速度就愈快。基本上，匯流排寬度取決於 CPU 的設計，例如 Intel Core CPU 的匯流排寬度為 64 位元。

● **字組大小** (word size)：這是 CPU 一次能夠解譯並執行的位元數目，所謂 8、16、32 或 64 位元 CPU 就是一次最多能夠處理 8、16、32 或 64 位元的 CPU。字組大小通常和匯流排寬度相同，但也有例外，例如 Intel Pentium 的匯流排寬度為 64 位元，但卻是 32 位元 CPU，因為它一次最多能夠處理 32 位元。目前 PC 已經從 32 位元 CPU 和 32 位元作業系統 (例如 Windows 9x)，演進到 64 位元 CPU 和 64 位元作業系統 (例如 Windows 11)。

表 3.1 PC 處理器的匯流排寬度與字組大小

CPU	匯流排寬度	字組大小
8088	8bits	8bits
80286	16bits	16bits
80386	32bits	32bits
80486	32bits	32bits
Intel Pentium	64bits	32bits
Intel Pentium Pro/II/!!!/4、Celeron、Celeron D	64bits	32bits
AMD Duron、Athlon、Athlon XP、Sempron	64bits	32bits
Intel Itanium、Xeon、Core 系列	64bits	64bits
AMD Athlon II、Opteron、Phenom、FX、A 系列、Ryzen	64bits	64bits

3-1-3 連接埠與介面卡

市面上有許多不同造型的主機，圖 3.5 是主機的正面，上面有**數個按鈕、燈號、**光碟機或 USB 等連接埠，而圖 3.6 是主機的背面，上面有許多**連接埠** (port) 與**插槽** (slot)。

這些連接埠與插槽有一部分內建於主機板，例如圖 3.1 的 PS/2、USB、HDMI、DP、PCI-E、SATA、M.2 等插槽，另一部分則取決於主機板上面安插了哪些**介面卡** (interface)，又稱為**控制卡** (controller)，例如網路卡通常是安插在主機板的 PCI-E 插槽，提供了用來連接網路線的 RJ-45 插槽。

此外，符合 PC97 ~ PC2001 規格的主機板會以顏色來區分連接埠與插槽，這是 Microsoft 公司和 Intel 公司聯合制定的規格，目的是鼓勵 PC 硬體標準化，以提升與視窗作業系統的相容性，同時針對 PC 的連接埠與插槽制定顏色碼，以方便使用者尋找及判斷，例如 PS/2 鍵盤插槽為紫色、PS/2 滑鼠插槽為綠色。

❶ 光碟機

❷ 退出按鈕：按下此鈕可以退出或收回光碟片的托盤

❸ 耳機或喇叭插孔

❹ 麥克風插孔

❺ USB 埠：連接 USB 介面的周邊，例如數位相機、隨身碟等

❻ 硬碟指示燈：當電腦正在讀寫硬碟的資料時，此燈會閃爍或持續亮起

❼ 電源按鈕：按下此鈕可以啟動或關閉電腦

❽ 電源指示燈：電腦開機時會亮起

圖 3.5 主機的正面

❶ 主電源插座：連接電源線

❷ 散熱風扇：移除主機內部的高溫

❸ PS/2 鍵盤插槽（紫色）

❹ PS/2 滑鼠插槽（綠色）

❺ HDMI：連接螢幕

❻ D-sub：連接螢幕

❼ USB 埠：連接 USB 介面的周邊

❽ eSATA：連接外接式硬碟、光碟機等

❾ USB 埠：連接 USB 介面的周邊

❿ RJ-45 插槽：連接乙太網路線

⓫ 內建音訊插孔

　　◉ 麥克風插孔（粉紅色）

　　◉ 音訊輸出插孔（淺綠色，連接耳機、喇叭等音訊輸出裝置）

　　◉ 音訊輸入插孔（淺藍色，連接 MIDI 裝置、錄音機、音響等音訊輸入裝置）

⓬ 如有安插其它介面卡，則會在此處出現相關插槽

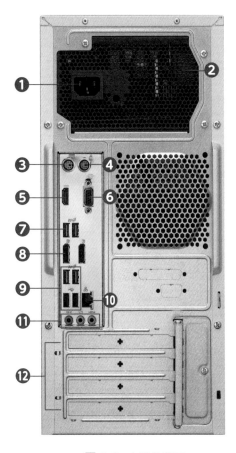

圖 3.6　主機的背面

常見的連接埠與插槽

● **硬碟與光碟控制介面**：SATA (Serial ATA) 介面可以用來連接內接式的硬碟、光碟與固態硬碟，**eSATA** (external SATA) 介面可以用來連接外接式的硬碟、光碟與固態硬碟，而 **mSATA** (mini-SATA) 和 **M.2** 介面可以用來連接固態硬碟。

● **PCI-E 插槽**：PC 的匯流排標準歷經數次沿革，包括 ISA (Industry Standard Architecture)、MCA (MicroChannel Architecture)、EISA (Extended Industry Standard Architecture)、VL (VESA Local bus)、PCI (Peripheral Component Interconnect)、AGP (Accelerated Graphics Port)、PCI-E (PCI Express、PCIe) 等，目前是以 PCI-E 為主，可以用來安插網路卡、音效卡、顯示卡等介面卡。

● **PS/2 埠**：PS/2 埠有紫色和綠色兩個，分別用來連接 PS/2 鍵盤及 PS/2 滑鼠，現在許多主機板已經改成共用。

- **序列埠** (serial port，COM1/COM2)：早期曾用來連接滑鼠等周邊，由於傳輸速率慢，目前已經很少看到。

- **平行埠** (parallel port，LPT)：早期曾用來連接印表機等周邊，由於傳輸速率慢，目前已經很少看到。

- **內建音訊插孔**：當主機板內建音效晶片時，就會有這些插孔，可以用來連接麥克風、耳機、喇叭、MIDI 裝置、錄音機、音響等音訊裝置。

- **USB** (Universal Serial Bus)：USB 介面最多可以串接 127 個周邊，例如鍵盤、滑鼠、印表機、隨身碟、行動硬碟、讀卡機、數位相機、數位攝影機等，支援**隨插即用** (plug and play) 與**熱抽換** (hot swapping)，作業系統能夠偵測到使用者在開機狀態下所抽換的周邊，無須重新啟動電腦。

  USB 1.0/1.1 的傳輸速率為 1.5M/12Mbps，USB 2.0 的傳輸速率提升至 480Mbps，而 USB 3.0/3.1/3.2/4.0 的傳輸速率更大幅提升至 5G/10G/20G/40Gbps。至於 USB 接頭則有 **Type-A**、**Type-B**、**Type-C** 等類型，前兩者有分正反面，而新型的 USB Type-C 不分正反面，使用起來更方便。

常見的介面卡

- **網路卡**：網路卡可以將電腦內部的資料轉換成傳輸媒介所能傳送的訊號，或將傳輸媒介傳送過來的訊號轉換成電腦所能處理的資料。

外接式網路卡通常是連接到 USB 埠，而內接式網路卡通常是安插在 PCI-E 插槽，提供了用來安插乙太網路線的 RJ-45 插槽。

- **音效卡**：音效卡可以將電腦內部的資料轉換成喇叭所能播放的類比聲音，或將麥克風或錄音得到的類比聲音轉換成電腦所能處理的資料。

外接式音效卡通常是連接到 USB 埠，而內接式音效卡通常是安插在 PCI-E 插槽，提供了和內建音效晶片類似的插孔。

- **顯示卡**：顯示卡可以將電腦內部的資料轉換成顯示器所能顯示的訊號。外接式顯示卡通常是連接到 USB 埠，而內接式顯示卡通常是安插在 PCI-E 插槽，提供了用來安插顯示器訊號線的 D-sub、DVI、HDMI、DP、USB Type-C 等插槽。

顯示卡的處理單元叫做**顯示晶片** (video chipset)，最初只是單純地進行訊號轉換，後來發展出繪圖運算與圖形加速的功能。為了減少對 CPU 的依賴，並分擔 CPU 的影像處理工作，NVIDIA（輝達）率先提出 **GPU** (Graphics Processing Unit，圖形處理器) 的概念，這是一種在 PC、工作站、遊戲機或行動裝置上執行繪圖運算的微處理器，可以嵌入於獨立顯示卡或內建於主機板，包括 Microsoft Azure 的雲端 AI 超級電腦也是使用 NVIDIA 的 GPU。

至於常用的顯示器介面，早期的映像管螢幕 (CRT) 接收類比訊號，所以是使用 **D-sub** 介面的類比輸出端子將視訊資料傳送給顯示器，而之後的液晶螢幕 (LCD) 接收數位訊號，所以是改用 **DVI** (Digital Visual Interface) 介面的數位輸出端子。

目前普遍的 **HDMI** (High Definition Multimedia Interface) 是為了欣賞高解析度影像所衍生出來的數位影音傳輸介面，特點是整合影音訊號一起傳送，和傳統的影音訊號分離傳送不同，應用於 PC、藍光播放機、遊戲機、數位音響、數位電視、機上盒等。

HDMI 工作小組於 2013 年提出 2.0 版，頻寬從 10.2Gbps 提升到 18Gbps，並支援 4K 解析度、21:9 長寬比、32 聲道、4 組音訊流、雙畫面等功能。之後 HDMI 工作小組於 2017 年提出 2.1 版，頻寬提升到 48Gbps，支援 8K 解析度和 HDR (High Dynamic Range Imaging，高動態範圍成像)，可以針對場景進行優化。

另外還有 **DP** (DisplayPort)，這是和 HDMI 一樣屬於數位影音傳輸介面，可以透過專用的訊號線同時傳送影像與聲音，支援 8K 解析度、3D 立體輸出和螢幕串接功能。

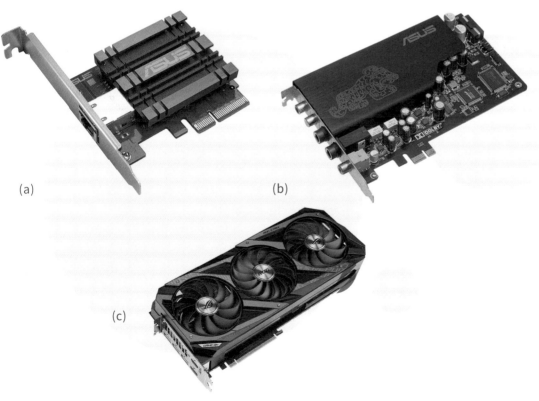

(a)　(b)　(c)

圖 3.7　(a) 網路卡　(b) 音效卡　(c) 顯示卡 (圖片來源：ASUS)

3-2 記憶單元

記憶單元 (memory unit) 用來儲存處理單元進行運算時所需要的資料或程式,以及儲存處理單元運算完畢的結果,又分為「記憶體」和「儲存裝置」兩種類型。

3-2-1 記憶體

記憶體 (memory) 可以用來暫時儲存資料,例如暫存器、快取記憶體、主記憶體等。

我們可以根據儲存能力與電源的關係,將記憶體分為 RAM 和 ROM 兩種:

● **RAM** (Random Access Memory,隨機存取記憶體):RAM 屬於**揮發性** (volatile) 記憶體,在中斷電源後,所儲存的資料會消失。RAM 又分為下列兩種:

■ **DRAM** (Dynamic RAM,動態隨機存取記憶體):DRAM 是利用**電容** (capacitor) 內儲存的電荷多寡來表示 0 或 1,所謂「動態」是因為電容內的微小電荷容易流失,必須週期性的充電更新,電腦的主記憶體就是使用 DRAM。原則上,電腦的主記憶體數量愈多,速度就愈快,至於電腦支援多少主記憶體,則視其設計架構及作業系統而定。

■ **SRAM** (Static RAM,靜態隨機存取記憶體):所謂「靜態」是相對 DRAM 的命名而來,因為 SRAM 所儲存的資料無須週期性的充電更新,其存取速度比 DRAM 快,成本比 DRAM 高,電腦的快取記憶體就是使用 SRAM。

● **ROM** (Read Only Memory,唯讀記憶體):ROM 屬於**非揮發性** (nonvolatile) 記憶體,在中斷電源後,所儲存的資料不會消失。ROM 又分為下列幾種:

■ **PROM** (Programmable ROM,可程式化唯讀記憶體):PROM 可以透過燒錄器來寫入資料,只能寫入一次,無法抹除或更新資料。

■ **EPROM** (Erasable PROM,可抹除可程式化唯讀記憶體):EPROM 可以透過紫外線照射來抹除資料,然後透過燒錄器再次寫入或更新資料。

■ **EEPROM** (Electronically EPROM,電子式可抹除可程式化唯讀記憶體):EEPROM 可以透過電流來寫入、抹除或更新資料。

■ **快閃記憶體** (flash memory):快閃記憶體是一種特殊的 EEPROM,只是 EEPROM 在寫入資料時是一次寫入一個位元組,而快閃記憶體是一次寫入一個區塊,不僅速度較快,而且使用者可以自行升級,因此,現代電腦遂改用快取記憶體取代 EEPROM 來儲存 BIOS。

BIOS (Basic Input/Output System) 是一套讓作業系統和電腦硬體溝通的低階程式,負責開機管理、電源管理、隨插即用、硬碟測試、CMOS 設定等工作。當電源打開時,BIOS 會先進行基本的硬體測試,接著到儲存裝置尋找作業系統,然後利用開機程式將作業系統的核心載入主記憶體,再將 CPU 的使用權交給作業系統。

除了前述的種類之外，我們也可以根據記憶體所在的位置、用途、速度及容量，將記憶體劃分成如圖 3.8 的階層：

● **暫存器** (register)：這是位於 CPU 內部的記憶體，用來暫時儲存目前正在進行運算的資料或目前正好運算完畢的資料，速度最快、容量最小。

● **快取記憶體** (cache memory)：這是介於 CPU 與主記憶體之間的記憶體 (通常內建於 CPU)，用來暫時儲存最近存取過或經常存取的資料，當 CPU 需要資料時，就先到快取記憶體找，若找不到，才到主記憶體找，速度居中、容量居中。

● **主記憶體** (main memory)：這是以晶片的形式安插在主機板的記憶體，位於 CPU 外部，中間透過匯流排來存取，用來暫時儲存 CPU 進行運算所需要的資料或 CPU 運算完畢的資料，速度較慢、容量較大。

註：DRAM 又分為 FPM RAM (Fast Page Mode RAM)、EDO RAM (Extended Data Output RAM)、Burst EDO RAM、SDRAM (Synchronous DRAM)、VCM (Virtual Channel Memory)、DRDRAM (Direct Rambus DRAM)、DDR SDRAM (Double Data Rate SDRAM) 等種類，其中以 DDR SDRAM 為主流，之後更一步發展出 DDR2 SDRAM、DDR3 SDRAM、DDR4 SDRAM 和 DDR5 SDRAM，不僅時脈頻率與傳輸速率大幅提升，晶片顆粒愈小，工作電壓也愈低。

圖 3.8　記憶體的階層

圖 3.9　DDR5 SDRAM (圖片來源：Kingston)

3-2-2 儲存裝置

儲存裝置 (storage device) 可以用來長時間儲存資料，例如硬碟、光碟、隨身碟、記憶卡、固態硬碟等，以下有進一步的說明。

硬碟

硬碟 (hard disk) 可以用來存放作業系統、應用軟體與資料（圖 3.10(a)），內部構造包含碟片、存取臂、讀寫頭及主軸馬達（圖 3.10(b)），碟片的上下表面塗有一層磁性薄膜供讀寫，而存取臂可以移動讀寫頭快速找到資料，當主軸馬達高速轉動時，會帶動氣流產生浮力，使讀寫頭浮在碟片上方或下方，然後沿著碟片上表面或下表面走過一圈圓形軌跡，以讀取或寫入資料，該圓形軌跡叫做**磁軌** (track)，磁軌又分割為多個圓弧，稱為**磁區** (sector)，這是讀寫硬碟資料的最小單位，每個磁區的容量均相同，通常為 512 位元組，而數個磁區的集合則叫做**磁簇** (cluster)。

以下是幾個與硬碟相關的名詞：

● **尺寸** (size)：桌上型電腦的硬碟尺寸通常為直徑 3.5 或 2.5 吋，而筆記型電腦的硬碟尺寸通常為直徑 2.5 或 1.8 吋。

● **容量** (capacity)：硬碟的容量愈大，儲存的資料就愈多，通常是以 GB (10^9Bytes) 或 TB (10^{12}Bytes) 為單位。

● **硬碟控制介面** (HDC，Hard Disk Controller)：平常所說的硬碟泛指硬碟本身、HDC 及排線，HDC 通常內建於主機板，所以還需要一條排線連接硬碟與 HDC。內接式硬碟的 HDC 有 ATA (IDE)、SATA (Serial ATA) 等，而外接式硬碟的 HDC 有 eSATA、USB 等。

● **轉速** (spindle speed)：這是硬碟內部主軸馬達的轉動速度，以 RPM (Revolutions Per Minute) 為單位（每分鐘轉動幾圈），轉速愈高，存取效率就愈佳，目前 SATA 介面的硬碟轉速是以 7200RPM 為主。

(a)

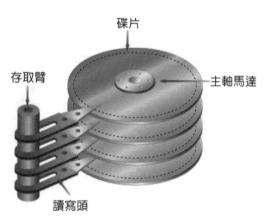

(b)

圖 3.10　(a) 硬碟 (圖片來源：Seagate)　(b) 硬碟的內部構造

資訊部落

常見的磁碟管理工作

■ **磁碟格式化** (disk formatting)：這是對磁碟進行初始化的動作，又分為**低階格式化**與**高階格式化**，前者是劃分磁碟的磁軌與磁區，使磁碟具有儲存能力，又稱為**實體格式化** (physical formatting)，而後者是建立磁碟的檔案系統，完成高階格式化，磁碟就可以用來儲存資料。

■ **磁碟分割** (disk partitioning)：由於硬碟容量動輒數百 GB，為了方便管理，我們通常會將它劃分為幾個**分割磁區** (partition)，每個分割磁區就像獨立的小硬碟，擁有各自的磁碟代號，例如一個 500GB 的硬碟可以劃分為三個大小為 150、150、200GB 的分割磁區，磁碟代號為 C:、D:、E:，分別用來存放作業系統、應用軟體和資料，若要重新劃分，可以再次進行磁碟分割。

■ **磁碟掃描** (disk scanning)：若磁碟的檔案或資料發生損毀、遺失或壞軌等錯誤情況，我們可以試著進行磁碟掃描修復錯誤。比方說，當磁碟掃描程式檢查到壞軌時，會試著將壞軌的資料搬移到其它磁軌（不一定成功），然後將壞軌標示起來，避免日後再度寫入資料，造成無法讀取。

■ **磁碟重組** (disk defragmenting)：作業系統在將資料寫入硬碟時，並不要求連續空間，但長時間下來，硬碟的磁軌會因為資料的寫入或刪除而變得不連續，造成讀寫速度變慢，此時，只要進行磁碟重組，將經常使用的程式或資料存放在連續空間即可。

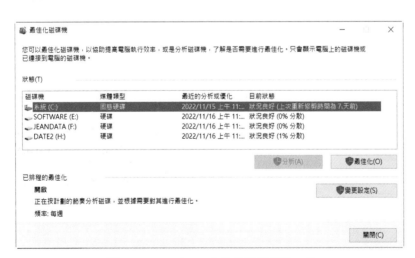

圖 3.11 Windows 內建的磁碟重組工具

光碟

光碟 (optical disk) 是在聚碳酸酯塑料基板上覆蓋一層反射鋁質,藉由不同的反射面來記錄資料,所以光碟其實不是光滑平整的,而是有很多凹點 (dent) 和凸點 (pit),當要讀取資料時,可以將光碟放入光碟機高速轉動,讓讀取頭發出雷射光束照射光碟,若照射到凹點,雷射光束會反射回去,表示訊號 1,若照射到凸點,雷射光束會散開,表示訊號 0,最後再將這些訊號轉換成資料。

常見的光碟類型如下:

● **CD** (Compact Disc):CD 起源於飛利浦公司與 SONY 公司於 1980 年所提出的 Audio CD(音樂光碟),用來儲存數位音樂。CD 的直徑約 12 公分、容量約 650MB、播放時間約 74 分鐘,迄今仍是商業錄音主要的儲存媒體。後來 CD 被電腦系統用來儲存資料,而且 CD 光碟機讀取資料的速度是以**倍速**為單位,倍速愈高,讀取速度就愈快,單倍速的讀取速度為每秒鐘 150KB。

根據不同的讀寫特性,CD 又分為下列幾種:

■ **CD-ROM** (CD-Read Only Memory):CD-ROM 是唯讀光碟,所儲存的資料是預先壓製的,使用者只能讀取資料,不能寫入資料。

■ **CD-R** (CD-Recordable):CD-R 是可錄式光碟,燒錄器利用雷射光束將凹點燒錄到 CD-R 光碟的有機染料以寫入資料,同一個位置只能寫入一次,而且無法抹除。

■ **CD-RW** (CD-ReWritable):CD-RW 也是可錄式光碟,燒錄器利用三種不同能量的雷射光束將凹點燒錄到 CD-RW 光碟的金屬混合物以寫入資料,同一個位置能夠重複寫入,而且能夠抹除。

● **VCD** (Video CD):VCD 的外觀與容量均和 CD-ROM 類似,使用者也是只能讀取資料,不能寫入資料,不同的是 VCD 採取 MPEG-1 編碼技術儲存影音資料,影片解析度為 352×240 像素。

(a)   (b)

● DVD (Digital Video Disc)：DVD 的直徑約 12 公分，單面單層的容量約 4.7GB，單面雙層的容量約 8.5GB，雙面雙層的容量約 17GB，採取 MPEG-2 編碼技術儲存影音資料，影片解析度為 720×480 像素。DVD 光碟機讀取資料的速度也是以倍速為單位，單倍速的讀取速度為每秒鐘 1350KB。

DVD 的原始規格包含下列幾個子規格，其中 DVD-Video 順利成為市場主流，而在燒錄規格上則有 DVD-R/RW、DVD+R/RW、DVD-RAM 等：

- DVD-ROM（儲存資料）
- DVD-Video（儲存影像）
- DVD-Audio（儲存音樂）
- DVD-R（寫入一次）
- DVD-RAM（重複寫入）

● BD (Blu-ray Disc，藍光光碟)：相較於 DVD 是使用紅色雷射光，BD 則是使用波長較短的藍色雷射光，所以能夠儲存更高容量的影音資料，例如單層 BD 的容量為 25GB，能夠錄製長達 4 小時的高解析度影片，雙層 BD 及四層 BD 的容量更高達 50GB 和 100GB，而且 BD 可以透過藍光燒錄器寫入資料，又分為單次寫入的 BD-R 和重複寫入的 BD-RE，至於擴充規格 BDXL 的容量則分為單次寫入的三層 100GB/ 四層 128GB 和重複寫入的三層 100GB。

藍光光碟聯盟 (BDA) 於 2015 年宣布以超高畫質藍光光碟 (Ultra HD Blu-ray) 做為下一代格式，容量有單層 50GB、雙層 66GB 及三層 100GB，支援 4KUHD (3840×2160) 影片，擁有比 BD 更寬廣的色域、更高對比度的場景，Microsoft XBOX One S 是首款支援超高畫質藍光光碟播放的遊戲機。

(c)

(d)

圖 3.12 (a) 藍光光碟標誌 (b) 內接式藍光光碟機 (c) 外接式 DVD 光碟機 (d) 外接式藍光光碟機 (圖片來源：ASUS)

固定狀態儲存裝置

固定狀態儲存裝置 (solid state storage device) 是使用非揮發性記憶體晶片儲存資料，有別於傳統的磁性儲存裝置（例如硬碟）和光學儲存裝置（例如光碟），常見的如下：

● **隨身碟**：隨身碟是使用快閃記憶體儲存資料，通常透過 USB 介面進行存取，具有輕薄短小、可靠度高、隨插即用、熱抽換、重複讀寫等特點，因而取代了不少容量在 GB 以下的可攜式儲存裝置，例如軟碟、ZIP、MO 等。目前更朝多功能的方向發展，例如音樂播放器、數位錄音筆、語言學習機等。

● **記憶卡**：記憶卡也是使用快閃記憶體儲存資料，呈卡片或方塊形狀，廣泛應用於數位相機、數位攝影機、手機的擴充卡、多媒體播放器、掌上型遊戲機等裝置，常見的格式有 Secure Digital (SD)、CompactFlash (CF)、xD (extreme Digital) 等。

● **固態硬碟** (SSD，Solid State Drive)：固態硬碟和傳統的硬碟不同，它是使用快閃記憶體儲存資料，沒有碟片、存取臂、主軸馬達、讀寫頭等機械構造，優點是讀寫速度快、體積小、無噪音、低功耗、抗震動，缺點則是成本較高、容量較小、有讀寫次數限制、故障救回資料的機率較低。

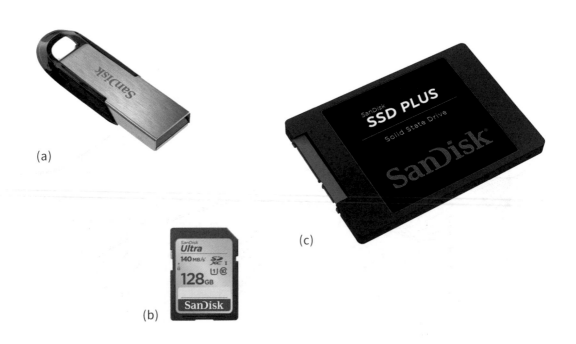

(a)

(b)

(c)

圖 3.13 (a) 隨身碟 (b) 記憶卡 (c) 固態硬碟 (圖片來源：SanDisk)

3-3 輸入單元

輸入單元 (input unit) 可以接收外面的資料，包括文字、圖形、聲音與視訊，然後將這些資料轉換成電腦能夠讀取的格式，傳送給處理單元做運算。生活中隨處可見各式輸入裝置，例如桌上型電腦的鍵盤與滑鼠、筆記型電腦的觸控板或指向桿、從事美術設計的繪圖板、遊戲機的控制器或體感操作介面、行動裝置的觸控螢幕、光學記號辨識 (OMR)、條碼、QR 碼、智慧卡、手寫辨識、指紋辨識、臉部辨識、語音辨識、眼球追蹤、數位相機、數位攝影機、掃描器、Webcam、虛擬實境所使用的頭盔、感應手套等生物回饋裝置。

3-3-1 鍵盤

鍵盤 (keyboard) 是多數電腦必備的輸入裝置之一，早期的鍵盤只有 101 鍵，而在 Windows 9x 普及後，鍵盤上多出三顆 Windows 9x 專用鍵，成為 **104KEY 鍵盤**。至於**多媒體鍵盤** (multimedia keyboard) 則又比 104KEY 鍵盤多出一些功能鍵，例如關機、切換至睡眠狀態、喚醒、開機、調整音量、上網等。

鍵盤的內部構造如下：

- **機械式**：這種鍵盤的每個按鍵都有一個獨立的機械軸，敲打時會發出清脆的聲音，優點是使用壽命較長，手感較佳，缺點則是成本較高，而且不防水，若不小心進水，可能導致機械軸生鏽或電路板短路。

- **薄膜式**：這種鍵盤的內部有一層橡膠帽和三片薄膜，由上至下分別為正極電路、塑膠片和負極電路，使用者一敲打按鍵，上方與下方薄膜會接觸通電，產生訊號傳送給電腦。薄膜式鍵盤敲打時比較安靜，而且橡膠帽具有防水功能。

目前有線鍵盤通常是連接到 USB 埠或 PS/2 埠，而無線鍵盤則是透過紅外線或無線電進行傳輸（例如藍牙），這種鍵盤本身有一個發射器，同時要安裝鹼性電池，而接收器大多是連接到 USB 埠。

圖 3.14　鍵盤　ⓐ 功能鍵區　ⓑ 打字鍵區　ⓒ 編輯鍵區　ⓓ 數字及編輯鍵區

3-3-2 指向裝置

指向裝置 (pointing device) 是藉由控制螢幕上的**指標** (pointer)，又稱為**游標** (cursor)，來達到輸入、執行、拖曳、搬移等動作。不同的指標形狀表示不同的動作，例如在 Windows 環境下，I為選取文字指標，🖑為選取超連結指標。常見的指向裝置有滑鼠、觸控板、指向桿、軌跡球、搖桿、方向盤等。

滑鼠

對剛開始接觸電腦的人來說，鍵盤的操作並不是很直覺，尤其是在鍵盤上找出所要輸入的字元，著實不容易，但**滑鼠** (mouse) 就不一樣了，只要手握滑鼠，然後輕輕移動，便能快速完成工作。

目前有線滑鼠通常是連接到 USB 埠或 PS/2 埠，而無線滑鼠則是透過紅外線或無線電進行傳輸（例如藍牙），和無線鍵盤一樣。

滑鼠的運作原理如下：

● **機械式** (mechanical)：機械式滑鼠底部有一顆圓球，它會隨著滑鼠的移動而滾動，然後藉由圓球的滾動，轉動 X 軸與 Y 軸上的光柵欄轉盤，進而計算滑鼠的移動方向和距離。由於靈敏度較差，而且使用久了圓球會沾粘灰塵，使用者必須自行除塵，所以現在幾乎看不到機械式滑鼠。

● **光學式** (optical)：早期的光學式滑鼠底部有一個發光體和感光器，必須搭配印有特殊細微格欄的滑鼠墊來反射發光體發出的光線，感光器才能計算滑鼠的移動方向和距離，不僅成本較高，而且滑鼠墊一旦遺失或污損，滑鼠就不能使用了。

(a)

(b)

之後經過不斷的改良，光學式滑鼠終於突破限制，能夠在金屬、瓷磚、玻璃、透明膠片等不易操作的光滑表面上平順使用，無須搭配特殊滑鼠墊，同時也不像機械式滑鼠有除塵的困擾，遂取代機械式滑鼠。

光學式滑鼠的發光體主要有紅色 LED (Light Emitting Diode，發光二極體)、藍色 LED 和雷射二極體 (LD，Laser Diode)，其中藍色 LED 的波長短，反射回來的影像解析度較高，而雷射二極體的光束有方向性且照射範圍小，因此，兩者的表面追蹤及辨識能力均比紅色 LED 來得好。

觸控板、指向桿

觸控板 (touchpad)、**指向桿** (pointing stick) 都是應用於筆記型電腦的指向裝置，其中觸控板是一片矩形的壓力感應裝置，而指向桿是安裝在鍵盤上 G、H 鍵中間的壓力感應裝置。

這些指向裝置共同的特點是對壓力的變化均相當敏感，能夠辨識手指頭觸碰及敲按的動作，而且是放在定點，操作時無須移動，只要動動手指頭，輕碰觸控板或推動指向桿，就可以達到移動指標操控電腦的效果，不像滑鼠需要比較大的平坦工作空間，才能上下左右移動。

(c)

(d)

圖 3.15 (a) 滑鼠 (b) 羅技遊戲搖桿 (c) 羅技遊戲方向盤 (d) 觸控板 (圖片來源：ASUS、羅技)

3-3-3 觸控螢幕

觸控螢幕 (touch monitor、touch pad) 允許使用者以指尖或觸控筆輕按螢幕的方式來做輸入,常見的應用有智慧型手機、平板電腦、繪圖板、ATM 提款機、工業用的觸控電腦、觀光景點的導覽系統等。

觸控螢幕偵測觸控點的原理如下:

● **電阻式**:此種螢幕的基板是兩層玻璃,內側皆有導電層,中間有絕緣層,最外面則是防刮板。當使用者以指尖或觸控筆輕按螢幕時,會讓上下層接觸產生電壓差,藉此偵測出觸控點的位置。由於發展較早、成本較低,所以早期的觸控手機、信用卡簽名機或小型機具大多使用電阻式觸控螢幕。

● **電容式**:此種螢幕是由多層材料所組成,最外層是防刮板,中間層是導電基板。當使用者以指尖輕按螢幕時,會吸去微小電流,進而影響面板的電容量,藉此偵測出觸控點的位置。隨著 Apple iPhone 的上市,帶動了**多點觸控** (multi-touch) 技術的流行,該技術能夠辨識多根手指在螢幕上的觸控動作,例如在圖片上拉開兩根手指的距離,就可以放大圖片。

● **波動式**:此種螢幕是透過玻璃基板四個角落的發訊器,發射聲波或紅外線覆蓋整個表面,當使用者以指尖或觸控筆輕按螢幕時,會阻斷聲波或紅外線,藉此偵測出觸控點的位置。由於髒汙、灰塵或液體可能會干擾波動傳遞,造成錯誤判讀,所以使用者必須勤於擦拭波動式螢幕。

(a)

3-3-4 體感操控介面

隨著任天堂 Wii 的上市，引爆了一股**體感操控介面**的熱潮，該遊戲機可以透過單手握持的控制器和紅外線光學定位技術來偵測玩家的手部揮舞動作，進而達到操控遊戲的目的。

之後上市的 Microsoft XBOX 更是將體感操控介面提升到另一個層次，玩家不再需要手持任何設備，只要站在 3D 攝影機前面，該遊戲機就能透過 3D 攝影機和紅外線捕捉動作、辨識臉部表情及語音，精確掌握玩家的一舉一動，並忠實反應在遊戲的操控上，換言之，若玩家想讓遊戲的主角跳起來，那麼玩家就自己跳一下，若玩家想讓遊戲的主角揮出一拳，那麼玩家就自己用力揮拳，直覺又有趣。

3-3-5 生物回饋裝置

生物回饋裝置可以將人類的肢體動作、眼球運動、甚至氣味，轉換成輸入提供給電腦，讓電腦摸得到、看得到、甚至聞得到，例如：

● 遊戲機的體感操控介面。

● 三度空間的虛擬實境可以讓使用者透過特殊的頭盔及手持控制器，觀察不同的視野或觸碰模擬的物體。

● 眼球注視系統可以追蹤眼球運動，然後移動螢幕上的游標或上下捲動網頁。

● 感測器可以偵測真實世界的溫度、濕度、壓力、輻射線或氣味，進而提供相關的資料給機器人、氣象預測、環境控制、科學研究等應用。

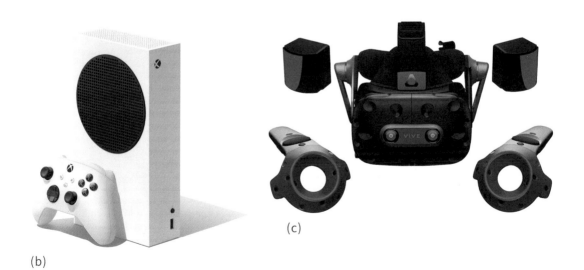

(b)

(c)

圖 3.16　(a) 觸控螢幕　(b) Microsoft XBOX 遊戲機　(c) HTC VIVE 虛擬實境頭戴式裝置
（圖片來源：ASUS、Microsoft、HTC）

3-3-6 聲音輸入裝置

聲音輸入 (audio input) 涵蓋的範圍廣泛，包括 MIDI 裝置、麥克風、錄音機、網路電話、語音辨識等。以 Apple iPhone 內建的私人語音助理 Siri 為例，其所象徵的不只是精確的語音辨識技術，更揭開了人機互動新革命的序章，Siri 支援自然語言輸入與辨識，使用者可以透過口語命令手機撥打電話、傳送訊息、播放音樂、設定鬧鐘、搜尋生活資訊等。

3-3-7 視訊輸入裝置

隨著資訊科技日益發達，資料的輸入方式也變得愈來愈有效率，從前使用者只能透過鍵盤、滑鼠等裝置一一輸入資料，而現在藉由光學記號辨識、條碼、QR 碼、光學字元辨識、手寫辨識、智慧卡、數位相機、數位攝影機、掃描器等**視訊輸入** (video input) 裝置，不僅能自動、快速且正確地輸入大量資料，還能輸入視訊資料。

光學記號辨識、條碼、QR 碼 ——

光學記號辨識 (OMR，Optical Mark Recognition) 是將光束照射到紙張，然後測量反射光的強度來感測紙張上面的記號，因為有記號的部分會比沒有記號的部分反射較少的光，例如使用鉛筆所塗寫的答案卡或大樂透圈選單，就是利用 OMR 感測使用者所塗寫的答案或所圈選的號碼。

還有一個常見的應用是**條碼** (barcode)，只要使用條碼閱讀器或條碼掃描器發出一道雷射光束照射到條碼，就可以讀取條碼所儲存的資料，例如產品的代碼、名稱、價格等。

除了一維條碼，時下流行的 **QR 碼** (Quick Response code) 則屬於二維條碼，也就是在一維條碼的基礎上擴展出另一維具有可讀性的條碼，因而能夠儲存更多資料。QR 碼呈正方形，只要使用具有照相功能的智慧型手機搭配解讀 QR 碼的 App，就可以讀取 QR 碼所儲存的資料，目前已經廣泛應用到擷取網站資訊、景點導覽、下載優惠券等方面。

(a)

光學字元辨識

光學字元辨識 (OCR，Optical Character Recognition) 可以將書面文件轉換成電腦所能辨識的電子文件。一套 OCR 系統通常包含掃描器、OCR 軟體和輸出介面等部分，一開始先利用掃描器將書面文件掃描成影像，接著 OCR 軟體會針對該影像進行字元辨識，然後透過輸出介面將所得到的電子文件傳送給其它應用程式 (例如文書處理軟體)。

手寫辨識

手寫辨識 (handwriting recognition) 可以將使用者在輸入板上面書寫的文字辨識出來，轉換成電腦所能讀取的字元，然後顯示在應用程式。在過去，由於辨識手寫文字比辨識印刷文字來得困難，為了提高辨識率，往往會有一些限制，例如盡量不要有連筆的情況，但現在手寫辨識的準確度已經相當高，諸如智慧型手機、平板電腦等行動裝置也都有手寫辨識功能。

(b)

(c)

圖 3.17 (a) 大樂透圈選單是採取 OMR 技術
(b) 使用智慧型手機讀取 QR 碼所儲存的資料 (此例為圖書的網址)
(c) 智慧型手機內建的手寫辨識功能

智慧卡

智慧卡 (smart card) 是一張嵌有 IC 晶片的塑膠卡片，內含微處理器、I/O 介面與記憶體，能夠進行資料運算、儲存及存取控制，例如健保 IC 卡、晶片身分證、晶片信用卡、悠遊卡、手機的 SIM 卡等。智慧卡所儲存的資料比條碼多，同時安全性也比條碼高，因為無法從外觀解讀裡面的資料，而且可以結合**個人認證號碼** (PIN，Personal Identification Number) 來設定密碼。

依照不同的資料傳輸方式，智慧卡又分為下列幾種類型：

● **接觸式** (contact card)：讀卡機與智慧卡的晶片接觸點必須實際接觸，才能傳輸資料，交易處理時間較長。

● **非接觸式** (contactless card)：利用紅外線或無線電來傳輸資料，讀卡機與智慧卡的晶片接觸點無須實際接觸，交易處理時間較短。

● **混合式** (hybrid-card)：同時具有接觸式與非接觸式介面的智慧卡。

數位相機

數位相機 (digital camera) 是利用 **CCD** (Charge Coupled Device，電荷耦合元件) 或 **CMOS** (Complementary Metal-Oxide Semiconductor，互補金氧半導體) 等感光元件將圖像轉換成數位訊號，然後儲存在記憶體或記憶卡，有別於傳統相機是透過光線引起底片的化學變化來記錄圖像，必須沖洗成照片才看得到。

數位相機的解析度是以**像素** (pixel) 為單位，單位長度內的像素愈多，照片品質就愈細緻，所佔用的儲存空間也愈大，目前數位相機、平板電腦和智慧型手機所配備的相機鏡頭已經高達數百萬像素到上千萬像素。

一按即拍數位相機就像傳統的傻瓜相機，機型輕巧，操作簡便，不僅提供防手震、自動對焦、自動曝光、減少紅眼的自動閃光燈等設計，還內建小型液晶螢幕讓使用者預覽照片，若有不喜歡的照片，直接刪除即可，除了拍照，多數機種亦內建攝影及錄音功能。至於數位單眼相機就像傳統的單眼相機，可以滿足專業攝影的需求，包括變換鏡頭、自行設定焦點及曝光程度等。

數位攝影機

傳統的攝影機是以類比方式來捕捉並儲存影像，若要儲存成數位格式，必須透過影像擷取卡，而**數位攝影機** (DV，digital video camera) 是利用 CCD 或 CMOS 等感光元件將影像轉換成數位訊號，然後儲存在記憶體或記憶卡，使用者可以透過 USB 或 HDMI 介面傳送到電腦或電視進行編輯、儲存或播放。

目前有不少企業會透過數位攝影機、喇叭、麥克風及內部的寬頻網路進行視訊會議，讓位於不同辦公室的同仁進行遠距會議或教育訓練；另外還有人是透過解析度較低、價格較便宜的 Webcam (網路攝影機) 和遠方的親友進行網際網路視訊電話。

掃描器

掃描器 (scanner) 可以將圖形、文件、照片等靜態影像,藉由光學掃描成電腦所能讀取的**數位資料**,有**饋紙式**、**平台式**與**手持式**等類型,運作原理均相同,只是外觀及使用方式有些微差異。以平台式掃描器為例,其使用方式和影印機類似,一樣是將文件放在掃描器的平台,然後進行光學掃描,不同的是掃描結果為數位的圖形檔,可以儲存在電腦。

掃描器的解析度是以 **DPI** (Dots Per Inch) 為單位,意指在一英吋的寬度內,可以細分成幾個點,例如 1600DPI 是在一英吋的寬度內,可以細分成 1600 個點,DPI 值愈大,掃描品質就愈細緻。

(a)

(b)

(c)

(d)

圖 **3.18** (a) 數位相機　(b) 數位攝影機　(c) Webcam　(d) 掃描器
(圖片來源:SONY、ASUS、Fujitsu)

3-4 輸出單元

輸出單元 (output unit) 可以將處理單元運算完畢的資料轉換成使用者能夠理解的文字、圖形、聲音與視訊,然後呈現出來。生活中隨處可見各式輸出裝置,例如電腦、手機及儀器儀表板的液晶螢幕、工程人員使用的繪圖機、從事簡報的液晶投影機或數位投影機、印表機、喇叭、耳機、語音回應系統、電子書閱讀器等。

3-4-1 螢幕

電腦通常是透過**螢幕** (monitor) 顯示 CPU 的運算結果,我們習慣將螢幕的輸出稱為**軟拷貝** (soft copy),印表機的輸出稱為**硬拷貝** (hard copy)。螢幕上的畫面是由顯示卡所產生,基本上,畫面的清晰度、亮度及穩定度取決於螢幕,而畫面的解析度及色彩深度則取決於顯示卡與螢幕。

早期的螢幕大多為 **CRT** (Cathode Ray Tube),CRT 和電視一樣採取陰極射線管技術,也就是經由陰極射線管中的三個電子槍射出紅、綠、藍三個電子束,撞擊在玻璃面的螢光質而產生色彩。

雖然 CRT 的成本較低,但耗電量較高,同時也較佔空間,之後被 **LCD** (Liquid Crystal Display,液晶螢幕) 取代。LCD 的顯像原理是在兩片平行的玻璃基板之間夾著一層液態晶體,上層玻璃貼有彩色濾光片,下層玻璃嵌有電晶體,當電流通過電晶體時,會產生電場變化,造成晶體分子偏轉,然後分別透過偏光片和彩色濾光片決定像素的明暗與色彩,進而構成面板上的影像。

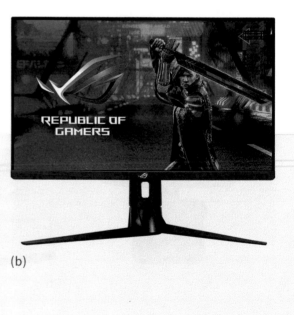
(b)

(a)

和 CRT 比起來，LCD 具有下列特點：

- **輕薄短小、省空間、質量輕**：螢幕尺寸指的是螢幕對角線的長度，以英吋為單位，CRT 的深度與體積會隨著尺寸加大而變大，因為和映像管對角線的長度有關，而 LCD 無論尺寸多大，深度都不會變大，所以體積較小，質量較輕。

- **零輻射**：LCD 零輻射，使用者不用擔心自己暴露在有輻射的環境。

- **不閃爍**：由於 CRT 是靠電子束重複掃描畫面來維持影像，所以會閃爍，而 LCD 是利用光線來成像，所以不會閃爍。

- **可視範圍大**：可視範圍指的是螢幕可以顯示的最大畫面，例如 17 吋 CRT 的可視範圍約 15 ~ 16 吋，而 17 吋 LCD 的可視範圍就是 17 吋。

- **耗電量低**：17 吋 CRT 的耗電量約 130 瓦，而 19 吋 LCD 的耗電量約 25 ~ 50 瓦，待機狀態下更可以控制在 5 瓦左右。

當然 LCD 也是有缺點的，例如 LCD 的結構較脆弱、容易刮傷或受損、色彩飽和度較差、可視角度較小，其中「可視角度」指的是使用者坐在螢幕前方能夠清楚看到整個畫面的範圍，CRT 的可視角度幾乎是 180 度，也就是螢幕前方左 / 右 ±90 度，而 LCD 的可視角度可能只有螢幕前方左 / 右 ±80 度。此外，LCD 可能會有壞點，也就是畫面上某一點的顏色固定不變，通常是白色，又稱為亮點，壞點少於某個數量就不算是瑕疵品 (例如 2 ~ 16 個，因廠商而異)，所以選購時要仔細檢查。

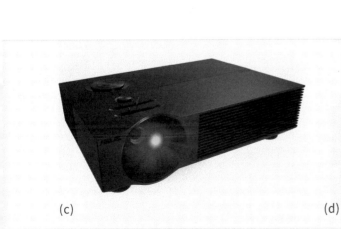

(c)

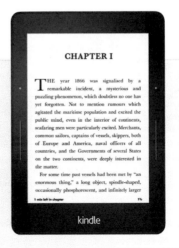

(d)

圖 3.19 (a) CRT (b) LCD (c) 數位投影機 (d) Kindle 電子書閱讀器可以讓使用者透過網路購買、下載和閱讀 Amazon 販售的電子書 (圖片來源：DELL、ASUS、Amazon)

3-4-2 印表機

印表機 (printer) 又分為**撞擊式** (impact) 與**非撞擊式** (nonimpact) 兩種類型，前者是利用機械敲擊色帶，和紙張接觸印出文字或圖形，典型的代表有點陣印表機；後者是利用噴墨、熱或壓力印出文字或圖形，無須敲擊紙張，典型的代表有噴墨印表機、雷射印表機、多功能事務機、繪圖機等。

印表機的列印速度是以 **PPM** (Pages Per Minute) 來描述，例如 30PPM 是每分鐘可以列印 30 頁，PPM 值愈大，列印速度就愈快；至於印表機的列印品質則是以 **DPI** (Dots Per Inch) 來描述，例如 600DPI 是在一英吋的寬度內，可以細分成 600 個點，DPI 值愈大，列印品質就愈佳。

點陣印表機

點陣印表機 (dot-matrix printer) 的列印頭有 9 或 24 針，其運作原理是利用撞針撞擊色帶而成像，故針數愈多，列印品質就愈佳；此外，點陣印表機又依用紙大小不同，分為 80 行 (A4) 和 136 行 (A3) 兩種。

早期點陣印表機曾擁有廣大市場，但在噴墨印表機和雷射印表機大幅降價後，便逐漸被取代，只剩下少數使用者、學校、軍事單位或機關行號仍在使用，這主要有兩個原因，其一是它的耗材只有色帶和紙張，色帶比墨水匣和碳粉匣便宜，而紙張也只要一般用紙即可；其二是它能夠列印複寫紙及連續報表紙，適合處理報價單、出貨單等資料。

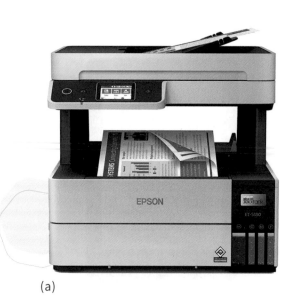

(a)

(b)

圖 3.20 (a) 多功能事務機 (b) 雷射印表機 (圖片來源：EPSON)

噴墨印表機

噴墨印表機 (ink-jet printer) 的列印速度及列印品質均優於點陣印表機,而且價格低廉,能夠列印彩色稿,用紙亦相當多元化,包括一般紙張、投影片、大頭貼紙、轉印紙等,迄今已經成為市場上的主流。

噴墨印表機的運作原理是利用控制指令來操控列印頭上的噴嘴孔,讓噴嘴孔依照要求噴出墨水,噴墨技術又分為下列兩種:

- **熱氣泡式** (thermal bubble):這種技術是利用瞬間加熱的方式讓墨水沸騰成為蒸氣氣泡,噴出在紙張上,優點是成本較低,缺點則是噴嘴孔忽冷忽熱,容易老化,同時墨水可能因為加熱而變質,或墨滴接觸到紙張時濺灑產生毛邊。

- **壓電式** (piezoelectric):這種技術是透過電動墨水擠壓器將墨水噴出在紙張上,墨滴更小,列印解析度也隨之提高,優點是沒有老化和毛邊的問題,缺點則是成本較高。

雷射印表機

雷射印表機 (laser printer) 的內部有一個控制雷射光束的感光滾筒,當紙張在感光滾筒間捲動時,藉著開啟與關閉雷射光束在感光滾筒產生帶電核的圖像區,令碳粉匣內的碳粉受到電荷吸引而附著在紙張以成像。感光滾筒的成本較高,一旦卡紙時,切勿用力硬扯,以免損壞。

雷射印表機的列印速度及列印品質均優於點陣印表機和噴墨印表機,缺點則是彩色碳粉匣的價格較貴。對於不是經常列印彩色稿,而且要求列印速度及列印品質的使用者來說,黑白雷射印表機是不錯的選擇。

多功能事務機

多功能事務機 (multifunction printer) 指的是噴墨印表機或雷射印表機結合掃描器、傳真機、影印機、讀卡機、無線網路、雲端列印、觸控等功能,以節省使用者的預算或強化中小企業的辦公流程、執行效率、成本管控、環保、資訊安全等環節。

繪圖機

繪圖機 (plotter) 是經過特殊設計的大尺寸高畫質印表機,用來列印地圖、設計圖、電路圖、廣告海報等複雜的圖形,價格比一般印表機高。

3-5 電腦元件的使用與故障排除

電腦元件就像家電,除了功能較強大、使用較複雜之外,它和家電一樣怕潮、怕曬、怕灰塵、怕電磁干擾及怕震。現在,我們就針對幾個重要的電腦元件,說明其正確的使用方式,以及如何解決相關的常見問題。

主機

主機的正確使用方式如下:

● **擺放場所**:主機內部有許多電子元件,建議您將它擺放在遠離潮濕、高溫、陽光直曬、灰塵、電磁干擾的桌上,而且要供電穩定,盡量不要擺放在地上,以免散熱風扇吸入髒污,導致主機內部堆積灰塵,影響散熱。

● **搬動**:在搬動電腦之前,必須先關機並小心輕放,而在開機後,切勿冒然搬動電腦,否則可能會導致當機甚至硬碟損毀,因為開機後的硬碟基本上是保持高速運轉,不能受到震動。

● **清潔**:若是主機或其它設備的外觀,以乾淨的布沾水擰乾擦拭即可,至於主機的內部,以柔軟的毛刷輕刷即可,除非很髒,否則不建議拆卸裡面的電子元件進行清潔。

● **正常開機與關機**:無論要開機或關機,都必須依照正常的程序,尤其是要關機的時候,應該在 Windows 作業系統中按 [開始] \ [關機],不能直接關掉電源,以免造成系統資訊遺失。

❶ 電源供應器
❷ 主機板
❸ CPU 與散熱風扇
❹ 主記憶體插槽
❺ 介面卡插槽
❻ 光碟機
❼ 硬碟

圖 3.21 主機內部有許多電子元件,所以要遠離潮濕、高溫與灰塵 (圖片來源:ASUS)

主機的故障排除方式如下：

● 主機裡面最重要的元件就是主機板，目前除了 CPU 和主記憶體，諸如擴充插槽、網路晶片、音效晶片、顯示晶片等元件幾乎都內建於主機板，一旦有元件故障，就必須更換主機板。

● 主機裡面另一個重要的元件是主記憶體，其故障情況有「記憶體軟體故障」和「記憶體硬體故障」，前者指的是系統運作時所發生的臨時性錯誤，此時只要重新啟動電腦就能解決，而後者指的是記憶體晶片的硬體故障，此時必須更換主記憶體。

螢幕

螢幕的正確使用方式如下：

● **擺放場所**：螢幕是容易產生高熱的設備，建議您將它擺放在四周保持空間、遠離潮濕、高溫、灰塵、電磁干擾的桌上，而且在電腦關機時，記得要關掉螢幕的電源。

● **清潔**：若是螢幕的外觀，以乾淨的布沾水擰乾擦拭即可，至於螢幕的鏡面，那可要留意了，首先，輕拍抖掉灰塵，避免灰塵顆粒刮傷鏡面，接著，以螢幕專用的超細纖維布沾中性清潔液輕拭，若拭布髒了，就更換新的，或清洗晾乾後重複使用。

● **防撞與防震**：螢幕是相當脆弱的設備，切勿壓置重物或任意碰撞與震動，搬動時亦要小心輕放。

螢幕的故障排除方式如下：當螢幕沒有畫面時，首先，確認螢幕的電源指示燈有亮起，表示供電正常；接著，確認螢幕和主機兩端的訊號線沒有鬆脫；最後，檢查螢幕的亮度和對比值沒有被設得太低。若仍無畫面，那麼可能是螢幕損壞或主機板上面的顯示晶片損壞，此時可以更換螢幕，若更換後仍無畫面，那麼就要將主機板送修。

硬碟

硬碟的正確使用方式如下：

● 遠離電視、冰箱、喇叭、手機等容易造成電磁干擾的電器，以免硬碟所記錄的資料因磁化而損壞。

● 由於硬碟採取無塵密封包裝，無須特別保養，只要不受潮、震動、摔到、突然斷電或拆開外殼即可，因為硬碟的讀寫頭是以磁感應的方式進行讀寫，沒有實際接觸到碟片，萬一將其外殼打開，可能導致讀寫頭接觸到碟片，造成整個硬碟的所有資料或部分資料無法讀取，我們將這種情況稱為「讀寫頭損毀」(head crash)。

● 硬碟運轉時會產生熱量，必須防止溫度過高，以 20 ~ 25℃為宜，溫度過高可能會造成電子元件故障或熱脹效應導致記錄錯誤，而溫度過低可能會使得空氣中的水分凝結在電子元件造成短路。

● 定期備份資料和掃毒，移除不必要的檔案。

硬碟的故障排除方式如下：

● 當硬碟的存取效率變差時，可以進行磁碟掃描和磁碟重組，同時要定期掃描病毒和更新病毒碼，切勿隨意安裝來路不明的程式。

● 當電腦發生後述情況時，表示硬碟可能有問題，請備份資料並送修：

　■ 突然產生很多壞軌。

　■ 開機時螢幕上出現 Disk Failure 錯誤訊息，抓不到硬碟無法順利開機。

　■ 開機後硬碟不再運轉，或轉動時發出很大的響聲。

　■ 硬碟電源插反會使它燒壞。

鍵盤

鍵盤的正確使用方式如下：

● 輕按、輕置鍵盤。

● 遠離潮濕、高溫、灰塵。

● 經常以乾淨的布沾水或酒精擦拭鍵盤，保持清潔，不要在電腦旁邊飲食，以免湯汁或碎屑掉入鍵盤的間隙。

鍵盤的故障排除方式如下：

● 當鍵盤的按鍵阻塞時，可能是堆積灰塵或潑灑到液體，此時可以試著進行清潔，若清潔後仍無改善，那麼就要更換鍵盤。

● 當鍵盤無回應時，可能是線路損壞，此時可以更換鍵盤，若更換後仍無回應，那麼可能是主機板上面的控制介面損壞，此時可以換用其它介面的鍵盤或將主機板送修，而無線鍵盤還有可能是沒電，此時可以試著先更換電池。

滑鼠

滑鼠的正確使用方式如下：

● 輕按、輕置滑鼠。

● 遠離潮濕、高溫、灰塵。

● 保持滑鼠墊的清潔，必要時以乾淨的布沾水或酒精擦拭滑鼠。

滑鼠的故障排除方式如下：

● 當滑鼠使用不順時，例如游標移動奇怪或斷斷續續，可能是底部髒汙或線路損壞，此時可以試著進行清潔，若清潔後仍無改善，就要更換滑鼠。

● 當滑鼠無回應時，可能是線路損壞，此時可以更換滑鼠，若更換後仍無回應，那麼可能是主機板上面的控制介面損壞，此時可以換用其它介面的滑鼠或將主機板送修，而無線滑鼠還有可能是沒電，此時可以試著先更換電池。

光碟

光碟的正確使用方式如下：

● 在光碟機的指示燈亮起時，切勿做抽取的動作，以免刮傷光碟片，損毀讀寫頭及資料。

● 將光碟片放入保護套或盒子，遠離潮濕、高溫、灰塵與陽光直曬。

● 切勿刮傷光碟片的正反面。

● 切勿使用清水之外的液體沖洗光碟片。

● 拿光碟片時盡量只接觸邊緣，或像拿甜甜圈一樣把手指伸到光碟片中央的小洞，不要像拿飛盤一樣的抓住光碟片。

光碟的故障排除方式如下：

- 當光碟機讀取不到資料或跳針時，可能是讀寫頭或光碟片髒了，此時可以使用市售的清潔光碟片清潔讀寫頭，以及使用光碟片專用的清潔布擦拭光碟片。

- 當光碟機無回應時，可能是光碟機故障，此時可以更換光碟機，若更換後仍無回應，那麼可能是主機板上面的控制介面損壞，此時可以將主機板送修。

印表機

印表機的正確使用方式如下：

- 放置平穩，遠離潮濕、高溫、灰塵與陽光直曬。

- 使用回收紙之前，請將回收紙壓平，減少摺痕，以免造成卡紙。

- 雷射印表機裝置碳粉匣之前，請先搖動碳粉匣幾下。

印表機的故障排除方式如下：

- 當印表機無法列印時，首先，確認印表機的電源指示燈有亮起，表示供電正常；接著，確認印表機的纜線有連接到主機，沒有鬆脫；再來，確認印表機已在線上工作；最後，確認送紙匣內有紙張，而且沒有卡紙。若仍無法列印，那麼可能是印表機損壞，此時可以將印表機送修。

- 當印表機不送紙時，可能是堆積灰塵或使用了不適合的紙張，此時可以清潔送紙匣或更換其它紙張。

- 當噴墨印表機的列印品質不佳時，可能是墨水匣沒安裝好，此時可以重新安裝墨水匣。

- 當噴墨印表機列印出來的紙張有漏點或條紋時，可能是噴嘴阻塞或墨水匣的墨水阻塞，此時可以依照印表機原廠的指示清潔噴嘴及墨水匣。

- 當雷射印表機列印出來的紙張有髒汙或條紋時，可能是碳粉匣損壞，此時可以更換碳粉匣。

- 當雷射印表機列印出來的紙張不清晰或品質不佳時，可能是紙張品質差或碳粉不足，此時可以更換紙張或碳粉匣。

- 當雷射印表機卡紙時，小心取出卡在印表機內的紙張，切勿用力撕扯，以免損傷感光滾筒等重要元件。

- 碳粉匣並非環保署公告回收項目，若有空碳粉匣需回收，請向各碳粉匣製造廠商詢問回收程序。

如何處理廢資訊物品？

為了避免廢資訊物品任意棄置危害環境並將有價值資源回收再利用，行政院環保署資源回收管理基金管理會輔導國內業者成立廢資訊物品的回收處理廠，建立完善的回收處理體系。

目前公告應回收的廢資訊物品如下：

■ 可攜式電腦（包含筆記型電腦及平板電腦）
■ 機殼
■ 主機板
■ 顯示器
■ 硬式磁碟機
■ 印表機
■ 電源器
■ 鍵盤

原則上，凡屬個人使用的廢電腦皆可循回收體系加以回收，而資訊物品之事業廢棄物，例如工廠不良品，則應依法由製造工廠自行清理，不可循回收管道進行回收。

民眾可以將個人使用的廢資訊物品送交資源回收車或資源回收機構。至於廢資訊物品的回收成本已經納入回收清除處理補貼費中，但回收及處理業者可以視回收市場現況自行決定是否給予民眾補貼費。如有其它疑問，可洽資源回收專線 0800-085717（諧音：您幫我，清一清），或行政院環保署資源回收管理基金管理會網站（https://recycle.epa.gov.tw/）。

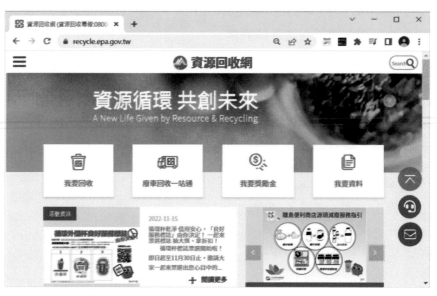

圖 3.22　行政院環保署資源回收管理基金管理會網站

本·章·回·顧

- **中央處理器** (CPU) 的功能是進行算術運算與邏輯運算，由控制單元、算術邏輯單元及暫存器所組成，其中**控制單元** (CU) 是負責控制資料流與指令流的電路，**算術邏輯單元** (ALU) 是負責進行算術運算與邏輯運算的電路，而**暫存器** (register) 是位於 CPU 內部的記憶體。

- 根據儲存能力與電源的關係，**記憶體** (memory) 分為 RAM 與 ROM 兩種，在中斷電源後，RAM 所儲存的資料會消失，而 ROM 所儲存的資料不會消失。

- **硬碟** (hard disk) 的內部構造包含碟片、存取臂、讀寫頭及主軸馬達。

- **光碟** (optical disk) 常見的類型有 CD-ROM/CD-R/CD-RW、VCD、DVD 和 BD，其中 DVD 的原始規格包含 DVD-ROM（儲存資料）、DVD-Video（儲存影像）、DVD-Audio（儲存音樂）、DVD-R（寫入一次）、DVD-RAM（重複寫入）等子規格，而 BD 包含單次寫入的 BD-R 和重複寫入的 BD-RE。

- **固定狀態儲存裝置** (solid state storage device) 是使用非揮發性記憶體晶片儲存資料，例如隨身碟、記憶卡、固態硬碟等。

- **指向裝置** (pointing device) 是藉由控制螢幕上的游標來達到輸入、執行、拖曳、搬移等動作，例如滑鼠、觸控板、指向桿、軌跡球等。

- **觸控螢幕** (touch monitor) 允許使用者以指尖或觸控筆輕按螢幕的方式來做輸入，依其偵測觸控點的原理又分為**電阻式**、**電容式**、**波動式**等類型。

- **體感操控介面**讓玩家只要站在 3D 攝影機前面，就能透過 3D 攝影機和紅外線捕捉動作、辨識臉部表情及語音，並忠實地反應在遊戲的操控上。

- **聲音輸入** (audio input) 涵蓋的範圍廣泛，包括 MIDI 裝置、麥克風、錄音機、網路電話、語音辨識等。

- **視訊輸入** (video input) 裝置不僅能自動、快速且正確地輸入大量資料，還能輸入視訊資料，例如光學記號辨識 (OMR)、條碼、QR 碼、光學字元辨識 (OCR)、手寫辨識、智慧卡、數位相機、數位攝影機、掃描器等。

- **映像管螢幕** (CRT) 是採取陰極射線管技術，經由陰極射線管中的三個電子槍射出紅、綠、藍三個電子束，撞擊在玻璃面的螢光質而產生色彩；**液晶螢幕** (LCD) 是利用液晶會隨著電場變化改變角度的原理來顯像，具有輕薄短小、省空間、質量輕、零輻射、不閃爍、可視範圍大、耗電量低等特點。

- **印表機** (printer) 分為**撞擊式**與**非撞擊**式兩種類型，前者的代表有點陣印表機，後者的代表有噴墨印表機、雷射印表機、多功能事務機和繪圖機。

學·習·評·量

一、選擇題

( ) 1. PC 的系統參數是儲存在下列哪個元件,這些參數包括硬碟型態、系統日期時間、開機順序等?
　　A. CMOS　　　　　　　　　　B. BIOS
　　C. 晶片組　　　　　　　　　　D. 時脈產生器

( ) 2. 下列何者為聲音輸入裝置?
　　A. 喇叭　　　　　　　　　　　B. 掃描器
　　C. 麥克風　　　　　　　　　　D. 藍牙耳機

( ) 3. 當電腦同時執行數個應用程式時,下列何者對於效能的影響最大?
　　A. 電腦連接到網路的速度　　　B. 光碟機的倍速
　　C. 主記憶體的容量　　　　　　D. 硬碟的容量

( ) 4. 下列何者可以產生訊號控制 CPU 內部的元件來完成工作?
　　A. 控制單元　　　　　　　　　B. 算術邏輯單元
　　C. 暫存器　　　　　　　　　　D. 匯流排

( ) 5. 下列關於 USB 的敘述何者錯誤?
　　A. Universal Serial Bus 的縮寫　B. 傳輸速率比序列埠快
　　C. 支援隨插即用　　　　　　　D. 最多可以串接 63 個周邊

( ) 6. 下列何者是位於 CPU 內部的記憶體?
　　A. 快閃記憶體　　　　　　　　B. 暫存器
　　C. 快取記憶體　　　　　　　　D. 主記憶體

( ) 7. 下列何者不屬於輸出單元?
　　A. Webcam　　　　　　　　　B. LCD
　　C. 喇叭　　　　　　　　　　　D. 繪圖機

( ) 8. 下列哪種記憶體適合做為主記憶體?
　　A. ROM　　　　　　　　　　　B. SRAM
　　C. DRAM　　　　　　　　　　D. 快閃記憶體

( ) 9. 下列何者不屬於隨機存取的儲存裝置?
　　A. 光碟　　　　　　　　　　　B. 隨身碟
　　C. 磁帶　　　　　　　　　　　D. 硬碟

( ) 10. 電腦的哪個部分負責執行算術運算與邏輯運算?
　　A. ROM　　　　　　　　　　　B. 介面卡
　　C. CPU　　　　　　　　　　　D. RAM

( ) 11. 在電腦關機後，下列哪個元件仍會在備用電源的支援下繼續運作？
　　　A. 時脈　　　　　　　　　　B. CPU
　　　C. 硬碟　　　　　　　　　　D. 記憶卡

( ) 12. 下列何者可以用來描述檔案的大小或硬碟的容量？
　　　A. bps　　　　　　　　　　B. PPM
　　　C. KHz　　　　　　　　　　D. GB

( ) 13. 下列何者所儲存的資料會因為電源中斷而消失？
　　　A. ROM　　　　　　　　　　B. RAM
　　　C. 硬碟　　　　　　　　　　D. 光碟

( ) 14. 下列哪種記憶單元只能用來暫時儲存資料？
　　　A. 快閃記憶體　　　　　　　B. 快取記憶體
　　　C. 硬碟　　　　　　　　　　D. 光碟

( ) 15. 下列何者可以用來描述 CPU 的速度？
　　　A. bps　　　　　　　　　　B. GHz
　　　C. DPI　　　　　　　　　　D. MB

( ) 16. 下列哪個動作可以將經常使用的程式或資料存放在連續空間，提升硬碟的讀寫效率？
　　　A. 磁碟重組　　　　　　　　B. 磁碟清理
　　　C. 磁碟格式化　　　　　　　D. 磁碟掃描

( ) 17. 下列哪種印表機最適合用來列印連續的報表紙或三聯單？
　　　A. 點陣印表機　　　　　　　B. 噴墨印表機
　　　C. 雷射印表機　　　　　　　D. 繪圖機

( ) 18. 根據由快到慢的順序寫出後述記憶單元的速度：(1) 硬碟 (2) 暫存器 (3) 主記憶體 (4) 快取記憶體
　　　A. 4321　　　　　　　　　　B. 4231
　　　C. 2413　　　　　　　　　　D. 2431

( ) 19. 小明更換了電腦的螢幕，卻無法顯示畫面，下列何者是最有可能的原因？
　　　A. 螢幕的訊號線鬆脫　　　　B. 螢幕的亮度設定錯誤
　　　C. 螢幕的解析度太低　　　　D. 螢幕的解析度太高

( ) 20. 小明的滑鼠原可正常操作，但近日在移動游標時出現不平穩的情況，下列何者是最有可能的原因？
　　　A. 滑鼠的驅動程式不正確　　B. 滑鼠的底部髒污
　　　C. 滑鼠與鍵盤衝突　　　　　D. 滑鼠的纜線鬆脫

(　　) 21. 下列哪種情況將導致使用者無法登入網路？

　　　　A. 網路線鬆脫　　　　　　　　　B. 網路卡的驅動程式需要更新
　　　　C. 音效卡的驅動程式需要更新　　D. 印表機的纜線和連接埠衝突

(　　) 22. 印表機通常可以透過下列哪個連接埠連接到電腦？

　　　　A. PS/2　　　　　　B. RJ-45　　　　　C. SATA　　　　　D. USB

(　　) 23. 下列何者是在升級電腦的 RAM 之前應該採取的首要步驟？

　　　　A. 確認電腦的可用磁碟空間　　　　B. 確認主機板支援的最大 RAM 容量
　　　　C. 確認作業系統可以處理增加的 RAM D. 確認 CPU 可以處理的最大 RAM 容量

(　　) 24. 下列哪種光碟可以儲存超過 20GB 的資料？

　　　　A. VCD　　　　　　B. CD-RW　　　　C. 雙層 DVD　　　D. BD

(　　) 25. 下列何者是利用二維條碼來獲得輸入？

　　　　A. OCR　　　　　　B. OMR　　　　　C. MICR　　　　　D. QR 碼

(　　) 26. 下列哪種裝置的內部沒有移動式的機械元件？

　　　　A. 藍光光碟機　　B. USB 隨身碟　　C. 內接式硬碟　　D. 外接式硬碟

(　　) 27. 下列哪種光碟類型無法寫入資料？

　　　　A. CD-R　　　　　B. DVD-RAM　　　C. BD-RE　　　　D. VCD

(　　) 28. 小明將資料複製到 USB 隨身碟，並於複製對話方塊結束後取出此裝置，
　　　　之後發現隨身碟的資料損毀，下列哪個動作有助於防止該情況的發生？

　　　　A. 使用安全移除硬體選項　　　　B. 以安全模式啟動電腦
　　　　C. 使用 USB 3.0 連接埠　　　　　D. 以系統管理員身分登入電腦

(　　) 29. 下列何者有助於降低資料遺失的風險？

　　　　A. 定期重新啟動電腦　　　　　　B. 定期清潔電腦
　　　　C. 定期備份資料　　　　　　　　D. 定期更新驅動程式

(　　) 30. 下列哪種工具可以減少資料所佔用的磁碟空間？

　　　　A. 檔案壓縮　　　B. 磁碟備份　　　C. 防毒軟體　　　D. 磁碟重組

(　　) 31. 下列何者是固態磁碟與傳統硬碟的主要區別？

　　　　A. 固態磁碟沒有可移動的存取臂和讀寫頭
　　　　B. 固態磁碟的存取速度較慢
　　　　C. 固態磁碟所儲存的資料不會隨電源關閉而消失
　　　　D. 固態磁碟的容量較大

(　　) 32. 下列哪種類型的印表機是以粉末做為耗材，且每頁成本最低？

　　　　A. 撞擊式　　　　　B. 熱感應式　　　C. 噴墨式　　　　D. 雷射

( ) 33. 電腦的哪個元件是用來暫時存儲資料？

    A. 電源   B.CPU   C.RAM   D. 硬碟

( ) 34. 下列哪個介面可以用來連接固態硬碟？

    A. M.2   B. LPT   C. DP   D. PS/2

( ) 35. 在丟棄雷射印表機的碳粉匣之前，應該先做下列哪個動作？

    A. 用密封袋將碳粉匣裝好   B. 直接將碳粉匣丟入垃圾桶
    C. 避免讓碳粉匣曝曬在陽光下   D. 向製造廠商詢問如何進行回收

( ) 36. 在電腦系統硬體中，下列何者用來連接 CPU、記憶體與周邊？

    A. 匯流排   B. 擴充槽   C. 介面   D. 乙太網路

( ) 37. 算術邏輯單元 (ALU) 主要功能為：

    A. 儲存算術邏輯結果   B. 傳送電腦內部的電子訊號
    C. 進行算術邏輯運算   D. 從主記憶體讀取指令

( ) 38. 若某系統匯流排寬度為 10，位址設計從 0 開始，則定址空間為：

    A. 0 ~ 9   B. 0 ~ 10   C. 0 ~ 1023   D. 0 ~ 1024

( ) 39. 下列有關電腦顯示卡的敘述何者錯誤？

    A. 不可內建於主機板   B. 能將電腦的訊號轉換為螢幕訊號
    C. 上面的記憶體稱為視訊記憶體   D. 能決定螢幕的色彩數目與解析度

( ) 40. 下列何者的存取速度最快？

    A. 主記憶體   B. 暫存器   C. L1 快取   D. L2 快取

( ) 41. 下列何者不是常用的顯示器介面？

    A. DVI   B. HDMI   C. DP   D. SATA

( ) 42. 時脈是 CPU 的重要元件之一，目前常使用的單位是 GHz，試問 GHz 為下列何者？

    A. 每秒 10 億次   B. 每秒 1 億次   C. 每秒 1 千萬次   D. 每秒 1 百萬次

二、簡答題

1. 簡單說明 CPU 的結構包含哪三個部分及其功能為何？

2. 簡單說明何謂輸入單元並舉出三個實例。

3. 簡單說明何謂輸出單元並舉出三個實例。

4. 簡單比較暫存器、快取記憶體與主記憶體。

5. 名詞解釋：RAM、ROM、SATA、USB、HDMI、BD、PPM、DPI、LCD、BIOS、SSD、QR 碼、MIPS、MFLOPS、網路卡、音效卡、顯示卡。

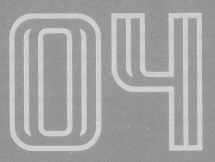

CHAPTER 04

電腦軟體

4-1 軟體的類型

軟體 (software) 指的是告訴電腦去做什麼的指令或程式,又分成「系統軟體」與「應用軟體」兩種類型 (圖 4.1),以下有進一步的說明。

4-1-1 系統軟體

系統軟體 (system software) 是支援電腦運作的程式,最典型的例子就是諸如 Microsoft Windows、macOS、UNIX、Linux、Android、iOS 等作業系統 (operating system),這是介於電腦硬體與應用軟體之間的程式,除了提供執行應用軟體的環境,還負責分配系統資源,例如 CPU、記憶體、磁碟等。

使用者之所以能夠在視窗作業系統中拖曳滑鼠、存取磁碟、編輯文件或上網,而不必擔心如何與滑鼠、鍵盤、磁碟、記憶體、螢幕、網路卡等硬體裝置互動,就是因為作業系統不僅會妥善分配系統資源,更知道如何驅動硬體裝置。

除了作業系統,公用程式和程式開發工具也通常被歸類為系統軟體。公用程式 (utility) 是用來管理電腦資源的程式,例如 Veritas Backup Exec 可以用來備份系統;WinZip、WinRAR 可以用來壓縮資料;Windows 內建的磁碟掃描、磁碟重組及磁碟清理等程式可以用來管理磁碟;趨勢科技 PC-cillin、Kaspersky Internet Security (卡巴斯基網路安全軟體)、諾頓防毒、ESET NOD32 Antivirus 可以用來防毒防駭等。

程式開發工具 (program development tool) 是協助程式設計人員開發軟體的工具,包括整合開發環境、文字編輯程式、組譯程式 (assembler)、編譯程式 (compiler)、連結程式 (linker)、載入程式 (loader)、偵錯程式 (debugger) 等,例如 Microsoft Visual Studio、Anaconda 是提供整合開發環境的程式開發工具。

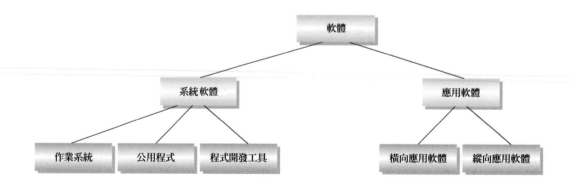

圖 4.1 軟體的類型

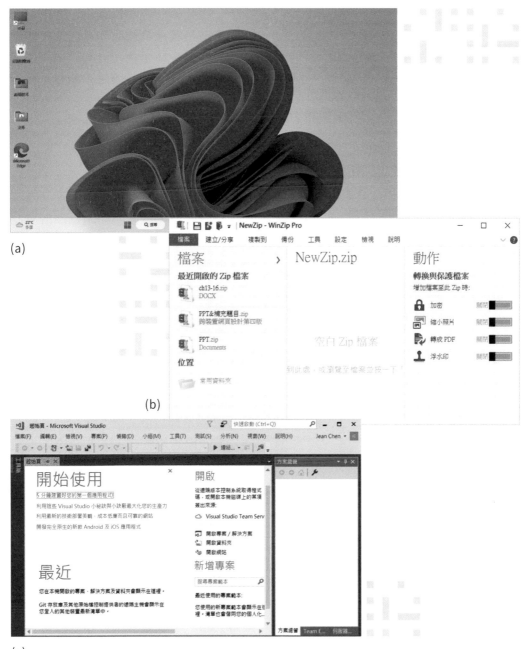

圖 4.2 (a) Microsoft Windows 屬於作業系統
(b) WinZip 壓縮軟體屬於公用程式
(c) Microsoft Visual Studio 屬於程式開發工具

4-1-2 應用軟體

應用軟體 (application software) 是針對特定事務或工作所撰寫的程式，目的是協助使用者解決問題。依設計的目的不同，應用軟體又分成下列兩種類型：

● **橫向應用軟體** (horizontal application software)：這類應用軟體通常是由軟體公司 (例如 Microsoft、Oracle、Adobe、Autodesk、Corel⋯) 根據市場上多數使用者的需求所設計，然後透過代理商或網際網路來銷售，使用者可以根據自己的需求選購適合的應用軟體，又稱為**通用型應用軟體**，例如 Microsoft Office 屬於辦公室自動化軟體、Adobe Photoshop 屬於影像處理軟體、CorelDRAW 屬於繪圖軟體、PaintShop Pro 屬於相片編輯軟體、Adobe Dreamweaver 屬於網頁設計軟體。

在過去，橫向應用軟體通常是採取**買斷制**，只要付出一次費用，就可以永久使用，現在則有愈來愈多軟體推出**訂閱制**。舉例來說，Microsoft Office 2021 家用版和學生版的買斷費用為 4790 元 (供 1 部 PC 或 Mac 使用)，日後若要升級至新版本，就必須另外付費，而 Microsoft Office 365 個人版的訂閱費用為每年 2190 元或每月 219 元 (供 1 部 PC 或 Mac、1 部平板電腦和 1 支手機使用)，只要在訂閱期間內，即可免費升級至新版本。

除了將軟體安裝在電腦上，還有個發展趨勢是**雲端軟體服務**，也就是將軟體與相關資料儲存在雲端的伺服器，讓使用者透過網路連線和瀏覽器進行存取。

有些雲端軟體服務是免費的，例如 Gmail、Google Docs、Google Colab，其中 Google Colab 是一個在雲端運行的 Python 程式開發環境；另外有些雲端軟體服務是採取訂閱制或按使用量計費，例如 Salesforce 推出的顧客關係管理平台，企業的相關人員只要登入該平台，就可以使用其雲端軟體服務，無須雇用資訊人員進行設定或管理。

● **縱向應用軟體** (vertical application software)：當市場上現有的軟體無法滿足企業的需求或有效解決企業的問題時，有些企業會委託外部的軟體公司開發應用軟體，有些企業則會交由內部的資訊人員開發應用軟體，這類量身訂做的應用軟體即屬於縱向應用軟體，又稱為**專用型應用軟體**，例如會計系統、帳務系統、進銷存系統、客戶管理系統、收銀系統、診療系統、印務系統等。

此外，我們也可以根據應用軟體的用途來做分類，例如辦公室自動化軟體、影像繪圖軟體、桌面排版軟體、影音編輯軟體、通訊軟體等，第 4-3 節有進一步的說明。

圖 4.3 雲端軟體服務 (a) Google Docs (b) Google Colab (c) Salesforce

4-2 開放原始碼軟體與 App

根據 OSI (Open Source Initiative，開放原始碼促進會) 的定義，**開放原始碼軟體** (open source software) 是任何人都能夠免費取得、使用、修改與共享 (以修改或未修改的形式) 的軟體，由多人共同開發，並在遵循**開放原始碼定義** (open source definition) 的授權下散布，準則如下：

1. 免費散布。

2. 程式必須包含原始碼。

3. 允許對原作品的修改以及衍生作品的產生。

4. 保持作者原始碼的完整性。

5. 不得歧視任何個人或群體。

6. 不得限制任何人在特定領域使用程式。

7. 授權適用於所有重新散布程式的人。

8. 授權不得對一個產品特化。

9. 授權不得限制隨同散布的其它軟體，例如規定同為開放原始碼軟體。

10. 授權必須技術中立，不得限制為個別的技術或介面形式。

開放原始碼軟體的開發者在釋出軟體的同時會一併釋出原始碼及相關文件，其它人可以免費使用、修改與散布，無須取得授權，而且從開放原始碼軟體衍生出來的作品也是免費的。

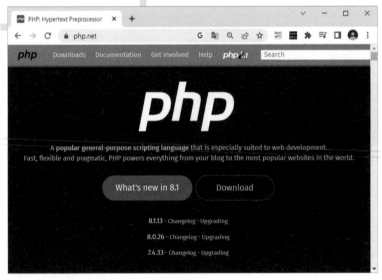

(a)

(b)

或許您會認為這種模式很難開發出高品質的軟體，畢竟開發者可能並不屬於任何組織，而且沒有報酬。然 Linux 作業系統的誕生顛覆了這項說法，它被廣泛應用在智慧型手機、網路伺服器和消費性電子產品，依循類似模式所發展出來的開放原始碼軟體也愈來愈多，例如 Android 作業系統、Apache HTTP Server 網頁伺服器、MySQL/MariaDB 資料庫、Firefox 瀏覽器、Chrome 瀏覽器、LibreOffice 辦公室自動化軟體，以及 PHP、Python、Java、Go 等程式語言。

此外，目前流行的 **App** (Application) 一詞泛指智慧型手機、平板電腦等行動裝置上的小型應用程式，不同的作業系統有自己專屬的 App 銷售平台，例如 iOS、Android、Windows 的 App 銷售平台分別為 App Store、Google Play、Microsoft Store。在第三方軟體業者開發出 App 後，就會將 App 上架到專屬平台，相較於個人電腦上的軟體，App 通常比較便宜或是免費的。

由於 App 可以結合行動裝置的照相、錄影、錄音、GPS、語音辨識、臉部辨識、指紋辨識、觸控、加速器、感測器、無線傳輸、行動通訊等功能，再加上開發者無窮盡的創意，使得 App 的應用包羅萬象，例如遊戲、電子書、照相、錄影、錄音、影音播放、即時通訊、網路電話、視訊會議、遠距醫療、在地服務、地圖導航、天氣預報、社群網路、線上購物、線上理財、行動支付、影像處理、相片編輯、行程管理、電子郵件等。

(c)

圖 4.4 (a) PHP 程式語言屬於開放原始碼軟體 (b) 使用者可以在 Google Play 選購與下載超過百萬種 App (c) 手機遊戲 App

4-3 常見的應用軟體

4-3-1 辦公室自動化軟體

辦公室自動化軟體指的是企業用來提升工作效率的應用軟體，例如 Microsoft Office、LibreOffice、Google Docs 等，其中以 Microsoft Office 最普遍，而 LibreOffice 屬於開放原始碼軟體，可以免費使用，至於 Google Docs 則是 Google 推出的免費雲端軟體服務，包含文件、試算表、簡報與表單。

事實上，辦公室自動化軟體通常包含數套軟體，例如 LibreOffice 包含文書處理 (Writer)、試算表 (Calc)、簡報 (Impress)、繪圖 (Draw)、資料庫 (Base)、公式 (Math) 等軟體，而 Microsoft Office 包含下列軟體：

● **文書處理軟體 Word**：Word 不僅操作簡便，同時擁有即點即書、手寫輸入、簡繁轉換、亞洲方式配置、文繞圖、巢狀表格、網頁製作、圖案繪製、檢視與輸入多國語言、拼字檢查、合併列印等實用的功能。

● **試算表軟體 Excel**：Excel 可以用來計算、排序、篩選、製作各式圖表，運用在統計分析領域也是遊刃有餘，因此，無論是個人、學生或企業，Excel 都是完成工作不可或缺的工具。雖然其統計運算功能不如 SPSS、SAS 等專業的統計軟體，但強大的功能及操作便利性仍不容忽視。

(a)

(b)

- **簡報軟體 PowerPoint**：PowerPoint 不僅操作簡便，同時擁有插入圖片、表格、聲音、放映特效、線上廣播、動畫配置、各式母片等實用的功能，可以協助使用者製作演講、銷售展示、教育訓練等活動所需要的視覺輔助資訊。

- **資料庫管理系統軟體 Access**：Access 可以用來操作與管理資料庫，除了能夠輸入並儲存資料，亦可進行查詢、新增、更新、刪除等操作，屬於小型的資料庫軟體，而大型的資料庫軟體有 Microsoft SQL Server、Oracle Database、IBM Db2、SAP Adaptive Server Enterprise 等。

另外還有採取開放原始碼的資料庫軟體 MySQL 與 MariaDB，兩者均具有快速、簡單、可靠、功能齊全、跨平台等優點，其中 MySQL 社群版和 MariaDB 可以免費使用，而 MySQL 標準版和企業版必須付費購買；至於同樣採取開放原始碼的 Apache Hadoop 則是一個能夠儲存並管理大數據的雲端平台。

- **訊息管理軟體 Outlook**：Outlook 主要的用途是傳送與接收電子郵件、傳真、記錄事件、會議規劃、智慧型的日期輸入與提醒、個人待辦的工作清單、工作進度、記錄過去的活動、管理聯絡人與通訊錄等。

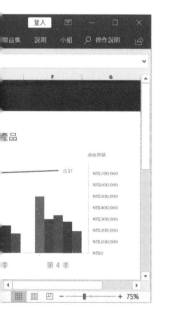

(c)

圖 4.5　(a) Word　(b) Excel　(c) PowerPoint

4-3-2 影像繪圖軟體

影像繪圖軟體的種類很多,例如:

● Adobe Photoshop、Corel Painter、Corel PaintShop Pro 等影像處理軟體,其中 Photoshop 支援專業的工具套件、檔案瀏覽器、步驟記錄浮動視窗、特殊效果濾鏡、圖層、藝術風筆刷、修復筆刷、色彩修正、整合式數位相機原始檔案、影像切片、3D 繪圖、3D 面板、影像分析工具、智慧型銳利化、相機防手震等功能,可以協助平面設計人員、網頁設計人員、攝影人員及視訊從業人員創作出高品質的數位影像。

● Adobe Illustrator、Corel CorelDRAW 等向量繪圖軟體,其中 Illustrator 具有精密的向量繪圖工具、全新的影像描圖引擎、多樣的透明度與漸層、流暢的 Adobe 可攜式文件格式 (PDF) 整合效果、快速的文字效能、先進的排版操控及更多的列印選項,可以協助設計人員擴展創意空間,營造不同效果。

● Autodesk AutoCAD、PTC Creo Parametric (原名 Pro/E) 等電腦輔助設計與繪圖軟體,其中 AutoCAD 具有標準的 2D 平面設計與 3D 立體繪圖功能,可以應用在機械模具、3D 列印、室內設計、景觀設計、工業設計、電子電機、土木建築、環境工程、消防空調等領域。

此外,由於人們喜愛拍照打卡、自拍上傳社群媒體,所以也有許多手機專用的修圖 App,例如美圖秀秀、玩美相機、美妝相機、美顏相機、相片大師、天天 P 圖、LINE Camera、Adobe Lightroom、Layout from Instagram、Pixlr、Foodie、PicsArt、PicsPlay、SODA、VSCO、SNOW、Snapseed、MOLDIV、April、B612、Facetune 等。

LINE Camera 內建多款可愛的貼圖與濾鏡,可以增添相片的趣味性;Layout from Instagram 可以拼貼多張相片再上傳到 Instagram;Pixlr 提供多款濾鏡,可以進行相片調整與拼貼;Foodie 針對拍攝食物提供多款濾鏡,凸顯食物的色澤與美感,讓食物看起來更好吃;相片大師的 AI 修圖功能可以去背、修掉雜物或路人、更改背景圖像、濾鏡及特效編輯、人像修圖、製作拼貼海報;SODA、SNOW 是美顏相機軟體,提供多種濾鏡、特效和美顏工具。這些 App 的共同點就是直覺性的操作,容易上手,使用者馬上可以看到修圖的效果。

圖 4.6 (a) PhotoShop (b) Illustrator (c) 修圖 App

4-3-3 桌面排版軟體

我們在生活中所接觸到的報章雜誌大部分是由下面的排版軟體編排而成：

● QuarkXpress：QuarkXPress 是 Quark 公司推出的桌面排版軟體，具有精確的排版操控、色彩管理、圖形處理及印刷功能，而且新版的 QuarkXPress 不僅提供電子書製作功能、QR Code 製作功能，還可以針對智慧型手機與平板電腦設計 App 內容。多年來一直有許多設計人員、排版人員、出版商、輸出中心、印刷廠使用 QuarkXPress 編排書籍、報章雜誌、產品型錄、產品包裝、宣傳刊物、技術手冊、廣告設計、年度報告、賀卡、傳單、建議書等印刷品。

● InDesign：InDesign 是 Adobe 公司推出的桌面排版軟體，與 Photoshop、Illustrator 共用常見的程式指令、工具和面板，Adobe 家族軟體的使用者均能快速上手。InDesign 中文版具有強大的中文排版功能，能夠開啟 QuarkXPress 檔案，也能夠置入 Word 與 Excel 所繪製的表格。此外，新版的 InDesign 不僅提供電子書製作功能，可以建立整合互動功能、影片與音效的電子書，還新增 QR Code 製作功能，可以直接在 InDesign 建立清晰銳利的 QR Code。

4-3-4 影音編輯軟體

影音編輯軟體的種類很多，例如：

● 訊連科技 PowerDVD、Corel WinDVD 等影音播放軟體。

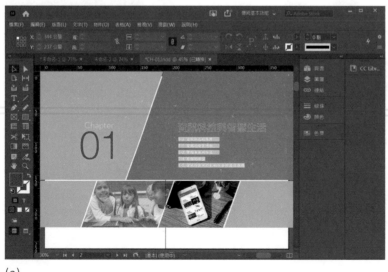
(a)

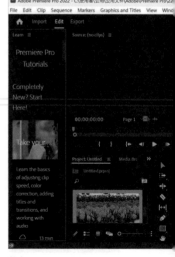
(b)

● AudioDirector、OcenAudio、Logic Pro X、Adobe Audition、Wave Editor、Audacity、Ashampoo Music Studio、FL Studio 等音樂編輯軟體。

● VEGAS Pro、Premiere Pro、 威力導演、VideoStudio 會聲會影、MotionStudio 3D、Adobe After Effects、Apple iMove、Apple Motion、VideoPad、Lightworks、Shotcut、Openshot、Avidemux 等影片編輯軟體。

● Autodesk Maya、3ds Max、Cinema 4D、Blender、K-3D、ZBrush、Mari 等 3D 動畫軟體。

● 威力導演、樂秀 VideoShow、Promeo、iMovie、Quik、Splice、小影、Inshot 等影片編輯 App。

4-3-5 通訊軟體

通訊軟體的種類很多，例如：

● Chrome、Edge、Safari、Opera、FireFox 等瀏覽器軟體。

● Outlook、Thunderbird 等電子郵件軟體。

● Line、Skype、WhatsApp、Facebook Messenger、Google Chat、Apple iChat、WeChat、QQ 等即時通訊與網路電話軟體。

● Google Meet、Microsoft Teams、Zoom、Skype、Apple FaceTime、Amazon Chime、Cisco Webex、GoTo Meeting 等視訊會議軟體。

● Filezilla、CuteFTP、SmartFTP、TurboFTP 等檔案傳輸軟體。

(c)

圖 4.7 (a) InDesign　(b) Premiere　(c) Google Meet

4-4 程式語言

4-4-1 程式語言的演進

程式語言 (programming language) 是用來設計程式或應用軟體的電腦語言,不同的程式語言有不同的語法及用途,我們可以根據演進過程將它分成下列幾代:

- **第一代語言－機器語言** (machine language):這是最早發展出來的程式語言,也是電腦唯一看得懂的程式語言,它的每個指令都是由 0 與 1 所組成。

- **第二代語言－組合語言** (assembly language):雖然機器語言的執行速度最快,但一長串的 0 與 1 不僅難以閱讀,也不容易學習,於是以**助憶碼** (mnemonics) 的方式發展出組合語言,例如 ADD R3, R1, R2 的意義是將暫存器 R1 的資料與暫存器 R2 的資料相加,再將結果儲存到暫存器 R3。

顯然組合語言比機器語言容易理解,不過,由於電腦不認得組合語言,因此,任何以組合語言撰寫出來的程式都必須經過**組譯程式** (assembler) 轉換成機器語言,才能在電腦上執行。

我們習慣將機器語言和組合語言統稱為**低階語言** (low level language),因為它們均屬於**機器相關** (machine dependent) 語言,不具有**可攜性** (portability),也就是不同的電腦平台有不同的機器語言和組合語言,撰寫出來的程式無法互相移植,必須重新撰寫以符合電腦平台的暫存器組態與指令集。

	LDA	ALPHA	; 將變數 ALPHA 載入暫存器 A
	SUB	ONE	; 減去 1
	ADD	BETA	; 加上變數 BETA 的值
	STA	GAMMA	; 將暫存器 A 的值儲存給變數 GAMMA
	LDB	GAMMA	; 將變數 GAMMA 載入暫存器 B
	SUB	TWO	; 減去 2
	STB	BETA	; 將暫存器 B 的值儲存給變數 BETA
ONE	WORD	1	; 定義常數 ONE 的值為 1
TWO	WORD	2	; 定義常數 TWO 的值為 2
ALPHA	RESW	1	
BETA	RESW	1	
GAMMA	RESW	1	

圖 4.8 以組合語言撰寫的程式其實還是不太容易閱讀

● 第三代語言－高階語言 (high level language)：組合語言雖然比機器語言容易理解，但還是不容易撰寫，於是發展出語法近似於英文的高階語言，例如 Pascal、BASIC、C、C++、Java、C#、FORTRAN、COBOL、Ada、ALGOL、SmallTalk、Python 等，均屬於高階語言。任何以高階語言撰寫出來的程式都必須經過**編譯程式** (compiler) 或**直譯程式** (interpreter) 轉換成機器語言，才能在電腦上執行。

● 第四代語言－超高階語言 (very high level language)：這是高階語言進一步的演進，使用者不再需要費心思考如何撰寫程式，只要在套裝軟體內選取工具、介面、資料庫或控制項，就能快速完成程式的開發，例如 Microsoft Visual Studio 就是一套功能強大的程式開發工具。

● 第五代語言－自然語言 (natural language)：高階語言的語法雖然近似於英文，但實際上仍有一段不小的差距，例如使用者必須遵守嚴格的語法、不能加入新詞彙等，而自然語言則突破了這些限制，例如 Give me the sales report、I want the sales report 是兩個不同的敘述，但電腦均能正確地調出業務報表給使用者。目前電腦處理自然語言的能力仍有限，無法廣泛地應用在各個領域，主要還是應用在人工智慧方面。

```
int factorial(int n)
{
  int result = 1;
  if (n == 0) return 1;  /*當n = 0時，f(n) = n! = 0! = 1 */
  while(n > 0){           /*當n > 0時，f(n) = n! = n x (n - 1) x … x 3 x 2 x 1 */
    result = result * n;
    n = n - 1;
  }
  return result;
}
```

圖 4.9　以高階語言撰寫的程式近似於英文，此例為 C 語言

4-4-2 程式語言的類型

我們可以根據思維方式將程式語言分成下列幾種類型:

● **命令式** (imperative paradigm):這是傳統的程式設計過程,又稱為**程序式** (procedural paradigm),整個程式是由一連串的命令與敘述所組成,只要逐步執行這些命令與敘述,就能得到結果,典型的命令式程式語言有 FORTRAN、ALGOL、BASIC、COBOL、Pascal、C、Ada 等。

```
procedure swap(var x : integer; var y : integer);
var z : integer;
begin
  z := x;
  x := y;
  y := z;
end;
```

圖 4.10 以 Pascal 撰寫的程式

● **函數式** (functional paradigm):這種程式語言的代表首推 **LISP** (LISt Processor),由美國麻省理工學院 (MIT) 於 1958 年為了人工智慧方面的應用所發展,其它知名的函數式程式語言還有 ML、Miranda、Gofer、Scheme、CLOS 等。

函數式程式語言的觀念是將整個程式視為數個基本函數的組合,例如 (* (+ a b) (- c d)) 的意義就相當於 (a + b) * (c - d),該敘述包含了加法 (+)、減法 (-)、乘法 (*) 三個基本函數。

```
(define (length x)
  (cond ((null? X) 0)
        (else (+ 1 (length (cdr x))))))

(define (append x z)
  (cond ((null? x) z)
        (else (cons (car x) (append (cdr x) z)))))

(define (square n) (* n n))
(map square '(1 2 3 4 5))
```

圖 4.11 以 LISP 撰寫的程式

● **邏輯式** (logic paradigm)：這種程式語言的代表首推 **PROLOG** (PROgramming LOGic)，由 Alain Colmerauer 與 Philippe Roussel 於 1972 年為了處理自然語言所發展，由於具有邏輯推理性，故主要的用途是搜尋資料庫、定義演算法、撰寫編譯程式、開發專家系統等。

我們來看個例子，假設系統存在著下列規則：

```
append([], Y, Y).                            將 [] 與 Y 合併為 Y。
append([H|X], Y, [H|Z]) :- append(X, Y, Z).  若 X 與 Y 合併會得到 Z，則 [H|X]
                                             與 Y 合併會得到 [H|Z]。
```

瞭解上述規則的意義後，我們可以來進行查詢：

```
?- append([a, b, c], [d, e], Z).
   Z = [a, b, c, d, e]
?- append([a, b, c], Y, [a, b, c, d, e]).
   Y = [d, e]
```

● **物件導向式** (object-oriented paradigm)：這種程式語言的代表首推 **Simula**，由 Kristen Nygaard 與 Ole-Johan Dahl 於 1961 ~ 1967 年所發展，其它知名的物件導向式程式語言還有 SmallTalk、C++、Java、C#、Python 等。

物件導向程式設計 (OOP，Object Oriented Programming) 是軟體發展過程中極具影響性的突破，優點是物件可以在不同應用程式中被重複使用，Windows 本身就是物件導向的例子，您在 Windows 所看到的視窗、功能表、資料庫…均屬於物件，您可以將這些物件放進自己的程式，然後視情況變更物件的欄位 (例如視窗的大小、位置)，而不必再為這些物件撰寫冗長的程式碼。

```
class List{
    node *top;
  public:
    List();
  protected:
    void push(int);
    int pop();
};
```

圖 4.12　以 C++ 撰寫的程式

封閉與開放文件格式

電腦文件都會依循某種檔案格式,就像我們在書寫信件時,也會依循固定格式,好方便閱讀。在過去,電腦文件是採取**封閉文件格式**,也就是私有的專利檔案格式,例如 Microsoft Word 所採取的 doc/docx 格式是專屬於 Microsoft 公司的檔案格式,必須得到 Microsoft 公司的授權或支援才知道如何讀取這些檔案格式。

然這並不合理,許多屬於公眾的資料也因為其所採取的檔案格式而受限於單一廠商,為了突破此限制,遂有人提出**開放文件格式** (ODF,OpenDocument Format),目標之一就是確保用戶能夠長期存取資料並不受技術及法律上的障礙,使得 ODF 倍受政府部門的注意,美國麻州政府甚至通過行政命令,宣布於 2007 年開始,全面揚棄封閉的 doc 格式,改採無法律疑慮的 ODF 格式。

開放文件格式是以 XML 為基礎所開發的標準化辦公室應用檔案格式,涵蓋文書處理、試算表、圖表、簡報等辦公室常見的電腦文件。它的規格最早是由昇陽電腦公司於 2002 年所提出,標準則是由 OASIS (Organization for the Advancement of Structured Information Standards) 主導研訂,該組織成立了 OASIS Open Office XML Format 技術委員會,並以 OpenOffice.org XML 檔案格式做為工作基礎。OpenDocument 於 2005 年 5 月成為 OASIS 標準,然後於 2006 年 11 月成為 ISO 與 IEC 國際標準,並正式定名為 ISO/IEC26300。

和封閉文件格式相比,開放文件格式最大的優點就是不同平台、不同軟體之間的文件可以互通,任何軟體都能加以開啟,不再受限於特定廠商的軟體。

表 4.1	開放文件格式 V.S. 封閉文件格式	
	開放文件格式	**封閉文件格式**
文件保存	文件格式公開,保存較有保障。	文件格式不公開,保存較有風險。
開放原始碼	原始碼公開,任何人都可以研究、修改及保存,即使轉移到其它平台,一樣能夠開啟文件。	原始碼不公開,一旦轉移到軟體無法執行的平台,將無法開啟文件。
是否支援輸出 PDF 檔	是。	否。
軟體	免費下載與安裝。	必須購買軟體授權。
升級	免費升級。	付費升級。

本·章·回·顧

- 軟體 (software) 可以分成下列兩種類型：

  - **系統軟體** (system software)：這是支援電腦運作的程式，包括作業系統、公用程式和程式開發工具，其中**作業系統** (operating system) 是介於電腦硬體與應用軟體之間的程式，除了提供執行應用軟體的環境，還負責分配系統資源，例如 CPU、記憶體、磁碟等；**公用程式** (utility) 是用來管理電腦資源的程式，例如磁碟管理程式；**程式開發工具** (program development tool) 是協助程式設計人員開發應用軟體的工具，例如編譯程式 (compiler)。

  - **應用軟體** (application software)：這是針對特定事務或工作所撰寫的程式，目的是協助使用者解決問題，又分成**橫向應用軟體**與**縱向應用軟體**，前者通常是由軟體公司根據市場上多數使用者的需求所設計出來的軟體，而後者是使用者針對需求自行開發的軟體。

- 我們也可以根據應用軟體的用途來做分類，例如辦公室自動化軟體、影像繪圖軟體、桌面排版軟體、影音編輯軟體、通訊軟體等。

- **開放原始碼軟體** (open source software) 是任何人都能夠免費取得、使用、修改與共享的軟體。

- **App** 泛指智慧型手機、平板電腦等行動裝置上的小型應用程式，通常具有單手觸控、容易操作等特點。

- 我們可以根據演進過程將程式語言分成**第一代語言－機器語言、第二代語言－組合語言、第三代語言－高階語言、第四代語言－超高階語言、第五代語言－自然語言**。

- 我們也可以根據思維方式將程式語言分成**命令式** (imperative paradigm)、**函數式** (functional paradigm)、**邏輯式** (logic paradigm)、**物件導向式** (object-oriented paradigm) 等類型。

- 和封閉文件格式相比，**開放文件格式** (ODF) 最大的優點就是不同平台、不同軟體之間的文件可以互通，任何軟體都能加以開啟，不再受限於特定廠商的軟體。

學·習·評·量

一、選擇題

(　　) 1.　下列關於應用軟體的敘述何者錯誤？
A. 目的是協助使用者解決問題　　B. 負責分配系統資源
C. Illustrator 屬於向量繪圖軟體　　D. Photoshop 屬於影像處理軟體

(　　) 2.　下列何者屬於文書處理軟體？
A. Microsoft Office 中的 Word　　B. LibreOffice 中的 Writer
C.Windows 內建的 Wordpad　　D. 以上皆是

(　　) 3.　下列何者不屬於開放原始碼軟體？
A. Linux　　B. MySQL
C. Dreamweaver　　D. PHP

(　　) 4.　若企業要舉行視訊會議，可以使用下列何者？
A. 相片大師　　B. Google Meet
C. QuarkXPress　　D. Premiere Pro

(　　) 5.　Microsoft Word 不提供下列哪種功能？
A. 資料庫管理　　B. 即點即書
C. 網頁製作　　D. 合併列印

(　　) 6.　下列何者可以用來從事機械製圖？
A. InDesign　　B. Chrome
C. Outlook　　D. AutoCAD

(　　) 7.　下列何者屬於免費的 PDF 檢視軟體？
A. Acrobat Reader　　B. Dreamweaver
C. 威力導演　　D. Painter

(　　) 8.　下列何者通常會被歸類為系統軟體？
A. Photoshop　　B. CorelDRAW
C. 磁碟管理程式　　D. 庫存管理程式

(　　) 9.　下列何者屬於資料庫管理系統軟體？
A. SQL Server　　B. PowerPoint
C. AutoCAD　　D. InDesign

(　　) 10. 下列何者不是開放文件格式的優點？
A. 開放原始碼　　B. 不再受限於特定廠商的軟體
C. 支援輸出 PDF 檔　　D. 只要幾年付費升級一次即可

( ) 11. 下列關於開放原始碼軟體的敘述何者錯誤？
    A. Android 屬於開放原始碼軟體　　B. 通常可以免費使用
    C. 原始碼會公布於網際網路　　　　D. 通常有時間限制或功能限制

( ) 12. 下列關於 App 的敘述何者錯誤？
    A. 專指 Apple App Store 的應用程式　B. 容易操作
    C. 通常比 PC 的應用程式便宜　　　　D. 可以在智慧型手機上執行

( ) 13. 下列何者不是物件導向式程式語言？
    A. C++　　　　　　　　　　　　B. JAVA
    C. C#　　　　　　　　　　　　　D. C

( ) 14. 若想在多部電腦安裝商業繪圖軟體，那麼在安裝此軟體前應該先確認
下列何者？
    A. 已經購買適當數量的軟體授權　B. 這些電腦都有光碟機
    C. 具有系統管理人員的權限　　　D. 這些電腦都已關閉防火牆

( ) 15. 若在安裝應用軟體時，遲遲無法啟動安裝程式，最有可能的原因為下
列何者？
    A. 磁碟的存取速度太慢　　　　　B. 使用者沒有安裝此軟體的權限
    C. 此軟體與電腦硬體不相容　　　D. 此軟體含有電腦病毒

( ) 16. 下列何者不適合使用文書處理軟體來完成？
    A. 製作會議記錄　　　　　　　　B. 壓縮與解壓縮檔案
    C. 撰寫履歷表　　　　　　　　　D. 撰寫讀書心得報告

( ) 17. 下列何者屬於雲端軟體服務？
    A. PowerPoint　　　　　　　　　B. Google Colab
    C. Visual Studio　　　　　　　　D. Anaconda

二、簡答題

1. 簡單說明何謂系統軟體並舉出三個實例。

2. 簡單說明何謂應用軟體並舉出三個實例。

3. 簡單說明何謂開放原始碼軟體並舉出三個實例。

4. 簡單說明何謂 App 並舉出三個實例。

5. 簡單說明何謂開放文件格式？

6. 根據演進過程說明程式語言可以分成哪幾代？

CHAPTER

05

作業系統

5-1 作業系統簡介

作業系統 (OS，Operating System) 是介於電腦硬體與應用軟體之間的程式，除了提供執行應用軟體的環境，還負責分配系統資源，例如 CPU、記憶體、磁碟、輸入 / 輸出等（圖 5.1(a)）。不同電腦硬體的作業系統其設計目標各異，例如：

● 大型電腦和工作站的作業系統通常應用於科學運算或商業運算，「效率」為其首要考慮，除了要讓系統資源的使用率最佳化，還要協調與控制各個使用者所分配到的系統資源（圖 5.1(b)）。

● 個人電腦的作業系統通常應用於個人運算，「便利」為其首要考慮，除了要有容易操作的使用者介面，還要注重執行效率，以滿足使用者日趨多元的工作和娛樂需求。

● 行動裝置的作業系統通常是透過無線方式連接到網路，著重於個人使用及遠端操作。

● 消費性電子產品、醫療監視儀器等嵌入式系統的作業系統通常只有一個儀表板，上面有顯示狀態的燈號或訊息。

知名的作業系統有安裝於大型電腦和工作站的 UNIX、Solaris，IBM 相容 PC 的 MS-DOS、Microsoft Windows、Linux，麥金塔的 macOS，智慧型手機和平板電腦的 Android、iOS 等。

作業系統中實際負責管理系統資源的是數個不同的處理程式，而負責協調與控制這些處理程式，並維持整個作業系統正常運作的程式叫做**核心** (kernel) 或**監督程式** (supervisor program)。

核心是作業系統中最重要的程式，在電腦完成開機後，核心會常駐於主記憶體，一方面是維持整個作業系統正常運作，另一方面是將其它作業系統程式載入主記憶體。像核心這種常駐於主記憶體的程式稱為**常駐程式** (resident)，而在需要時才載入主記憶體的程式則稱為**非常駐程式** (nonresident)（圖 5.1(c)）。

至於核心是如何載入主記憶體的呢？事實上，核心是透過所謂的**開機程式** (bootstrap program) 或**開機載入程式** (bootstrap loader) 在電腦啟動時載入主記憶體，可是問題來了，開機程式又是如何載入主記憶體的呢？

在過去，電腦的操作人員必須透過控制開關將開機程式的目的碼 (object code) 輸入主記憶體，但這容易產生錯誤，而且也很不方便。後來就改成當電腦的電源打開時，BIOS 會先進行基本的硬體測試，接著到儲存裝置尋找作業系統，然後利用開機程式將作業系統的核心載入主記憶體，再將 CPU 的使用權交給作業系統。早期 BIOS 是儲存在唯讀記憶體 (ROM)，後來為了方便升級更新，遂改成儲存在快閃記憶體。

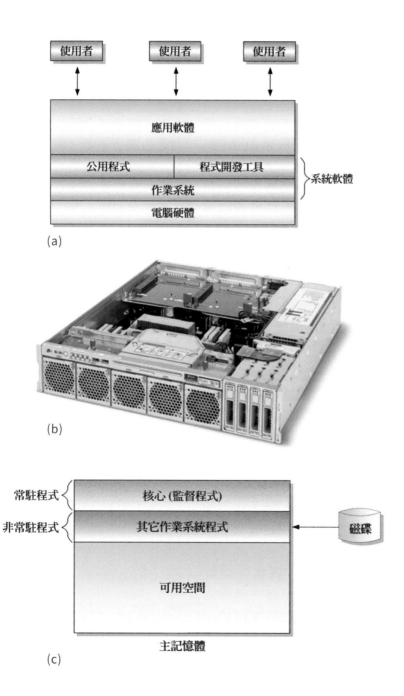

圖 5.1 (a) 作業系統是介於電腦硬體與應用軟體之間的程式 (b) 工作站的作業系統首重效率 (圖片來源：Oracle SPARC Server) (c) 作業系統的核心與非常駐程式

5-2 作業系統的功能

作業系統的功能主要有下列幾項：

● **分配系統資源**：電腦經常會同時執行不同的程式或同時服務不同的使用者，此時，這些程式或使用者就必須共用電腦的系統資源，例如 CPU、記憶體、磁碟、輸入 / 輸出等，而作業系統則必須扮演**資源配置者** (resource allocator) 的角色，負責協調與控制這些程式或使用者共用電腦的系統資源，將系統資源的分配與運用最佳化及公平化，進一步防止產生錯誤或不正確地使用電腦 (圖 5.2(a))。

● **提供執行應用軟體的環境**：作業系統的重要功能之一是提供執行應用軟體的環境，以載入並執行應用軟體，做為應用軟體和電腦硬體之間的橋梁。應用軟體無須瞭解如何驅動底層的硬體裝置，只要指定欲驅動的硬體裝置，作業系統就會代為驅動該硬體裝置。

舉例來說，假設應用軟體要將一個檔案的內容複製到另一個檔案，那麼撰寫應用軟體的人可能只要呼叫一個函式 (function)，就能完成此動作，但作業系統卻得做一連串的動作。首先，它必須取得來源檔案和目的檔案的名稱；接著，它必須開啟來源檔案和目的檔案，這中間可能會發生來源檔案不存在或目的檔案已經存在等問題，一旦發生問題，就必須通知使用者；繼續，它會從來源檔案讀取資料，然後將資料寫入目的檔案，這中間一樣可能會發生問題，例如磁碟已滿等，一旦發生問題，就必須通知使用者；最後，它還要關閉這兩個檔案。

● **提供使用者介面**：使用者介面是使用者和電腦硬體之間的橋梁，有時又稱為**殼層** (shell)，因為它就像圍繞在作業系統外圈的殼一樣 (內圈的部分則是所謂的核心)。

在過去，作業系統所提供的是**命令列使用者介面** (command line user interface)，使用者必須透過鍵盤輸入指定的指令集，才能指揮電腦完成工作，例如 UNIX、MS-DOS (圖 5.2(b))；而現在，作業系統所提供的是**圖形化使用者介面** (GUI, Graphical User Interface)，使用者只要透過鍵盤、滑鼠等輸入裝置點選畫面上的圖示，就能指揮電腦完成工作，例如 Apple macOS、Linux、Microsoft Windows (圖 5.2(c))。

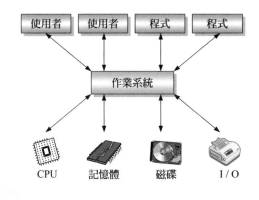

(a)

(b)

(c)

圖 5.2 (a) 作業系統負責分配系統資源
(b) MS-DOS 採取命令列使用者介面
(c) Windows 採取圖形化使用者介面

5-3 作業系統的技術

作業系統的技術演進和電腦硬體的發展過程息息相關，比較重要的里程碑如下：

● 第一代電腦 (1946 ~ 1955) 是由真空管所組成，當時並沒有作業系統的存在，若要執行工作，必須以人工插卡的方式來進行。

● 第二代電腦 (1956 ~ 1963) 是由電晶體所組成，當時的輸入裝置是讀卡機，輸出裝置是打孔機，若要執行工作，必須將程式、資料及控制訊息畫在有固定格式的打孔卡片 (可能有數張)，然後交給電腦的操作人員，經過數分鐘、數小時甚至數天後，就可以得到輸出結果，這個時期所發展出來的作業系統有單工系統 (single task system)、批次系統 (batch system) 等。

● 第三代電腦 (1964 ~ 1970) 是由積體電路所組成，拜電腦硬體大幅進步之賜，這個時期所發展出來的作業系統有多元程式處理系統 (multiprogramming system)、分時系統 (time-sharing system) 等。

● 第四代電腦 (1971 ~ 現在) 是由超大型積體電路所組成，隨著微處理器應用至各種商業用途，這個時期所發展出來的作業系統有多處理器系統 (multiprocessor system)、分散式系統 (distributed system)、即時系統 (real time system)、手持式系統 (handheld system)、嵌入式系統 (embedded system) 等。

5-3-1 批次系統

早期電腦的作業系統很陽春，主要就是將一個工作轉移到下一個工作，屬於**單工系統** (single task system)，一次只能服務一位使用者，若同時有多位使用者，那麼後面的使用者必須等到前面的使用者完成工作，才能開始執行自己的工作 (圖 5.3(a))。

單工系統的資源使用率不佳，一旦所執行的工作在存取機械式的輸入 / 輸出裝置，其它電子式的裝置 (包括 CPU) 都必須閒置下來等待其完成。

為了提升效率，於是電腦的操作人員遂留下各個使用者的工作，透過**工作控制程式** (job control program) 將這些工作加以排序，把相同或類似的工作集中在一起，稱為一個**批次** (batch)，然後交給電腦分批執行，再將輸出結果送回給所屬的使用者，稱為**批次處理** (batch processing)。這樣做的好處是不必浪費時間一次又一次地重新載入並準備相同的資源，至於用來進行批次處理的作業系統則稱為**批次系統** (batch system)(圖 5.3(b))。

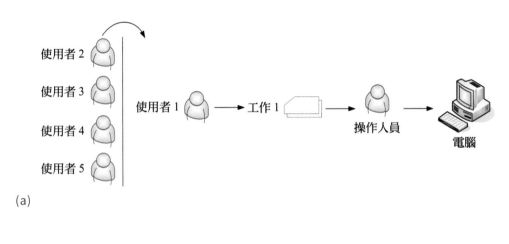

(a)

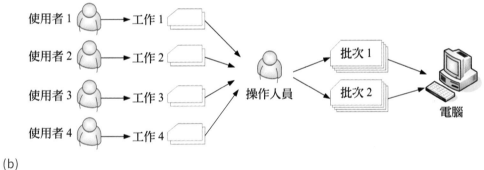

(b)

圖 5.3 (a) 單工系統 (b) 批次系統

5-3-2 多元程式處理系統

多元程式處理 (multiprogramming) 的目的是同時服務多位使用者或多個程式，致力於讓 CPU 一直保持忙碌，以提升 CPU 的使用率。在單工系統中，當所執行的工作在存取速度較慢的輸入／輸出裝置時，其它速度較快的裝置 (包括 CPU) 都必須閒置下來等待其完成，造成資源使用率不佳。

反之，在**多元程式處理系統** (multiprogramming system) 中，記憶體會同時存放著多個工作，當所執行的工作在存取速度較慢的輸入／輸出裝置時，便將 CPU 切換到記憶體中其它需要執行的工作，等之前的工作結束存取輸入／輸出裝置後，就會重新得到 CPU，繼續尚未完成的工作，如此周而復始，CPU 就能一直保持忙碌，而不會閒置下來 (圖 5.4)。

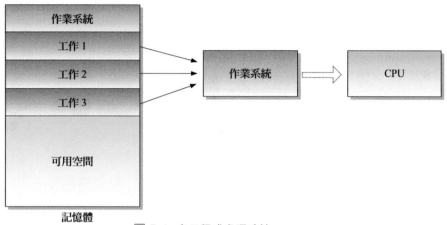

圖 5.4　多元程式處理系統

5-3-3 分時系統

分時處理 (time-sharing) 是一種特殊形式的多元程式處理，主要應用於互動式系統 (interactive system)。前述的多元程式處理雖然能夠提升資源使用率，但無法允許使用者與系統互動，若系統需要同時服務多位使用者，而且使用者的工作大多是以互動的方式來進行，例如編輯文件或整理檔案，那麼可以將 CPU 時間分割成許多小段，稱為**時間配額** (time slice)，輪流分配給各個使用者的工作，時間配額一到，無論目前的工作完成與否，都必須將 CPU 的使用權交給下一個工作，而之前尚未完成的工作在等 CPU 輪完一輪後又會回到其手上，並從中斷的地方繼續執行，這就是**分時系統** (time-sharing system)，又稱為**多工系統** (multitasking system)(圖 5.5)。

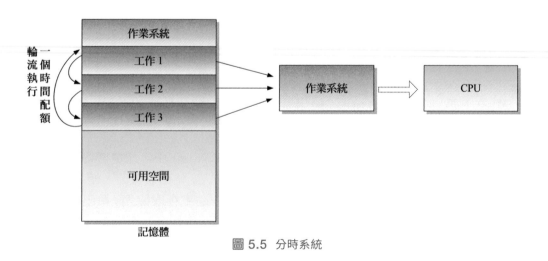

圖 5.5　分時系統

5-3-4 多處理器系統

相較於多數系統只有一個 CPU，**多處理器系統** (multiprocessor system) 則是擁有多個 CPU 的系統，這些 CPU 之間會緊密溝通，並共用匯流排、時脈、周邊或甚至記憶體，以增加工作量並提升效能，又稱為**平行系統** (parallel system)(圖 5.6)。

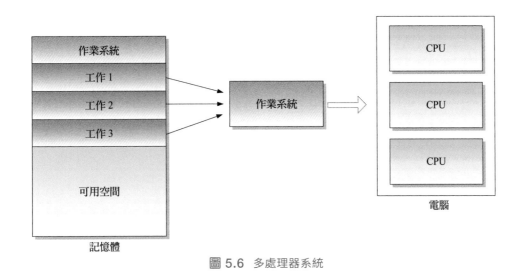

圖 5.6 多處理器系統

5-3-5 分散式系統

網路的盛行造就了**分散式系統** (distributed system) 的誕生，在此之前，同一個工作通常是由同一部電腦的一個或多個 CPU 來執行，而在分散式系統中，同一個工作可以拆成幾個部分，然後透過快速的網路連結指派給多部電腦分別執行，這些電腦或許位於不同的地點，彼此之間透過網路來聯繫 (圖 5.7)。

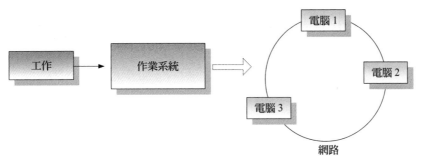

圖 5.7 分散式系統

5-3-6 即時系統

即時系統 (real time system) 能夠隨時對輸入訊號做出立刻的回應,通常應用於非常重視回應時間的系統,例如生產線的自動控制系統、飛機導航系統、科學儀器、感測器等。

5-3-7 手持式系統

手持式系統 (handheld system) 泛指應用於智慧型手機或平板電腦的作業系統,這種系統因為受限於較少的記憶體、較慢的 CPU、較小的螢幕、使用充電電池等先天限制,所以在設計上必須考慮到有效管理記憶體、不能增加 CPU 的負擔、擷取顯示部分內容、不能太耗電及支援無線通訊。

5-3-8 嵌入式系統

除了筆記型電腦、平板電腦等通用用途電腦之外,生活中有許多只做某些工作的特殊用途電腦,例如遊戲機、冷氣機、洗衣機、冰箱、空氣清淨機、智慧家電、車用電子產品、醫療監視儀器、交通號誌等。這些電子產品都是由嵌入在內部的微處理器來加以控制,也就是嵌入式系統 (embedded system),此種系統沒有或只有少許介面,功能有限且較陽春,傾向於監督並控制硬體裝置等特殊用途。

(a)   (b)

圖 5.8 (a) 智慧型手機是採取手持式系統 (b) 結合了電視科技與網際網路連線能力的智慧電視 (Smart TV) (圖片來源:Google Pixel、Google TV)

5-4 知名的作業系統

作業系統的種類很多，以下就為您介紹一些知名的作業系統。

5-4-1 UNIX

UNIX 是 AT&T 貝爾實驗室的 Ken Thompson 和 Dennis Ritchie，於 1970 年代針對 DEC 迷你電腦所開發的多工、多使用者作業系統。UNIX 最初是以組合語言撰寫而成，應用程式則是以 B 語言或組合語言來撰寫，但 B 語言不夠強大，Ken Thompson 和 Dennis Ritchie 遂發展出 C 語言，並以 C 語言重新撰寫 UNIX。

早期 UNIX 是採取命令列使用者介面，後來於 1986 年推出圖形化使用者介面－ **X Window System**。UNIX 的成就之一是提出**主從式架構** (client server model)，將作業系統分成伺服器版本與用戶端版本，前者安裝在伺服器，負責管理資源並提供服務，而後者安裝在用戶端，負責與使用者溝通。

在 UNIX 問世的十年間，UNIX 被廣泛應用於學術機構和大型企業，AT&T 公司以低廉甚至免費的許可，將 UNIX 原始碼授權給學術機構做研究或教學之用，進而演變出數種變形，其中以加州大學柏克萊分校所開發的 BSD 系列最為知名，並衍生出三個主要的分支－ **FreeBSD**、**OpenBSD** 和 **NetBSD**。

AT&T 公司於 1990 年代將 UNIX 的版權出售給 Novell 公司，而 Novell 公司又於 1995 年將 UNIX 的版權出售給 SCO 公司 (Santa Cruz Operation)，UNIX 商標則屬於另一個產業標準聯盟 Open Group。一些公司在取得授權後，便開發了自己的 UNIX 產品，例如 IBM AIX、HP HP-UX、Oracle Solaris、SGI IRIX、SCO OpenServer，包括目前的 Apple macOS 亦是建立在 UNIX 穩固的基礎上。

(a)

(b)

圖 5.9　(a) UNIX　(b) Solaris (圖片來源：Oracle)

5-4-2 MS-DOS

MS-DOS (Microsoft Disk Operating System) 是 Microsoft 公司於 1981 年針對 IBM PC 所推出的作業系統，採取命令列使用者介面，使用者必須透過鍵盤輸入指定的指令集，才能指揮電腦完成工作。事實上，開發出此作業系統的是西雅圖電腦產品公司的程式設計師 Tim Paterson，一開始命名為 86-DOS，而 Microsoft 公司是在隔年買下 86-DOS 的版權，並更名為 MS-DOS。

隨著圖形化使用者介面的風行，MS-DOS 已經被 Microsoft Windows 取代，只剩下極少數的企業或機構還保有在 MS-DOS 下執行的程式，例如庫存系統、會計系統、診療系統等。為了方便使用者下達命令或執行某些程式，Microsoft Windows 提供了 [命令提示字元] 視窗用來模擬 MS-DOS 環境。

5-4-3 macOS

圖形化使用者介面的起源可以追溯至 Xerox PARC 研究中心於 1973 年、1981 年所推出的 Alto 和 Star 電腦，它們使用三鍵滑鼠、圖形化視窗與乙太網路連線。Apple 公司的創始人 Steve Jobs 在參觀過 PARC 後，意識到圖形化使用者介面的未來前景，遂著手研發，並於 1983 年、1984 年推出採取圖形化使用者介面的個人電腦 **Lisa** 和 **Macintosh** (麥金塔)，友善的介面迅速獲得使用者的青睞。

macOS 指的就是安裝於 Macintosh 電腦的作業系統，傳統的 macOS 是以卡內基美隆大學開發的 Mach 做為核心，最終版本為 1999 年推出的 **Mac OS 9**，之後改以 BSD UNIX 為基礎推出 **OS X**，並於 2016 年將 OS X 更名為 macOS，以便與 Apple 公司的其它作業系統 (iPadOS、iOS、watchOS) 保持一致的命名風格。

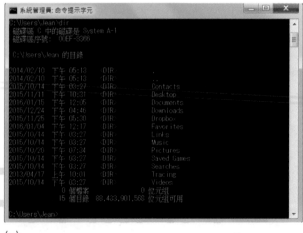

(a)

(b)

5-4-4 Microsoft Windows

Apple 公司當年基於市場策略，刻意開發了只能在 Apple Macintosh 電腦運作的圖形化使用者介面系統，因而給了 Microsoft 公司針對 IBM 相容 PC 開發 **Windows** 的空間，Microsoft 公司於 1985 年、1987 年推出的 Windows 1.0 和 Windows 2.0 順利成為 IBM 相容 PC 的標準圖形化使用者介面系統。

Microsoft 公司接著於 1990 年推出 Windows 3.0，這套作業系統獲得空前的迴響，打破了軟體產品在六週內的銷售記錄，也奠定了 Microsoft 公司在作業系統的龍頭地位。不過，此時的 Windows 只能算是披上圖形化使用者介面的 MS-DOS，因為 Microsoft 公司只是在 MS-DOS 與使用者之間加上一個殼層 (shell) 程式，讓該程式將使用者的動作轉換成 MS-DOS 能夠接受的命令。

直到 Microsoft 公司於 1995 年推出 Windows 95，Windows 才從殼層程式轉變為真正的作業系統，不再包含 MS-DOS。之後 Microsoft 公司不斷推出新版的 Windows，包括 Windows Me、Windows XP、Windows Vista、Windows 7、8/8.1、10、11。

此外，為了在企業市場和 UNIX 競爭，Microsoft 公司於 1993 年推出旗下第一個主從式網路作業系統－ Windows NT，其伺服器版本為 Windows NT Server，而其用戶端版本為 Windows NT Workstation，之後伺服器版本改版為 Windows 2000 Server、Windows Server 2003、2008、2008 R2、2012、2012 R2、2016、2019、2022，可以協助企業或學校快速建置網路，利用先進技術和全新的混合式雲端功能來增加彈性、簡化管理、降低成本，以及提供服務給企業或學校。

(c)

圖 5.10 (a) [命令提示字元] 視窗 (b) 搭載 macOS 的 MacBook (圖片來源：Apple)
(c) 搭載 Windows 11 的筆記型電腦 (圖片來源：ASUS)

5-4-5 Linux

Linux 是芬蘭程式設計師 Linus Torvalds（林納斯・托華斯）於 1991 年以 UNIX 為基礎所開發的作業系統，當時 UNIX 只能安裝在昂貴的中大型電腦，Linus Torvalds 為了將 UNIX 安裝在個人電腦，決定自己修改 UNIX。

在 Linux 的核心程式公布於網際網路後，獲得許多人的支持，紛紛投入為 Linux 強化功能，讓 Linux 能夠和各種周邊相容並日趨穩定，而 Linux 的發展過程正是開放原始碼軟體的典範。

除了個人電腦，Linux 還被移植到多個平台，例如超級電腦、大型電腦、工作站，或像遊戲機、電視、路由器、消費性電子產品等嵌入式系統，而在行動裝置上廣泛使用的 Android 作業系統也是建立在 Linux 的核心之上。

Linux 有數種發行版，例如 Fedora、Ubuntu、Linux Mint、Salix、openSUSE、Oracle Linux、Red Hat 等，通常可以從網際網路免費下載，少數像 Red Hat Enterprise Linux 等商用版則需要付費購買。由於 Linux 具有成本低、可靠度高、整合性強等優點，因而在區域網路伺服器、Web 伺服器與高效能運算領域中有著相當高的市佔率。

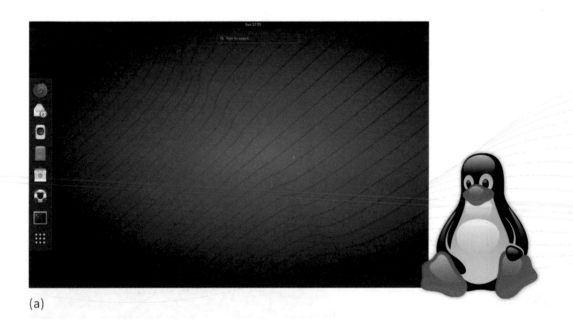

(a)

圖 5.11 (a) Linux 與官方吉祥物 Tux（圖片來源：Oracle Linux、維基百科）
(b) 搭載 iOS 的智慧型手機（圖片來源：Apple iPhone）
(c) 搭載 iPadOS 的平板電腦（圖片來源：Apple iPad))

5-4-6 行動裝置與穿戴式裝置作業系統

行動裝置與穿戴式裝置因為受限於較少的記憶體、較慢的 CPU、較小的螢幕、使用充電電池等先天限制，所以其作業系統和一般電腦不同，常見的如下：

● iOS：這是 Apple iPhone 所使用的作業系統，從 OS X 發展而來，具有優雅直覺的圖形化使用者介面與多點觸控功能，並內建豐富的應用程式，例如 Safari、郵件、行事曆、天氣、社群、照相、Siri 語音助理、FaceTime 視訊及語音通話、iCloud、iTunes、iMessage、iMovie、Apple Music、Apple Pay、臉部辨識、指紋辨識、擴增實境 (AR)、地圖、CarPlay、家庭 App、健康 App、健身 App 等。

● iPadOS：這是 Apple iPad 所使用的作業系統，從 iOS 發展而來，除了奠基於 iOS 的功能，還針對平板電腦做了最佳化，例如更強大的檔案系統、強化螢幕分割功能、強化 Apple Pencil 功能、可以外接滑鼠、觸控筆和鍵盤、支援桌上型電腦級的 App 等。

● watchOS：這是 Apple Watch 所使用的作業系統，從 iOS 發展而來，除了可以收發電話、簡訊、郵件，還可以聽音樂、記錄活動、追蹤體能訓練時的心率區間、功率及高度、監測健康數據（心率、血氧濃度、心電圖、呼吸速率、睡眠階段…）、經期追蹤、用藥提醒、地圖導航、Apple Pay、車禍偵測功能會自動求救等。

(b)

(c)

● Android：這是 Google 與多家廠商針對智慧型手機與平板電腦所設計的作業系統，提供行動通訊、無線共享、網頁瀏覽、電子郵件、Google 語音助理、臉部辨識、指紋辨識、GPS 定位、影音多媒體等功能，並可搭載 Chrome、Gmail、Google Maps、YouTube、YouTube Music、Google Meet、Google Pay、Google 智慧鏡頭、雲端硬碟、相簿、日曆、聯絡人、Play 圖書等 Google 線上服務。

Android 是以 Linux 為核心的開放原始碼軟體，任何人都可以免費使用 Android 或開發 Android 裝置上的 App，無須經過 Google 和開放手持設備聯盟 (Open Handset Alliance) 的授權，目前全球有一半以上的智慧型手機使用 Android。

● wearOS：這是由 Google 主導、針對智慧型手錶所設計的作業系統，從 Android 發展而來，除了可以收發電話、簡訊、郵件，還提供 Google 語音助理、Google Pay、音樂控制項、健康數據監測 (心率、壓力、皮膚溫度、血氧濃度、心電圖、睡眠階段…)、健身狀況追蹤、地圖導航、Google Home 等功能。

● Windows：Windows 8 是 Microsoft 公司首度推出的跨平台作業系統，可以安裝在個人電腦、智慧型手機與平板電腦，除了具備傳統的視窗介面，更新增動態磚使用者介面並強化多點觸控功能。Windows 8 之後改版為 Windows 8.1、10、11。

(a)

(b)

圖 5.12　(a) 搭載 wearOS 的智慧型手錶 (圖片來源：Google Pixel Watch)
　　　　 (b) 搭載 Windows 的微軟自有品牌平板電腦 (圖片來源：Microsoft Surface)

本·章·回·顧

● **作業系統** (OS) 是介於電腦硬體與應用軟體之間的程式,主要的功能有分配系統資源、提供執行應用軟體的環境、提供使用者介面,其中使用者介面又分為**命令列使用者介面**和**圖形化使用者介面** (GUI) 兩種。

● **批次系統** (batch system) 的原理是把相同或類似的工作集中在一起,然後交給電腦分批執行,再將輸出結果送回給所屬的使用者。

● **多元程式處理** (multiprogramming) 的目的是同時服務多位使用者或多個程式,致力於讓 CPU 一直保持忙碌的狀態。

● **分時處理** (time-sharing) 是一種特殊形式的多元程式處理,主要應用於互動式系統。

● **多處理器系統** (multiprocessor system) 是擁有多個 CPU 的系統,這些 CPU 之間會緊密溝通,並共用匯流排、時脈、周邊或甚至記憶體。

● 在**分散式系統** (distributed system) 中,同一個工作可以拆成幾個部分,然後透過快速的網路連結指派給多部電腦分別執行。

● **即時系統** (real time system) 能夠隨時對輸入訊號做出立刻的回應,通常應用於非常重視回應時間的系統。

● **手持式系統** (handheld system) 泛指應用於智慧型手機或平板電腦的作業系統,設計上必須考慮到有效管理記憶體、不能增加 CPU 的負擔、擷取顯示部分內容、不能太耗電及支援無線通訊。

● **嵌入式系統** (embedded system) 沒有或只有少許介面,功能有限且較陽春,傾向於監督並控制硬體裝置等特殊用途。

● 作業系統的種類很多,知名的有 UNIX、MS-DOS、macOS、Microsoft Windows、Linux 等。

● 常見的行動裝置與穿戴式裝置作業系統有 iOS、iPadOS、watchOS、Android、wearOS、Windows 等。

學·習·評·量

一、選擇題

( ) 1. 下列何者不是作業系統的主要功能？
    A. 儲存資料　　　　　　　　　B. 提供執行應用軟體的環境
    C. 分配系統資源　　　　　　　D. 提供使用者介面

( ) 2. 下列何者不是個人電腦的作業系統？
    A. Windows　　　B. Linux　　　C. macOS　　　D. UNIX

( ) 3. 下列何者採取命令列使用者介面？
    A. iOS　　　　　B. Android　　　C. Linux　　　D. MS-DOS

( ) 4. 下列敘述何者錯誤？
    A. 即時系統通常應用於非常重視回應時間的系統
    B. 單工系統一次只能服務一位使用者
    C. 多處理器系統能夠增加工作量及可靠度
    D. 分散式系統的 CPU 排程演算法比其它作業系統簡單

( ) 5. 下列敘述何者正確？
    A. 作業系統的殼層指的是使用者介面
    B. 手持式系統並不需要加入無線通訊的技術
    C. 分時系統是透過網路連結多部電腦來執行工作
    D. 由於記憶體很便宜，所以手持式系統無須考慮到有效管理記憶體

( ) 6. 下列哪種作業系統屬於開放原始碼軟體？
    A. MS-DOS　　　B. iOS　　　C. Windows　　　D. Linux

( ) 7. 下列哪種作業系統的功能往往較為有限及原始？
    A. 多處理器系統　　　　　　　B. 即時系統
    C. 嵌入式系統　　　　　　　　D. 分散式系統

( ) 8. 下列敘述何者錯誤？
    A. 大型主機的作業系統通常應用於科學運算或商業運算
    B. 行動裝置的作業系統相當著重無線通訊功能
    C. iOS 屬於免費的開放系統
    D. Android 是以 Linux 為核心發展而來

( ) 9. 下列何者是電腦升級到新版作業系統時最有可能發生的風險？
    A. 感染電腦病毒　　　　　　　B. 螢幕的相容性
    C. 電腦硬體損壞　　　　　　　D. 應用軟體的相容性

( ) 10. 若使用者在瀏覽硬碟的資料夾時出現「存取被拒」的訊息,最有可能的原因為下列何者?

A. 使用者沒有存取權限　　　　B. 此資料夾不存在

C. 此資料夾包含系統檔案　　　D. 此資料夾為隱藏的資料夾

( ) 11. 重要的檔案應該放在下列哪個資料夾?

A. 隱藏的資料夾　　　　　　　B. 定期備份的資料夾

C. 由應用軟體建立的資料夾　　D. Windows 系統資料夾

( ) 12. 下列對於作業系統的敘述何者錯誤?

A. OS 負責管理 CPU 的使用

B. OS 包含硬體驅動程式

C. OS 負責管理記憶體的使用

D. 諸如 Office 等應用程式是 OS 的一部分

( ) 13. 下列何者是第一個使用 C 語言撰寫的作業系統?

A. Linux　　　　B. Windows　　　　C. UNIX　　　　D. Solaris

( ) 14. 下列何者不是作業系統?

A. wearOS　　　　B. watchOS　　　　C. Safari　　　　D. Linux

( ) 15. 在 Windows 作業系統中,可以經由下列何者查看 CPU 的使用效能?

A. 工作管理員　　　　　　　　B. 電源選項

C. 裝置管理員　　　　　　　　D. 工作排程器

二、簡答題

1. 簡單說明何謂作業系統並舉出三個實例。

2. 簡單說明作業系統有哪些功能?

3. 簡單說明使用者介面分為哪兩種並各舉出一個實例。

4. 簡單說明何謂多處理器系統 (multiprocessor system)?

5. 簡單說明何謂分散式系統 (distributed system)?

6. 簡單說明何謂手持式系統 (handheld system)?

7. 簡單說明何謂嵌入式系統 (embedded system)?

8. 近年來行動裝置蔚為風潮,試舉出兩種行動裝置使用的作業系統,並加以簡單說明。

6-1 網路的用途

網路 (network) 指的是將多部電腦或周邊透過纜線或無線電、微波、紅外線等無線傳輸媒介連接在一起,以達到資源分享的目的,常見的用途如下:

● **硬體共用**:人們可以將磁碟、印表機、傳真機、掃描器、光碟機、燒錄器等硬體連接到網路,讓網路上的電腦共用這些硬體。

● **資料分享**:人們可以透過網路分享各種資料,例如以電子郵件、檔案傳輸、即時通訊等方式交換檔案,或透過 Google 雲端硬碟、Dropbox、Microsoft OneDrive、Apple iCloud 等雲端服務同步文件、行事曆、聯絡人、相片、音樂等資料。

企業可以將資料庫統一儲存在內部網路的伺服器,讓不同的部門分享客戶資料、產品資料或進銷存資料,也可以透過內部網路讓員工取得所需的資訊,例如最新消息、注意事項、人事異動、工作報告、會議室排程、線上投票等,達到資訊充分流通的目的。

至於企業與企業之間亦可以透過網路分享共同的營業資料,例如家電製造業者與經銷商之間可以分享產品型錄、庫存、配貨地點、物流等資料。

- **提高可靠度**：人們可以將資料備份在網路上不同的電腦或上傳到雲端的儲存空間，若電腦或行動裝置故障導致無法存取資料，還有其它備份可以替代使用，提高整體系統的可靠度。

- **訊息傳遞與交換**：人們可以透過網路快速傳遞與交換訊息，進行各項通訊，例如全球資訊網 (Web)、電子郵件 (E-mail)、檔案傳輸 (FTP)、電子布告欄 (BBS)、即時通訊、網路電話、視訊會議、直播、部落格、微網誌、社群網站、多媒體串流、網路影音、網路購物、網路拍賣、網路銀行、線上財富管理、線上遊戲、開放課程、搜尋引擎、遠距教學、遠距醫療、遠距工作、電子地圖、在地服務、電子商務、行動商務、跨境電商、網路行銷、雲端運算、雲端軟體服務、全球定位系統 (GPS)、物聯網 (IoT)、智慧物聯網 (AIoT)、工業物聯網 (IIoT)、車聯網、無人機、自駕車、智慧城市、智慧交通、智慧家庭、智慧製造、智慧物流、智慧零售等。

圖 6.1 網路已經深入人們的生活，帶來更多應用與便利 (圖片來源：ASUS)

6-2 網路的類型

原則上，只要是將兩部或以上的電腦連接在一起，就能形成網路。以圖 6.2 為例，這是連接兩部電腦的網路，也是最單純的網路，尤其是圖 6.2(a)，由於兩部電腦的距離很短（或許是位於相同房間），因此，只要使用網路線就能連接成網路；而在圖 6.2(b) 中，由於兩部電腦的距離較遠，無法直接使用網路線連接在一起，此時可以各自連接一部數據機 (modem)，然後透過 PSTN 傳送資料，PSTN (Public Switched Telephone Network) 指的是公共交換電話網路。

然類似這種以點對點的方式連接電腦以形成網路的做法並不實際，一來電腦的距離可能很遠，二來電腦的數目可能很多，我們通常會根據電腦所在的範圍，將網路分成區域網路、廣域網路、都會網路、無線網路、互聯網等類型，以下各小節有進一步的說明。

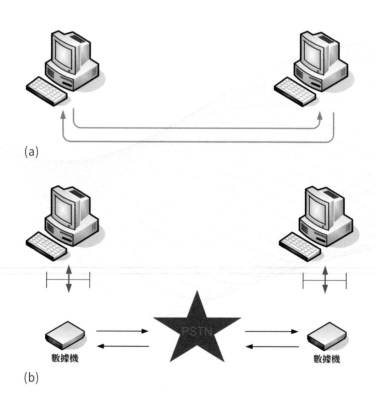

(a)

(b)

圖 6.2 (a) 連接兩部短距離的電腦　(b) 連接兩部長距離的電腦

6-2-1 區域網路 (LAN)

當電腦的數目不只一部，而且所在的位置可能是同一棟建築物的不同辦公室、同一個公司或同一個學校的不同建築物，那麼將這些電腦連接在一起所形成的網路就叫做**區域網路** (LAN，Local Area Network)。

例如在校園內架設區域網路將學校的行政組織、各個系所辦公室、圖書館、資訊中心的電腦連接在一起，或在一棟辦公大樓內架設區域網路將公司各個部門的電腦連接在一起。

透過區域網路，電腦之間可以分享硬體、軟體、資料等資源，進而應用至辦公室自動化、視訊會議、遠距教學、網路選課、開放課程、學術研究等方面。

以圖 6.3 為例，這個區域網路裡面有三部交換器，各自連接了數部電腦，而交換器彼此之間則是串接在一起，假設交換器 1 所連接的電腦 A 欲傳送資料給交換器 3 所連接的電腦 K，雖然兩者沒有直接連線，但電腦 A 可以透過交換器 1 將資料傳送給交換器 2，接著傳送給交換器 3，最後再傳送給電腦 K。

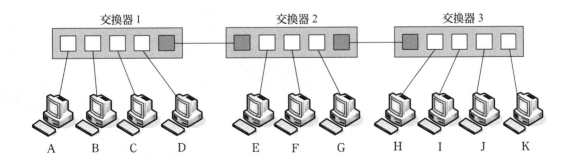

圖 6.3 區域網路 (LAN)

6-2-2 廣域網路 (WAN)

當電腦的數目不只一部,而且所在的位置可能在不同城鎮、不同國家甚至不同洲,例如一個公司在不同國家有分公司,或一個學校在不同區域有分校,那麼將這些電腦連接在一起所形成的網路就叫做**廣域網路** (WAN,Wide Area Network)(圖 6.4)。

由於廣域網路的範圍可能跨越數百公里甚至數千公里,所以通常需要租用公共的通訊設備(例如專線)或衛星做為通訊媒介,舉例來說,假設有個公司欲連接其台北總公司和高雄分公司的區域網路,此時可以向中華電信租用專線或 VPN(虛擬私人網路)服務,將兩地的區域網路連接成一個廣域網路。

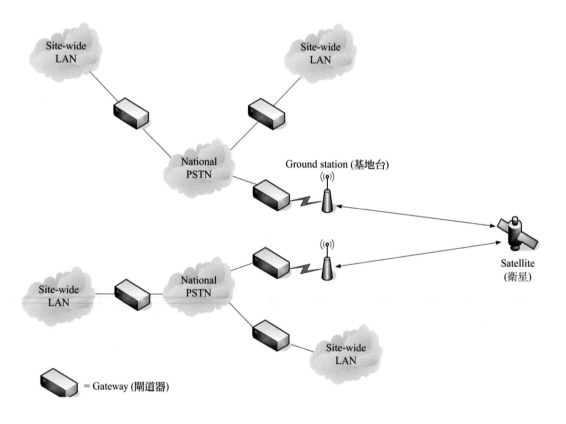

圖 6.4　廣域網路 (WAN)

6-2-3 都會網路 (MAN)

都會網路 (MAN，Metropolitan Area Network) 涵蓋的範圍介於 LAN 與 WAN 之間，使用與 LAN 類似的技術連接位於不同辦公室或不同城鎮的電腦，它可能是單一網路或連接數個 LAN 的網路，例如**有線電視網路** (Cable TV Network)(圖 6.5)。

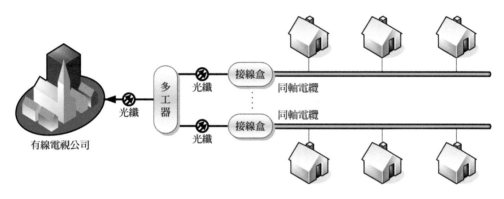

圖 6.5 有線電視網路

原則上，LAN 泛指範圍在 10 公里以內的網路，MAN 泛指範圍在 10 ~ 100 公里的網路，而 WAN 泛指範圍在 100 公里以上的網路 (表 6.1)。由於 LAN 的傳輸速率與傳輸距離不斷提升，使得 MAN 與 LAN 之間的分野日趨模糊。

表 6.1　LAN V.S. MAN V.S. WAN

	區域網路 (LAN)	都會網路 (MAN)	廣域網路 (WAN)
涵蓋範圍	10 公里以內	10 ~ 100 公里	100 公里以上
傳輸速率	快	中	慢
傳輸品質	佳	中	差
設備價格	低	中	高

6-2-4 無線網路

我們可以根據無線網路所涵蓋的地理範圍,將之分成下列幾種類型:

● **無線個人網路** (WPAN,Wireless Personal Area Network):WPAN 主要是提供小範圍的無線通訊,例如手機免持聽筒、智慧手錶與手機連線、遊戲機的無線控制器、無線鍵盤等。

WPAN 的標準是 IEEE 802.15 工作小組以**藍牙** (Bluetooth) 為基礎所提出的 **802.15**,而藍牙是 Bluetooth SIG 所提出之短距離、低速率、低功耗、低成本的無線通訊標準。除了藍牙,其它 WPAN 標準還有 **ZigBee** 和 **UWB**。

● **無線區域網路** (WLAN,Wireless Local Area Network):WLAN 主要是提供範圍在數十公尺到一百公尺左右的無線通訊。無線區域網路 (WLAN) 與無線個人網路 (WPAN) 是有差異的,前者是使用高頻率的無線電取代傳統的有線區域網路,用途以區域網路的連線為主,而後者則著重於個人用途的無線通訊。

WLAN 的標準是 IEEE 802.11 工作小組所發布的 **802.11**,之後延伸出 802.11a、802.11b、802.11g、802.11n、802.11ac、802.11ad、802.11ax、802.11ay、802.11be 等標準。

為了讓不同廠商根據 802.11x 所製造的 WLAN 設備能夠互通，不會發生不相容，WECA (Wireless Ethernet Compatability Alliance) 提出了 **Wi-Fi** (Wireless Fidelity) 認證，而 **Wi-Fi 無線上網**指的就是採取 802.11x 的 WLAN。

- **無線都會網路** (WMAN，Wireless Metropolitan Area Network)：WMAN 主要是提供大範圍的無線通訊，例如一個校園或一座城市，WMAN 的標準是 IEEE 所發布的 **802.16**。

- **無線廣域網路** (Wireless WAN)：包括**行動通訊** (mobile communication) 和**衛星網路** (satellite network)，前者有基地台、人手一機的行動電話、平板電腦等裝置，使用者可以在任何時間、任何地點與任何人通訊，而後者是由人造衛星、地面站、端末使用者的終端機或電話等節點所組成，利用衛星做為中繼站轉送訊號，以提供地面上兩點之間的通訊。

圖 6.6　無線網路與行動通訊的蓬勃發展改變了人們的生活型態 (圖片來源：ASUS)

6-2-5 互聯網

當有兩個或多個網路連接在一起時，便形成了所謂的**互聯網** (internetwork)，簡稱為 internet，例如數個 LAN 連接在一起、一個 LAN 和一個 WAN 連接在一起、數個 LAN 和一個 MAN 連接在一起等 (圖 6.7)。

請注意，internet (小寫字母 i) 和 Internet (大寫字母 I) 是不同的，前者指的是相互連接的網路，後者專指**網際網路**，這是全世界最大的網路，由成千上萬個大小網路連接而成。

Internet (網際網路) 屬於開放網路，方便使用者存取與分享資源，卻也潛藏著安全風險。為了提高安全性，許多企業會在內部網路與 Internet 之間架設防火牆 (firewall)，讓內部網路的使用者可以存取 Internet，但 Internet 的使用者無法存取內部網路，這種私人的獨立網路和 Internet 一樣採取 TCP/IP 通訊協定，我們將它稱為 Intranet (企業內網路)。另外還有 Extranet (企業間網路) 是 Intranet 的推廣，能夠連接企業與企業之間的網路，分享共同的營業資訊。

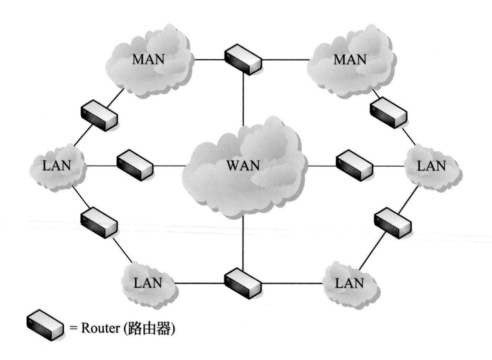

圖 6.7 互聯網

資訊部落

不同類型的網路如何連接在一起

不同類型的網路可以連接在一起成為更大的網路，以全世界最大、最成功的
網際網路為例，無論是企業用戶、家庭用戶或行動用戶都需要與網際網路接
軌，圖 6.8 示範了不同類型的網路連接到網際網路的方式。

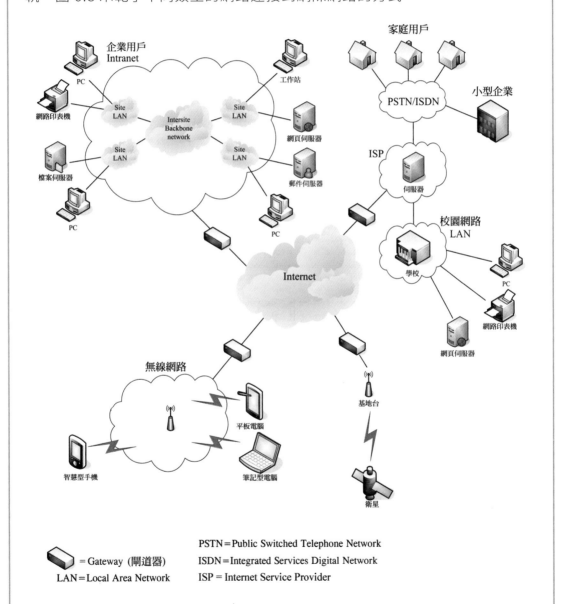

PSTN＝Public Switched Telephone Network
ISDN＝Integrated Services Digital Network
ISP＝Internet Service Provider

= Gateway (閘道器)
LAN＝Local Area Network

圖 6.8 不同類型的網路連接到網際網路的方式

6-3 網路的運作方式

我們可以根據不同的運作方式,將網路分成下列幾種類型:

- **主從式網路** (client-server network):在主從式網路中,會有一部或多部電腦負責管理使用者、檔案、列印、傳真、電子郵件、網頁快取等資源,並提供服務給其它電腦,我們將提供服務的電腦稱為**伺服器** (server),其它電腦稱為**用戶端** (client)(圖 6.9)。

  舉例來說,假設網路上有 A、B、C、D、E 等五部電腦,其中電腦 A 負責管理印表機,任何電腦要進行列印,都必須向電腦 A 提出要求,此時,電腦 A 所扮演的角色就是**印表機伺服器** (printer server)。

- **對等式網路** (peer-to-peer network):在對等式網路中,每部電腦可以同時扮演伺服器與用戶端的角色,使用者可以自行管理電腦,決定要開放哪些資源給其它電腦分享,也可以向其它電腦要求服務 (圖 6.10)。

- **混合式網路**:在實際應用上,多數網路屬於混合式網路,也就是混合了主從式網路與對等式網路的運作方式。舉例來說,在小型辦公室中,除了架設一、兩部伺服器管理重要的資源或應用程式之外,往往允許用戶端之間互相分享資料夾,此時,這些電腦所扮演的角色不僅是用戶端,同時也是伺服器。

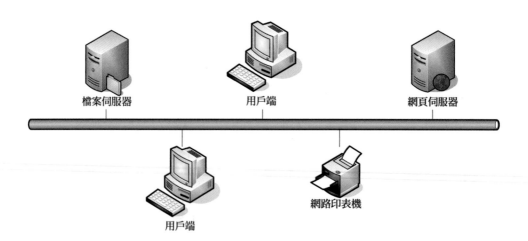

圖 6.9 主從式網路的資源集中在伺服器,適用於大型網路

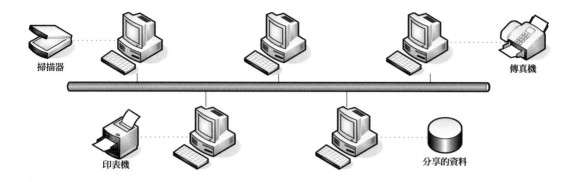

圖 6.10 對等式網路的資源分散在不同電腦，適用於小型網路

表 6.2	主從式網路 V.S. 對等式網路	
	優點	缺點
主從式網路	● 容易管理（資源集中在伺服器，只要妥善管理伺服器即可） ● 安全控管較佳 ● 效能較佳（伺服器的功能可以最佳化） ● 具有集中管理功能（資料較易搜尋且網路規模得以擴充）	● 成本較高（需要添購硬體需求較高的伺服器、網路作業系統的軟體授權較貴） ● 不易架設（需要專業人員負責管理伺服器） ● 需要倚賴伺服器的功能（當伺服器故障時，將影響整個網路的運作）
對等式網路	● 成本較低（無需添購伺服器） ● 容易架設（無需專業人員負責管理伺服器） ● 無需倚賴伺服器的功能（當有電腦故障時，不會影響整個網路的運作）	● 不易管理（資源分散在不同電腦） ● 安全控管較差 ● 效能較差（資源分享會造成某些電腦的負荷） ● 缺乏集中管理功能（資料較難搜尋且網路規模難以擴充）

6-4 OSI 參考模型

網路通常是由多部電腦和路由器、閘道器、交換器等設備所組成,中間涉及複雜的軟硬體。為了讓不同的網路能夠彼此通訊,於是需要統一的標準以茲遵循,其中比較知名的是 **OSI 參考模型** (Open System Interconnection reference model,開放系統互連),這是一個如圖 6.11 的概念性架構,可以做為制定網路標準的參考。

在圖 6.11 中,**網路環境**指的是資料通訊網路相關的通訊協定或標準,**OSI 環境**包含了網路環境和應用程式導向的標準,讓電腦以開放的方式進行通訊,**真實系統環境**涵蓋了針對特定目的所撰寫的應用程式。

發訊端 (例如電腦 A) 送出的資料會沿著 OSI 參考模型的七個層次一路向下,然後經由**資料網路**抵達目的設備,再沿著 OSI 參考模型的七個層次一路向上抵達收訊端 (例如電腦 B),所謂的發訊端和收訊端可以是電腦、磁碟、印表機等。

OSI 參考模型將網路的功能及運作粗略分成**應用層** (application layer)、**表達層** (presentation layer)、**會議層** (session layer)、**傳輸層** (transport layer)、**網路層** (network layer)、**資料連結層** (data link layer)、**實體層** (physical layer) 等七個層次 (由上到下),多數**通訊協定** (protocol) 都可以放入其中一個層次,而通訊協定指的是管理網路通訊的規則。

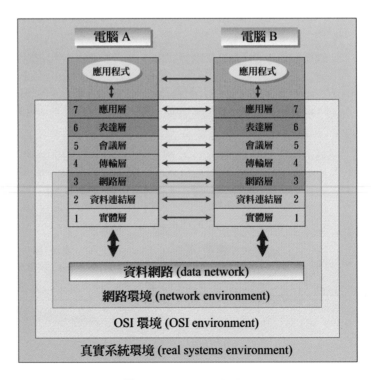

圖 6.11 OSI 參考模型

應用層

應用層 (application layer) 位於 OSI 參考模型的第七層也是最上層，屬於使用者端應用程式與網路服務之間的介面，負責提供網路服務給應用程式、訊息交換、檔案傳輸、網頁瀏覽、電子郵件、目錄服務、密碼檢查、登入、系統管理等，諸如 FTP、DNS、HTTP、POP、SMTP、Telnet、SNTP、NNTP 等通訊協定均屬於應用層。

表達層

表達層 (presentation layer) 位於 OSI 參考模型的第六層，負責下列工作：

- **內碼轉換**（根據通訊雙方所使用的字元編碼方式轉換資料）

- **加密 / 解密**（將資料編碼與解碼以避免被偷窺）

- **壓縮 / 解壓縮**（減少資料佔用的空間）

會議層

會議層 (session layer) 位於 OSI 參考模型的第五層，負責通訊雙方在開始傳輸之前的對話控制、建立、維護與切斷連線，目的是控制資料收發時機，例如何時傳送資料？何時接收資料？其訊號傳輸模式如下：

- **單工** (simplex)：線路上的訊號只能做單向傳送，也就是一方固定處於傳送狀態，另一方則固定處於接收狀態，例如廣播電台能夠將訊號傳送到您的收音機，但您無法傳送訊號給廣播電台（圖 6.12(a)）。

- **半雙工** (half duplex)：線路上的訊號可以做雙向傳送，但無法同時進行，也就是某個時段內一方處於傳送狀態，另一方則處於接收狀態，例如無線電火腿族，當雙方通訊時，某個時段內只有一方可以講話（圖 6.12(b)）。

- **全雙工** (full duplex)：線路上的訊號可以同時做雙向傳送，雙方可以同時傳送並接收訊號，例如打電話（圖 6.12(c)）。

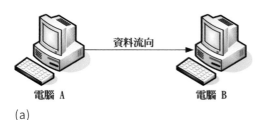
(a)

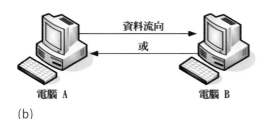
(b)

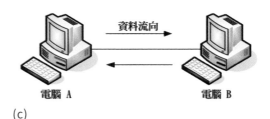
(c)

圖 6.12 (a) 單工 (b) 半雙工 (c) 全雙工

傳輸層

傳輸層 (transport layer) 位於 OSI 參考模型的第四層，負責下列工作，目的是確保資料安全抵達收訊端的傳輸層，諸如 UDP 通訊協定與網際網路所使用的 TCP 通訊協定均屬於傳輸層：

- 區段排序
- 流量控制
- 錯誤控制

發訊端的傳輸層會從發訊端的會議層接收資料，然後將資料分割成一個個**區段** (segment) 並予以編號，再將區段傳送到發訊端的網路層，中間會進行流量控制與錯誤控制；反之，收訊端的傳輸層會從收訊端的網路層接收區段，然後根據編號進行排序還原為資料，再將資料傳送到收訊端的會議層。

網路層

網路層 (network layer) 位於 OSI 參考模型的第三層，負責下列工作，諸如 X.25、IPX 與網際網路所使用的 IP 通訊協定均屬於網路層：

- **邏輯定址**（賦予通訊雙方唯一可識別的邏輯位址）
- **路由**（選擇最佳路徑）

發訊端的網路層會從發訊端的傳輸層接收區段，然後將區段封裝成**封包** (packet)，裡面包含收訊端與發訊端的邏輯位址（例如 IP 位址 140.112.30.22），再將封包傳送到發訊端的資料連結層；反之，收訊端的網路層會從收訊端的資料連結層接收封包，然後還原為區段，再將區段傳送到收訊端的傳輸層。

資料連結層

資料連結層 (data link layer) 位於 OSI 參考模型的第二層，負責下列工作：

- **實體定址**（根據網路設備的實體位址找到該設備究竟位於哪個網路的哪部電腦）
- **媒介存取控制**（原則上，傳輸媒介在相同時間內只允許一個網路設備傳送資料，否則會發生碰撞，而資料連結層的任務之一就是避免發生碰撞及解決碰撞）
- 流量控制
- 錯誤控制

發訊端的資料連結層會從發訊端的網路層接收封包，然後將封包封裝成**訊框** (frame)，再將訊框傳送到發訊端的實體層，中間會進行流量控制與錯誤控制；反之，收訊端的資料連結層會從收訊端的實體層接收訊框，然後還原為封包，再將封包傳送到收訊端的網路層。

實體層

實體層 (physical layer) 位於 OSI 參考模型的第一層也是最底層，目的是讓資料透過實體的傳輸媒介進行傳送，負責定義網路所使用的訊號編碼方式、拓樸、傳輸媒介 (雙絞線、同軸電纜、光纖、無線電、微波、紅外線…)、傳輸速率、傳輸距離、傳輸格式、接頭、佈線、電壓、電流等規格。

發訊端的實體層會從發訊端的資料連結層接收訊框，將這些由 0 與 1 所組成的數位資料轉換成傳輸媒介所能傳送的電流訊號或光波脈衝，以序列埠所使用的 RS-232 為例，其輸出的電壓準位為 ±12 伏特，位元 0 會被轉換成 +12 伏特，位元 1 會被轉換成 -12 伏特；接著，電流訊號或光波脈衝會透過諸如雙絞線、同軸電纜、光纖等傳輸媒介傳送到收訊端的實體層；最後，收訊端的實體層會將收到的訊號轉換成訊框，再傳送到收訊端的資料連結層。

表 6.3	OSI 參考模型與對應的通訊協定、軟硬體設備	
OSI 參考模型的層次	對應的通訊協定	對應的軟硬體設備
應用層 (第七層)	FTP、DNS、SMTP、Telnet、POP、HTTP、SNTP、NNTP…	網路應用程式 (例如電子郵件程式、瀏覽器程式、檔案傳輸程式、遠端登入程式…)、閘道器
表達層 (第六層)	--	內碼轉換、加密 / 解密、壓縮 / 解壓縮程式 (通常內建於作業系統或應用程式)
會議層 (第五層)	--	網路設備驅動程式
傳輸層 (第四層)	UDP、TCP…	網路設備驅動程式
網路層 (第三層)	X.25、IPX、IP…	路由器、第三層交換器
資料連結層 (第二層)	CSMA/CD、Control Token…	橋接器、第二層交換器
實體層 (第一層)	RS232、SONET/SDH…	中繼器、集線器

6-5 網路拓樸

網路通常會包含兩部以上的電腦，而電腦之間是如何連接成網路則有數種方式，我們將這些方式統稱為**拓樸** (topology)。

常見的拓樸如下：

- **匯流排拓樸** (bus topology)

- **星狀拓樸** (star topology)

- **環狀拓樸** (ring topology)

- **網狀拓樸** (mesh topology)

6-5-1 匯流排拓樸

在**匯流排拓樸** (bus topology) 中，所有電腦是連接到同一條網路線，而資料就是在這條網路線上傳送（圖 6.13）。所有電腦都會接收網路線上的資料，然後根據自己的位址擷取要傳送給自己的資料，其它不是要傳送給自己的資料則不予理會，讓它繼續傳送；若電腦要傳送資料，必須先判斷是否有其它資料正在網路線上傳送，沒有的話，才能開始傳送。

由於訊號是透過網路線傳送至整個網路，它會從網路線的一端行進到另一端，當無用的訊號抵達網路線的兩端時，它必須被終止，才不會反射回來造成干擾，因此，網路線的兩端必須加上**終端電阻** (terminator)。

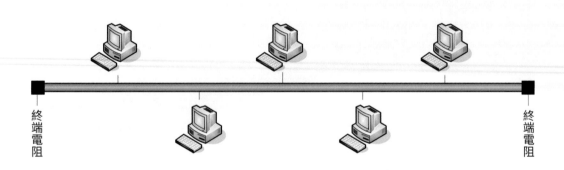

圖 6.13　匯流排拓樸

匯流排拓樸的優點如下：

● 安裝簡單。

● 成本低（只需購買網路卡、網路線與接頭）。

匯流排拓樸的缺點如下：

● 網路線太長時會導致訊號減弱。

● 有多部電腦欲傳送資料時會發生碰撞導致網路暫停。

● 增加或減少電腦時會導致網路暫停。

● 任何一段線路故障時會導致網路癱瘓。

● 故障排除較困難（必須沿著網路線一段一段檢查以找出故障點）。

6-5-2 星狀拓樸

在**星狀拓樸** (star topology) 中，所有電腦是透過個別的網路線連接到集線器 (hub)，然後透過集線器傳送資料（圖 6.14）。

星狀拓樸的優點其實就是改善了匯流排拓樸的多數缺點，包括：

● 增加或減少電腦時不會導致網路暫停。

● 任何一段線路故障時不會導致網路癱瘓（只會影響局部區域）。

● 故障排除較簡單（通常可以從集線器的燈號找出故障點）。

星狀拓樸的缺點如下：

● 多了購買集線器的成本。

● 集線器故障時會導致網路癱瘓。

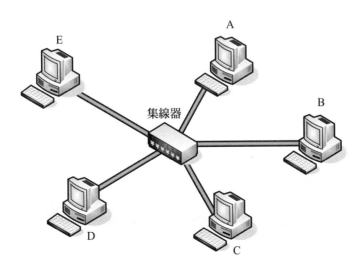

圖 6.14　星狀拓樸

6-5-3 環狀拓樸

在**環狀拓樸** (ring topology) 中,所有電腦是以環狀方式連接在一起,第一部電腦連接到第二部電腦,第二部電腦連接到第三部電腦,…,最後一部電腦再連接到第一部電腦。以圖 6.15 為例。當電腦 A 要傳送資料給電腦 D 時,必須依序經由電腦 B 和電腦 C,最後抵達電腦 D,不能跳過中間的電腦 B 和電腦 C。

比起前述的匯流排拓樸和星狀拓樸,環狀拓樸的效能較佳,尤其是在高流量時,因為環狀網路上會一直傳送著一個**記號** (token),這是一個由數個位元所組成的封包,只有取得記號的電腦才能開始傳送資料,待資料傳送完畢並確認目的電腦已經收到資料後,來源電腦再釋放記號讓其它電腦使用。

環狀拓樸的優點如下:

- 不會發生碰撞,因為一次只有一部電腦能夠取得記號。

- 高流量時的效能較佳。

- 能夠設定優先順序,讓某些電腦優先取得傳送資料的權利。

- 每部電腦可以將訊號加強後再傳送出去,來保持訊號強度。

環狀拓樸的缺點如下:

- 軟硬體成本較高,導致較不普及。

- 任何一部電腦故障或任何一段線路故障時會導致網路癱瘓。

- 故障排除較困難。

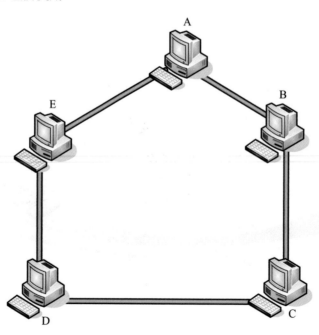

圖 6.15　環狀拓樸

6-5-4 網狀拓樸

在**網狀拓樸** (mesh) 中，所有電腦之間互相有網路線連接，不會因為任何一部電腦故障或任何一段線路故障而導致網路癱瘓，容錯能力為其它網路拓樸之冠。

以圖 6.16 為例，當電腦 A 要傳送資料給電腦 D 時，電腦 A 可以直接透過和電腦 D 之間的網路線傳送資料，若該網路線故障，那也沒關係，電腦 A 可以改用其它路徑，例如先將資料傳送給電腦 B，電腦 B 再將資料傳送給電腦 D。

網狀拓樸的優點如下：

● 容錯能力極佳，對於資料流量大且傳送作業不能中斷的環境來說，它將是最好的選擇。

網狀拓樸的缺點如下：

● 需要使用大量網路線，架設成本遠比其它網路拓樸高。

● 一旦電腦的數目很多，佈線將會變得很複雜，所以很少有網路是真正的網狀拓樸。

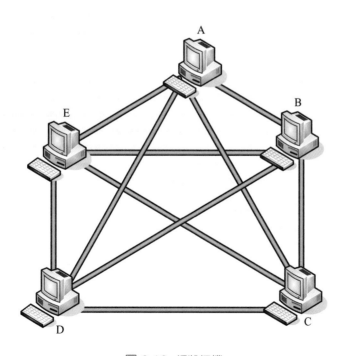

圖 6.16　網狀拓樸

6-6 網路傳輸媒介

網路必須透過傳輸媒介來傳送資料，而且傳輸媒介決定了網路的頻寬、傳輸品質、傳輸速率、成本與安裝方式。傳輸媒介又分成下列兩種類型：

- **導向媒介** (directed media)：這種類型是提供有實體限制的路徑給訊號，包括雙絞線、同軸電纜及光纖，前兩者是透過金屬導線以電流的形式傳送訊號，而後者是透過玻璃或塑膠纖維以光波的形式傳送訊號。

- **無導向媒介** (undirected media)：這種類型不需要實體媒介，而是透過開放空間以電磁波的形式傳送訊號，包括無線電、微波及紅外線。

6-6-1 雙絞線

雙絞線 (twisted-pair) 是由多對外覆絕緣材料的實心銅蕊線兩兩對絞而成，如圖 6.17，目的在於減少電磁干擾，因為對絞的動作會令兩條銅蕊線產生的磁場互相抵消，對絞的次數愈多，抗干擾的效果就愈佳，電話線即為其中一種。

雙絞線的優缺點

雙絞線的優點是成本低、安裝簡單、支援多種網路標準，缺點則是容易受到電磁干擾、傳輸距離短（受限在 100 公尺左右）。

(a)

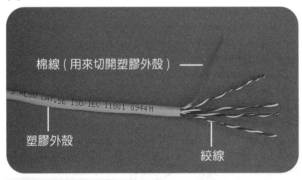

棉線（用來切開塑膠外殼）

塑膠外殼　　　　　　　絞線

(c)

(b)

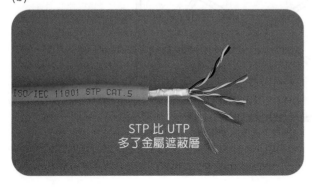

STP 比 UTP
多了金屬遮蔽層

圖 **6.17** (a) Category 5 UTP
(b) STP
(c) RJ-45 接頭

雙絞線的類型

● UTP (Unshield Twisted Pair，無遮蔽雙絞線)：UTP 可以用來傳送資料或聲音，又分成 Category1、2、3、4、5、5e、6、6A、6e、7、8 等類型，傳輸速率為 2M、4M、10M、16M、100M、1G、10G、10G、10G、10G、40Gbps。

● STP (Shield Twisted Pair，遮蔽雙絞線)：STP 的絞線和塑膠外殼之間多了金屬遮蔽層，傳送資料時能減少電磁干擾。STP 又分成 Type 1、2、6、8、9 等類型，其中 Type 6 應用於 Token Ring 網路，傳輸速率為 16Mpbs。和 STP 比起來，UTP 的優點是成本較低、安裝較簡單，缺點則是電磁干擾較多、傳輸品質較差。

6-6-2 同軸電纜

同軸電纜 (coaxial cable) 可以用來傳送影像與聲音，有線電視纜線即為其中一種。圖 6.18 為同軸電纜的構造，其中**塑膠外殼**用來保護纜線，避免受潮、氧化或損壞；**外導體**是金屬網，做為接地，避免電磁干擾；**絕緣體**用來隔絕外導體與中心導體，避免短路；**中心導體**用來傳送訊號。早期有線電視的整個網路都是使用同軸電纜，後來改以光纖做為骨幹，只在連接到用戶端設備處使用同軸電纜。

同軸電纜的優缺點

和雙絞線比起來，同軸電纜的優點是電磁干擾較少、傳輸距離較長，缺點則是故障排除較困難 (任何一段線路故障均會導致網路癱瘓)。

同軸電纜的類型

同軸電纜會因為**阻抗**和**口徑**不同，而有不同類型，阻抗單位為**歐姆**，口徑單位為 **RG**，例如有線電視網路使用 RG-59 (75 歐姆)、10Base2 細線乙太網路使用 RG-58 (50 歐姆、BNC 接頭、傳輸速率為 10Mbps、傳輸距離為 185 公尺)。

(a)

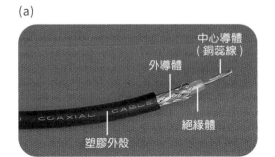

(b)

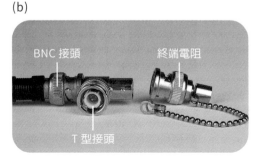

圖 6.18 (a) RG-58 同軸電纜 (b) BNC T 型接頭

6-6-3 光纖

光纖 (optical fiber) 是透過玻璃或塑膠纖維以光波的形式傳送訊號,所以不會像雙絞線有電磁干擾的現象,而且傳輸速率高達數十 Gbps,傳輸距離長達數十公里,大型網路通常是以光纖做為骨幹。

圖 6.19 為光纖的構造,主要有三個部分:

- **核心** (core):密度較高的玻璃或塑膠纖維,用來傳送光波訊號。

- **被覆層** (cladding):密度較低的玻璃或塑膠纖維,光波訊號就是透過被覆層與核心的接觸面進行反射或折射 (視其進入角度而定)。

- **外殼** (coating):不透光的材質,用來保護核心,隔絕干擾。

光纖的優點如下:

- 不受電磁干擾。

- 訊號衰減程度低。

- 傳輸速率快。

- 傳輸距離長。

- 保密性高。

- 體積小、材質輕、耐高溫、不怕雷擊。

光纖的缺點如下:

- 成本高。

- 佈線工程須仰賴專業的技術人員。

- 玻璃纖維比較容易受損。

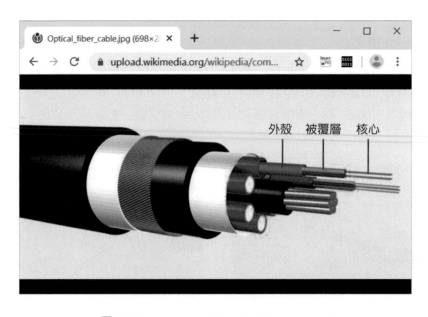

圖 6.19 光纖的構造 (圖片來源:維基百科)

6-6-4 無線電

前面所介紹的雙絞線、同軸電纜及光纖都是有線網路的傳輸媒介,必須架設實體線路,而無線網路的傳輸媒介是透過開放空間以電磁波的形式傳送訊號,包括**無線電** (radio)、**微波** (microwave) 及**紅外線** (infrared),其訊號的傳送與接收都是透過天線來達成,而**天線** (antenna) 是一個能夠發射或接收電磁波的導體系統。

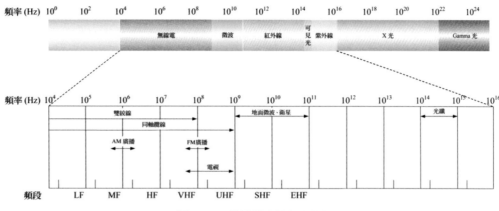

圖 6.20 傳輸媒介的頻率比較

無線電 (radio) 是頻率介於 3KHz ~ 300GHz 的電磁波,通常是全向性的,每個收訊端都能收到發訊端發出的訊號 (圖 6.21),適合群播(一對多通訊),而且中低頻率的無線電還能穿透牆壁,因此,無線電的優點是收訊端無須對準發訊端、能夠穿透障礙物,缺點則是容易洩密及受到干擾,第三者可以使用特殊儀器接收特定頻率範圍內的訊號,或發送頻率相同但功率更高的訊號干擾收訊端。

為了避免干擾,ITU(國際電信聯盟)根據無線電的頻率範圍劃分了不同的頻段,各有用途,例如藍牙所使用的 2.4GHz 頻段屬於特高頻 UHF (Ultra High Frequency),也就是頻率範圍介於 300MHz ~ 3GHz 的無線電。

註:**群播** (multicast) 屬於一對多通訊,發訊端會傳送訊號給特定群組的收訊端;反之,**單播** (unicast) 屬於一對一通訊,發訊端只會傳送訊號給指定的收訊端。

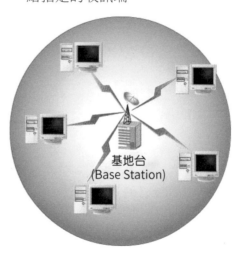

圖 6.21 無線電

6-6-5 微波

微波 (microwave) 是頻率介於 300MHz ～ 300GHz 的電磁波，相較於無線電，微波的頻率較高，傳輸速率較快，不過，無線電是全向性的，而微波是單向性的，只會往某個方向傳送訊號，收訊端與發訊端的天線必須精確對焦，適合單播（一對一通訊）。微波又分成下列兩種類型：

● **地面微波** (terrestrial microwave)：這通常是在不易架設實體線路的情況下用來做為傳輸媒介（圖 6.22(a)），例如要橫跨大河、湖泊或沙漠，傳輸距離長達 10 ～ 100 公里，超過的話，可以設置中繼站。

● **衛星微波** (satellite microwave)：這是利用衛星做為中繼站轉送訊號，以提供地面上兩點之間的通訊（圖 6.22(b)），例如衛星電話、全球定位系統 (GPS)、電視台 SNG 連線。

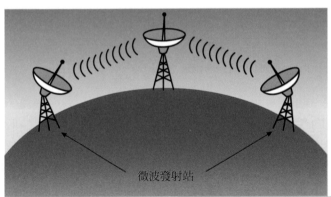

微波發射站

(a)

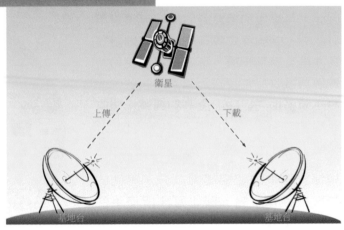

衛星

上傳   下載

基地台   基地台

(b)

圖 6.22 (a) 地面微波 (b) 衛星微波

6-6-6 紅外線

紅外線 (infrared) 是頻率介於 300GHz ～ 400THz 的電磁波，無法穿透牆壁，會受到障礙物阻隔或光源干擾，但不會受到電磁干擾，正因為這些特點，所以當使用者在家裡使用紅外線遙控器時，就不用擔心會干擾不同房間或隔壁鄰居的電器，而且紅外線沒有頻率分配的問題，不像無線電或微波需要申請頻段執照。

紅外線的優缺點

紅外線的優點是不會受到電磁干擾、低功耗、低成本、保密性佳，缺點則是傳輸距離短、穿透性低、收訊端必須對準發訊端 (圖 6.23)。

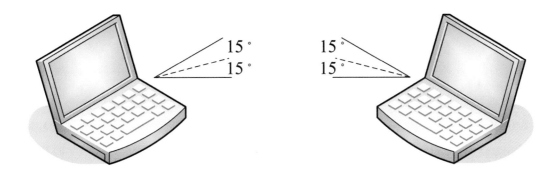

圖 6.23　紅外線的收訊端必須對準發訊端，誤差超過最大收訊角度 (例如 15) 將收不到

紅外線傳輸標準

紅外線傳輸標準是 IrDA 協會所提出，目的是建立互通性佳、低功耗、低成本的資料傳輸解決方案：

● IrDA Data：這是點對點、傳輸距離較短 (1 公尺)、傳輸速率為 9600bps ～ 16Mbps、雙向傳輸的高速紅外線傳輸標準，適用於筆記型電腦、行動電話、數位相機等設備。

● IrDA Control：這是點對點、點對多點 (一個主裝置可以對應 8 個從屬裝置)、傳輸距離較長 (8 公尺)、傳輸速率為 75Kbps、雙向傳輸的低速紅外線傳輸標準，適用於遙控器、無線滑鼠、無線鍵盤、無線搖桿等設備。

6-7 網路相關設備

● **網路卡** (network adapter)：網路卡可以將電腦內部的資料轉換成傳輸媒介所能傳送的訊號，或將傳輸媒介傳送過來的訊號轉換成電腦所能處理的資料。

● **數據機** (modem)：電腦內部的資料是由 0 與 1 所組成的數位資料，而電話網路是以類比電波傳送聲音，因此，若電腦 A 要透過電話網路傳送數位資料給電腦 B，電腦 A 必須先將數位資料轉換成類比訊號，這個動作叫做**調變** (modulation)，而電腦 B 在收到類比訊號後，必須將它還原成數位資料，才能加以儲存或使用，這個動作叫做**解調變** (demodulation)，而數據機的功能就是進行調變與解調變 (圖 6.24)。

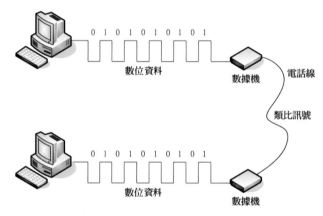

圖 6.24　數據機的功能是進行調變與解調變

● **中繼器** (repeater)：中繼器的功能是接收訊號，然後重新產生增強的訊號，以傳送到更遠的地方。中繼器可以連接同一個網路的不同區段，例如同一個乙太網路的兩個區段，但不能連接不同的網路，例如乙太網路和 Token Ring 網路 (圖 6.25)。

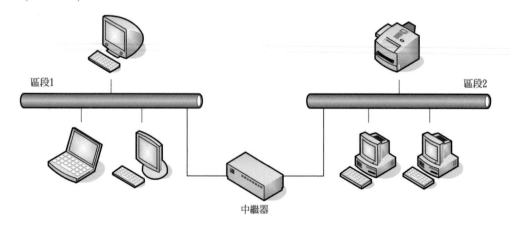

圖 6.25　中繼器可以連接同一個網路的不同區段，以延長網路的傳輸距離

● **集線器** (hub)：集線器的功能是接收訊號，然後傳送給連接到集線器的所有電腦，這些電腦再自行判斷資料是否要傳送給自己，不是的話就丟棄，目前集線器大多已經被交換器取代 (圖 6.26)。

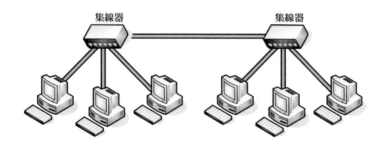

圖 6.26　串接多個集線器可以擴充網路上的電腦數目

● **橋接器** (bridge)：橋接器和中繼器一樣可以連接同一個網路的不同區段，但橋接器具有過濾訊框的功能，以圖 6.27 為例，假設電腦 A 欲傳送資料給電腦 B，當資料廣播至橋接器時，橋接器會從橋接表發現，電腦 A 和電腦 B 均位於區段 1，於是將資料丟棄，不再廣播至區段 2；反之，假設電腦 A 欲傳送資料給電腦 Z，當資料廣播至橋接器時，橋接器會從橋接表發現，電腦 A 和電腦 Z 位於不同區段，於是將資料廣播至區段 2。

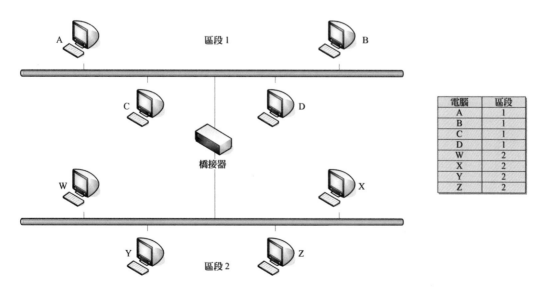

電腦	區段
A	1
B	1
C	1
D	1
W	2
X	2
Y	2
Z	2

圖 6.27　橋接器可以連接同一個網路的不同區段，並具有過濾訊框的功能

● **路由器** (router)：路由器可以連接不同的網路，例如連接多個區域網路或廣域網路以形成一個互聯網，不像中繼器或橋接器只能連接同一個網路的不同區段。以圖 6.28 為例，路由器連接了兩個區域網路，假設電腦 A 欲傳送資料給電腦 K，當封包在區域網路 1 傳送時，其來源位址是電腦 A 的位址，目的位址則是路由器的位址，而在封包傳送到區域網路 2 後，其來源位址變成路由器的位址，目的位址則變成電腦 K 的位址。

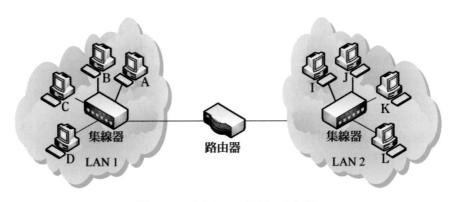

圖 6.28 路由器可以連接不同網路

● **閘道器** (gateway)：閘道器和路由器一樣可以連接不同的網路，但路由器只能使用相同的通訊協定處理封包，而閘道器能夠轉換不同的通訊協定。

● **交換器** (switch)：交換器又分成**第二層交換器** (layer 2 switch) 和**第三層交換器** (layer 3 switch)，前者相當於具有橋接器功能的集線器，只會將資料傳送給指定的電腦，而不會傳送給網路上的所有電腦；而後者相當於改良型的路由器，因為是將路由器的部分功能改由硬體執行，故效能比傳統的路由器好。

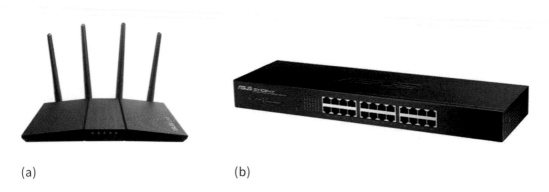

(a)   (b)

圖 6.29 (a) 無線路由器 (b) 交換器 (圖片來源：ASUS)

6-8 區域網路標準

區域網路標準指的是區域網路所使用的通訊標準、傳輸媒介、傳輸速率、佈線方式、網路拓樸等規格，以 10Gigabit Ethernet 為例，其通訊標準為 IEEE 802.3，傳輸媒介為光纖、銅纜或雙絞線，傳輸速率為 10Gbps，實體拓樸為星狀拓樸。

知名的區域網路標準有 Token Ring、Ethernet、Fast Ethernet、Gigabit Ethernet、10Gigabit Ethernet、100Gigabit Ethernet 等，其中 Token Ring、Ethernet 屬於低速的區域網路標準，傳輸速率較慢，約數十 Mbps，而 Fast Ethernet、Gigabit Ethernet、10Gigabit Ethernet、100Gigabit Ethernet 屬於高速的區域網路標準，傳輸速率較快，約數百 Mbps ~ 100Gbps。

市面上販售的區域網路配件都是根據這些區域網路標準所設計，以架設 10Gigabit Ethernet 為例，除了要選購符合 10Gigabit Ethernet 標準的網路卡、網路線、交換器之外，佈線方式也必須符合 Gigabit Ethernet 標準。

區域網路從 1970 年代問世以來，陸續發展出數種不同的網路類型，為了讓區域網路的架設有規則可循，IEEE 從 1980 年 2 月起發布了如表 6.4 的 IEEE 802.x 標準。

表 6.4	IEEE 802.x 標準		
編號	說明	編號	說明
802.1	LAN architecture and overview	802.9	Integrated Services LAN
802.2	Logical Link Control (LLC)	802.10	Virtual LAN
802.3	CSMA/CD (Ethernet)	802.11	Wireless LAN
802.4	Token Bus	802.12	100VG-AnyLAN
802.5	Token Ring	802.13	---
802.6	DQDB (MAN)	802.14	Cable Modem
802.7	寬頻	802.15	Wireless Personal Area Network
802.8	光纖	802.16	Wireless MAN

在諸多區域網路標準中，以 Ethernet 家族最受歡迎，其成員包括：

● **Ethernet**（乙太網路）：Ethernet 是 Xerox PARC 研究中心於 1970 年代所提出，傳輸速率為 10Mbps，曾是最普遍的區域網路標準。

● **Fast Ethernet**（高速乙太網路）：在 Ethernet 發展初期，傳輸速率只有 10Mbps，之後 100Mbps 的區域網路標準應運而生，其中 Fast Ethernet 承襲 Ethernet 的架構，傳輸速率為 100Mbps，可以沿用 10BASE-T Ethernet 的雙絞線，同時能夠和 10BASE-T Ethernet 共存，網路升級容易，因而取代 Ethernet。

● **Gigabit Ethernet**（超高速乙太網路）：為了進一步提升傳輸速率，IEEE 於 1998、1999、2004 年發布 802.3z、802.3ab、802.3ah 標準，傳輸速率高達 1Gbps。

● **10Gigabit Ethernet**：雖然傳輸速率已經高達 1Gbps，但人們對於傳輸速率的再提升並沒有停下腳步，IEEE 從 2002 年起陸續發布 802.3ae、802.3ak、802.3an、802.3ap、802.3aq、802.3av 等標準，傳輸速率提升至 10Gbps。

● **100Gigabit Ethernet**：隨著視訊、高效能運算與資料庫應用的需求快速增加，IEEE 於 2010 年發布 802.3ba 標準，傳輸速率大幅提升至 40/100Gbps。

表 6.5　Ethernet 家族

	傳輸媒介	傳輸速率	佈線方式
Ethernet	同軸電纜、雙絞線、光纖	10Mbps	10BASE2、10BASE5、10BASE-T、10BASE-F
Fast Ethernet	雙絞線、光纖	100Mbps	100BASE-TX、100BASE-T4、100BASE-T2、100BASE-FX
Gigabit Ethernet	光纖、銅纜、雙絞線	1Gbps	1000BASE-SX、1000BASE-LX、1000BASE-CX、1000BASE-T、1000BASE-LX10、1000BASE-BX10 等
10Gigabit Ethernet	光纖、銅纜、雙絞線	10Gbps	10GBASE-SR、10GBASE-LR、10GBASE-ER、10GBASELX4、10GBASE-CX4、10GBASE-T 等
100Gigabit Ethernet	電氣背板、銅纜、光纖	40Gbps、100Gbps	40GBASE-KR4、40GBASE-CR4、40GBASE-SR4、40GBASE-LR4、100GBASE-CR10、100GBASE-SR10、100GBASE-LR10、100GBASE-ER4 等

本·章·回·顧

- 網路 (network) 指的是將多部電腦或周邊透過纜線或無線電、微波、紅外線等無線傳輸媒介連接在一起,以達到資源分享的目的。

- 當電腦的數目不只一部,而且所在的位置可能是同一棟建築物的不同辦公室、同一個公司或同一個學校的不同建築物,那麼將這些電腦連接在一起所形成的網路就叫做**區域網路** (LAN,Local Area Network)。

- 當電腦的數目不只一部,而且所在的位置可能在不同城鎮、不同國家甚至不同洲,那麼將這些電腦連接在一起所形成的網路就叫做**廣域網路** (WAN,Wide Area Network)。

- **都會網路** (MAN,Metropolitan Area Network) 涵蓋的範圍介於 LAN 與 WAN 之間,使用與 LAN 類似的技術連接位於不同辦公室或不同城鎮的電腦。

- **無線網路** (wireless network) 又分成**無線個人網路** (WPAN)、**無線區域網路** (WLAN)、**無線都會網路** (WMAN)、**無線廣域網路** (Wireless WAN) 等類型。

- 當有兩個或多個網路連接在一起時,便形成了所謂的**互聯網** (internetwork),簡稱為 internet;而 Internet(網際網路)是全世界最大的網路,由成千上萬個大小網路連接而成,提供了豐富的資源。

- **主從式網路** (client-server network) 有一部或多部電腦負責管理資源,並提供服務給其它電腦;**對等式網路** (peer-to-peer network) 的每部電腦可以同時扮演伺服器與用戶端的角色,使用者可以自行管理電腦,決定要開放哪些資源給其它電腦分享,也可以向其它電腦要求服務;在實際應用上,多數網路屬於**混合式網路**,也就是混合了主從式網路與對等式網路的運作方式。

- **OSI 參考模型**將網路的功能及運作粗略分成**應用層** (application layer)、**表達層** (presentation layer)、**會議層** (session layer)、**傳輸層** (transport layer)、**網路層** (network layer)、**資料連結層** (data link layer)、**實體層** (physical layer) 等七個層次。

- **拓樸** (topology) 指的是電腦連接成網路的方式,常見的有匯流排拓樸、星狀拓樸、環狀拓樸、網狀拓樸等。

- **導向媒介** (directed media) 是提供有實體限制的路徑給訊號,包括雙絞線、同軸電纜及光纖;**無導向媒介** (undirected media) 不需要實體媒介,而是透過開放空間以電磁波的形式傳送訊號,包括無線電、微波及紅外線。

- 網路相關設備有網路卡、數據機、中繼器、集線器、橋接器、路由器、閘道器、交換器等。

學·習·評·量

一、選擇題

(　　) 1. 下列何者不是網路的用途？
    A. 資源分享   B. 沒有資安疑慮
    C. 雲端運算   D. 訊息傳遞與交換

(　　) 2. 同一個校區的校園網路屬於下列哪種網路類型？
    A. 區域網路   B. 廣域網路
    C. 網際網路   D. 都會網路

(　　) 3. 下列關於區域網路與廣域網路的比較何者錯誤？
    A. 廣域網路的涵蓋範圍較大 B. 區域網路的傳輸品質較佳
    C. 廣域網路的設備價格較高 D. 區域網路的傳輸速率較慢

(　　) 4. 連接跨國企業各個分公司的網路屬於下列哪種網路類型？
    A. WAN   B. LAN
    C. MAN   D. WPAN

(　　) 5. 下列關於主從式網路的說明何者正確？
    A. 伺服器當機不會影響整個網路 B. 適用於小型網路
    C. 使用者可以決定開放哪些資源 D. 安全控管較佳

(　　) 6. 下列何者不是對等式網路優於主從式網路之處？
    A. 無需添購伺服器，成本較低 B. 網路規模容易擴充
    C. 電腦故障時不會影響整個網路 D. 容易架設

(　　) 7. 下列何者屬於無線廣域網路？
    A. 藍牙   B. 乙太網路
    C. 衛星網路   D. ZigBee

(　　) 8. 在 OSI 參考模型中，諸如 Chrome 等瀏覽器軟體應該屬於哪個層次？
    A. 應用層   B. 表達層
    C. 會議層   D. 傳輸層

(　　) 9. 在 OSI 參考模型中，下列何者不是實體層的工作？
    A. 定義 TCP 通訊協定 B. 定義傳輸媒介
    C. 定義訊號編碼方式   D. 定義網路拓樸

(　　) 10. 無線電火腿族的溝通模式屬於下列何者？
    A. 全雙工   B. 半雙工
    C. 單工   D. 全單工

( ) 11. 下列敘述何者正確？

　　　A. 星狀拓樸的容錯能力比網狀拓樸好

　　　B. 網狀拓樸使用的纜線較少，成本較低

　　　C. 匯流排拓樸安裝簡單，但故障排除較困難

　　　D. 環狀拓樸容易產生碰撞，不適用於高流量網路

( ) 12. 下列關於光纖的敘述何者錯誤？

　　　A. 安裝需要專業技術　　　　　　B. 成本低

　　　C. 體積小材質輕　　　　　　　　D. 不受電磁干擾

( ) 13. 下列哪個網路設備可以找出傳送封包的最佳路徑？

　　　A. 中繼器　　　　　　　　　　　B. 橋接器

　　　C. 路由器　　　　　　　　　　　D. 集線器

( ) 14. 下列何者不屬於無線網路的傳輸媒介？

　　　A. 微波　　　　　　　　　　　　B. 無線電

　　　C. 光纖　　　　　　　　　　　　D. 紅外線

( ) 15. 下列何者是最常見的區域網路標準？

　　　A. Gigabit Ethernet　　　　　　B. 藍牙

　　　C. FDDI　　　　　　　　　　　　D. Token Ring

( ) 16. 架設高速網路或跨國網路通常會使用下列何者？

　　　A. 紫外線　　　　　　　　　　　B. 雙絞線

　　　C. 光纖　　　　　　　　　　　　D. 紅外線

二、簡答題

1. 簡單說明網路的用途。

2. 簡單說明何謂區域網路 (LAN) 並舉出一個實例。

3. 簡單說明何謂廣域網路 (WAN) 並舉出一個實例。

4. 簡單說明主從式網路的優缺點。

5. 簡單說明對等式網路的優缺點。

6. 簡單說明 OSI 參考模型分成哪七個層次及各個層次的主要工作為何？

7. 簡單說明何謂單工、半雙工與全雙工？各舉出一個實例。

8. 簡單說明何謂導向媒介與無導向媒介？各舉出兩個實例。

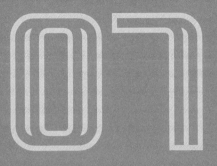
無線網路與行動通訊

7-1 無線網路簡介

無線網路 (wireless network) 是近年來熱門的通訊技術,尤其是當發訊端與收訊端之間不易架設實體線路時(或許是受限於地形地物而必須花費額外的成本與人力),更是無線網路大顯身手的時候。

無線網路的傳輸媒介是透過開放空間以電磁波的形式傳送訊號,包括**無線電** (radio)、**微波** (microwave) 及**紅外線** (infrared),其訊號的傳送與接收都是透過天線來達成,而**天線** (antenna) 是一個能夠發射或接收電磁波的導體系統,第 6 章有做過介紹。

我們可以根據無線網路所涵蓋的地理範圍,將之分成下列幾種類型,以下各小節有進一步的說明:

● **無線個人網路** (WPAN)

● **無線區域網路** (WLAN)

● **無線都會網路** (WMAN)

● **無線廣域網路** (Wireless WAN,包括行動通訊和衛星網路)

表 7.1	無線網路 V.S. 有線網路	
	優點	**缺點**
無線網路	● 機動性較高 (不需要佈線) ● 容易架設 ● 長期維護成本較低	● 架設成本較高 ● 傳輸速率較慢 ● 保密性較差 (訊號可能被第三者接收) ● 容易受到干擾 (例如氣候、地形、障礙物、電器、鄰近頻道等)
有線網路	● 架設成本較低 ● 傳輸速率較快 ● 保密性較佳 ● 不易受到干擾	● 機動性較低 (需要佈線) ● 不易架設 ● 長期維護成本較高

圖 7.1　無線網路與行動通訊滿足了人們在戶外或公共場所的無線連接需求 (圖片來源：ASUS)

7-2 無線個人網路 (WPAN)

無線個人網路 (WPAN，Wireless Personal Area Network) 主要是提供小範圍的無線通訊，例如手機免持聽筒、行動裝置的無線傳輸、電腦與周邊的無線傳輸等。

WPAN 的標準是 IEEE 802.15 工作小組於 2002 年以**藍牙** (Bluetooth) 為基礎所提出的 **802.15**，屬於 IEEE 802.x 標準 (圖 7.2(a))，其中 **802.15.1**、**802.15.3**、**802.15.4** 定義的是 WPAN (Bluetooth)、High Rate WPAN (UWB) 和 Low Rate WPAN (ZigBee) 的實體層 (PHY) 與媒介存取控制 (MAC) 規格 (圖 7.2(b))。

從圖 7.2(b) 可以看到，IEEE 802.x 標準將 OSI 參考模型的資料連結層分成 **LLC** (Logical Link Control，邏輯連結控制) 與 **MAC** (Media Access Control，媒介存取控制) 兩個子層次。

除了藍牙、ZigBee 和 UWB 之外，諸如 RFID、NFC 等近距離無線通訊技術亦相當常見，我們也會在本節中做介紹。

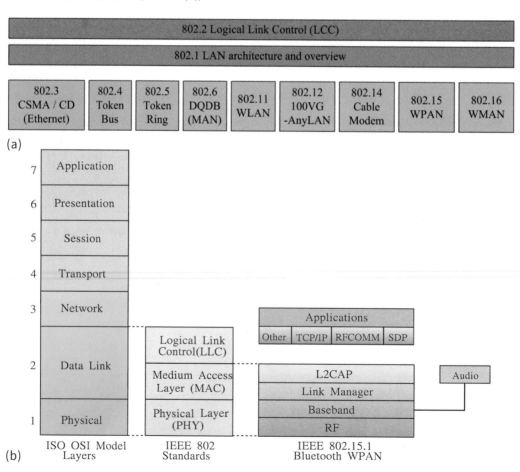

圖 **7.2** (a) IEEE 802.x 標準 (b) IEEE 802.15

7-2-1 藍牙

藍牙是 Bluetooth SIG 於 1999 年所提出之短距離、低速率、低功耗、低成本的無線通訊標準,使用 2.4GHz 頻段,可以傳送語音與數據資料。Bluetooth 1.1 於 2001 年被標準化為 IEEE 802.15.1,後續則是由 Bluetooth SIG 負責維護,這是由 Sony、IBM、Intel、Nokia 等廠商所成立的特別興趣小組。

針對圖 7.2(b) 的參考模型,我們來做些簡單的說明:

● RF (Radio Frequency):藍牙使用 2.4GHz ISM 頻段和**跳頻** (FH,Frequency Hopping) 技術,將整個頻段分成 79 個頻寬為 1MHz 的頻道,發訊端可以和收訊端協調要使用哪個頻道進行傳輸,跳躍頻率為每秒鐘 1600 次,傳輸速率為 1Mbps,輸出功率為 1mW ~ 100W,傳輸距離為 1 ~ 100 公尺,輸出功率愈大,傳輸距離就愈遠。

ISM (Industrial Scientific Medical) 是應用於工業、科學與醫療的頻段 (圖 7.3),藍牙所使用的 2.4GHz 頻段便涵蓋在內。由於法律上沒有明定 ISM 的使用限制,因此,諸如計程車無線電、醫療儀器或家用無線電話、微波爐等電器都可能因為使用 ISM 頻段而與藍牙裝置產生干擾。

不過,干擾的問題到了 2003 年推出的 Bluetooth 1.2 (IEEE 802.15.1a) 已經獲得解決,因為它改使用**可調式跳頻** (AFH,Adaptive Frequency Hopping) 技術,能夠避開衝撞機率較高的頻道,另外選擇頻道傳送資料。

● Baseband:負責建立藍牙裝置之間的實際連結、轉換資料與過濾雜訊等。

● Link Manager:負責建立、管理與釋放藍牙裝置之間的連線、訊息編碼、協調封包大小、電源功率、加密 / 解密等。

● L2CAP (Logical Link Control and Adaptation Protocol):負責通訊協定多工處理、封包切割與重組等。

● SDP (Service Discovery Protocol):負責提供搜尋服務,讓已經建立連線的藍牙裝置之間可以交換服務或取得所需的服務。

● RFCOMM:負責管理多個同時的連線。

圖 7.3 ISM 頻段 (902MHz 和 5.725GHz 僅限美國使用,2.4GHz 則為全球可用)

藍牙常見的應用如下：

● 行動裝置的無線傳輸，例如手機免持聽筒、手機與智慧車載系統連線。

● 電腦與周邊的無線傳輸，例如無線滑鼠、無線鍵盤、無線喇叭。

● 傳統有線裝置的無線化，例如醫療儀器、遊戲機的無線控制器。

● 智慧家庭與物聯網，例如設置感測器監控環境中的溫度、溼度、空氣品質等數據，然後透過藍牙傳輸到手機。

(a)

(b)

圖 7.4　(a) 藍牙標誌　(b) 藍牙耳機 (圖片來源：ASUS)

表 7.2	藍牙標準	
版本	年份	說明
Bluetooth 1.0	1999	傳輸速率為 1Mbps，傳輸距離為 10 公尺。
Bluetooth 2.0	2004	傳輸速率提升至 2Mbps。
Bluetooth 2.1	2007	傳輸速率提升至 3Mbps。
Bluetooth 3.0	2009	傳輸速率提升至 24Mbps，並引進增強電源控制。
Bluetooth 4.0	2010	包含「高速藍牙」、「經典藍牙」和「低功耗藍牙」三種模式，應用於資料交換、裝置連線與訊息交換、低功耗行動裝置，傳輸距離提升至 100 公尺 (低功耗模式下)。
Bluetooth 4.1	2013	強化低功耗藍牙的功能，包括與 4G LTE 通訊技術並存、暫時中斷連線後自動恢復連線等，目的是成為物聯網的核心技術。
Bluetooth 4.2	2014	提升加密保護技術與隱私權設定，支援 IPv6，連網的裝置都能有自己的 IP 位址。
Bluetooth 5	2016	傳輸距離提升至 300 公尺，支援室內定位導航，降低與其它無線通訊技術的干擾，大幅增加在物聯網的應用。
Bluetooth 5.1	2019	新增尋向功能，改善藍牙位置服務的效能。
Bluetooth 5.2	2020	透過低功耗支援多使用者音訊，提供高品質音訊體驗，以及支援基於位置的廣播或無線音訊共享。
Bluetooth 5.3	2021	提高安全性、降低功耗並減少干擾。

資 訊 部 落

IEEE 802.15（藍牙）的架構

IEEE 802.15（藍牙）的架構有下列兩種類型：

- piconet（微網）：piconet 能夠支援 8 個連線裝置，其中之一為主裝置 (master)，其它為從屬裝置 (slave)，而主裝置與從屬裝置之間的溝通可以是一對一或一對多（圖 7.5）。

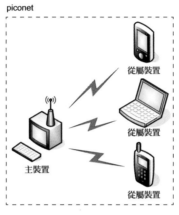

圖 7.5　piconet

- scatternet（散網）：數個 piconet 可以組成一個 scatternet，而且一個 piconet 內的從屬裝置可以同時是其它數個 piconet 的成員，或另一個 piconet 的主裝置（圖 7.6），此時，它可以將第一個 piconet 的訊息傳送給第二個 piconet 的成員。

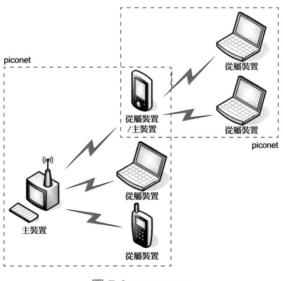

圖 7.6　scatternet

7-2-2 ZigBee

ZigBee 是 ZigBee Alliance 所發展之短距離、低速率、低功耗、低成本的無線通訊標準。ZigBee Alliance 於 2001 年向 IEEE 提案將 ZigBee 納入 **IEEE 802.15.4**，並於 2005 年推出 ZigBee 1.0。之後因應物聯網的發展推出 ZigBee 2.0，主打智慧能源規範，而 2015 年推出的 ZigBee 3.0，更是將過去不同裝置的 ZigBee 標準加以統一，提升互通性和安全性。

ZigBee 使用 2.4GHz、868MHz 或 915MHz 頻段，傳輸速率為 250Kbps、20Kbps、40Kbps，傳輸距離為 50 公尺，支援高達 65,000 個節點，應用於智慧家庭、智慧建築、醫療照護、能源管理、工業自動化、無線感測網路等領域，其中**無線感測網路** (WSN，Wireless Sensor Network) 是在環境中嵌入許多無線感測器，以擷取、儲存並傳送資料給主電腦做分析，例如監測溫度、濕度等環境變化、監控軍事行動或交通流量、偵測化學物質或放射性物質的濃度、追蹤病人的健康數據、自動抄表等。

7-2-3 UWB

UWB (Ultra WideBand，超寬頻) 是一種短距離、高速率的無線通訊標準，原是在 1940 年代美國軍方為了避免通訊遭到監聽所發展的寬頻技術，又稱為「隱形波」，由 **IEEE 802.15.3a** 工作小組負責標準化，初期的目標是 10 公尺內達到 100Mbps 無線傳輸，3 公尺內達到 480Mbps 無線傳輸，之後提升至 1 公尺內達到 1Gbps 無線傳輸。

UWB 可以在 3.1 ~ 10.6GHz 頻段中使用 500MHz 以上的頻寬，不像藍牙使用特定的窄頻，同時其傳輸方式亦不是傳統的載波方式，而是脈衝方式，能夠達到 100Mbps ~ 1Gbps 高速無線傳輸，具有系統複雜度低、定位精確度高、對訊號衰減不敏感、發射訊號功率低、不易對現有的窄頻無線通訊設備造成干擾等優點，適合用來建立無線個人網路 (WPAN) 與無線區域網路 (WLAN)。

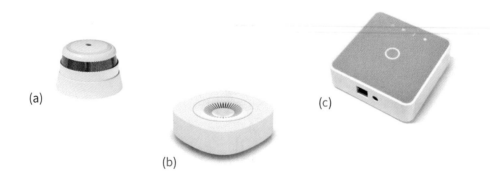

圖 7.7　符合 ZigBee 認證的產品 (a) 煙霧偵測器　(b) 空氣品質偵測器　(c) 物聯網閘道器 (圖片來源：Develco Products)

7-2-4 其它近距離無線傳輸技術 (RFID、NFC)

RFID（無線射頻辨識）

RFID (Radio Frequency IDentification) 是透過無線電傳送資料的近距離無線通訊技術，生活中有許多 RFID 的應用，例如悠遊卡、商品電子標籤、高速公路電子收費系統 (ETC)、寵物晶片等。

RFID 系統包含**電子標籤**、**讀卡機**與**應用系統**三個部分，其中電子標籤是一張塑膠卡片包覆著晶片和天線，裡面可以儲存資料，而讀卡機是由天線、接收器、解碼器所構成，運作原理如下：

1. 利用讀卡機發射無線電，啟動感應範圍內的電子標籤。

2. 藉由電磁感應產生供電子標籤運作的電流，進而發射無線電回應讀卡機。

3. 讀卡機透過網路將收到的資料傳送到主電腦的應用系統，進而應用到門禁管制、物流管理、倉儲管理、工廠自動化管理、醫療照護、運輸監控、電子收費系統等領域。

電子標籤又分成**主動式**、**被動式**與**半被動式**，主動式有內建電池，可以主動傳送資料給讀卡機，讀取範圍較大；反之，被動式沒有內建電池，只有在收到讀卡機的無線電時，才會藉由電磁感應產生電流，傳送資料給讀卡機，讀取範圍較小；至於半被動式則介於兩者之間，有內建電池，在收到讀卡機的無線電時，就會透過自身的電力傳送資料給讀卡機。

RFID 和傳統的條碼技術不同，條碼技術是利用條碼掃描器將光訊轉換成電訊，以讀取條碼所儲存的資料，因此，條碼不僅得非常靠近條碼掃描器，而且中間不能隔著箱子、盒子等包裝。

反之，RFID 只要在讀卡機的讀取範圍內，中間即便隔著箱子、盒子等包裝，一樣讀取得到電子標籤所儲存的資料，而且 RFID 的資料容量比條碼多，掃描速度比條碼快，同時具有條碼所欠缺的防水、防磁、耐高溫等特點，縱使遇到下雨、降雪、冰雹、起霧等惡劣的工作環境，依然能夠運作。

表 7.3 RFID 電子標籤常用的頻段

頻段	讀取範圍 / 傳輸速度	應用
135KHz	10 公分，低速	門禁管制、寵物晶片等
13.56MHz	1 公尺，低速到中速	悠遊卡、電子票證等
433MHz	1 ~ 100 公尺，中速	定位服務、車輛管理等
860 ~ 930MHz	1 ~ 2 公尺，中速到高速	物流管理、倉儲管理等
2.45GHz、5.8GHz	1 ~ 100 公尺，高速	醫療照護、電子收費系統等

NFC（近場通訊）

NFC（Near Field Communication）是從 RFID 發展而來的近距離無線通訊技術，使用 13.56MHz 頻段，傳輸距離為 20 公分，傳輸速率為 106、212、424 Kbps。NFC 支援下列幾種工作模式：

- **點對點模式**：兩個具有 NFC 功能的裝置（例如手機、數位相機）可以在近距離交換少量資料，例如手機行動支付或資料同步。

- **卡片模式**：這是將 NFC 功能應用在被讀取的用途，例如使用 NFC 手機以近距離感應的方式進行門禁管理或小額付款。

- **讀卡機模式**：這是將 NFC 功能應用在讀取的用途，例如使用 NFC 手機掃描廣告看板的 NFC 電子標籤，以讀取該標籤所儲存的資料。

目前手機所使用的近距離無線通訊技術是以藍牙為主，但內建 NFC 功能的手機亦相當多，兩者的比較如下，事實上，NFC 的目的並不是取代藍牙，而是在不同的用途共存互補：

- 雖然 NFC 的傳輸距離沒有藍牙遠，傳輸速率沒有藍牙快，但兩個 NFC 裝置之間建立連線互相識別的速度比藍牙快，而且傳輸距離短反倒可以減少不必要的干擾。

- NFC 裝置一次只和一個 NFC 裝置連線，安全性較高，適合用來交換敏感的個人資料或財務資料。

- NFC 裝置的耗電量比藍牙裝置低。

- NFC 與被動式 RFID 相容。

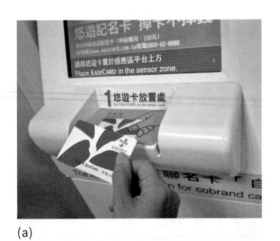

(a)

(b)

圖 7.8 (a) 悠遊卡採取 RFID 技術 (b) 內建 NFC 功能的智慧型手機可以應用於行動支付（圖片來源：ASUS）

7-3 無線區域網路 (WLAN)

無線區域網路 (WLAN，Wireless Local Area Network) 主要是提供範圍在數十公尺到一百公尺左右的無線通訊。無線區域網路 (WLAN) 與無線個人網路 (WPAN) 是有差異的，前者是以高頻率的無線電取代傳統的有線區域網路，用途是以區域網路的連線為主，具有不需要佈線、機動性高、擴充性高等優點，適用於小型辦公室、家庭網路、醫療院所、百貨賣場、倉儲物流等場所；而後者則著重於個人用途的無線通訊，例如手機、平板電腦、智慧手錶、遊戲機、智慧家電、穿戴式裝置等。

無線區域網路的標準是 IEEE 802.11 工作小組於 1997 年所發布的 **802.11**，之後延伸出 802.11a、802.11b、802.11g、802.11n、802.11ac、802.11ad、802.11ax、802.11ay、802.11be（預計於 2024 年發布）等，這些標準定義的是 OSI 參考模型中的實體層與媒介存取控制 (MAC)（圖 7.9）。

除了 Infrared（紅外線），802.11 的實體層還會使用到 DSSS (Direct Sequence Spread Spectrum，直接序列展頻)、FHSS (Frequency Hopping Spread Spectrum，跳頻展頻)、OFDM (Orthogonal Frequency Division Multiplexing，正交分頻多工) 等無線電展頻技術。

IEEE 802.11 的原理和乙太網路類似，故又稱為**無線乙太網路**，包含一系列相關的標準，以下有進一步的說明。

802.11

802.11 於 1997 年發布，實體層使用的傳輸技術為 **Infrared**（紅外線）、**DSSS**（直接序列展頻）和 **FHSS**（跳頻展頻），傳輸速率為 1、2Mbps，傳輸距離約 100 公尺，其中 Infrared 為紅外線，FHSS 和 DSSS 則使用 2.4GHz 頻段，和藍牙一樣，但藍牙跳頻較快，所以容易受到藍牙裝置的干擾，後來被 802.11b 取代。

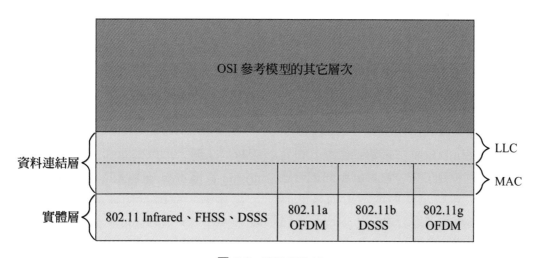

圖 **7.9** IEEE 802.11

802.11a

802.11a 於 1999 年發布，實體層使用的傳輸技術為 OFDM（正交分頻多工），使用 5GHz 頻段，傳輸速率為 6、9、12、18、24、36、48、54Mbps，傳輸距離約 50 公尺。

802.11b

802.11b 於 1999 年發布，實體層使用的傳輸技術為 DSSS 搭配 CCK (Complementary Code Keying) 調變技術，使用 2.4GHz 頻段，傳輸速率為 1、2、5.5、11Mbps，傳輸距離約 100 公尺。

802.11g

802.11g 於 2003 年發布，實體層使用的傳輸技術為 OFDM，同時保留 DSSS 搭配 CCK 調變技術，使用 2.4GHz 頻段，傳輸速率為 6、9、12、18、24、36、48、54Mbps，傳輸距離約 100 公尺。

802.11n

802.11n 於 2009 年發布，實體層使用的傳輸技術為 OFDM 搭配 MIMO (Multiple Input Multiple Output) 技術，使用 2.4、5GHz 頻段，傳輸速率為 72 ~ 600Mbps，傳輸距離約 100 公尺，其中 MIMO 技術是使用多支天線來接收主訊號及反射或散射而來的訊號，然後將後者進行處理，以增強主訊號，改善傳輸品質。

802.11ac

802.11ac 於 2014 年發布，這是 802.11n 的後繼者，使用 5GHz 頻段，但採取更大的通道頻寬、增強的調變方式和更多的 MIMO 空間串流 (spatial stream)，使得傳輸速率大幅提升至 6.93Gbps。

802.11ax

802.11ax 於 2019 年發布，又稱為**高效率無線區域網路** (HEW，High Efficiency WLAN)，使用 2.4、5、6GHz 頻段，傳輸速率高達 10Gbps，傳輸距離約 100 公尺，向下相容於 802.11a/b/g/n/ac，目標在於提升無線網路的容量及效率，以支援 VR、AR、多媒體串流、智慧家庭等應用，已經繼 802.11ac 成為市場上的主流。

802.11ad

802.11ad 於 2012 年發布，使用 60GHz 頻段，傳輸速率高達 7Gbps，傳輸距離約 10 公尺，不僅抗干擾，更可以應用至家庭的閘道器、機上盒與影音等裝置，實現高畫質影音無線傳輸，同時 802.11ad 亦能替代光纖與纜線佈建，提供一種兼具成本效益、穩健且無形的選擇。

802.11ay

802.11ay 於 2020 年發布，這是 802.11ad 的後繼者，使用 60GHz 頻段，傳輸速率提升至 20 ~ 40Gbps，傳輸距離提升至 300 ~ 500 公尺。

802.11be

802.11be 是基於 802.11ax 的修訂，預計於 2024 年發布最終標準，使用 2.4、5、6GHz 頻段，傳輸速率高達 40Gbps。

此外，為了提供更佳的服務品質、安全性與整合性，IEEE 亦自 802.11 延伸出應用於車載無線通訊的 **802.11p**、具有加密功能的 **802.11i**、支援服務品質增強 (Quality of Service Enhancements) 的 **802.11e**、提供 Inter-Access Point Protocol 的 **802.11f**、提供無線區域網路的無線電資源測量的 **802.11k**、加入歐洲擴充規格的 **802.11h**、加入日本擴充規格的 **802.11j**、支援無線感測網路、物聯網與智慧電網的 **802.11ah** 等。

為了讓不同廠商根據 802.11x 所製造的 WLAN 設備能夠互通，WECA (Wireless Ethernet Compatability Alliance) 提出了 **Wi-Fi** (Wireless Fidelity) 認證，而 **Wi-Fi 無線上網**指的就是採取 802.11x 的 WLAN，其建置是以**無線存取點** (AP，Access Point，又稱為**無線基地台**) 做為訊號發射及接收端，諸如桌上型電腦、筆電、手機、平板電腦、智慧家電等裝置只要內建無線上網模組或安裝 Wi-Fi 認證的無線網路卡，就可以透過無線的方式連上網路。

此外，WECA 還提出了 **Wi-Fi Direct** 讓 Wi-Fi 裝置以點對點的方式傳輸資料，無須經過無線基地台，該技術架構在 802.11a/g/n 之上，使用 2.4、5GHz 頻段，傳輸速率約 250Mbps，傳輸距離約 200 公尺。

表 7.4 IEEE 802.11x 標準

	頻段	傳輸速率	備註
802.11	2.4GHz	1、2Mbps	--
802.11a	5GHz	6、9、12、18、24、36、48、54Mbps	--
802.11b	2.4GHz	1、2、5.5、11Mbps	--
802.11g	2.4GHz	6、9、12、18、24、36、48、54Mbps	--
802.11n	2.4/5GHz	72～600Mbps	Wi-Fi 4
802.11ac	5GHz	6.93Gbps	Wi-Fi 5
802.11ax	2.4/5GHz	10Gbps	Wi-Fi 6
	6GHz	10Gbps	Wi-Fi 6E
802.11be	2.4/5/6GHz	40Gbps	Wi-Fi 7

常見的無線區域網路設備

■ **無線基地台** (AP，Access Point)：無線基地台可以發射及接收無線網路訊號，用來連接無線區域網路與有線區域網路，舉例來說，家庭使用者可以自行購買 IEEE 802.11b/g/n/ac/ax 相容規格的無線基地台（圖 7.10(a)），將之連接到中華電信、第四台等寬頻業者所提供的數據機，此時，諸如桌上型電腦、筆電、手機、平板電腦、智慧家電等裝置只要內建無線上網模組或安裝 Wi-Fi 認證的無線網路卡（圖 7.10(b)），就可以透過無線基地台分享網際網路連線，或存取無線區域網路與有線區域網路的資源（圖 7.10(c)）。

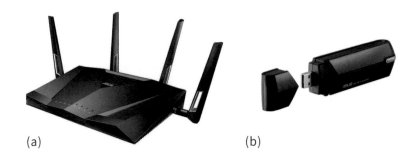

(a)   (b)

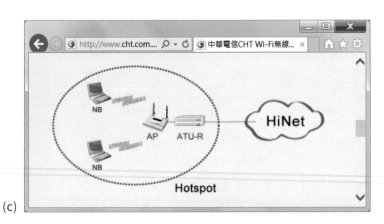

(c)

圖 7.10 (a) 無線基地台 (b) USB 介面的外接式無線網路卡
(c) 寬頻網路無線分享示意圖 (圖片來源：中華電信網站)

■ **無線網路卡**：對於沒有內建無線上網模組的裝置，使用者必須自行安裝 Wi-Fi 認證的無線網路卡（例如 USB 介面的外接式無線網路卡），才能存取無線網路，其使用方式如圖 7.11。

圖 7.11　電腦只要安裝無線網路卡就可以透過無線基地台存取無線網路

有些無線網路卡支援 Software AP 功能，只要將之連接到桌上型電腦或筆記型電腦，就可以將該電腦模擬成無線基地台使用，提供平板電腦或智慧型手機等裝置存取無線網路，如圖 7.12。

圖 7.12　支援 Software AP 功能的無線網路卡可以將電腦模擬成無線基地台使用

■ **具有 Wi-Fi 功能的數據機**：目前中華電信、第四台等寬頻業者以具有 Wi-Fi 功能的數據機提供家用 Wi-Fi 服務，不受有線網路架設環境的侷限，只要是家中 Wi-Fi 無線訊號可及之處皆可上網，如此一來，使用者就不用自行安裝無線基地台了。

資 訊 部 落

連接 WLAN 與 LAN

無線區域網路 (WLAN) 與有線
區域網路 (LAN) 的架構類似,
最大的差別是增加無線存取能
力,正因為是無線,所以沒有
佈線的問題,只要無線用戶端
裝置收得到無線訊號即可。
我們可以使用無線基地台 (AP)
連接無線區域網路與有線區域
網路,如圖 7.13。

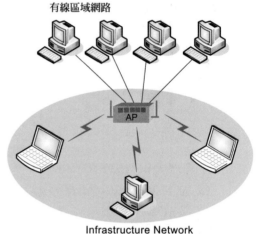

圖 7.13　使用無線基地台連接 WLAN 與 LAN

無線基地台的連接埠數目是
固定的,例如 4、8、16 個,
若要連接的電腦數目超過連
接埠數目,可以加裝交換器,
如圖 7.14。

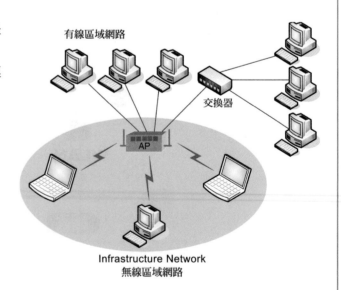

圖 7.14　使用交換器擴充區域網路的電腦數目

7-4 無線都會網路 (WMAN)

無線都會網路 (WMAN，Wireless Metropolitan Area Network) 主要是提供大範圍的無線通訊，例如一個校園或一座城市。無線都會網路的標準是 IEEE 於 2001 年所發布的 **802.16**，它和 IEEE 802.11x 標準一樣是遵循 OSI 參考模型所設計 (圖 7.15)。

802.16 的**實體層**使用 QPSK (Quadrature Phase Shift Keying)、QAM-16 (Quadrature Amplitude Modulation)、QAM-64 三種調變技術，傳輸距離為長、中、短，傳輸速率為慢、中、快；資料連結層分成三個子層次，Security sublayer 負責處理資料安全，MAC sublayer 負責管理上行 / 下行頻道，Service specific convergence sublayer 負責做為資料連結層與網路層的介面。

為了讓不同廠商根據 802.16 所製造的 WMAN 設備能夠互通，不會發生不相容，WiMAX Forum 提出了 **WiMAX** (Worldwide Interoperability for Microwave Access) 認證。

IEEE 802.16x 標準包括 802.16、802.16a、802.16c、802.16d、802.16e、802.16f、802.16g、802.16m 等，其中 **802.16m** 在高速移動狀態下的傳輸速率可達 100Mbps，又稱為 **WiMAX 2**，屬於 4G 行動通訊標準之一。

雖然 WiMAX 的傳輸距離比 Wi-Fi 無線上網遠，傳輸速率比 3G 行動上網快，但下一節所要介紹的 LTE 快速成為主流的 4G 行動通訊標準，導致 WiMAX 產業萎縮，黯然退出台灣市場。

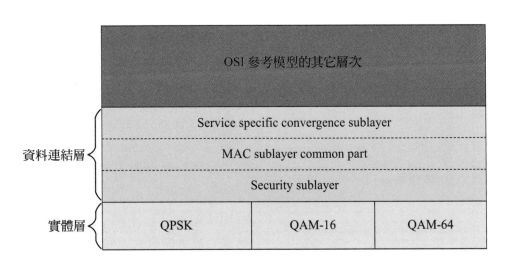

圖 **7.15** IEEE 802.16

7-5 行動通訊

通訊系統包含「有線通訊」與「無線通訊」兩種，前者指的是傳統的 PSTN (Public Switched Telephone Network)，有電話線路、交換機房等裝置，而後者指的是**行動通訊** (mobile communication)，有基地台、人手一機的行動電話、平板電腦等裝置，使用者可以在任何時間、任何地點與任何人通訊。

根據所使用的技術不同，行動通訊又分為下列幾代：

- **第一代** (1G，first generation)

  傳送類比聲音。

- **第二代** (2G，second generation)

  傳送數位聲音。

- **第三代** (3G，third generation)

  傳送數位聲音與資料。

- **第四代** (4G，fourth generation)

  傳送數位聲音與資料，但速率比 3G 更快。

- **第五代** (5G，fifth generation)

  傳送數位聲音與資料，但速率比 4G 更快。

7-5-1 第一代行動通訊 (1G)

第一代行動通訊系統誕生於 1946 年的聖路易 (St. Louis)，當時人們是在大樓頂端架設大型收發器，使用單一頻道做為收發訊號之用。截至目前，計程車無線電還經常使用這種技術。

接著於 1960 年代出現了另一種行動通訊系統 **IMTS** (Improved Mobile Telephone System)，它的大型收發器是架設在山上，功率較高，而且提供 23 個頻道 (150 ~ 450MHz) 做為收發訊號之用。

IMTS 的頻道少，使用者得花費許多時間等待，而且相鄰系統之間會互相干擾，除非相距數百公里以上，直到 AT&T 貝爾實驗室於 1980 年代發展出 **AMPS** (Advanced Mobile Phone System)，才解決了這些問題。

AMPS 屬於類比式的行動通訊系統，用來傳送聲音，有 832 個 30KHz 的單工發訊頻道 (824 ~ 849MHz) 和 832 個 30KHz 的單工收訊頻道 (869 ~ 894MHz)，在美國相當普遍，到了英國是稱為 **TACS** (Total Access Communication System)，到了日本則是稱為 **JTAC** (Japanese Total Access Communication)。

早期中華電信推出的以 090 開頭的行動電話就是採取 AMPS，其優點是傳輸距離長、音質佳、沒有回音，缺點則是容易遭到竊聽、容易受到電波干擾而影響通話品質。

行動電話的設計是為了提供一個移動單元（例如行動電話）與一個常駐單元（例如家用電話）之間的通訊，或兩個移動單元之間的通訊，因此，電信業者必須能夠找到並追蹤通話者，配置一個頻道給他，然後隨著他的移動從一個基地台轉移到另一個基地台。

為了方便追蹤，AMPS 將所涵蓋的區域劃分成一個個細胞 (cell)，結構狀似蜂巢（圖 7.16），細胞的中央為基地台，負責收訊及發訊，故行動電話又稱為**蜂巢式電話** (cellular telephone)，而且每個基地台是由**行動交換中心** (MSC, Mobile Switching Center) 控制，行動交換中心會負責基地台與 PSTN 交換機房的通訊，讓行動電話得以和家用電話通訊（圖 7.17）。

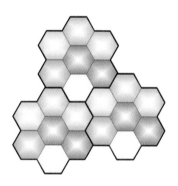

圖 7.16　AMPS 將所涵蓋的區域劃分成蜂巢式結構

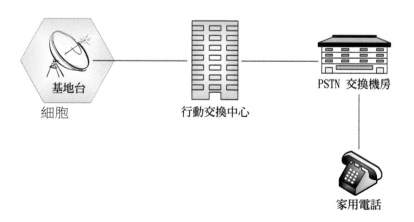

圖 7.17　蜂巢式電話系統

7-5-2 第二代行動通訊 (2G)

第二代行動通訊 (2G) 和第一代行動通訊 (1G) 的分野在於數位化,不僅提升了通話品質,也比較不容易遭到竊聽,主要有下列幾種標準:

● **D-AMPS** (Digital AMPS):D-AMPS 是數位化的 AMPS,與 AMPS 相容,也就是第一代行動電話和第二代行動電話能夠同時在相同細胞內使用。D-AMPS 的上行頻段為 1850 ~ 1910MHz,下行頻段為 1930 ~ 1990MHz,每個頻道為 30KHz,使用 D-AMPS 的國家主要有美國。

● **GSM** (Global System for Mobile communication):GSM 是 ETSI (歐洲電信標準協會) 所制定的數位蜂巢式電話系統,支援的頻段為 900、1800、1900MHz,每個頻道為 200KHz,傳輸速率最高為 9600bps,提供國際漫遊及簡訊服務,使用 GSM 的國家已經超過 170 個以上,包括歐洲及多數亞洲國家。

使用過 GSM 手機的人應該都看過 **SIM** (Subscriber Identity Module) 卡,裡面儲存著使用者的資料,當手機開機時,就會透過 SIM 卡的資料向基地台進行登錄,並在使用者移動時,將新的位置回報給基地台,若因為距離太遠或雜訊干擾,導致通話品質下降,就自動將連線轉移到另一個品質較佳的基地台,以保持連線並降低手機的功率損耗。

● **CDMA** (Code Division Multiple Access):相對於 D-AMPS 和 GSM 是將頻率範圍分割成數百個頻道,CDMA 則允許基地台使用整個頻率範圍,由於技術較為先進,所以不僅在美國取代了 D-AMPS,更奠定了第三代行動通訊的基礎。

台灣自 1996 年通過電信三法,積極推動電信自由化,更於 1997 年開放行動通訊業務,加入營運的公司有中華電信 (全區 900/1800MHz 雙頻)、台灣大哥大 (全區 1800MHz)、遠傳 (北區 900MHz、全區 1800MHz)、和信 (北區 1800MHz)、東信 (中區 900MHz)、泛亞 (南區 900MHz)、東榮 (中區、南區 1800MHz) 等,其中泛亞被台灣大哥大合併,東榮被和信合併,和信被遠傳合併,成為中華電信、台灣大哥大、遠傳三強鼎立的現況。

到了 2002 年,政府開放第三代行動通訊 (3G) 執照競標,有中華電信、台灣大哥大、遠致 (遠傳子公司)、亞太電信、威寶電信等五家公司得標,總得標金額高達 500 億台幣。

資訊部落

GPRS 與 2.5G

由於 GSM 是使用電路交換 (circuit switching) 技術來傳送資料，而網際網路是使用封包交換 (packet switching) 技術來傳送資料，導致兩者之間無法互相連接，為了讓使用者透過行動電話存取網際網路，於是 ETSI (歐洲電信標準協會) 制定了 **GPRS** (General Packet Radio Service)。

GPRS 是在既有的 GSM 網路加入 **SGSN** (Serving GPRS Support Node) 和 **GGSN** (Gateway GPRS Support Node) 兩個數據交換節點來處理封包，成功連接 GSM 與網際網路，最快傳輸速率可達 115Kbps，所以 GPRS 並不是用來取代 GSM 的新系統，而是隸屬於 GSM 上的一種數據通訊服務。有人將 GPRS 稱為 **2.5G**，也就是第 2.5 代行動通訊，因為它是介於第二代與第三代行動通訊之間的產物。

圖 **7.18** 行動通訊的發達讓人們的聯繫更加便利 (圖片來源：ASUS)

7-5-3 第三代行動通訊 (3G)

第三代行動通訊 (3G) 可以即時高速存取網際網路，傳送語音、數位資料與影像，應用於視訊通話、多媒體影音分享、互動式應用程式、行動商務等。

ITU（國際電信聯盟）將 3G 行動通訊規格稱為 IMT-2000，其特點如下：

● 語音品質應和現有的電話網路相當。

● 在室內駐點、戶外慢速行走和行車環境下的傳輸速率分別可達 2Mbps、384Kbps 及 144Kbps。

● 支援封包交換與電路交換技術。

● 支援更廣泛的行動裝置。

3G 行動通訊使用和網際網路相同的 IP 通訊協定，以提升網路效率，降低營運成本。封包交換網路不僅能夠讓使用者隨時處於連線狀態，而且只需要依照傳送或接收的資料量進行收費，換言之，除非使用者透過 3G 手機收發電子郵件、瀏覽網頁、傳送或下載資料，否則隨時處於連線狀態並不需要付費。

3G 行動通訊主要有下列兩種標準：

● **WCDMA** (Wideband CDMA)：這是歐盟所主導的行動通訊標準，使用一對 5MHz 頻道，上行頻段為 1900MHz，下行頻段為 2100MHz，傳輸速率為 144Kbps ~ 2Mbps，能夠和 GSM 共同運作。

● **CDMA2000**：這是 Qualcomm（高通）公司所提出的行動通訊標準，使用一對 1.25MHz 頻道，無法和 GSM 共同運作，但符合美國的需求，因為它的基礎是美國普遍使用的 CDMA。

在亞太電信於 2003 年 8 月開台後，台灣正式邁入 3G 行動通訊時代，其中台灣大哥大、中華電信、遠傳、威寶屬於 WCDMA 陣營，而亞太電信屬於 CDMA2000 陣營。

為了有更快的傳輸速率、更佳的服務品質、更高的安全性、更強的移動性及更大的覆蓋範圍，電信業者進一步將 3G 升級至 3.5G 和 3.75G，其中 **3.5G** 指的是 **HSDPA** (High Speed Download-link Packet Access，高速下行封包存取)，這是以 WCDMA 為基礎的行動通訊技術，可以將下行速率提升至 1.8、3.6、7.2、14.4Mbps，而上行速率均為 384Kbps，當然這是理論數值，實際數值會因設備或與基地台的距離而異。

3.75G 指的是 **HSUPA** (High Speed Upload-link Packet Access，高速上行封包存取)，這是為了克服 HSDPA 上行速率不足所發展的技術，可以將上行速率提升至 5.76Mbps，如此一來，使用者就可以從事網路電話或雙向視訊等需要大量上行頻寬的活動。

7-5-4 第四代行動通訊 (4G)

ITU（國際電信聯盟）將**第四代行動通訊** (4G) 規格稱為 **IMT-Advanced**，其特點如下：

● 使用 IP 通訊協定連接各種網路。

● 使用全球通用的標準，並可在現有的無線通訊系統下運作。

● 在慢速狀態下的傳輸速率可達 1Gbps，在高速移動狀態下的傳輸速率可達 100Mbps。

● 支援固定式無線傳輸和移動式無線傳輸，並可於固定式網路和移動式網路之間切換。

● 提供高品質的無線寬頻服務，例如更傳真的語音、更高畫質的影像、更快的傳輸速率、更高的安全性。

4G 行動通訊主要有下列兩種標準：

● **IEEE 802.16m** (WiMAX 2)：IEEE 802.16m 在慢速狀態下的傳輸速率可達 1Gbps，在高速移動狀態下的傳輸速率可達 100Mbps。

IEEE 於 2011 年批准 802.16m 為新一代的 WiMAX 標準，並交由 WiMAX Forum 進行測試認證。不過，隨著 LTE 成為主流的 4G 行動通訊標準，WiMAX 已經退出台灣市場。

● **LTE** (Long Term Evolution)：LTE 是 3GPP 於 2004 年 11 月所提出的行動通訊技術，整體規格於 2009 年確定。

3GPP (3rd Generation Partnership Project) 是由數個電信聯盟（例如 CCSA、ETSI、TTA、TTC）所簽署的合作協議，負責擬定行動通訊的相關標準。由於 LTE 是以 WCDMA 為基礎，因而成為 3G 電信業者最自然的選擇，並獲得許多廠商的支持。

不過，LTE 的最高下行速率為 326.4Mbps，最高上行速率為 172.8Mbps，而這樣的速率尚未達到 ITU 針對 4G 所提出的目標，遂有人將 LTE 稱為 **3.9G**。

之後 3GPP 於 2011 年發布 **LTE-Advanced** (LTE-A)，最高下行速率可達 1Gbps，最高上行速率可達 500Mbps，使得 LTE-A 成為名符其實的 4G 行動通訊標準。

國家通訊傳播委員會 (NCC) 於 2013 年 9 月開始進行 4G 釋照競標作業，開放 700MHz、900MHz、1800MHz、2600MHz 等頻段，特許經營權 15 年，於 2013 年 10 月完成頻段拍賣，得標的業者包括中華電信、台灣大哥大、遠傳電信、亞太電信、台灣之星、國碁電子等，總得標金額高達 1186.5 億元，並陸續於 2014 年下半年進行商轉。

7-5-5 第五代行動通訊 (5G)

除了行動上網的使用者對於頻寬的需求快速增加之外,許多新科技與新創事業也需要高速的網路來互相連結,因此,有許多廠商與電信業者積極投入研發**第五代行動通訊** (5G)。

根據下一代行動網路聯盟 (Next Generation Mobile Networks Alliance) 的定義,5G 網路應該滿足如下要求:

● 以 10Gbps 的資料傳輸速率支援數萬個使用者。

● 以 1Gbps 的資料傳輸速率同時提供給同一樓辦公的人員。

● 連結並支援數十萬個無線感測器。

● 頻譜效率比 4G 顯著增強。

● 延遲比 4G 顯著降低。

● 覆蓋範圍比 4G 大。

● 訊號效率比 4G 強。

3GPP 於 2016 年、2017 年發布 Release 13、Release 14,稱為 LTE-Advanced Pro (LTE-A Pro),做為 LTE-A 邁入 5G 的橋梁,又稱為 **4.5G**。

之後 3GPP 提出 **5G NR** (New Radio) 做為 5G 標準,階段 1、2、3 的 **Release 15**、**Release 16**、**Release 17** 分別於 2018 年、2020 年、2022 年發布。

ITU IMT-2020 規範要求 5G 的速率必須高達 20Gbps,可以實現寬通道頻寬和大容量 MIMO (Multiple Input Multiple Output),而 5G NR 便能滿足這樣的要求。5G NR 的頻段大致上分成 **FR1** (Frequency Range 1) 和 **FR2** (Frequency Range 2),FR1 指的是 6GHz 以下的頻段,而 FR2 指的是 24GHz 以上的頻段。

5G 具備高速率、大頻寬、大連結、低延遲等特點,最高下行速率可達 20Gbps,最高上行速率可達 10Gbps。除了讓使用者的上網速度變得更快,還有更多深具潛力的應用,例如虛擬實境 (VR)、擴增實境 (AR)、物聯網、車聯網、無人機、自駕車、智慧城市、智慧交通、智慧能源、智慧製造、遠距醫療、環境監控、無線家庭娛樂、個人 AI 助理等。

(a)

(b)

(c)

圖 **7.19** (a) LTE-A 標誌 (b) LTE-A Pro 標誌 (c) 5G 標誌

7-6 衛星網路

衛星網路 (satellite network) 是由人造衛星、地面站、端末使用者的終端機或電話等節點所組成,利用衛星做為中繼站轉送訊號,以提供地面上兩點之間的通訊 (圖 7.20),也就是發訊端透過地面站將無線電傳送至衛星,此稱為「上行」(uplink),而收訊端透過地面站接收來自衛星的無線電,此稱為「下行」(downlink),優點是傳輸速率快、傳輸距離長、穿透性高、無須設置中繼站,缺點則是成本昂貴、有 1 至數秒鐘的傳輸延遲、缺乏保密性及抗干擾的能力。

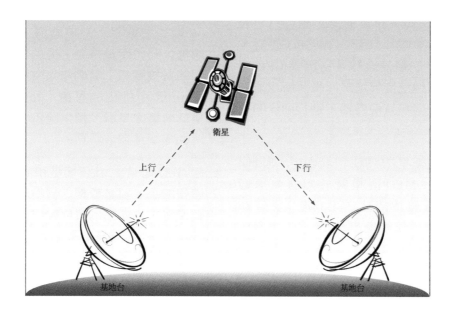

圖 7.20 衛星微波

衛星有「天然衛星」和「人造衛星」兩種,例如月球就是地球的天然衛星。不過,天然衛星的距離無法調整,而且不易安裝電子設備再生訊號,所以在實際應用上還是以人造衛星較佳。至於人造衛星環繞地球的路徑則有三種,包括**赤道軌道**、**傾斜軌道**和**兩極軌道** (圖 7.21)。

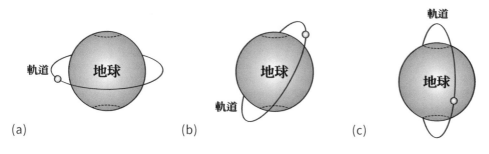

圖 7.21 (a) 赤道軌道 (b) 傾斜軌道 (c) 兩極軌道

我們可以根據軌道的位置將人造衛星分成下列三種類型：

- **同步軌道衛星** (GEO，Geostationary Earth Orbit)：GEO 衛星屬於赤道軌道衛星，位於地表上方 35,786 公里處，環繞週期與地球自轉週期一樣為 24 小時，訊號覆蓋範圍可達地表 1/3 的區域，只要三顆 GEO 衛星，訊號就能覆蓋全球。正因為 GEO 衛星的環繞速度與地球同步，所以能夠應用於衛星實況轉播，進行同步的視訊傳導。

- **中軌道衛星** (MEO，Medium Earth Orbit)：MEO 衛星屬於傾斜軌道衛星，位於地表上方 2,000 ~ 35,786 公里處，環繞週期約 2 ~ 24 小時，例如美國國防部所建置的**全球定位系統** (GPS，Global Positioning System) 就是在 6 個軌道上使用 24 顆人造衛星，然後透過接收器接收並分析這些人造衛星傳回來的訊號，進而決定接收器的地理位置，以應用於地面與海上導航。

- **低軌道衛星** (LEO，Low Earth Orbit)：LEO 衛星屬於兩極軌道衛星，位於地表上方 500 ~ 2,000 公里處，環繞週期約 1.5 ~ 2 小時，由於離地表較近，傳輸延遲較小，所以適合用來傳送聲音，例如 Motorola 所發展的 **Iridium 系統**就是在 6 個軌道上使用 66 顆人造衛星，然後透過手持式終端機（例如衛星電話）提供使用者之間的直接通訊；又例如太空服務公司 SpaceX 所推出的**星鏈** (Starlink) 也是低軌道衛星群，提供覆蓋全球的高速網際網路存取服務。

比起 GEO 衛星，MEO 衛星和 LEO 衛星的體積較小、質量較輕、發射升空的價格較便宜、地面站的發射輸出功率亦較低，但也正因為 MEO 衛星和 LEO 衛星的軌道高度較低，訊號覆蓋範圍較小，所以需要較多顆衛星。

圖 7.22　(a) Garmin 導航機　(b) Garmin 衛星通訊器（圖片來源：Garmin）

本·章·回·顧

- **無線個人網路** (WPAN) 的標準是 IEEE 802.15 工作小組於 2002 年以**藍牙** (Bluetooth) 為基礎所提出的 **802.15**,其中 802.15.1、802.15.3、802.15.4 定義的分別是 WPAN (Bluetooth)、High Rate WPAN (UWB) 和 Low Rate WPAN (ZigBee)。除了藍牙、ZigBee 和 UWB 之外,諸如 RFID、NFC 等近距離無線通訊技術亦相當常見。

- IEEE 802.15 的架構有 **piconet**(微網)和 **scatternet**(散網)兩種類型。

- 無線區域網路的標準是 IEEE 802.11 工作小組於 1997 年所發布的 **802.11**,之後延伸出 802.11a、802.11b、802.11g、802.11n、802.11ac、802.11ad、802.11ax、802.11ay、802.11be 等。

- **無線都會網路** (WMAN) 的標準是 IEEE 於 2002 年所提出的 **802.16**,其中 **802.16m** 為 4G 行動通訊標準之一,又稱為 WiMAX 2。

- 第一代行動通訊可以傳送類比聲音,主要有 IMTS、AMPS 等系統。

- 第二代行動通訊 (2G) 可以傳送數位聲音,主要有 D-AMPS、GSM、CDMA 等標準。

- 第三代行動通訊 (3G) 可以即時高速存取網際網路,傳送語音、數位資料與影像,主要有 WCDMA、CDMA2000 等標準。

- 第四代行動通訊 (4G) 可以提供更多元化的無線寬頻服務,例如更傳真的語音、更高畫質的影像、更快的傳輸速率、更高的安全性,主要有 IEEE 802.16m (WiMAX 2) 和 LTE-Advanced 兩種標準。

- 第五代行動通訊 (5G) 具備高速率、大頻寬、大連結、低延遲等特點,5G 標準為 3GPP 所提出的 5G NR。

- **衛星網路** (satellite network) 是利用人造衛星做為中繼站轉送無線電,以提供地面上兩點之間的通訊,優點是傳輸速率快、傳輸距離長、穿透性高、無須設置中繼站,缺點則是成本昂貴、有 1 至數秒鐘的傳輸延遲、缺乏保密性及抗干擾的能力。

學·習·評·量

一、選擇題

( ) 1. 和有線網路相比，下列何者不是無線網路的優點？
    A. 架設成本較低　　　　　　　　B. 機動性較高
    C. 容易架設　　　　　　　　　　D. 容易維護

( ) 2. 下列何者使用 2.4GHz ISM 頻段？
    A. 藍牙　　　　　　　　　　　　B. UWB
    C. 802.11a　　　　　　　　　　D. NFC

( ) 3. 下列何者不屬於近距離無線通訊標準？
    A. 藍牙　　　　　　　　　　　　B. ZigBee
    C. NFC　　　　　　　　　　　　D. LTE

( ) 4. 下列關於 RFID 的敘述何者錯誤？
    A. 悠遊卡屬於 RFID 的應用　　　B. RFID 就是平常看見的條碼
    C. RFID 具有防磁、耐高溫的特點　D. RFID 的傳輸媒介為無線電

( ) 5. 下列何者比較適合應用於手機行動支付？
    A. LTE　　　　　　　　　　　　B. WiMAX
    C. NFC　　　　　　　　　　　　D. UWB

( ) 6. 下列何者比較適合應用於無線感測網路？
    A. Wi-Fi　　　　　　　　　　　B. ZigBee
    C. LTE　　　　　　　　　　　　D. WiMAX

( ) 7. 下列何者比較適合應用於物聯網和車聯網？
    A. 2G　　　　　　　　　　　　　B. 5G
    C. 衛星通訊　　　　　　　　　　D. 802.11

( ) 8. 第二代行動通訊可以傳送下列何者？
    A. 類比聲音　　　　　　　　　　B. 數位影像
    C. 數位聲音　　　　　　　　　　D. 類比影像

( ) 9. 下列何者屬於第三代行動通訊系統？
    A. AMPS　　　　　　　　　　　B. WCDMA
    C. UWB　　　　　　　　　　　　D. LTE

( ) 10. 下列關於 GEO 衛星的敘述何者錯誤？
    A. GEO 衛星的發射成本比 MEO 衛星和 LEO 衛星來得高
    B. GEO 衛星的傳輸延遲比 MEO 衛星和 LEO 衛星來得長
    C. GEO 衛星的訊號涵蓋範圍比 MEO 衛星和 LEO 衛星來得小
    D. GEO 衛星屬於赤道軌道衛星

(　　) 11. 下列何者是 GEO 衛星的應用？

     A. GPS   B. Iridium 系統

     C. SpaceX 星鏈   D. 衛星實況轉播

(　　) 12. 下列何者是 4G 行動通訊標準之一？

     A. GSM   B. LTE-Advanced

     C. GPRS   D. CDMA2000

(　　) 13. 下列關於 5G 行動通訊的敘述何者錯誤？

     A. 最高下行速率可達 20Gbps，最高上行速率可達 10Gbps

     B. 能夠連結並支援數十萬個無線感測器

     C. 適合應用於 VR、AR、無人機、自駕車等領域

     D. 通訊標準為 3GPP 所提出的 LTE-A Pro

(　　) 14. 下列關於 Wi-Fi、藍牙、5G 的敘述何者錯誤？

     A. 三者的傳輸速率以藍牙最慢   B. 藍牙的標準為 IEEE 802.15

     C. 三者的傳輸距離以 Wi-Fi 最遠   D. Wi-Fi 的標準為 IEEE 802.11x

(　　) 15. 下列關於藍牙與 NFC 的敘述何者錯誤？

     A. 藍牙的傳輸距離比 NFC 遠   B. NFC 的目標是取代藍牙

     C. 藍牙的傳輸速率比 NFC 快   D. NFC 的安全性比藍牙高

(　　) 16. 透過商品上的微晶片來辨識與確認商品狀態的無線辨識技術稱為什麼？

     A. RFID   B. ZigBee

     C. 藍牙   D. UWB

二、簡答題

1. 簡單比較無線網路與有線網路的優缺點。

2. 簡單說明何謂藍牙以及其應用。

3. 簡單說明何謂 Wi-Fi 無線上網？何謂 Wi-Fi 6？

4. 簡單說明何謂衛星網路以及其優缺點。

5. 簡單說明何謂 NFC 以及其應用。

6. 簡單說明何謂 RFID 以及其應用。

7. 簡單說明何謂 5G 以及其應用。

8. 簡單說明何謂低軌道衛星以及其應用。

CHAPTER

08

網際網路

8-1 網際網路的起源

網際網路 (Internet) 是全世界最大的網路，由成千上萬個大小網路連接而成。它的起源可以追溯至 1950 年代，那是一個只有政府機構或大型企業才買得起電腦的年代，而當時的電腦指的是大型電腦 (mainframe)。這些組織會將大型電腦放在電腦中心，然後透過電話線路在每個辦公室連接一個終端機和鍵盤，當不同辦公室的人要互相傳送訊息，就必須經過大型電腦，這是一個**集中式網路** (centralized network)(圖 8.1(a))。

由於集中式網路是一部主電腦連接多部終端機，所有訊息的傳送都必須經過主電腦，萬一哪天突然斷電，主電腦因而當機，或發生核子戰爭 (別懷疑，這是當時冷戰期間美國很擔心的問題)，主電腦被炸毀，整個網路將無法運作，為此，美國國防部於 1968 年請 BBN 科技公司尋求解決之道。

BBN 科技公司想出一項足以締造奇蹟的實驗計畫—**ARPANET** (Advanced Research Projects Agency NETwork)，這是一個**封包交換網路** (packet switching network) (圖 8.1(b))，每部電腦都像主電腦一樣可以接收訊息、決定訊息該如何傳送，換言之，兩部電腦的溝通路徑不再像集中式網路是唯一的，當網路連線遭到破壞時，資料會自動尋找新的路徑。

ARPANET 的成員一開始只有加州的三部電腦和猶他州的一部電腦，但從 1970 年代開始，美國的多所大學及企業紛紛加入 ARPANET 的陣營。由於膨脹速度過快，而且要連接諸如迷你電腦、個人電腦、工作站等不同類型的電腦，因此，ARPANET 採取 **TCP/IP** (Transmission Control Protocol/Internet Protocol) 通訊協定，並促使 Berkeley UNIX (4.2BSD) 作業系統完全整合 TCP/IP。

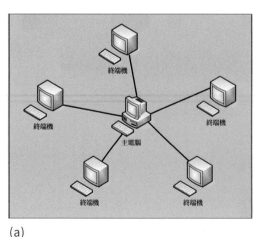

(a)

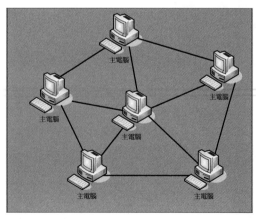

(b)

圖 8.1 (a) 集中式網路 (b) 封包交換網路

美國國防部成立 ARPANET 的原意是軍事用途，但後來卻逐漸演變成大學及企業鳩佔鵲巢的局面，美國國防部只好另外成立一個軍事網路 MILNET。幾年後，美國國家科學基金會 (NSF) 根據 ARPANET 的基本架構成立 NSFNET，藉以結合 NSF 的研究人員。由於 NSFNET 可以透過 TCP/IP 通訊協定和 ARPANET 溝通，加上 NSFNET 有研究人員負責維護，ARPANET 遂被 NSFNET 合併。

繼 NSFNET 之後，1980 年代又出現了兩個比較重要的網路— USENET 和 BITNET，這兩個網路雖然有別於 NSFNET，但使用者可以互相溝通，而 Internet 就是這些網路的統稱。

隨著網際網路的使用者呈現爆炸性的成長，網際網路的效能開始顯得捉襟見肘，為此，美國的多所大學、研究機構、私人企業，以及其它國家的國際聯網夥伴於 1996 年提出要成立一個全新的、獨立的高效能網絡，稱為**第二代網際網路** (Internet2)，以滿足教育與科學研究的需要。

Internet2 於 1998 年進行運作試驗，並於 2007 年正式運作，傳輸速率高達 100Gbps。目前 Internet2 是做為尖端技術的測試平台，例如遠距醫療，不會取代公眾的網際網路，也不會提供服務給一般使用者。

圖 8.2　網際網路有著琳瑯滿目的各類資訊

資訊部落

網際網路由誰管理？

這個全世界最大的網路並沒有特定的機構負責管理，因為網際網路是由成千上萬個大小網路連接而成，所以管理的工作是各個網路的管理人員負責。至於各個網路之間的使用規則、通訊協定及如何傳送訊息，則是由數個組織共同議定，例如：

■ IAB (Internet Architecture Board)：IAB 負責網際網路架構所涉及的技術與策略問題，包括網際網路各項通訊協定的審核、解決網際網路所碰到的技術問題、RFC 的管理與出版等。基本上，IAB 的決策都是公開的，而且會廣徵各方意見以取得共識，其網址為 https://www.iab.org。

■ IETF (Internet Engineering Task Force)：由於網際網路的成員迅速增加，許多實驗中的通訊協定也由學術研究範疇邁入商業用途，為了協調並解決所產生的問題，於是 IAB 另外成立 IETF。IETF 是由許多與網際網路通訊協定相關的網路設計人員、管理人員、廠商及學術單位所組成，負責提出通訊協定的規格、網際網路術語的定義、網際網路安全問題的解決，其網址為 https://www.ietf.org。

■ IRTF (Internet Research Task Force)：為了提升網路研究及發展新技術，IAB 又成立 IRTF，IRTF 是由許多對網際網路有興趣的研究團體所組成，由

於研究主題偶爾和 IETF 重疊，所以兩者的工作劃分並不是壁壘分明的，其網址為 https://irtf.org。

■ ISOC (Internet Society)：ISOC 是一個專業的非營利組織，負責將網際網路的技術和應用推廣至學術團體、科學團體及一般大眾，進而發掘網際網路更多的用途，其網址為 https://www.internetsociety.org。

■ InterNIC (Internet Network Information Center)：InterNIC 是美國國家科學基金會 (NSF) 於 1993 年開始支援的一項專題，主要是提供網路資訊服務，其中目錄及資料庫服務由 AT&T 公司提供，資訊服務由 General Atomics 公司提供，網域名稱註冊服務由 Network Solutions, Inc. 公司提供。nterNIC 的網址為 https://www.internic.net，中文網域名稱註冊服務則是由「台灣網路資訊中心 TWNIC」提供，其網址為 https://www.twnic.tw，另外還有「亞太網路資訊中心 APNIC」，負責提供亞洲地區的網際網路資源服務，其網址為 https://www.apnic.net。

■ ICANN (Internet Corporation for Assigned Names and Numbers)：這個非營利機構負責 IP 位址配置與管理網域名稱系統 (DNS，Domain Name System)，其網址為 https://www.icann.org。

資訊部落
電路交換與封包交換

廣域網路的資料傳輸技術主要如下：

■ **電路交換** (circuit switching)：當有兩個節點欲傳送資料時，必須在它們之間建立一條專屬的邏輯路徑，然後將資料從來源節點經由該路徑傳送到目的節點，直到傳送結束才會釋放該路徑，電話網路即為一例。

■ **封包交換** (packet switching)：當有兩個節點欲傳送資料時，資料會被切割成一個個封包，每個封包均包含來源位址、目的位址及部分資料，然後從來源節點傳送到目的節點，至於傳送方式則如下：

◆ **資料元** (datagram)：這種方式的每個封包會被視為獨立的個體，它們可能從來源節點經由不同路徑抵達目的節點，目的節點再將收到的封包重組成原始資料 (圖 8.3(a))。

◆ **虛擬電路** (virtual circuit)：這種方式會事先決定一條邏輯路徑，然後將所有封包從來源節點經由該路徑傳送到目的節點 (圖 8.3(b))，和電路交換技術類似，不同的是其邏輯路徑並不是專屬的，當該路徑上有其它封包正在傳送時，抵達節點的封包會存放在緩衝區排隊。

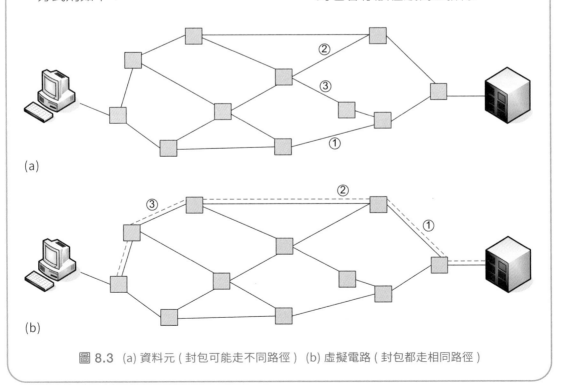

圖 8.3 (a) 資料元 (封包可能走不同路徑) (b) 虛擬電路 (封包都走相同路徑)

8-2 連上網際網路的方式

早期人們通常是經由電話撥接上網，所要自備的有電腦、數據機、非經總機轉接的電話線路及向 ISP (Internet Service Provider) 申請的連線帳號。之後 ADSL 寬頻上網、FTTx 光纖上網和有線電視寬頻上網取而代之成為主流，此時，人們必須自備電腦與網路卡，而 ADSL 數據機和 VDSL 數據機是由中華電信提供，**纜線數據機 (Cable Modem)** 則是由第四台系統業者提供。

ADSL (Asymmetric Digital Subscriber Line，非對稱數位用戶迴路) 是透過既有的電話線路提供高速上網服務，其特色是上行與下行的頻寬不對稱，**上行** (upstream) 指的是從用戶到電信業者的方向，例如上傳資料，而**下行** (downstream) 指的是從電信業者到用戶的方向，例如下載資料。

FTTx 是「fiber to the x」的縮寫，意指「光纖到 x」，其中 x 代表光纖的目的地，包括 **FTTC** (fiber to the curb，光纖到街角)、**FTTCab** (fiber to the cabinet，光纖到光化箱)、**FTTB** (fiber to the building，光纖到樓)、**FTTH** (fiber to the home，光纖到府) 等服務模式，而**有線電視寬頻上網**則是透過有線電視的纜線提供高速上網服務。

除了有線上網，也有許多人使用無線上網，常見的有 Wi-Fi 無線上網、4G/5G 行動上網。至於上網的設備也不再侷限於電腦，許多手持式裝置或智慧家電亦內建上網功能，例如智慧型手機、平板電腦、遊戲機、電視控制盒、智慧電視、智慧手錶、智慧冰箱等。

表 8.1 有線上網的方式

	傳輸媒介	下行 / 上行傳輸速率 (bps)	頻寬分配
ADSL 寬頻上網	電話線	快 (2M/64K ~ 8M/640K)	獨自使用
FTTx 光纖上網	光纖	最快 (16M/3M ~2G/1G)	獨自使用
有線電視寬頻上網	混合式光纖同軸電纜	快 (120M/30M ~ 1G/50M)	共享頻寬

表 8.2 無線上網的方式

	傳輸媒介	下行 / 上行傳輸速率 (bps)
Wi-Fi	無線電	10G (Wi-Fi 6、Wi-Fi 6E)
4G	無線電	1G/500M
5G	無線電	20G/10G

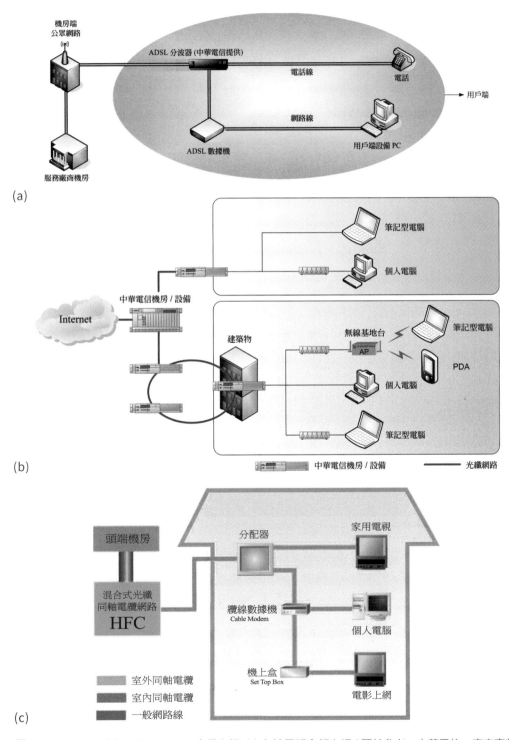

(a)

(b)

(c)

圖 8.4 (a) ADSL 寬頻上網 (b) FTTx 光纖上網 (c) 有線電視寬頻上網 (圖片參考：中華電信、東森寬頻)

8-3 網際網路的應用

網際網路的應用很多，以下各小節會介紹一些常見的應用。

8-3-1 全球資訊網

雖然**全球資訊網** (World Wide Web、WWW、W3、Web) 一詞出現於 1989 年，但其構想可以追溯至 1945 年，當時美國科學研究中心的一位顧問 Vannevar Bush 發表了一篇論文 "As We May Think"，這是首次有人提出**超文字系統** (hypertext system) 的概念，而這正是 Web 的基本精神。

到了 1989 年，開始有人將超文字系統的概念應用到網際網路，歐洲核子研究協會 (CERN) 的 Tim Berners-Lee 提出了 **World Wide Web** 計畫，目的是讓研究人員分享及更新訊息，並於 1990 年開發出世界上第一個 **Web 瀏覽器** (browser) 和 **Web 伺服器** (server)，使用 **HTTP** (HyperText Transfer Protocol) 通訊協定。

Web 採取主從式架構，如圖 8.5，其中**用戶端** (client) 可以透過網路連線存取另一部電腦的資源或服務，而提供資源或服務的電腦就叫做**伺服器** (server)。Web 用戶端只要安裝瀏覽器軟體 (例如 Chrome、Edge、Safari、Opera、Firefox…)，就能透過該軟體連上全球各地的 Web 伺服器，進而瀏覽 Web 伺服器所提供的網頁。

由圖 8.5 可知，當使用者在瀏覽器中輸入網址或點取超連結時，瀏覽器會根據該網址連上 Web 伺服器，並向 Web 伺服器要求使用者欲開啟的網頁，此時，Web 伺服器會從磁碟上讀取該網頁，然後傳送給瀏覽器並關閉連線，而瀏覽器一收到該網頁，就會將之解譯成畫面，呈現在使用者的眼前。

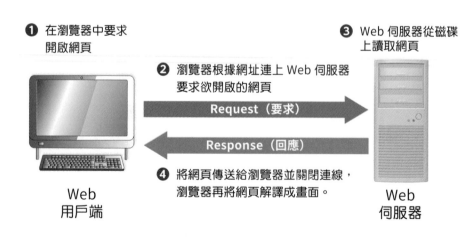

❶ 在瀏覽器中要求開啟網頁

❸ Web 伺服器從磁碟上讀取網頁

❷ 瀏覽器根據網址連上 Web 伺服器要求欲開啟的網頁

Request（要求）

Response（回應）

❹ 將網頁傳送給瀏覽器並關閉連線，瀏覽器再將網頁解譯成畫面。

Web 用戶端

Web 伺服器

圖 8.5 Web 的架構

8-3-2 電子郵件

電子郵件 (E-mail) 的概念與生活中的郵件類似,不同的是寄件者不必將訊息寫在信紙上,而是使用電子郵件程式撰寫郵件 (例如 Outlook、Thunderbird…),該程式會根據寄件者的電子郵件地址,將郵件送往寄件者的外寄郵件伺服器,之後外寄郵件伺服器會根據收件者的電子郵件地址,將郵件送往收件者的內收郵件伺服器,待收件者啟動電子郵件程式,該程式會到內收郵件伺服器檢查有無新郵件,有的話就加以接收。

電子郵件程式用來傳送與接收郵件的通訊協定分別為 **SMTP** (Simple Mail Transfer Protocol) 和 **POP** (Post Office Protocol),而 Web-Based Mail (網頁式電子郵件) 則是使用 **HTTP** (HyperText Transfer Protocol),例如 Hotmail、Gmail。

無論要傳送或接收電子郵件,使用者都必須擁有**電子郵件地址** (E-mail address),就像門牌一樣。電子郵件地址分成兩個部分,以 @ 符號隔開,左邊是使用者名稱,右邊是郵件伺服器名稱,例如 tom@mail.lucky.com,其中 tom 是向郵件服務廠商申請的使用者名稱,而 mail.lucky.com 是郵件服務廠商提供的郵件伺服器名稱。

8-3-3 檔案傳輸 (FTP)

FTP (File Transfer Protocol) 指的是在網路上傳送檔案的通訊協定,例如使用者可以登入 FTP 伺服器,然後將本機電腦的檔案上傳到該伺服器,或將該伺服器的檔案下載到本機電腦。有些 FTP 伺服器會提供匿名服務,讓沒有帳號與密碼的人也能透過該伺服器傳送檔案。

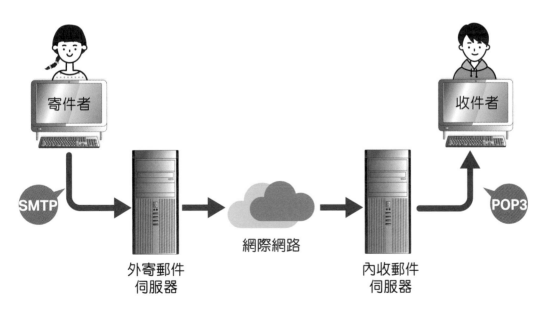

圖 8.6 電子郵件的收發過程

8-3-4 電子布告欄 (BBS)

BBS (Bulletin Board System) 是一種網路系統，使用者可以在 BBS 討論時事、分享生活情報、玩遊戲或聊天，例如批踢踢 (ptt.cc)、批踢踢兔 (ptt2.cc)、巴哈姆特電玩資訊站 (bbs.gamer.com.tw) 等。

多數 BBS 是對外開放的，不需要付費，在使用者連線到 BBS 後，它們通常會要求使用者註冊個人資料，包括真實姓名、E-mail 地址、代號、暱稱、密碼等，唯有經過合法註冊的使用者才能擁有會員獨享的權益，例如發言權或投票權。

8-3-5 即時通訊

即時通訊 (instant messaging) 指的是兩個或多個使用者透過網際網路即時傳送訊息、檔案、語音或視訊，只要使用者有安裝即時通訊軟體並註冊帳號 (例如 Line、WhatsApp、Facebook Messenger、Apple iChat、WeChat…)，就能在彼此之間建立專屬的通道，以傳送訊息、傳送檔案、傳送位置、貼圖、語音通話或視訊通話。

知名的即時通訊軟體首推 Line，不僅操作簡便，傳送訊息、傳送檔案、語音通話和視訊通話完全免費，還有豐富的貼圖，使得 Line 一推出就大受歡迎。也正因為行動版 Line 的高人氣，催生了 PC 版 Line，使用者只要先在行動裝置上註冊，就能到官方網站下載 PC 版 Line。

8-3-6 網路電話與視訊會議

網路電話 (VoIP，Voice over Internet Protocol) 是一種語音通話技術，它會先將聲音數位化，然後透過網際網路的 IP 通訊協定來傳送語音。隨著寬頻網路的普及，網路電話已經克服品質的障礙，成為生活中常見的應用，表 8.3 是網路電話的通話類型。

知名的網路電話軟體首推 Skype，它可以透過網際網路為 PC、平板電腦和行動裝置提供與其它連網裝置或全球市話 / 行動電話之間的語音及視訊服務。使用者可以透過 Skype 撥打電話、傳送訊息、檔案、多媒體訊息或進行視訊會議。Skype 服務大部分是免費的，但若要撥打到全球市話 / 行動電話，則需要購買 Skype 點數。

網路電話與即時通訊原屬於不同性質的應用，但從即時通訊軟體開始支援語音和視訊後，這兩種軟體的功能就已經不分軒輊，並廣泛應用到視訊會議。

常見的視訊會議軟體有 Zoom、Microsoft Teams、Google Meet、FaceTime、Amazon Chime、Cisco Webex、GoTo Meeting 等，其中 Zoom 可以讓百人共同連線，提供視訊會議、白板、共享螢幕、會議錄影等功能；而 Microsoft Teams 可以讓 250 人共同連線，提供視訊會議、白板、共享螢幕、資料同步 OneDrive 存檔、小組討論與工作指派、Office 系列檔案共同編輯、主題發文等功能。

表 8.3	網路電話的通話類型		
	發話方	收話方	說明
PC to PC (電腦對電腦)	電腦	電腦	通話雙方的電腦除了有麥克風、音效卡、喇叭等配備,還要安裝相同的網路電話軟體,之後發話方只要在網路電話軟體輸入收話方的識別碼,待收話方回應後,就能進行通話。
PC to Phone (電腦對電話)	電腦	電話	發話方須事先向網路電話服務業者註冊,之後發話方只要在網路電話軟體輸入收話方的電話號碼,就能透過網路電話服務業者提供的網路電話閘道器轉接到收話方的電話或手機。
Phone to PC (電話對電腦)	電話	電腦	發話方須事先向網路電話服務業者註冊,之後發話方只要在電話或手機輸入收話方的識別碼,就能透過網路電話服務業者提供的網路電話閘道器轉接到收話方的電腦。

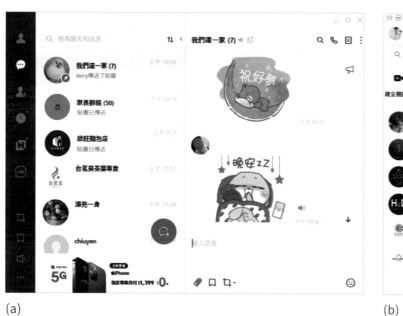

(a)

(b)

圖 8.7　(a) Line 豐富的貼圖深受使用者喜愛 (此為 PC 版)
　　　　(b) Facebook 提供的即時通訊軟體 Messenger (此為手機版)

8-3-7 多媒體串流技術

在過去，由於多媒體影音的檔案龐大，加上網路的傳輸速率不夠快，使用者如欲觀看影音資料，必須將檔案下載到自己的電腦，再透過特定的程式來播放，例如 Windows Media Player、QuickTime Player。

然而這種方式並不理想，一來是使用者必須花費長時間等待檔案下載完畢才能觀看，二來是諸如智慧型手機、平板電腦等行動裝置的儲存容量有限，三來是檔案可能會在未經授權的情況下被四處散播。

隨著寬頻時代的來臨，遂發展出**多媒體串流技術** (streaming)，這是一種網路多媒體播放方式，在伺服器收到用戶端欲觀看影音資料的要求後，會將影音資料分割成一個個封包，當封包陸續抵達用戶端時，就將之重組立刻呈現在用戶端，不必等待整個檔案下載完畢。事實上，傳統的電視或廣播電台就是以串流的方式傳送訊號。

多媒體串流技術能夠讓使用者在無須長時間等待的情況下即時觀看影音資料，支援**隨選視訊** (VoD，Video on Demand)，同時亦保護了影音資料提供者的智慧財產權，因為多媒體串流技術只會傳送及播放影音資料，不會在用戶端留下拷貝。

多媒體串流技術可以將影音資料由一點傳送到單點或多點，又分成下列幾種模式：

- **廣播** (broadcast)：伺服器會將訊號傳送給所有用戶端，就像電視或廣播電台一樣，雖然便利，卻會浪費頻寬。

- **單播** (unicast)：伺服器只會將訊號傳送給有提出要求的用戶端，如此一來，自然比較節省頻寬，不過，若多數用戶端在相同的時間要求觀看相同的節目，伺服器必須對每個用戶端個別傳送相同的串流資料，不僅增加伺服器的負荷，也會浪費頻寬。

- **群播** (multicast)：伺服器會傳送訊號給特定群組的用戶端，這樣就能節省頻寬，解決單播所面臨的問題。

多媒體串流技術主要的應用有**即時** (onlive) 與**非即時** (on demand) 兩種，前者的影音資料是立刻由伺服器傳送給用戶端，例如視訊會議、即時監控或直播；後者的影音資料是先存放在資料庫，待用戶端提出要求，伺服器再從資料庫取出影音資料傳送給用戶端，例如隨選視訊。

知名的多媒體串流平台有 YouTube、Twitch、Podcast、Netflix、Disney+ 等，其中 **YouTube** 可以讓人們上傳自製的影片給大家觀看；**Twitch** 是一個遊戲影音串流平台，可以讓玩家進行遊戲實況直播、螢幕分享或遊戲賽事轉播；**Podcast**（播客）是一個類似網路廣播的數位媒體，創作者將音訊或影片上傳到 Apple Podcast、Google Podcast、Spotify 等 Podcast 平台給大家聆聽或觀看；至於 **Netflix** 和 **Disney+** 則提供隨選視訊服務，包括電影、電視節目和平台的原創節目。

圖 8.8 (a) 唱片公司將歌手的 MV 上傳到 YouTube 進行宣傳 (b) Twitch 遊戲影音串流平台
(c) Google Podcast 平台 (d) Netflix 提供電影和電視節目的訂閱服務

8-3-8 部落格

部落格 (blog) 是一種通常由個人管理，不定期張貼文章、圖片或影片的網站，又稱為**網誌**。每個**部落客** (blogger) 可以針對部落格裡面的文章做出回應，也可以針對回應再做出回應，因而演變出知識分享與社群互動的特性。

雖然有愈來愈多人成為 Facebook 的忠實使用者，但部落格並沒有因此消失，因為 Facebook 著重於朋友之間的聯繫，而部落格則是部落客抒發意見、分享資訊的最佳平台。典型的部落格往往結合了文字、圖片、影像、其它部落格或網站的超連結，部落客可以將其營造為個人生活日誌或特定主題的討論區，例如攝影、創作、美食、旅遊等。

目前提供部落格服務的網站有隨意窩 Xuite 日誌 (https://blog.xuite.net/)、PIXNET 痞客邦 (https://www.pixnet.net/)、PChome Online 個人新聞台 (https://mypaper.pchome.com.tw/) 等，使用者只要註冊成為會員，就可以擁有自己的部落格，而定期發表文章並回應網友，則是維持部落格人氣的不二法門。

此外，提供部落格服務的網站也會推出行動版部落格，方便行動裝置的使用者觀看部落格的內容，或將手機即拍即寫的圖文上傳至部落格。

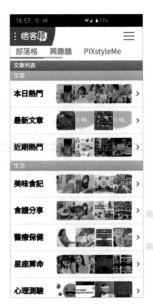

(a)

8-3-9 微網誌

微網誌 (microblog) 是一種結合即時通訊和部落格的即時性平台，使用者可以即時更新簡短文字（通常限制為 140 個字元），然後以類似部落格的形式發布，但和部落格不同的是微網誌的訊息即時且簡短，因此，使用者通常是將微網誌當做自我抒發的管道，加入大家談論的話題。隨著之後的發展，微網誌也可以發布圖片、影片等多媒體訊息。

此外，微網誌加入了粉絲和好朋友的概念，成為粉絲無須經過對方的同意，就能獲得對方的訊息，而成為好朋友必須經過對方的同意，之後不僅可以獲得對方的訊息，也可以傳送訊息給對方。

這樣的概念使得微網誌有別於 Line、WhatsApp、Facebook Messenger、WeChat 等即時通訊軟體，微網誌是開放的公開場合，粉絲和好朋友愈多，所發布的訊息就有愈多人看見，而即時通訊軟體則是一對一的聊天室或多對多的群組聊天室。

微網誌的代表性網站有 Twitter（推特）、Plurk（噗浪）、新浪微博等，其中 Twitter 不僅是一個高人氣的微網誌，更是一個消息迅速流通的平台，美國許多政治人物便在競選期間成功利用 Twitter 營造話題凝聚人氣。

(b)

(c)

圖 8.9　(a) 部落格　(b) Twitter　(c) Plurk

8-3-10 社群網站

Facebook 是目前規模最大的社群網站，只要年滿 13 歲就能免費加入，在上面尋找親朋好友，貼文、上傳相片或影片、回應朋友的貼文、玩遊戲、傳送訊息或貼圖、打卡、直播等。

Facebook 的使用者可以成立粉絲專頁，其特性是在粉絲專頁按「讚」就能加入成為粉絲，當粉絲專頁有新消息時，粉絲都會在限時動態中看到。相較於開放式的粉絲專頁，使用者也可以成立封閉式的社團，只有受到邀請的人才能成為團員。

Facebook 提供了應用程式 API 讓其它人開發在 Facebook 上執行的應用程式，例如小遊戲、心理測驗等，同時增加了 Facebook Live 功能，使用者只要在手機上按一個鍵，就能即時分享當下實況，而且能夠邀請觀眾留言，直接與觀眾互動，增加觀眾的參與感。

此外，Meta 公司更收購了當紅的線上相片及影片分享社群軟體 Instagram，使用者可以輕鬆分享相片或影片到 Instagram、Facebook、Twitter、Tumblr、Flickr 等網站，而且在上傳相片之前，還可以先用多種攝影風格濾鏡將相片修整得漂漂亮亮，深受年輕人的喜愛。

(a)

(b)

(c)

圖 8.10 (a) Facebook 的使用者可以在限時動態中貼文、上傳相片或影片 (b) Facebook 有許多有趣的小遊戲 (c) Instagram 以攝影分享社群和多種攝影風格濾鏡著稱

8-4 TCP/IP 參考模型

網際網路採取 TCP/IP (Transmission Control Protocol/Internet Protocol) 通訊協定,其參考模型如圖 8.11。相較於 OSI 參考模型將網路的功能分成七個層次,TCP/IP 參考模型則是分成四個層次,發訊端送出的資料會沿著 TCP/IP 參考模型的四個層次一路向下,然後經由傳輸媒介及中繼設備抵達目的設備,再沿著 TCP/IP 參考模型的四個層次一路向上抵達收訊端。

雖然簡化為四個層次,但它並不是去除 OSI 參考模型的某些層次,而是將功能類似的層次合併,包括將應用層、表達層及會議層合併為**應用層**,保留**傳輸層**和**網路層**,將資料連結層及實體層合併為**連結層**。這四個層次的功能如下:

● **應用層** (application layer):這個層次負責提供網路服務給應用程式,比較知名的通訊協定有 FTP、DNS、SMTP、Telnet、POP、HTTP、SNMP、NNTP 等。

● **傳輸層** (transport layer):這個層次負責區段排序、錯誤控制、流量控制等工作,又稱為「主機對主機層」(host-to-host layer),比較知名的通訊協定有 TCP (Transmission Control Protocol)、UDP (User Datagram Protocol)。

● **網路層** (network layer):這個層次負責定址與路由等工作,又稱為「網際網路層」(Internet layer),比較知名的通訊協定有 IP (Internet Protocol)。

● **連結層** (link layer):這個層次負責與硬體溝通,又稱為「網路介面層」(network interface layer),雖然沒有定義任何通訊協定,但基本上,它支援所有標準的通訊協定。

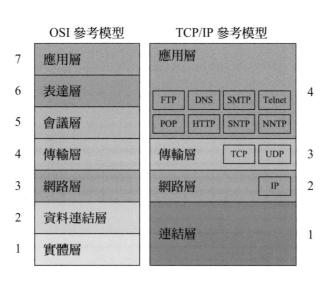

圖 8.11 TCP/IP 參考模型

8-5 網際網路命名規則

在生活中,戶政事務所可以透過身分證字號辨識每位國民,學校可以透過學號辨識每位學生,但在網際網路的世界裡,我們要如何辨識特定的使用者或電腦呢?事實上,網際網路的每部電腦都有一個編號和名稱,這個編號叫做 **IP 位址** (Internet Protocol address),而名稱叫做**網域名稱** (domain name),至於網域名稱的命名方式則須遵循**網域名稱系統** (DNS,Domain Name System)。

8-5-1 IP位址

凡連上網際網路的電腦都叫做**主機** (host),而且每部主機都有唯一的編號,叫做 **IP 位址** (IP address),就像房子有門牌號碼一樣。

現行的 IP 定址方式為 **IPv4** (IP version 4),在這個版本中,IP 位址是一個 32 位元的二進位數字,例如 10001100011100000001111000010110,為了方便記憶,這串二進位數字被分成四個 8 位元的十進位數字,中間以小數點連接,於是變成 140.112.30.22。未來 IPv4 會逐步升級為 **IPv6**,屆時每個 IP 位址將有 128 位元。

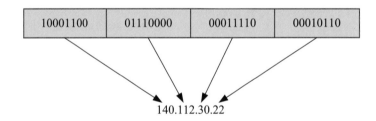

| 10001100 | 01110000 | 00011110 | 00010110 |

140.112.30.22

在台灣,主機的 IP 位址是有規則的,我們可以從左邊開始解譯,以 140.112.30.22 為例,140.112 是教育部指派給台灣大學的編號,30 是台灣大學指派給資訊工程學系的編號,而 22 是資訊工程學系指派給特定主機的編號。

表 8.4 IP 位址實例

IP 位址	單位 / 主機名稱
12.0.0.0	AT&T
206.190.36.105	美國 Yahoo 網站
140.109.4.8	中研院網站
140.112.8.116	台灣大學 BBS 主機
172.217.5.195	台灣 Google 網站

IP 位址的定址方式

IP 位址是由**網路位址** (Network ID) 與**主機位址** (Host ID) 兩個部分所組成,前者用來識別所屬的網路,同一個網路上的節點,其網路位址均相同,而後者用來識別網路上個別的節點,同一個網路上的節點,其主機位址均不相同。

至於網路位址與主機位址的長度如何分配,InterNIC 是採取**等級化** (classful) 的方式,將之分為 A、B、C、D、E 五個等級,其中 A、B、C 三個等級為一般用途,而 D、E 兩個等級為特殊用途(圖 8.12),您只要對照表 8.5,就可以從主機的 IP 位址判斷其網路等級。

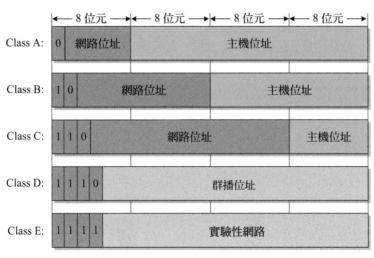

圖 8.12 網路等級

| 表 8.5 | 網路等級 |

Class	第一個數字	遮罩位址	網路位址數目	最多可以連接幾部主機
A	1 ~ 126	255.0.0.0	126 (2^7 - 2,0.0.0.0 和 127.0.0.0 不能使用)	16,777,214 (2^{24} - 2,x.0.0.0 和 x.255.255.255 不能使用)
B	128 ~ 191	255.255.0.0	16,384 (2^{14})	65,534 (2^{16} - 2,x.x.0.0 和 x.x.255.255 不能使用)
C	192 ~ 223	255.255.255.0	2,097,152 (2^{21})	254 (2^8 - 2,x.x.x.0 和 x.x.x.255 不能使用)
D	224 ~ 239			
E	240 ~ 255			

除了遵循前述規則之外,還要請您留意下列保留做特殊用途的 IP 位址:

- **主機位址為 0** 表示這個 (this) 或預設 (default),例如 0.0.0.0 表示網路自己,又例如 200.108.5.0 表示 200.108.5 這個 Class C 網路,而該網路上的主機位址可以是 200.108.5.1 ~ 200.108.5.254。

- **主機位址為 255** 表示廣播至所有主機,例如 200.108.5.255 表示廣播至 200.108.5 這個 Class C 網路,也就是 200.108.5.1~200.108.5.254 的所有主機都會收到訊息。

- 127.0.0.0 ~ 127.255.255.255 保留做**本機迴路測試** (loopback),也就是所有傳送到此範圍內的封包將不會傳送到網路上,其中 127.0.0.1 保留做本機電腦的 IP 位址。

- 255.0.0.0、255.255.0.0、255.255.255.0 保留做 Class A、B、C 的**網路遮罩** (netmask) 位址,網路遮罩的用途是和 IP 位址做 AND 運算,以判斷該 IP 位址屬於哪個網路,例如 200.108.5.32 和 Class C 網路的遮罩 255.255.255.0 做 AND 運算,得到 200.108.5.0,故得知 200.108.5.32 屬於 200.108.5 網路。

- 另外還有只能在區域網路內使用的**私人用途 IP 位址**,例如保留做網路位址轉譯的 192.168.X.X、保留做自動私人位址的 169.254.X.X。

子網路

雖然 Class A 和 Class B 網路可連接的主機數目高達 16,777,214、65,534,但這麼多主機不太可能位於同一個實體網路,為了提升網路的效能,遂有人提出**子網路** (subnet) 的概念,也就是將 Class A、B 網路劃分為更小的子網路。

舉例來說,假設某個大學分配到一個 Class B 網路,IP 位址為 140.112.x.x,該大學有 5 個學院,每個學院均有各自的區域網路,而且區域網路內的每部主機都要分配到一個 IP 位址。為了方便管理,校方決定將這 5 個學院的區域網路劃分為 5 個子網路,然後從 IP 位址的主機位址中挪出 3 位元表示子網路位址,如圖 8.13。或許您會問,為何是挪出 3 位元呢?因為 $2^3 - 2 = 6$ 才足以區分 5 個子網路 (扣除此 3 位元均為 1 或均為 0 的情況)。

仔細觀察圖 8.13,在將 Class B 網路劃分為 5 個子網路後,網路位址仍維持 16 位元,子網路位址及主機位址則為 3 位元和 13 位元,此時,我們可以使用網路位址和子網路位址共 19 位元來識別子網路,而且每個子網路最多能夠連接 $2^{13} - 2 = 8190$ 部主機 (扣除此 13 位元均為 1 或均為 0 的情況)。

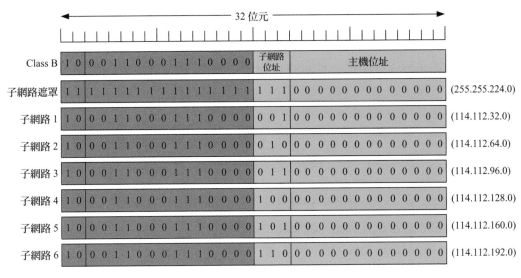

圖 8.13 子網路

圖 8.13 的子網路遮罩如下，我們可以將它寫成 **255.255.224.0/19**（/19 表示子網路遮罩的長度為 19 位元）：

11111111　11111111　11100000　00000000

假設某部主機的 IP 位址為 140.112.33.1，那麼只要和子網路遮罩做 AND 運算，得到 140.112.32.0，就知道它屬於子網路 140.112.32。

IP 位址：	10001100	01110000	001	00001	00000001 (140.112.33.1)
子網路遮罩：	11111111	11111111	111	00000	00000000 (255.255.224.0/19)
AND 運算：	10001100	01110000	001	00000	00000000 (114.112.32.0)

IPv6

雖然 IPv4 能夠表示 2^{32} = 4,294,967,296 個 IP 位址，但 IP 位址的配置除了有等級之分，還有部分保留做特殊用途，並不是每個位址都能使用。隨著網際網路的使用者快速成長，IP 位址面臨了供不應求的窘境，遂發展出 **IPv6**。

IPv6 和 IPv4 最大的差異在於使用 128 位元表示 IP 位址，能夠表示高達 2^{128} 個 IP 位址（約 3.4×10^{38}）。相較於 IPv4 使用四個十進位數字（以小數點連接）表示 IP 位址，IPv6 則使用 8 組包含 4 個十六進位數字（以冒號連接）表示 IP 位址，例如 2EDC:136F:0000:0000:0000:0000:0000:FFFF。

8-5-2 網域名稱系統 (DNS)

雖然我們可以透過 IP 位址辨識網際網路的每部電腦,但 IP 位址只是一串看不出意義的數字,並不容易記憶,於是有了**網域名稱** (domain name),這是一串用小數點隔開的名稱,只要透過**網域名稱系統** (DNS,Domain Name System),就可以將網域名稱和 IP 位址互相對映,例如 www.google.com.tw 是台灣 Google 網站的網域名稱,該名稱對映至 IP 位址 172.217.5.195,相較於 172.217.5.195,www.google.com.tw 顯得有意義且好記多了。

在台灣,主機的網域名稱是有規則的,我們可以從右邊開始解譯,例如 www.google.com.tw 的 tw 是國碼(台灣),com 是公司,google 是 Google 公司,www 是網站伺服器的名稱;又例如 ntucsa.csie.ntu.edu.tw 的 tw 是國碼(台灣),edu 是教育單位,ntu 是台灣大學,csie 是資訊工程學系,ntucsa 是某部主機的名稱。

表 8.6 是一些常見的 DNS 頂層網域名稱,台灣的使用者可以向 HiNet、PChome、遠傳、台灣大哥大等網址服務廠商申請網址,每年的管理費約數百元不等,例如 .com.tw、.net.tw、.org.tw、.idv.tw、.game.tw、.tw(英 文)、.tw(中 文)、. 台灣 (中文)、. 台灣 (英文) 等台灣網域名稱,或 .com、.net、.org、.biz、.info、.asia、.cc、.mobi、.taipei 等國際網域名稱,以及其它新的頂級網域名稱。

表 8.6　DNS 頂層網域名稱

網域名稱	說明	網域名稱	說明
國碼	例如 tw 表示台灣、us 表示美國、jp 表示日本、cn 表示中國、ca 表示加拿大、uk 表示英國、fr 表示法國等	aero	航空運輸業
com	公司或商業組織	biz	商業組織
edu	教育或學術單位	coop	合作性組織
gov	政府部門	info	提供資訊服務的機構
mil	軍事單位	museum	博物館
int	國際性組織	name	家庭或個人
org	財團法人、基金會或其它非官方機構	pro	律師、醫師、會計師等專業人士
net	網路服務機構		

8-5-3 URI與URL

網頁上除了有豐富的圖文,更有連結到其它網頁或檔案的**超連結** (hyperlink)。當使用者將指標移到超連結時,指標會變成手指形狀,而當使用者按一下超連結時,可以開啟圖片、資料或連結到其它網頁。

超連結的定址方式稱為 **URI** (Universal Resource Identifier),換言之,URI 指的是 Web 上各種資源的位址,而我們平常聽到的 **URL** (Universal Resource Locator) 則是 URI 的子集。URI 通常包含下列幾個部分:

通訊協定 :// 伺服器名稱 [: 通訊埠編號]/ 資料夾 [/ 資料夾 2…]/ 文件名稱

例如:

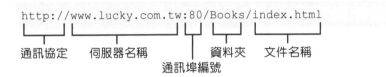

- **通訊協定**:這是用來指定 URI 所連結的網路服務,如表 8.7。
- **伺服器名稱 [: 通訊埠編號]**:伺服器名稱是提供服務的主機名稱,而冒號後面的通訊埠編號用來指定要開啟哪個通訊埠,省略不寫的話,表示為預設值 80。由於電腦可能會同時擔任不同的伺服器,為了方便區分,每種伺服器會各自對應一個通訊埠,例如 FTP、Telnet、SMTP、HTTP、POP 的通訊埠編號為 21、23、25、80、110。
- **資料夾**:這是存放檔案的地方。
- **文件名稱**:這是檔案的完整名稱,包括主檔名與副檔名。

表 8.7 通訊協定所連結的網路服務

通訊協定	網路服務	實例
http://、https://	全球資訊網	http://www.lucky.com.tw
ftp://	檔案傳輸	ftp://ftp.lucky.com.tw
file:///	存取本機磁碟檔案	file:///c:/games/chess.exe
mailto:	傳送電子郵件	mailto:jean@mail.lucky.com.tw
telnet://	遠端登入	telnet://ptt.cc

8-6 網頁設計

8-6-1 網頁設計流程

網頁設計流程大致上可以分成如圖 8.14 的四個階段，以下有進一步的說明。

蒐集資料與規劃網站架構

階段一的工作是蒐集資料與規劃網站架構，除了釐清網站所要傳達的內容，更重要的是確立網站的目的、功能與目標使用者，也就是「誰會使用這個網站以及如何使用」，然後規劃出組成網站的所有網頁，將網頁之間的關係整理成一張階層式的架構圖，稱為**網站地圖** (sitemap)。

下面幾個問題值得您深思：

● 網站的目的是為了銷售產品或服務？塑造並宣傳企業形象？還是方便業務聯繫或客戶服務？抑或技術交流或資訊分享？若網站本身具有商業用途，那麼您還需要進一步瞭解其行業背景，包括產品類型、企業文化、品牌理念、競爭對手等。

● 網站的建置與經營需要投入多少人力、時間、預算與資源？您打算如何行銷網站？有哪些管道及相關的費用？

● 網站的獲利模式為何？例如銷售產品或服務、廣告贊助、手續費、訂閱費或其它。

● 網站將提供哪些資訊或服務給哪些對象？若是個人的話，那麼其統計資料為何？包括年齡層分佈、男性與女性的比例、教育程度、職業、收入、婚姻、居住地區、上網的頻率與時數、使用哪些裝置上網等；若是公司的話，那麼其統計資料為何？包括公司的規模、營業項目與預算。

關於這些對象，他們有哪些共同的特徵或需求呢？舉例來說，彩妝網站的目標使用者可能鎖定為時尚愛美的女性，所以首頁往往呈現出豔麗的視覺效果，好緊緊抓住使用者的目光，而購物網站的目標使用者比較廣泛，所以首頁通常展示出琳瑯滿目的商品。

● 網路上是否已經有相同類型的網站？如何讓自己的網站比這些網站更吸引目標族群？因為人們往往只記得第一名的網站，卻分不清楚第二名之後的網站，所以定位清楚且內容專業將是網站勝出的關鍵，光是一味的模仿，只會讓網站流於平庸化。

圖 8.14 網頁設計流程

圖 8.15 (a) 彩妝網站的首頁往往呈現出豔麗的視覺效果
(b) 購物網站的首頁通常展示出琳瑯滿目的商品
(c) 廣告收益是入口網站相當重要的獲利模式

網頁製作與測試

階段二的工作是製作並測試階段一所規劃的網頁,包括:

1. **網站視覺設計**:首先,由**視覺設計師** (Visual Designer) 設計網站的視覺風格;接著,針對 PC、平板或手機等目標裝置設計網頁的版面配置;最後,設計首頁與內頁版型,試著將圖文資料編排到首頁與內頁版型,如有問題,就進行修正。

2. **前端程式設計**:由**前端工程師** (Front-End Engineer) 根據視覺設計師所設計的版型進行「切版與組版」,舉例來說,版型可能是使用 Photoshop 所設計的 PSD 設計檔,而前端工程師必須使用 HTML、CSS 或 JavaScript 重新切割與組裝,將圖文資料編排成網頁。

3. **後端程式設計**:相較於前端工程師負責處理與使用者接觸的部分,例如網站的架構、外觀、瀏覽動線等,**後端工程師** (Back-End Engineer) 則是負責撰寫網站在伺服器端運作的資料處理、商業邏輯等功能,然後提供給前端工程師使用。

4. **網頁品質測試**:由**品質保證工程師** (Quality Assurance Engineer) 檢查前端工程師所整合出來的網站,包含使用正確的開發方法與流程,校對網站的內容,測試網站的功能等,確保軟體的品質,如有問題,就讓相關的工程師進行修正。

網站上傳與推廣

階段三的工作是將網站上傳到 Web 伺服器並加以推廣,包括:

1. **申請網站空間**:透過下面幾種方式取得用來放置網頁的網站空間,原則上,若您的網站具有商業用途,建議採取前兩種方式:

    ■ **自行架設 Web 伺服器**:向 HiNet 租用專線,將電腦架設成 Web 伺服器,除了要花費數萬元到數十萬元購買軟硬體與防火牆,還要花費數千元到數萬元的專線月租費,甚至聘請專業人員管理伺服器。

    ■ **租用虛擬主機**:向 HiNet、PChome、智邦生活館、WordPress.com、GitHub Pages、Hostinger、Weebly、Freehostia、Byethost、Wix.com、Bluehost、GoDaddy、HostGator 等業者租用虛擬主機,也就是所謂的「主機代管」,只要花費數百元到數千元的月租費,就可以省去購買軟硬體的費用與專線月租費,同時有專業人員管理伺服器。

    ■ **申請免費網站空間**:向 WordPress.com、GitHub Pages、Hostinger、Weebly、Freehostia、Byethost、Wix.com 等業者申請免費網站空間,或者像 HiNet 等 ISP 也有提供用戶免費網站空間。

2. **申請網址**：向 HiNet、PChome、遠傳、台灣大哥大等網址服務廠商申請網址，每年的管理費約數百元不等。

3. **上傳網站**：透過網址服務廠商提供的平台將申請到的網域名稱對應到 Web 伺服器的 IP 位址，此動作稱為「指向」，等候幾個小時就會生效，同時將網站上傳到網站空間，等指向生效後，就可以透過該網址連線到網站，完成上線的動作。

4. **行銷網站**：在網站上線後，就要設法提高流量，常見的做法是進行網路行銷，例如購買網路廣告、搜尋引擎優化、關鍵字行銷、社群行銷等，也可以利用 Google Search Console 提升網站在 Google 搜尋中的成效。

網站更新與維護

您的工作可不是將網站上線就結束了，既然建置了網站，就必須負起更新與維護的責任，才能提升網站的人氣與流量。

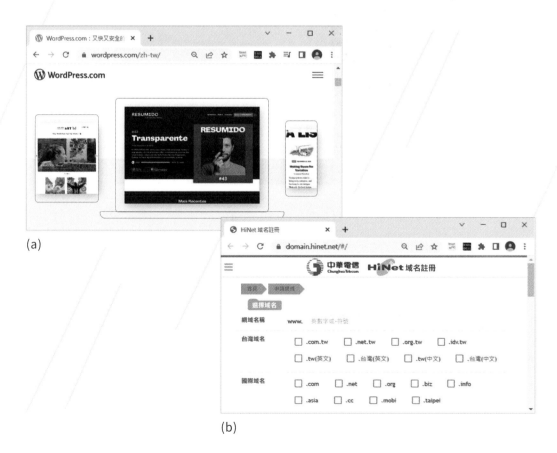

(a)

(b)

圖 8.16　(a) WordPress 是相當多人使用的部落格軟體和內容管理系統
(b) HiNet 域名註冊服務 (https://domain.hinet.net/#/)

8-6-2 網頁設計相關的程式語言

網頁設計相關的程式語言很多，常見的如下：

● **HTML** (HyperText Markup Language，超文字標記語言)：HTML 主要的用途是定義網頁的內容，讓瀏覽器知道哪裡有圖片或影片，哪些文字是標題、段落、超連結、項目符號、編號清單、表格或表單等。HTML 文件是由**標籤** (tag) 與**屬性** (attribute) 所組成，統稱為**元素** (element)，瀏覽器只要看到 HTML 原始碼，就能解譯成網頁。

(a)

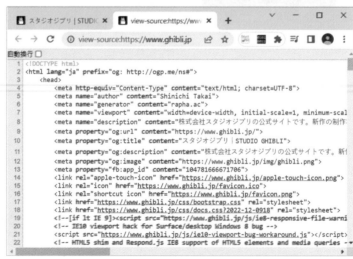

(b)

圖 8.17　(a) 網頁的實際瀏覽結果　(b) 網頁的 HTML 原始碼

- **CSS** (Cascading Style Sheets，階層樣式表、串接樣式表)：CSS 主要的用途是定義網頁的外觀，也就是網頁的編排、顯示、格式化及特殊效果，有部分功能與 HTML 重疊。或許您會問，「既然 HTML 提供的標籤與屬性就能將網頁格式化，那為何還要使用 CSS ？」，沒錯，HTML 確實提供一些格式化的標籤與屬性，但其變化有限，而且為了進行格式化，往往會使得 HTML 原始碼變得非常複雜，內容與外觀的倚賴性過高而不易修改。

  為此，W3C (World Wide Web Consortium) 遂鼓勵網頁設計人員使用 HTML 定義網頁的內容，然後使用 CSS 定義網頁的外觀，將內容與外觀分隔開來，便能透過 CSS 從外部控制網頁的外觀，同時 HTML 原始碼也會變得精簡。

- **XML** (eXtensible Markup Language，可延伸標記語言)：XML 主要的用途是傳送、接收與處理資料，提供跨平台、跨程式的資料交換格式。XML 可以擴大 HTML 的應用及適用性，例如 HTML 雖然有著較佳的網頁顯示功能，卻不允許使用者自訂標籤與屬性，而 XML 則允許使用者這麼做。

- **瀏覽器端 Script**：嚴格來說，使用 HTML 與 CSS 所撰寫的網頁屬於靜態網頁，無法顯示動態效果，例如顯示目前的股票指數、即時通訊內容、線上遊戲、公車到站資訊、Google 地圖等即時更新的資料。

此類的需求可以透過瀏覽器端 Script 來完成，這是一段嵌入在 HTML 原始碼的程式，通常是以 **JavaScript** 撰寫而成，由瀏覽器負責執行。

事實上，HTML、CSS 和 JavaScript 是網頁設計最核心也最基礎的技術，其中 HTML 用來定義網頁的內容，CSS 用來定義網頁的外觀，而 JavaScript 用來定義網頁的行為。

- **伺服器端 Script**：雖然瀏覽器端 Script 已經能夠完成許多工作，但有些工作還是得在伺服器端執行 Script 才能完成，例如存取資料庫。由於在伺服器端執行 Script 必須具有特殊權限，而且會增加伺服器端的負荷，因此，網頁設計人員應盡量以瀏覽器端 Script 取代伺服器端 Script。

  常見的伺服器端 Script 有 PHP、ASP.NET、CGI、JSP 等，其中 **PHP** (PHP:Hypertext Preprocessor) 程式是在 Apache、Microsoft IIS 等 Web 伺服器執行的 Script，由 PHP 語言所撰寫，屬於開放原始碼，具有免費、穩定、快速、跨平台 (Windows、Linux、macOS、UNIX…)、易學易用、物件導向等優點；而 **ASP.NET** 程式是在 Microsoft IIS Web 伺服器執行的 Script，由 C#、Visual Basic、C++、JScript.NET 等 .NET 相容語言所撰寫。

響應式網頁設計

響應式網頁設計 (RWD，Responsive Web Design) 指的是一種網頁設計方式，目的是根據使用者的瀏覽器環境（例如寬度或行動裝置的方向等），自動調整網頁的版面配置，以提供最佳的顯示結果，換言之，只要設計單一版本的網頁，就能完整顯示在 PC、平板電腦、智慧型手機等裝置。

以 LV 網站 (https://tw.louisvuitton.com/) 為例，它會隨著瀏覽器的寬度自動調整版面配置，當寬度夠大時，會顯示如圖 8.18(a)，隨著寬度縮小，就會按比例縮小，如圖 8.18(b)，最後變成單欄版面，如圖 8.18(c)，這就是響應式網頁設計的基本精神，不僅網頁的內容只有一種，網頁的網址也只有一個。

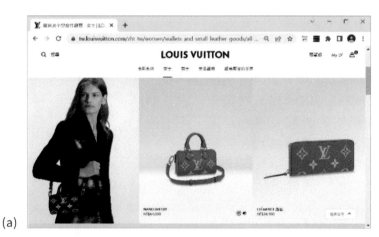

(a)

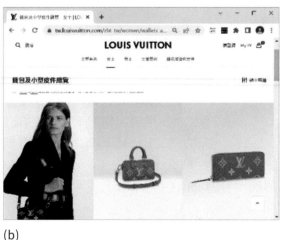

(b)

(c)

圖 8.18 採取響應式網頁設計的網站

本·章·回·顧

● **網際網路** (Internet) 是全世界最大的網路，由成千上萬個大小網路連接而成。

● 連上網際網路的方式除了 ADSL 寬頻上網、FTTx 光纖上網和有線電視寬頻上網之外，也有許多人使用無線上網，常見的有 Wi-Fi 無線上網、4G/5G 行動上網。

● 網際網路的應用很多，例如全球資訊網、電子郵件、檔案傳輸 (FTP)、電子布告欄 (BBS)、即時通訊、網路電話與視訊會議、多媒體串流技術、部落格、微網誌、社群網站等。

● 網際網路採取 **TCP/IP** 通訊協定，而 TCP/IP 參考模型則是分成**應用層**、**傳輸層**、**網路層**、**連結層**等四個層次。

● 網際網路的每部主機都有唯一的編號，叫做 **IP 位址**。現行的 IP 定址方式為 **IPv4**，每個 IP 位址有 32 位元，未來會逐步升級為 **IPv6**，屆時每個 IP 位址將有 128 位元。

● 網際網路的每部主機都有唯一的名稱，叫做**網域名稱**，只要透過**網域名稱系統** (DNS)，就可以將網域名稱和 IP 位址互相對映。

● 常見的 DNS 頂層網域名稱有國碼、com（公司）、edu（教育單位）、gov（政府部門）、mil（軍事單位）、int（國際性組織）、org（非官方機構）、net（網路服務機構）、aero（航空運輸業）、biz（商業組織）、coop（合作性組織）、info（資訊服務機構）、museum（博物館）、name（家庭或個人）、pro（專業人士）等。

● 超連結的定址方式稱為 **URI** (Universal Resource Identifier)，換言之，URI 指的是 Web 上各種資源的位址，而我們平常聽到的 **URL** (Universal Resource Locator) 則是 URI 的子集。

● 網頁設計流程大致上可以分成「蒐集資料與規劃網站架構」、「網頁製作與測試」、「網站上傳與推廣」、「網站更新與維護」等四個階段。

● 網頁設計相關的程式語言很多，例如 HTML、CSS、XML、瀏覽器端 Script (JavaScript)、伺服器端 Script (PHP、ASP.NET、CGI、JSP) 等。

學·習·評·量

一、選擇題

( ) 1. IP 位址 1100110001110000001111000000110 可以表示成下列何者？
A. 204:104:30:6　　　　　　　　B. 204.112.30.6
C. 204:112:15:12　　　　　　　　D. 204.104.15.6

( ) 2. 下列何者最有可能是行政院國家科學委員會的網址？
A. www.nsc.net.tw　　　　　　　B. www.nsc.edu.tw
C. www.nsc.com.tw　　　　　　　D. www.nsc.gov.tw

( ) 3. URL 中開頭的 http:// 指的是下列何者？
A. 瀏覽器版本　　B. 通訊協定　　C. HTML 網頁　　D. 固定的開頭

( ) 4. 網際網路採取下列哪種通訊協定？
A. IPX　　　　　　B. AppleTalk　　　C. TCP/IP　　　　D. X.25

( ) 5. 下列何者主要的用途是製作網頁？
A. BASIC　　　　　B. C++　　　　　　C. PROLOG　　　　D. HTML

( ) 6. 在 TCP/IP 參考模型中，下列哪個通訊協定屬於應用層？
A. TCP　　　　　　B. UDP　　　　　　C. FTP　　　　　　D. IP

( ) 7. 中文網域名稱註冊服務由哪個機構負責？
A. TWNIC　　　　　B. IETF　　　　　　C. APNIC　　　　　D. ISOC

( ) 8. 下列哪種通訊協定可以在郵件伺服器之間傳送電子郵件？
A. MAPI　　　　　　B. SMS　　　　　　C. NNTP　　　　　　D. SMTP

( ) 9. 下列何者可以用來解譯網域名稱？
A. TCP　　　　　　B. SSL　　　　　　C. IP　　　　　　　D. DNS

( ) 10. IPv6 可能的位址數目是 IPv4 的幾倍？
A. 32　　　　　　　B. 96　　　　　　　C. 2^{96}　　　　　　D. 2^{128}

( ) 11. 下列何者不是在伺服器端執行？
A. ASP.NET　　　　B. JavaScript　　　C. JSP　　　　　　D. PHP

( ) 12. 下列何者主要的用途是定義網頁的外觀？
A. XML　　　　　　B. CGI　　　　　　C. JavaScript　　　D. CSS

( ) 13. 若要舉行視訊會議，您認為可以使用下列哪套軟體？
A. Chrome　　　　B. Dreamweaver　　C. Zoom　　　　　D. PowerPoint

( ) 14. 若要直播電玩賽事，您認為可以使用下列哪個平台？

　　　A. Flickr　　　　　B. Twitch　　　　C. Netflix　　　　D. Google Drive

( ) 15. 下列哪個 URI 的寫法錯誤？

　　　A. mailto://jean@mail.lucky.com　　　B. ftp://ftp.lucky.com

　　　C. file:///c:/Windows/win.ini　　　　D. http://www.lucky.com

( ) 16. 如欲將一個 Class B 網路劃分為五個子網路，其子網路遮罩須設定為何？

　　　A. 255.255.0.0　　　　　　　　　　B. 255.255.224.0

　　　C. 255.255.240.0　　　　　　　　　D. 255.255.248.0

( ) 17. IP 位址的第一個數字為 140，表示該位址隸屬於哪種網路等級？

　　　A. Class A　　　　　B. Class B　　　　C. Class C　　　　D. Class D

( ) 18. 假設網路 163.13.0.0 的子遮罩為 255.255.24.192，下列何者屬於不同的子網路？

　　　A. 163.13.25.72　　B. 163.13.23.71　　C. 163.13.48.96　　D. 163.13.80.80

( ) 19. 假設主機的 IP 位址為 152.40.5.77，遮罩為 255.255.255.252，那麼主機的網路編號為何？

　　　A. 152.40.5.72　　B. 152.40.5.64　　C. 152.40.5.70　　D. 152.40.5.76

( ) 20. 如欲將 IP 位址 140.112.30.22、140.112.30.80 劃分為兩個子網路，子遮罩應設定為下列何者？

　　　A. 255.255.255.254　　　　　　　　B. 255.255.255.192

　　　C. 255.255.255.248　　　　　　　　D. 255.255.255.224

二、練習題

1. 簡單說明 TCP/IP 參考模型分成哪四個層次？各個層次的主要工作為何？

2. 簡單說明網頁設計流程為何？以及何謂響應式網頁設計？

3. 名詞解釋：TWNIC、ADSL、FTTx、IP 位址、DNS、URL、HTML、CSS、JavaScript、HTTP、FTP、BBS。

4. 如欲將 172.12.0.0 網路分割為能夠容納 458 個 IP 位址的子網路，其子遮罩須設定為何？

5. 假設子遮罩採取預設值，試問，IP 位址 140.175.1.68 所在的網路編號與主機編號為何？

6. 承上題，如欲將所在的網路劃分為四個大小相同的子網路，其子遮罩須設定為何？又各個子網路包含幾部主機？

Hot Drinks

Coffee

Cappuccino	3.00
Mocha	2.85
Latte	2.75
Espresso	2.50

Sandwiches

Egg Salad	3.99
Vegetarian	3.99
Chicken Salad	4.89
Tuna/Salmon	4.89
Salad	

CHAPTER

09

雲端運算與
物聯網

9-1 雲端運算

雲端運算的概念

雲端運算 (cloud computing) 是透過網路以服務的形式提供使用者所需要的軟硬體與資料等運算資源，並依照資源使用量或時間計費，使用者無須瞭解雲端中各項基礎設施的細節（例如伺服器、儲存空間、網路設備、作業系統、應用程式、資料庫等），不必具備相對應的專業知識，也無須直接進行控制。

雲端運算的起源可以追溯至 1990 年代的**網格運算** (grid computing)，這是藉由連結不同地方的電腦進行同步運算以處理大量資料，之後網格運算被應用到數位典藏、地球觀測、生物資訊等領域。

隨著網路與通訊技術快速發展，開始有人提出在網路上提供軟體服務取代購買套裝軟體的構想。Amazon 於 2006 年 3 月推出「彈性運算雲端服務」，讓使用者租用運算資源與儲存空間，以彈性的方式來執行應用程式；而 Google 於 2007、2008 年開始在美國和台灣的大學校園推廣「雲端運算學術計畫」。

總歸來說，雲端運算的「雲」指的是網路，也就是將軟硬體與資料放在網路上，讓使用者透過網路取得資料並進行處理，即便沒有高效能的電腦或龐大的資料庫，只要能連上網路，就能即時處理大量資料，其概念如圖 9.1，對使用者來說，雲端運算所提供的服務細節和網路設備都是看不見的，就像在雲裡面。

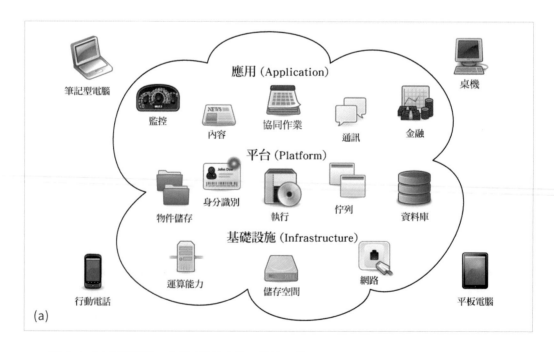

(a)

圖 **9.1** (a) 雲端運算示意圖（圖片來源：維基百科 CC-BY-SA 3.0 by Sam Johnston）
(b) 使用者可以從任何有網路的位置存取雲端運算服務（圖片來源：shutterstock）

雲端運算的用途

當人們在收發電子郵件、共同編輯文件或把手機的照片上傳雲端時,就已經在使用雲端運算,常見的用途如下:

- **資料儲存**:雲端運算可以儲存大量資料,簡化備份作業。

- **大數據分析**:雲端運算可以提供機器學習、人工智慧等技術進行大數據分析,挖掘有價值的資訊。

- **災難復原**:雲端運算可以備份數位資產,確保企業在發生災難時仍能持續營運。

- **應用程式開發**:雲端運算的工具與平台可以協助使用者快速開發應用程式。

雲端運算的優點

- **彈性快速**:使用者可以從任何有網路的位置存取雲端運算服務,不受地點或設備的限制。即便是大量的運算資源,也能夠在幾分鐘內完成佈建。

- **降低成本**:使用者只要依照資源使用量或時間付費,而且能夠視實際需求調整租用的服務,無須自行採購與管理伺服器或資料中心。

- **安全可靠**:雲端運算供應商通常有更好的技術可以確保資料的安全性與機密性。

- **策略性價值**:雲端運算供應商能夠隨時將創新功能提供給客戶,增加企業的競爭力。

(b)

9-1-1 雲端運算的服務模式

根據美國國家標準與技術研究院 (NIST，National Institute of Standards and Technology) 的定義，雲端運算有下列三種服務模式：

- **基礎設施即服務** (IaaS，Infrastructure as a Service)：IaaS 是透過網路以服務的形式提供伺服器、儲存空間、網路設備、作業系統、應用程式等基礎設施，使用者可以經由租用的方式獲得服務，無須自行採購、設定與管理基礎設施，而且每個資源都是獨立的產品，使用者只要支付在需求期間內使用特定資源的費用。

  例如 **Amazon EC2** (Amazon Elastic Compute Cloud) 擁有超過 500 個執行個體，可以讓使用者選擇處理器、儲存、聯網、作業系統、軟體和購買類型，在申請租用的幾分鐘後，就能獲得像實體伺服器一樣的運算資源，而且之後還能視實際需求擴大或縮減服務；其它類似的服務還有 **Google Compute Engine** 提供了安全可靠、可自訂的運算服務，讓使用者透過 Google 的基礎設施建立及執行虛擬機器，以及 **Google Cloud Storage** 提供了非結構化資料的儲存與代管服務。

- **平台即服務** (PaaS，Platform as a Service)：PaaS 是透過網路以服務的形式提供開發、部署、執行及管理應用程式的環境，包括伺服器、儲存空間、網路設備、作業系統、中介軟體、程式語言、開發套件、函式庫、使用者介面等。

PaaS 可以讓使用者透過網路開發應用程式，與團隊的其它成員協同作業，應用程式會建置在 PaaS 平台，開發完畢立即部署，例如 **Google Cloud Run** 全代管平台可以讓使用者以 Go、Python、Java、Node.js、.NET、Ruby 等程式語言開發及部署應用程式；其它像 Amazon Web Services (AWS)、Microsoft Azure 等雲端服務平台也都有提供 IaaS、PaaS 相關的產品。

- **軟體即服務** (SaaS，Software as a Service)：SaaS 是透過網路以服務的形式提供軟體，包括軟體及其相關的資料都是儲存在雲端，沒有下載到本機電腦，例如使用者可以透過瀏覽器連上 **Google Docs** 編輯文件、試算表和簡報；透過瀏覽器連上 **Gmail** 收發電子郵件；透過瀏覽器連上 **Google Colab** 撰寫 Python 程式，這些軟體及文件、電子郵件、Python 程式等都是儲存在 Google 的雲端資料中心。

另一個例子是趨勢科技的「雲端防護技術」可以將持續增加的惡意程式、協助惡意程式入侵電腦的郵件伺服器，以及散播惡意程式的網站伺服器等資訊儲存在雲端資料庫，電腦或手機等行動裝置只要連上網路，防毒雲就會自動進行掃毒，避免使用者收到垃圾郵件或連結到危險網頁；其它像管理資訊系統、企業資源規劃、顧客關係管理、供應鏈管理、內容管理等商業應用軟體也經常採取 SaaS 做為交付模式。

圖 9.2 (a) Amazon EC2 屬於 IaaS 服務模式
(b) Google Cloud Run 屬於 PaaS 服務模式
(c) Google Docs 屬於 SaaS 服務模式

使用 Google Colab 撰寫 Python 程式

Google Colab 是一個在雲端運行的開發環境,由 Google 提供虛擬機器,支援 Python 程式與資料科學、機器學習等套件,只要透過瀏覽器就可以撰寫 Python 程式。Colab 用來儲存文字或程式碼的檔案格式比較特別,其副檔名為 **.ipynb**,也就是所謂的**筆記本** (notebook),可以在單一文件中結合可執行的程式碼和 RTF 格式,並附帶圖片、HTML、LaTeX 等其它格式的內容。

新增筆記本

1.　首先,開啟瀏覽器;接著,登入 Google 帳號,然後連線到 https://colab. research.google.com/,此時會出現如下畫面,請按 [**新增筆記本**]。

2.　出現如下畫面,您可以在此編輯文字或程式碼,筆記本會儲存到雲端硬碟。

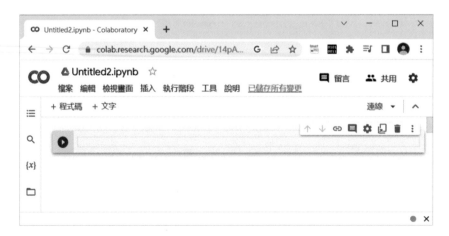

在儲存格輸入並執行程式

在筆記本的畫面中有 ▶ 圖示的地方稱為**程式碼儲存格** (code cell)，您可以在此輸入程式碼，例如 print("Hello, World!")，然後點取 ▶ 圖示，就會顯示執行結果，如下圖。

❷ 點取此圖示 ❶ 輸入程式碼

❸ 顯示執行結果

下面是一些基本的操作技巧：

■ 若要刪除儲存格，可以在儲存格按一下滑鼠右鍵，然後選取 [刪除儲存格]。

■ 若要在目前的儲存格下面新增程式碼儲存格，可以選取 [插入] \ [**程式碼儲存格**]。

■ 若要執行目前的儲存格並新增程式碼儲存格，可以按 [Shift] + [Enter] 鍵；若要執行所有儲存格，可以按 [Ctrl] + [F9] 鍵。

■ 若要在目前的儲存格下面新增**文字儲存格** (text cell)，可以選取 [插入] \ [**文字儲存格**]，就會出現如下圖的儲存格讓您輸入文字。

■ 筆記本預設的名稱類似 Untitled0.ipynb，若要更名，可以選取 [檔案] \ [**重新命名**]，然後輸入新的名稱；若要儲存，可以選取 [檔案] \ [儲存]，預設會儲存在雲端硬碟的 Colab Notebooks 資料夾。

9-1-2 雲端運算的部署模式

根據美國國家標準與技術研究院 (NIST) 的定義，雲端運算有下列幾種部署模式：

● **公有雲** (public cloud)：公有雲是由雲端運算供應商 (例如 AWS、Microsoft Azure、Google Cloud) 所建置與管理的雲端服務平台，透過網路提供運算資源讓不同的企業或個人共同使用。公有雲經常用來提供網頁式電子郵件、雲端辦公室軟體、雲端儲存、雲端相簿、雲端程式開發等服務。公有雲的有些資源是免費的，例如 Google Docs、雲端硬碟、地圖、日曆等，有些資源則是透過訂閱制或按使用量計費，例如 Google Cloud Storage。使用公有雲做為解決方案不僅具有彈性、可靠度高，且成本較低。

● **私有雲** (private cloud)：私有雲是由企業所建置與管理的雲端服務平台，只有該企業的員工、客戶和供應商可以存取上面的資源，所以安全性和效率均比公有雲高，當然成本也較高。另一種方式則是由雲端運算供應商針對個別的企業提供獨立的私有雲，例如 AWS 提供的**虛擬私有雲** (virtual private cloud) 可以讓企業擁有安全性更高的專屬空間。

● **混合雲** (hybrid cloud)：混合雲結合了公有雲與私有雲的特性，企業的非關鍵性資料或工作以及短期的運算需求可以放在公有雲處理，而企業的敏感性資料或工作可以放在私有雲處理，如此一來，不僅兼顧成本效益與資料安全，同時享有更多彈性和部署選項。

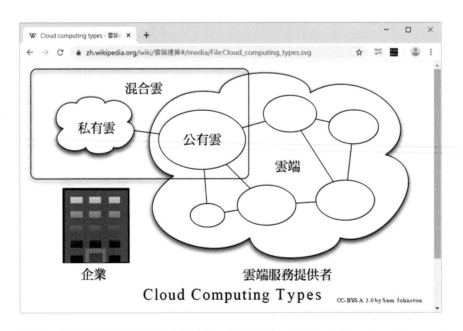

圖 9.3 雲端運算的部署模式 (圖片來源：維基百科 CC-BY-SA 3.0 by Sam Johnston)

9-2 物聯網

物聯網 (IoT，Internet of Things) 指的是將物體連接起來所形成的網路，通常是在公路、鐵路、橋梁、隧道、油氣管道、供水系統、電網、建築物、家電、衣物、眼鏡、手錶等物體上安裝感測器與通訊晶片，然後經由網際網路連接起來，再透過特定的程序進行遠端控制，以應用到智慧家庭、智慧城市、智慧建築、智慧交通、智慧製造、智慧零售、智慧醫療、智慧農業、環境監測、犯罪防治等領域。

物聯網的特色是賦予物體智慧，能夠自動回報狀態，達到物與物、物與人的溝通，例如「土石流監測與預警系統」是在可能發生大規模土石流的地區埋設感測器並架設收發站，然後利用感測器偵測土石淤積線與可能往下移的土體，記錄土石流動的方向、流速、位置等資訊，一旦發現有危險，就自動以警報廣播、發送簡訊等方式通知下游的居民盡速撤離。

物聯網的架構

物聯網的架構如圖 9.4，分成下列三個層次：

● **感知層** (Perception Layer)：感知層位於最下層，指的是將具有感測、辨識及通訊能力的感知元件嵌入真實物體，以針對不同的場景進行感測與監控，然後將蒐集到的資料傳送至網路層。

常見的感知元件有 RFID 標籤與讀卡機、無線感測網路 (WSN)、全球定位系統 (GPS)、網路攝影機、雷射測距儀、紅外線感測器、電子羅盤、陀螺儀、三軸加速度感測器、計步器、環境感測器 (溫度、濕度、光度、亮度、速度、高度、紫外線、一氧化碳、二氧化碳、壓力、音量、霧霾…)、生物感測器 (指紋、掌紋、虹膜、聲音、臉部影像…) 等。

圖 9.4　物聯網的架構

● **網路層** (Network Layer)：網路層位於中間層，指的是利用各種有線及無線傳輸技術接收來自感知層的資料，然後加以儲存與處理，整合到雲端資料管理中心，再傳送至應用層。常見的網路傳輸技術有寬頻上網、4G/5G行動上網、Wi-Fi 無線上網、藍牙、ZigBee、RFID、NFC、LPWAN 等。

● **應用層** (Application Layer)：應用層位於最上層，指的是物聯網的應用，也就是把來自網路層的資料與各個產業做結合，以提供特定的服務，例如智慧醫療、環境監測、智慧交通、智慧家庭、智慧電網、智慧學習、智慧製造、智慧零售、物流管理、城市管理、食品溯源等。

例如「智慧路燈節能系統」是在路燈嵌入光感測器和紅外線感測器，當光感測器偵測到環境光源低於可視程度時，就啟動紅外線感測器，偵測是否有人車，一旦有人車即將經過該路段，就自動打開路燈，等一段時間沒有偵測到人車，再自動關閉路燈，以達到節能省碳的目的。

又例如高速公路局建置的「智慧型運輸系統」(ITS，Intelligent Transportation System) 是利用先進的電子、通訊、電腦、控制及感測等技術於各種運輸系統（尤指陸上運輸），透過即時資訊傳輸，以增進安全、效率與服務，改善交通問題。

圖 9.5　利用物聯網的技術打造智慧交通控制系統（圖片來源：shutterstock）

資訊部落

LPWAN（低功耗廣域網路）

LPWAN (Low Power Wide Area Network) 是一種無線傳輸技術，具有長距離、低功耗、低速度、低資料量、低成本等特點，適合需要低速傳輸的物聯網應用，例如環境監測、土石流監測、河川水質監測、牧場牛隻追蹤、街道照明、停管系統、智慧農業、智慧建築、智慧電表等，至於需要高速傳輸的物聯網應用則須改用其它傳輸技術。

目前發展出來的 LPWAN 技術有好幾種，主要分成**授權頻段**與**非授權頻段**兩種類型，前者以 NB-IoT 為代表，而後者以 SIGFOX 和 LoRa 為代表。

■ **NB-IoT** (Narrow Band IoT)：這是 3GPP 所主導的技術，使用現有的 4G 網路，已經有許多廠商投入，例如中華電信、台灣大哥大、遠傳電信等均有推出 NB-IoT 物聯網服務。NB-IoT 的優點是容易建置，因為使用 4G 網路，只要在現有的基地台進行升級即可，除了節省成本，亦具有相當的安全性。

■ **SIGFOX**：這是法國 SIGFOX 公司所發展的技術，使用 ISM Sub-1GHz 非授權頻段，傳輸速率只有 100bps，每個裝置一天只能傳送 140 則訊息，每則訊息最大容量為 12bytes，降低資料量便能大幅節省裝置的耗電量，適合智慧水表、電表、路燈之類的應用。SIGFOX 的特色在於建立一個全球共同的物聯網網路，然後由各地特許的網路營運商提供服務，例如台灣的特許營運商為 UnaBiz（優納比）。

■ **LoRa**：這是 LoRa 聯盟所發展的技術，使用 ISM Sub-1GHz 非授權頻段。雖然 LoRa 的傳輸距離沒有 SIGFOX 遠，但其傳輸頻寬較大，傳輸速度較快，能夠進行一定程度的數據交換，適合智慧製造、智慧工廠之類的應用，而且任何人都能自行架設基地台來建置物聯網環境，無須向網路營運商申請服務，因而獲得產業界和電信商的支持。

表 9.1 LPWAN 三大技術比較

	NB-IoT	SIGFOX	LoRa
主導者	3GPP	SIGFOX 公司	LoRa 聯盟
授權頻段	授權頻段	非授權頻段	非授權頻段
傳輸速度	50Kbps	300bps～50Kbps	100bps
傳輸距離	15 公里	10～50 公里	3～15 公里
基地台連接數量	10 萬	25 萬	100 萬

9-3 智慧物聯網

智慧物聯網 (AIoT) 是人工智慧 (AI) 結合物聯網 (IoT) 的應用，有別於傳統的物聯網是將資料上傳到雲端做運算，再將結果傳送到用戶端，可能會發生傳輸延遲或回應不夠即時等問題，AIoT 則是採取**邊緣運算** (edge computing)，也就是將部分的人工智慧、機器學習等運算能力植入用戶端的感測器、控制器、機具設備、手機、汽車等裝置，讓裝置能夠做出即時且具有智慧的回應，例如機器人、自駕車、無人機、無人商店、刷臉支付等。

此外，AIoT 還可以應用在居家生活、健康照護、生產製造、倉儲物流、城市治理、交通運輸、能源管理、智慧零售等領域，發展更多創新服務，下面是一些應用實例。

工業物聯網 (IIoT)

工業物聯網 (IIoT，Industrial Internet of Things) 是應用在工業的物聯網，也就是將具有感知、通訊及運算能力的各種感測器或控制器，以及人工智慧、機器學習、大數據分析等技術融入工業場景，實現工業自動化與智慧化管理。

例如利用物聯網的技術對機具設備進行遠端監控，蒐集運行數據，然後透過大數據分析進行預測性維護，及早發現潛在的故障，減少停機時間與維修成本；或是蒐集生產製造過程中的數據進行分析，以制定生產決策及流程優化；或是監控工廠作業環境、管制人員或車輛進出、偵測汙染物、管制危險原料等，以增進工業安全。

(a)

智慧城市

智慧城市是利用物聯網的技術將城市中的設施（例如路燈、監視器、建築物、停車場、大眾運輸工具、交通系統、電力系統、供水系統等）連接在一起，實現智慧化管理與服務，提高城市的效率、便利性和永續性。

例如「城市安全系統」可以透過監視器和感測器監控城市中的空氣品質、氣候變化、交通流量，以及道路、橋梁、隧道、電力設施、天然氣管線、自來水管線等設施，一旦發現公安事故，就立刻提出示警與應對；「智慧能源系統」可以監控城市中不同區域對於電力、天然氣、水等能源的消耗情況，然後進行分析，以制定節能方案。

智慧交通

智慧交通可以增進行車安全、改善交通便利性、減少交通汙染、提升交通系統的效率，例如 YouBike 自行車租借系統、國道 eTag 收費系統、智慧交通管理、智慧停車管理、公車動態資訊系統、車聯網、自駕車等。

例如「智慧交通管理」可以透過路口與快速道路的感測器監控交通流量，進行路網調度及交通管制，以紓解塞車現象、降低交通汙染；「公車動態資訊系統」可以提供公車的定點資訊，當公車上的車機偵測到即將到站的前一段距離時，會自動將到站資訊傳送給伺服器，讓民眾透過網頁或行動裝置 App 進行查詢。

(b)

圖 9.6　(a) Amazon Go 無人商店，拿了商品即可離開，免排隊結帳（圖片來源：維基百科 CC BY-SA 4.0 by SounderBruce)　(b) 透過工業物聯網實現工業自動化與智慧化管理（圖片來源：shutterstock)

智慧家庭

在物聯網的諸多應用中，**智慧家庭**已經逐漸落實到人們的生活中。以圖 9.7 為例，使用者在家裡裝設溫度、濕度、光線、音量、空氣品質等感測器，以及自動窗簾、自動照明、電鈴、門鎖、監視器、保全系統、智慧空調、智慧冰箱、智慧插座、影音設備、掃地機器人、空氣清淨機等智慧周邊。

感測器會將蒐集到的環境資料傳送到「中央控制系統」（有些廠商將之稱為「智慧管家」），該系統會根據環境資料控制相關的智慧周邊進行處理，例如當空氣品質不佳時，就自動開啟空氣清淨機；當光線不足時，就自動開啟照明；當冰箱的食物快吃完時，就自動提示使用者上網訂購。

除了由中央控制系統自動管理家裡的智慧周邊之外，使用者也可以透過智慧型手機、平板電腦、智慧音箱等介面，經由雲端資料管理中心和中央控制系統控制這些裝置，例如在開車即將抵達家門之前，透過手機告訴中央控制系統說「我到家了」，就會自動開啟車庫門、家裡門鎖、客廳電燈與空調，讓室內達到最舒適的狀態；或是在家裡透過智慧音箱告訴中央控制系統說「晚安」，就會自動將音響音量調小、電燈調暗或拉上窗簾；或是當有人按電鈴時，只要拿起平板電腦一看，就能知道是誰站在門前，然後決定是否要打開大門讓訪客進來。

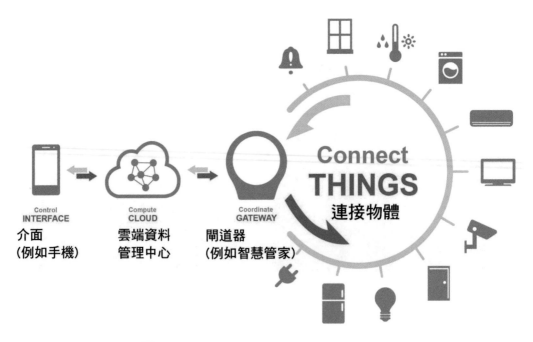

圖 9.7 華碩智慧家庭示意圖 (圖片來源：ASUS)

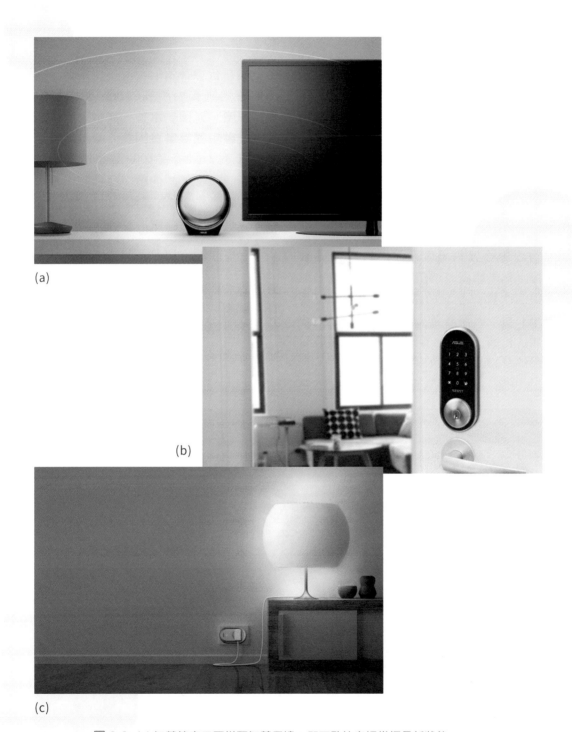

(a)

(b)

(c)

圖 9.8 (a) 智慧管家只要搭配智慧周邊，即可監控家裡掌握最新狀態
(b) 智慧門鎖支援密碼解鎖、NFC 解鎖、遠端解鎖及鑰匙解鎖
(c) 智慧插座可以遠端遙控開關電器並監控電量 (圖片來源：ASUS)

智慧農業

智慧農業是利用物聯網的技術將農業設施(例如溫室、水肥灌溉系統、智慧農機等)和農作物(例如植物生長情況、病蟲害監測、土壤養分狀態等)連接在一起,實現農業自動化與智慧化管理,提高農作物的生產效率和品質,減少對自然環境的影響,並改善農民的經濟收入。

例如「智慧灌溉系統」可以透過農場裡的感測器蒐集溫度、濕度、雨量等數據,然後灌溉經過精密計算的水量,以節省水資源並增加產量;「智慧物流系統」可以實現農產品的自動化採收、分類、包裝、儲存、配送等,以提高農產品的倉儲及運輸效率。

智慧養殖

物聯網在**智慧養殖**的應用亦相當廣泛,例如透過飼養場所裡的感測器監控溫度、濕度、光照、水質、氧氣、甲烷、二氧化碳、氨等環境因素,並自動調整環境參數,保持適宜的飼養環境,以降低疾病風險、減少環境污染;或是透過「智慧識別系統」對家禽牲畜進行管理,包括定期監測體溫、健康情況、疫苗注射、產品溯源等,以提高飼養的效率和食品安全;或是蒐集與分析家禽牲畜的生產數據(例如生長速度、體重增長、飼料成份、傳染疾病等),然後制定最佳的養殖方案,以降低成本、提高效益。

圖 9.9　農民戴著 AR 眼鏡透過物聯網的技術監測溫度、濕度、雨量、土壤 PH 值等數據 (圖片來源：shutterstock)

本·章·回·顧

● **雲端運算** (cloud computing) 是透過網路以服務的形式提供使用者所需要的軟硬體與資料等運算資源,並依照資源使用量或時間計費。

● 雲端運算有下列三種服務模式:**基礎設施即服務** (IaaS) 是透過網路以服務的形式提供伺服器、儲存空間、網路設備、作業系統、應用程式等基礎設施;**平台即服務** (PaaS) 是透過網路以服務的形式提供開發、部署、執行及管理應用程式的環境;**軟體即服務** (SaaS) 是透過網路以服務的形式提供軟體。

● 雲端運算有下列幾種部署模式:**公有雲** (public cloud) 是由雲端運算供應商所建置與管理的雲端服務平台,透過網路提供運算資源讓不同的企業或個人共同使用;**私有雲** (private cloud) 是由企業所建置與管理的雲端服務平台,只有該企業的員工、客戶和供應商可以存取上面的資源;**混合雲** (hybrid cloud) 是結合了公有雲與私有雲的特性。

● **物聯網** (IoT,Internet of Things) 指的是將物體連接起來所形成的網路,其架構分成下列三個層次:

■ **感知層** (Perception Layer):感知層位於最下層,指的是將具有感測、辨識及通訊能力的感知元件嵌入真實物體,以針對不同的場景進行感測與監控,然後將蒐集到的資料傳送至網路層。

■ **網路層** (Network Layer):網路層位於中間層,指的是利用各種有線及無線傳輸技術接收來自感知層的資料,然後加以儲存與處理,整合到雲端資料管理中心,再傳送至應用層。

■ **應用層** (Application Layer):應用層位於最上層,指的是物聯網的應用,也就是把來自網路層的資料與各個產業做結合,以提供特定的服務。

● **智慧物聯網** (AIoT) 是人工智慧 (AI) 結合物聯網 (IoT) 的應用,例如工業物聯網、智慧城市、智慧交通、智慧家庭、智慧農業、智慧養殖、智慧物流、智慧零售等,其中**工業物聯網** (IIoT) 是應用在工業的物聯網。

學·習·評·量

一、選擇題

( ) 1. 下列關於雲端運算的敘述何者錯誤？

A. 雲端運算沒有資料失竊的風險

B. 使用者無須知道服務提供的細節

C. Gmail 屬於 SaaS 服務模式

D. 企業租用雲端運算服務能夠節省成本

( ) 2. 下列關於物聯網的敘述何者正確？

A. 不會使用到無線網路技術

B. 屬於 VoIP 的應用

C. 主要用來遠端管理伺服器

D. 將物體連接起來所形成的網路

( ) 3. 像 Google Cloud Run 這種開發與代管網路應用程式的平台屬於雲端
運算的哪種服務模式？

A. 基礎設施即服務 (IaaS)

B. 平台即服務 (PaaS)

C. 軟體即服務 (SaaS)

D. 數據即服務 (DaaS)

( ) 4. 像 Google Docs 這種線上文件服務屬於雲端運算的哪種服務模式？

A. 基礎設施即服務 (IaaS)

B. 平台即服務 (PaaS)

C. 軟體即服務 (SaaS)

D. 數據即服務 (DaaS)

( ) 5. 可以讓實體物件連上網路並透過網路進行識別與定位，使物件之間可
以溝通並促進自動化的技術稱為什麼？

A. 人工智慧

B. 機器學習

C. 雲端服務

D. 物聯網

( ) 6. 全球定位系統 (GPS) 與電子羅盤屬於物聯網架構中的哪個層次？

    A. 感知層

    B. 網路層

    C. 應用層

    D. 會議層

( ) 7. Google 地圖屬於雲端運算的哪種部署模式？

    A. 公有雲

    B. 私有雲

    C. 混合雲

    D. 社群雲

( ) 8. 下列何者指的是將應用程式與資料處理的運算由網路中心節點移往網路邊緣節點？

    A. 雲端運算

    B. 邊緣運算

    C. 集中運算

    D. 平行運算

二、簡答題

1. 簡單說明何謂雲端運算並舉出一個實例。

2. 簡單說明在雲端運算的服務模式中，基礎設施即服務 (IaaS)、平台即服務 (PaaS)、軟體即服務 (SaaS) 的意義為何並各舉出一個實例。若有廠商透過官方網站提供軟體讓使用者在線上使用，那麼這是屬於哪種服務模式？

3. 簡單說明雲端運算有哪些部署模式。

4. 簡單說明何謂物聯網並舉出一個實例。

5. 簡單說明物聯網的架構分成哪三個層次？以及各個層次的功能為何？

6. 簡單說明何謂智慧物聯網並舉出一個實例。

電子商務與
網路行銷

10-1 電子商務的意義

電子商務 (e-commerce，electronic commerce) 泛指組織或個人透過網際網路進行銷售或購買產品、服務、資訊等商業行為，它和實體世界的商業行為最顯著的差異在於使用網際網路與流程電子化。經濟部商業司將其定義為「電子商務指的是任何經由電子化形式所進行的商業交易活動」。

在實際運作上，電子商務涵蓋了下列領域：

● **資訊科技**：包括有線及無線網路基礎建設、網站建置與管理、App 開發、網路交易安全、大數據分析、人工智慧、雲端運算、物聯網、AIoT（智慧物聯網）等。

● **商業服務**：包括網路行銷、行動行銷、電子付款、遠端財務管理等。

● **企業管理**：包括企業資源規劃、企業流程再造、供應鏈管理、需求鏈管理、顧客關係管理、知識管理等。

● **法律政策**：包括電子契約、電子簽章、個人資料保護、智慧財產權、網路交易賦稅等。

電子商務具有下列特點：

● **潛在市場大**：只要是網際網路的使用者就是電子商務潛在的消費者，這背後隱藏了龐大的市場。

● **行銷成本低**：和傳統的電視廣告、報章雜誌廣告比起來，網路行銷與行動行銷的成本相對便宜。

● **自由競爭**：和傳統的實體商店比起來，電子商務的成本相對便宜，不僅沒有店面租金、水電瓦斯、門市人員等營業成本，也沒有營業時間限制，門檻降低了，中小企業比較能夠和大企業自由競爭。

● **速度快**：人們可以透過網路在瞬間傳送大量資訊，進而減少等待時間並提升效率。舉例來說，假設消費者訂購一批電腦，那麼從下單到交易完成之間涉及電腦廠商、上游零組件供應商及下游經銷商的資訊交換，透過電子商務可以加快資訊交換的速度，強化整合企業與上下游廠商的溝通管道。

● **無時間及地域限制**：透過網際網路，電子商務得以跨越時間及地域限制，全年全天無休，任何人能夠在任何時間任何地點進行交易，例如 Amazon 就是將產品資訊公布於網際網路，讓全球的消費者進行瀏覽與選購，同時藉由人工智慧技術分析消費者的瀏覽過程與選購行為，提供產品建議。

● **個人化 / 客製化**：網站業者和廣告服務廠商可以根據使用者所瀏覽的網頁、購買的產品等個人資料客製廣告內容，當使用者透過智慧型手機上網時，還可以根據 GPS 定位投放在地廣告。此外，網站業者也可以提供客製化服務，例如新聞網站可以讓訂閱者選擇想看的新聞類型，並視特殊事件調整內容。

● **互動佳**：在傳統的行銷方式中，廠商

通常是透過電視或報章雜誌等大眾傳播媒體將產品資訊傳遞給消費者，可是當消費者有意見時卻不容易立即反應，導致廠商無法確實掌握消費者的需求。反觀電子商務，消費者可以透過廠商的電子郵件、網站、部落格、臉書或即時通訊官方帳號立即反應意見，而廠商也可以透過這些管道將產品資訊推播給消費者。

當消費者體驗到廠商是真正關懷顧客、以顧客的需求為導向時，消費者才會願意和廠商建立關係，提供自身的使用經驗及未來的需求協助廠商改善產品與服務。事實上，隨著臉書、Instagram、LINE 等社群媒體的用戶人數快速成長，社群行銷已經成為熱門的行銷方式，廠商透過對於社群的聆聽、討論、溝通與經營，引導社群的互動過程，進而形塑消費者的購物決策。

(a)

(b)

圖 10.1　(a) Amazon 是電子商務的成功典範
　　　　　(b) momo 購物網已經躍居台灣 B2C 電子商務龍頭

10-2 電子商務的經營模式

根據供給者與消費者的關係,電子商務可以分成 B2C、B2B、C2C、B2G 等常見的經營模式。不過,電子商務的經營模式並不侷限於此,事實上,永遠會有新的經營模式出現,例如以消費者為核心的 C2B、從線上到線下的 O2O、融合線上與線下的 OMO 等,因為客觀的環境會改變,而人們的創意更是無限。

10-2-1 B2C

B2C (Business to Customer) 經營模式的供給者為企業,消費者為個人,涉及的層面廣泛,凡是由企業透過網路銷售產品或服務給個人的商業行為均屬於 B2C 經營模式,常見的類型如下:

● **內容提供者** (content provider):這是以銷售內容或以提供內容來收取訂閱費或廣告費為營利目標者,例如新聞網站、iTunes 商店、Netflix 等。

● **電子零售商** (e-tailer):這是以銷售產品為營利目標者,例如 Amazon、PChome 線上購物、momo 購物網、Yahoo! 奇摩購物中心、博客來等,其交易流程如圖 10.2。

這類的虛擬商店具備了實體商店所沒有的優勢,例如沒有店面租金、水電瓦斯、門市人員等營業成本、沒有營業時間限制、沒有庫存壓力(接單後再叫貨或生產)、消費者可以快速搜尋產品等。

儘管如此,仍有許多虛擬商店經營不善,可能的原因包括實體商店很多(尤其是 24 小時營業的便利商店)、創意與經營模式容易被複製、網站建置與管理成本較高、同業競爭導致長期獲利遞減、消費者習慣貨比三家、金流與物流機制不夠完善、無法充分保障網路交易安全與隱私權等。

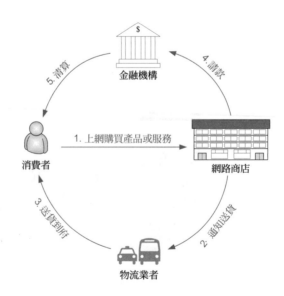

圖 10.2 電子零售商的交易流程

- **服務提供者** (service provider)：這是以銷售服務或以提供服務來收取手續費為營利目標者，例如前者有提供雲端資料儲存服務的 Google Drive、Dropbox、OneDrive 或提供網路相簿服務的 Flickr 等，而後者有求職網、租屋網、房仲網、旅遊網等。

- **交易仲介商** (transaction broker)：這是以提供網路交易，讓買賣雙方快速達成交易，來收取手續費為營利目標者，例如線上證券商。

- **入口網站** (portal site)：這是使用者到其它網站的轉介站，所以會提供搜尋引擎讓使用者找到想瀏覽的網站，獲利來源主要是廣告費、付費排名、關鍵字行銷等，例如 Yahoo! 奇摩、Google、Bing。

- **社群提供者** (community provider)：這是以提供社群互動環境來收取會員費、廣告費、販售產品或虛擬道具為營利目標者，例如臉書、Instagram、LinkedIn、推特、Snapchat、抖音短視頻、LINE 群組等。

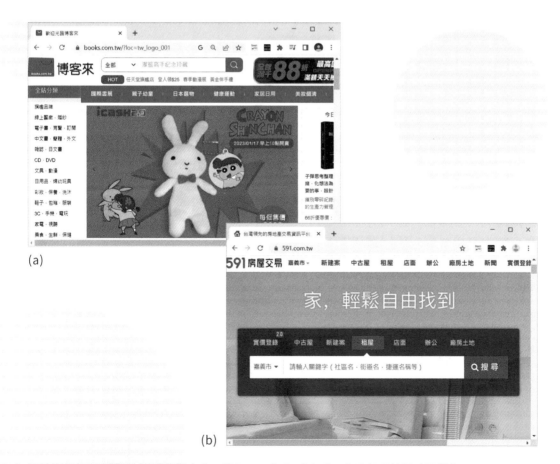

(a)

(b)

圖 10.3 (a) 博客來屬於電子零售商 (b) 房屋交易網屬於服務提供者

10-2-2 B2B

B2B (Business to Business) 經營模式的供給者和消費者均為企業,即企業與企業之間透過網路進行公開或不公開的交易行為,讓企業更有效率地管理商流、物流、金流及資訊流,其中「商流」指的是資產所有權的移轉,例如產品從製造商、零售商到消費者的轉移過程,「物流」指的是原料或產品的運送過程,「金流」指的是金錢或貨款的流通過程,而「資訊流」指的是為了達成商流、物流及金流所發生的資訊交換過程。B2B 經營模式除了能促進「供應鏈」與「需求鏈」管理自動化,還能降低成本並提升效率。

由於企業與企業之間的交易量往往比企業與個人之間的交易量來得大,合作關係亦來得深遠且持久,所以 B2B 經營模式的潛力比 B2C 經營模式大;再者,B2B 經營模式也比 B2C 經營模式容易實踐,因為企業與企業之間的交易對象固定,產品也可預期,而且通常不會在線上直接付款,所以買賣雙方比較容易有互信基礎,也比較沒有交易安全顧慮。

B2B 經營模式主要的類型如下:

● **私人產業網路** (private industrial network):這是企業透過網路管理整個供應鏈的互動,包括從製造商、供應商、零售商到終端的消費者,例如全球最大的零售企業沃爾瑪 (Wal-Mart) 針對其供應商成立了一個私人產業網路,每個供應商都可以透過該網路監控自己產品的運送過程、銷售情況與庫存。

● **網路市集** (net marketplace):這是建構在網路上的電子化市集,目的是提供買賣雙方一種更方便快速、更有經濟效益的交易場合。根據不同的主導對象,網路市集又分為下列幾種:

■ **賣方主導** (supplier-driven):通常出現在買方多於賣方的產業,例如鋼鐵業,此時,賣方掌握了銷售流程及議價的主導權(通常是由價格高的買方得標),而網路市集可以幫助賣方降低銷售成本與拓展客源。

■ **買方主導** (buyer-driven):通常出現在賣方多於買方的產業,例如電子業,此時,買方掌握了採購流程及議價的主導權(通常是由價格低的賣方得標),而網路市集可以幫助買方降低採購成本與提升效率。

以台塑企業轉投資設立的「台塑網電子交易市集」為例,供應商可以透過該市集查看更多採購發包商的詢價資訊並進行報價,而採購發包商可以透過該市集擴大詢價基礎並簡化採購流程。在鴻海、震旦、日月光、裕隆汽車等企業陸續加入採購發包商的行列後,更是為該市集的供應商帶來商機。

■ **第三方主導** (third party-driven)：通常是由深入瞭解某個產業的公正第三方所主導，他們並不擁有任何產品或服務，純粹扮演撮合買賣雙方進行交易的平台，成交價格取決於市場機制，例如樂天市場 (https://www.rakuten.com.tw) 是一個集合許多網路商店的購物平台，提供產品分類與產品搜尋服務，讓消費者依照喜好瀏覽的方式找到想要的產品，至於樂天市場的產品則是由各陳設的店家自行經營，雖然每個店家的公司規模、產品及服務有所差異，但樂天市場會提供金流及物流服務，建立店家與消費者的溝通橋梁。

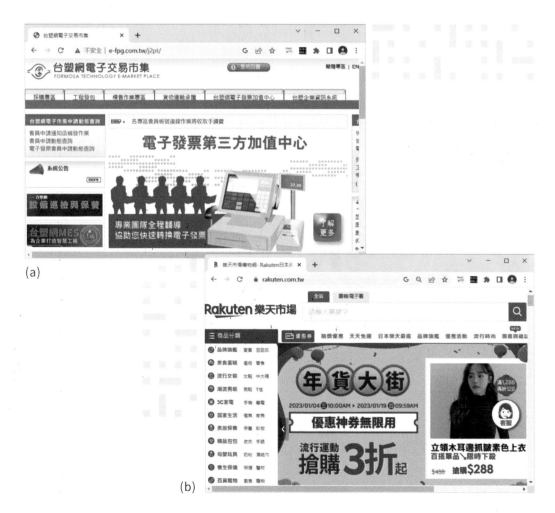

(a)

(b)

圖 10.4　(a) 台塑網電子交易市集　(b) 樂天市場

10-2-3 C2C

C2C (Customer to Customer) 經營模式的供給者和消費者均為個人,因為網路上的個人可以扮演消費者的角色,也可以扮演供給者的角色。在過去,經濟規模太小的產品很難在大眾市場生存,但現在,拜網路的成本低廉之賜,類似的產品能夠負擔得起符合其經濟規模的電子市集,使得 C2C 經營模式愈來愈受歡迎,其中以拍賣網站為代表。

想要出售產品的人會在拍賣網站張貼訊息,讓想要購買的人出價競標,然後最高價者得標,拍賣網站並不負責物流和金流,而是負責彙整市場資訊及建立信用評等,買賣雙方再自行協商如何交貨和付費。知名的拍賣網站有 eBay、Yahoo! 奇摩拍賣、露天市集、蝦皮拍賣等,其中蝦皮拍賣原主打 30 秒「隨拍即賣」,後來更名為蝦皮購物,宣告進軍 B2C 市場,提供 24 小時快速到貨。

圖 10.5　知名的 C2C 網站 (eBay、露天市集)

10-2-4 B2G

在過去，電子商務往往著重於探討企業與消費者之間的關聯，但現在各國政府亦相當重視電子商務，紛紛推出電子採購網站，將日常採購導入 **B2G** (Business to Government) 經營模式，期達到全面電子化，以降低成本並提升效率，其中包括採購公告、電子型錄、電子詢價、電子領標、電子投標等 (圖 10.6)。

事實上，前述的幾種經營模式多少會有重疊，但其目標及運作方式是不同的 (圖 10.7)，B2C 和 C2C 著重於透過 Internet (網際網路) 銷售或購買產品、服務、資訊等，而 B2B 著重於透過 Intranet (企業內網路) 整合企業內部資訊，然後透過 Extranet (企業間網路) 整合上下游廠商的資訊，至於 B2G 則著重於政府採購電子化，期透過 Internet 達到採購流程透明。

圖 10.6 行政院公共工程委員會已經將重大的公共工程採購導入 B2G 電子商務

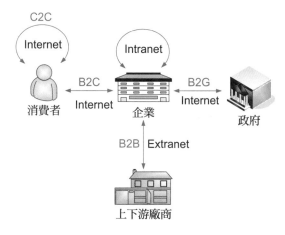

圖 10.7 電子商務的經營模式

10-2-5 C2B

C2B (Customer to Business) 指的是「消費者對企業」，2 (to) 代表的是「參與」，而非 B2C 或 C2C 的 2 (to) 代表的是「銷售給」，也就是以消費者為核心的商業模式，讓消費者主導企業提供的產品與服務。

C2B 經營模式也可以將分散的消費者需求匯集起來，然後以數量優勢向企業要求優惠價格，形成類似團購的效果，例如「天貓」購物平台將消費者需求反映給家電廠商，然後透過少量多樣的方式客製化產品，以提升消費者的高度客製化與高價值感受，同時讓企業得以進行彈性化生產與無庫存生產。

另一個例子是 Priceline，這是全球線上旅遊市場的龍頭企業，其創辦人 Jay Walker 發現類似住宿房間或機票等固定成本高的產品，愈接近使用期限的價值就愈低，但旅館或航空公司為了維持市場行情並不會自動降價，於是 Priceline 整合了旅館和航空公司等供給者資源，推出「由您定價」(name your own price) 的商業模式，讓消費者設定旅遊地點、日期、人數、可接受的價格等條件，再從資料庫中找出符合的產品，如此一來，不僅替旅館和航空公司解決了剩餘房間或剩餘機票的問題，而消費者也往往能夠找到物超所值的產品。

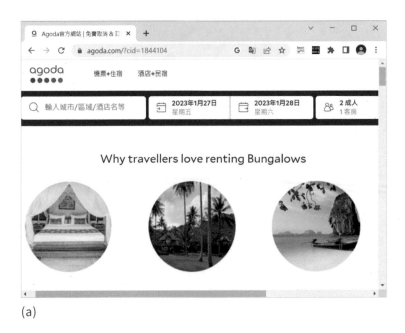

(a)

(b)

圖 10.8　(a) Priceline 集團旗下知名的 Agoda 訂房網
(b) Uber 連結了乘客與有閒置車輛的租戶或 Uber 司機
(c) Airbnb 提供了媒合旅行者與住宿物件的服務

10-2-6 O2O

O2O (Online to Offline) 指的是透過網路線上的購買行為將消費者帶到線下實體商店取得產品或享受服務，例如消費者透過團購網站購買餐廳的優惠券，然後到餐廳吃飯，不過，團購網站只是這種經營模式的開端而已。

事實上，O2O 經營模式能夠帶動更大的商機，尤其是必須到店消費的產品或服務，例如餐飲、住宿、叫車、洗衣、美容、美髮、美甲、健身、寵物照顧等。經過幾年的發展，O2O 陸續出現變形，例如將消費者從線下體驗帶到線上消費 (Offline to Online)，因此，O2O 可以廣義的定義為「從線上到線下」或「從線下到線上」。

以成功締造共享經濟的 Uber 為例，Uber 以行動 App 連結乘客與有閒置車輛的租戶或 Uber 司機，提供車輛租賃及非計程車車輛共乘服務，乘客透過手機 App 叫車，而 Uber 透過大數據統計出車輛行駛路線、熱門乘車區域、乘客用車習慣等資訊，做為調度車輛的依據。

另一個例子是 Airbnb，這是一個媒合旅行者與住宿物件的網站，旅行者透過手機 App 或網站預訂在 Airbnb 登錄的房源。雖然 Uber 和 Airbnb 在不同國家可能引發法律爭議，但兩者均已跳脫僅負責推播訊息、媒合兩造的第三方平台角色，除了主動發掘使用者，更著重於發展內容，創造使用者體驗，以發展自己專屬的品牌。

(c)

10-2-7 OMO

OMO (Online Merge Offline) 指的是打破線上與線下的邊界,線上與線下全面整合。相對於 O2O 是單向的線上到線下或線下到線上,OMO 則是線上與線下雙向交織互相導流,消費者可以在線上或線下購物,行為被線上收集,而體驗在線下獲得滿足,在線上或線下成為會員,進而繼續在線上網站、App 或線下實體商店消費。

以阿里巴巴集團旗下的盒馬鮮生為例,消費者可以直接在盒馬鮮生門市購買生鮮食品,也可以透過手機 App 在線上購買,此時門市將扮演起倉儲的角色,由門市人員根據訂單進行揀貨、打包並送貨到府。

盒馬鮮生打通了網路商店和實體商店的供應鏈、倉儲與數據,線上與線下全面整合,一體化管理,無論是線上或線下的消費者都能獲得一致的服務,而且線上與線下的庫存可以互相轉化,提升庫存管理的效率。

此外,OMO 的實體商店可以調用線上與線下的數據,例如會員的消費記錄、相關產品、熱門產品、銷售情況、庫存等,提供精準的產品推薦給消費者,同時利用店內的電腦、平板或展示器等設備展出更多實體商店擺放不下的產品,消費者只要透過這些設備訂購產品,就能享有快速到貨的服務。

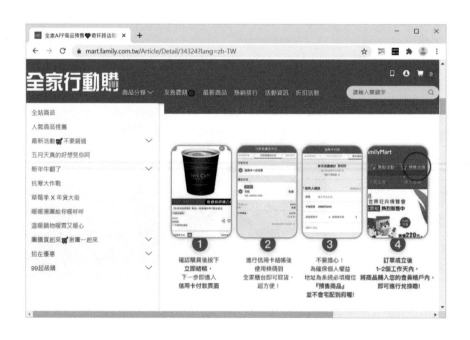

圖 10.9　全家便利商店運用 OMO 線上與線下融合策略,以商品預售方式推出「咖啡 / 茶飲寄杯跨店取」活動創下銷售佳績

資訊部落

跨境電子商務

跨境電子商務 (cross-border e-commerce) 簡稱**跨境電商**，指的是透過網路進行跨境交易，也就是來自不同關境的買賣雙方透過電子商務平台達成交易、進行支付，並以跨境物流送達產品的國際貿易活動。所謂「關境」是海關法適用的領域，通常與國境一致，但有些國家會設立經濟特區採取不同的關稅制度。

跨境電商主要的經營模式如下，對企業來說，跨境電商突破了國家之間的貿易障礙，擴大進入國際市場的路徑，而對消費者來說，跨境電商讓他們更容易從其它國家買到物美價廉的產品：

■ B2B（企業對企業）：企業在線上（網路平台）發布訊息與廣告，然後在線下完成交易與通關，本質上仍屬於傳統的國際貿易（圖 10.10(a)）。

■ B2C（企業對消費者）：企業直接與國外消費者進行一對一交易，然後以航空小包、郵寄、快遞等物流方式送達產品（圖 10.10(b)）。

雖然跨境電商為企業帶來了高效率、低成本、全球化的優點，但在實際運作上仍有許多挑戰，例如當地消費習慣、法律、稅務、多國語言、信用評等、支付體系等，以支付體系來說，除了 visa、master 等全球化的支付方式，不同的國家有不同的支付體系，再者，不同的國家對於貨物所課徵的稅務亦不盡相同，而且跨境物流的成本較高。

以東南亞最大的跨境電商平台 LAZADA 為例，其營運據點遍及印尼、馬來西亞、越南、菲律賓、泰國、新加坡等國家，除了發展出區域獨有的支付體系，亦投資建設倉儲物流。由於想要前進東南亞的跨境賣家通常會面臨「物流」、「金流」、「客服」等問題，因此，LAZADA 不僅協助賣家駐點上架，還會教導賣家如何分配資源，如何根據當地消費水準與物價區間調整定價，同時提供多國語言客服團隊，降低跨境的溝通障礙。

圖 **10.10** (a) 傳統的國際貿易運作流程 (b) 跨境電商的運作流程

10-3 電子付款系統

電子商務有別於傳統的一手交錢一手交貨,當買賣雙方無法面對面接洽時,往往會出現下列問題:

● **缺乏確定性**:消費者通常是透過網站購買產品,但這可能發生產品不符合預期或虛購產品等問題。

● **缺乏便利性**:有些網站的收費機制仍和傳統的商業行為一樣,消費者必須以銀行轉帳、郵政劃撥、傳真信用卡帳單或在便利商店繳費,不太方便。

● **缺乏安全性**:有些網站允許消費者輸入信用卡卡號付費,但這可能發生盜刷、卡號或交易內容流出等問題。

為了避免上述問題,遂發展出數種電子付款系統,以下有進一步的說明。

10-3-1 電子現金

電子現金 (e-money、e-cash) 指的是以電子形式存在的現金,可以用來進行電子交易。消費者只要在發行電子現金的金融機構開戶並存入金額,就可以使用電子現金。當消費者以電子現金在網路商店購買產品時,該金額會被加密,然後傳送給金融機構,待金融機構將金額解密後,就會從消費者的帳戶中提領指定的金額,而當網路商店收到消費者支付的電子現金時,會先向金融機構進行線上驗證,確認電子現金的真偽或有無重複使用 (圖 10.11)。

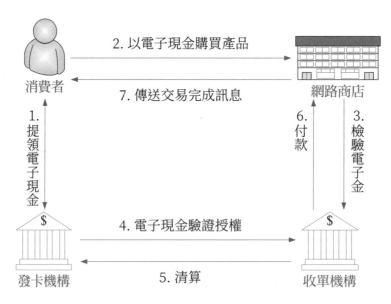

圖 10.11 電子現金的使用流程

電子現金除了和傳統貨幣一樣具有**價值性**、**匿名性**的特點，還必須具有下列特點：

- **流通性**：電子現金能夠和其它形式的金錢（例如傳統貨幣、支票、其它電子現金）做轉換。

- **便利性**：電子現金能夠儲存在電腦、手機或智慧卡（例如悠遊卡），讓消費者透過簡單的步驟進行存取。

- **安全性**：電子現金必須設計安全機制防止被複製、被偽造、被竊取或被重複使用。

- **可分性**：電子現金能夠被分割和找零，以支付任意金額的交易。

- **稽核性**：電子現金可以在有條件的情況下供檢調單位進行稽核，以查緝非法交易、非法洗錢等犯罪行為。

電子現金的優點如下：

- 申請條件比信用卡或支票來得寬鬆。

- 交易成本較低，適合任意金額付款，尤其是小額付款。

- 大部分的電子現金系統具有離線驗證功能，可以在離線狀態下付款。

- 電子現金跟消費者的銀行帳戶沒有直接關聯，不用擔心銀行帳戶被盜領。

- 電子現金具有匿名性，可以保障消費者的隱私。

電子現金的缺點如下：

- 電子現金就像現金，一旦遺失將很難尋回。

- 電子現金缺乏統一的發行機構與清算體系。

- 支援離線驗證的電子現金需要額外的智慧卡、讀卡機等設備。

- 電子現金屬於現付系統，不像信用卡按月結算，也不像信用卡有分期付款、紅利積點等福利。

由於電子現金缺乏統一的發行機構與清算體系，因此，在實際應用上還是以第10-3-3 節所要介紹的線上信用卡較為普遍。

10-3-2 電子支票

電子支票 (electronic check) 是用來模擬傳統支票，裡面包含付款人的姓名、金融機構、帳戶及收款人的姓名、金額、到期日等，和傳統支票一樣具有延遲付款的特點。消費者只要在發行電子支票的金融機構開戶並向帳戶伺服器註冊，就可以使用電子支票進行網路交易，而網路商店在收到電子支票時，會向金融機構進行線上驗證，確認無誤後，金融機構會將票據傳送給帳戶伺服器進行清算，然後消費者開戶的金融機構會進行票據交換，再從消費者的帳戶中扣除付款金額，並存入網路商店的帳戶。

10-3-3 線上信用卡

線上信用卡是以信用卡為基礎的電子付款系統，消費者必須向發卡機構申請信用卡，網路商店必須向發卡機構申請成為特約商店，而電子付款系統必須安全地傳送信用卡卡號、有效日期、交易內容等敏感性資料。

當消費者以信用卡進行網路交易時，電子付款系統會利用瀏覽器的加密技術 (例如 SSL)，將信用卡卡號、有效日期等資料加密傳送給網路商店，網路商店會先向金融機構驗證信用卡的真偽及額度，確認無誤後，就傳送交易完成訊息給消費者，之後網路商店開戶的金融機構會向消費者的發卡機構進行清算，發卡機構再按月向消費者寄發帳單請款，並將金額存入網路商店的帳戶 (圖 10.12)。

線上信用卡的優點如下：

● 線上信用卡是信用卡的延伸應用，消費者可以使用現有的信用卡進行網路交易，無須另外申請，市場接受度較高。

● 線上信用卡承襲了信用卡的系統架構，發展較成熟。

線上信用卡的缺點如下：

● 信用卡的申請條件較嚴格。

● 每筆交易都要支付手續費。

● 交易內容被記錄於網路商店和發卡機構，一旦流出可能會危害到隱私。

● 信用卡僅適用於持卡人與特約商店之間的交易，無法進行人與人之間的轉帳。

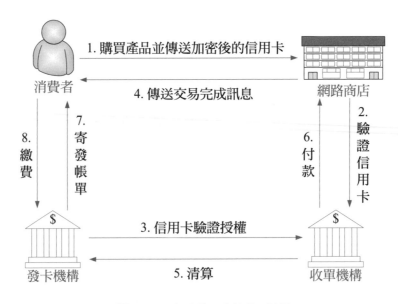

圖 10.12　加密信用卡的使用流程

10-3-4 電子錢包

電子錢包 (digital wallet) 指的是讓消費者進行電子交易並儲存交易記錄的軟體,例如 Google Pay、Apple Pay 等。消費者只要在行動裝置下載 Google Pay、Apple Pay 等 App,就可以讓手機、智慧手錶變身為電子錢包,裡面儲存著信用卡卡號、有效期限、交易記錄、大眾運輸票證、會員卡、禮物卡等資訊。無論是在線上或實體商店,電子錢包都會顯示信用卡圖示供選擇,快速完成結帳,而且實體商店會使用一組經過加密的編號進行支付,因此,商店無法取得真實卡號,自然能夠降低資料安全風險。

除了軟體形式的電子錢包,市場上還有智慧卡形式的電子錢包,例如銀行與悠遊卡公司所推出的「悠遊聯名卡」,這是一張具有悠遊卡和悠遊錢包功能的感應式信用卡,可以用來搭乘捷運、公車、火車等公共運輸工具,也可以到特約商店感應刷卡付款。

此外,有些電子錢包是用來儲存比特幣、以太幣等加密貨幣,又分成**熱錢包** (hot wallet) 與**冷錢包** (cold wallet),前者是連線的軟體錢包,例如 MetaMask 小狐狸錢包、交易所錢包;後者是離線的硬體錢包,只有在存入或提領加密貨幣時才要連接到電腦,安全性較高,例如 CoolWallet 所推出的冷錢包僅信用卡大小,具加密藍牙連線功能、可防水、防竄改。

(a)

(b)

圖 10.13 (a) Google Pay (b) 玉山銀行推出的悠遊聯名卡 (圖片來源:玉山銀行)

10-3-5 第三方支付

第三方支付 (third-party payment) 指的是買賣雙方向公正第三方註冊支付帳戶，以取得網路支付的權利，而提供第三方支付服務的機構可能會連結其它金融系統，例如銀行、信用卡、電子現金等。當買家在網路上購買產品時，就透過支付帳戶付款，貨款暫時由第三方保管，接著第三方會通知賣家寄出產品，等買家收到產品並確認無誤後，第三方就會將保管的貨款付給賣家。

第三方支付的優點包括保障買方可以收到產品並確認品質，保障賣方可以收到貨款，銀行可以拓展業務範圍，中小企業可以省下交易介面的開發成本與維護費用。當然第三方支付亦存在著風險，例如第三方暫時保管的貨款滯留，可能形成資金沉澱，缺乏有效管理，甚至成為洗錢的管道。

最早開始發展的第三方支付有 PayPal、支付寶等，而台灣在金管會於 2011 年開放由金融業主導的第三方支付後，已經有許多業者開辦相關業務。第三方支付和電子支付、電子票證是不同的，第三方支付可以代收代付，但無法儲值或轉帳；**電子支付**可以代收代付、儲值或轉帳；**電子票證**可以儲值，但無法轉帳，其比較如表 10.1。

另外還有**行動支付**指的是使用者透過行動裝置綁定銀行帳戶或信用卡來進行付款，取代實體的貨幣或信用卡。常見的行動支付方式有**感應支付**和**掃碼支付**，前者是透過 NFC 技術讓行動裝置靠近店家的付款裝置來感應付款，例如 Google Pay、Apple Pay 等；而後者是由消費者顯示 QR 碼給店家掃描，或掃描店家的 QR 碼來完成付款，例如 LINE Pay、街口支付、台灣 Pay、悠遊付等。

表 10.1 第三方支付 V.S. 電子支付 V.S. 電子票證

	第三方支付	電子支付	電子票證
主管機關	數位發展部	金管會	金管會
最低實收資本額	無限制	新台幣五億元	新台幣三億元
業務	代收代付，但無法儲值或轉帳	代收代付、儲值或轉帳	可以儲值，但無法轉帳
業者	Line Pay、PChomePay 支付連、綠界科技、紅陽科技、藍新科技等（註：Line Pay 因為和一卡通 Money 合作，所以能夠儲值與轉帳）	專營：街口支付、台灣 Pay、悠遊付、Pi 拍錢包、全支付、一卡通 Money、icash pay、全盈 +PAY、歐付寶、橘子支付等 兼營：22 家銀行和 1 家郵局	悠遊卡、一卡通、愛金卡 (icash)、遠鑫電子票證 (HappyCash) 等

網路交易的賦稅問題

網路交易的賦稅問題可以分成下列兩種情況來討論：

- 若網路交易僅涉下單的購買行為，交易完成後仍須另外交付貨物或勞務，也就是買賣雙方僅使用網路做為洽商工具，其所涉及的關稅、營業稅、所得稅等，比照其它非網路交易行為。

- 若網路交易涵蓋交易全程，包括下單、付款、交貨，例如線上傳送的軟體、音樂、線上算命、顧問諮詢等，則應繳納營業稅與所得稅。

財政部於 2005 年發布「網路交易課徵營業稅及所得稅規範」，若網路賣家每個月在網站銷售額未達到 8 萬元者（銷售勞務者為 4 萬元），暫時可以免向國稅局辦理營業登記，可是一旦當月的銷售額超過 8 萬元（銷售勞務者為 4 萬元），就必須向國稅局辦理營業登記並報繳稅款，以免因被檢舉或被查獲而受罰。至於個人偶爾在網路上拍賣自己使用過的物品，則不予課徵營業稅及免納所得稅。

電子契約

電子契約又分成**電子化的契約**和**電腦資訊契約**兩種，前者的契約標的是傳統的契約內容，後者的契約標的是電腦資訊的授權，包括資訊服務契約（例如線上音樂、線上影片、線上刊物）與資訊授權契約（例如線上傳送的軟體）。此外，當消費者在網路商店進行交易時，由於買賣雙方無法面對面議定契約內容，因此，最常見的就是網路商店單方擬定交易條款，若消費者沒有異議，直接點按網頁上的同意按鈕，就能進行交易，稱為**網站包裹契約** (web-wrap contract)。

圖 10.14　網站包裹契約

10-4 網路交易的安全機制

電子商務的興起使得網路交易的安全備受重視，主要的安全機制有 SSL/TLS 與 SET。

10-4-1 SSL/TLS

SSL (Secure Sockets Layer) 是 Netscape 公司於 1994 年推出 Netscape Navigator 瀏覽器時所採取的安全協定，使用非對稱式加密演算法在網站伺服器與用戶端之間建立安全連線，確保資料在不被偷窺或竄改的情況下，安全抵達目的端 (註：第 13 章會介紹加密與認證的原理)。

之後 IETF 將 SSL 標準化為 TLS (Transport Layer Security)，並陸續公布 TLS 1.0、1.1、1.2、1.3。目前 SSL 已經廣泛應用在電子郵件、瀏覽器、即時通訊、VoIP 等程式，諸如 Google、Facebook、Wikipedia 等網站也是採取 SSL 來建立安全連線。

SSL 憑證是安裝在伺服器，而在瀏覽器端，使用者可以從網址列查看網站是否受到保護，有的話，網址是以 https:// 開頭，同時會出現鎖的圖示，只要點取該圖示，就會出現安全連線、憑證核發對象、使用的 Cookie 數目等資訊。

雖然 SSL 能夠保護消費者透過網站所傳送的資料不會對外公開，但還是存在著問題，例如消費者在輸入信用卡卡號後，該筆資料會被加密並安全送達網路商店，然後網路商店可以將資料解密進行請款，可是問題來了，若網路商店刻意記錄信用卡資料，就可能發生盜刷。

10-4-2 SET

SET (Secure Electronic Transaction) 是 Visa、MasterCard 等組織於 1996 年所提出，目的是提供安全的線上付款服務，包括持卡人 (cardholder)、網路商店 (merchant)、付款閘道 (payment gateway)、認證中心 (certificate authority)、發卡機構 (issuer)、收單機構 (acquirer) 等成員，國內的 SET 發卡機構有中國信託、國泰金控、富邦金控、台新銀行、上海商銀、中國商銀等，消費者可以向這些銀行申請 SET ID (網路信用卡)。

SET 可以保護消費者與網路商店之間的信用卡或預付卡交易，提供刷卡、取消、退款、分期付款、交易保密、交易認證、付款授權等功能。

和 SSL 比起來，SET 不僅能傳送信用卡卡號，還能驗證其有效性及付款授權，同時 SET 的安全性也比 SSL 高，因為 SET 是使用兩組不同的金鑰進行加密與認證，而 SSL 是使用同一組金鑰進行加密與認證。

雖然如此，SET 的接受度卻沒有 SSL 高，因為 SET 涉及公正第三方的認證方式，系統建置成本較高，而且對消費者來說，除了要申請 SET ID，還要安裝電子錢包與數位憑證，不像瀏覽器內建支援 SSL，消費者可以輕鬆使用現有的信用卡進行網路交易。

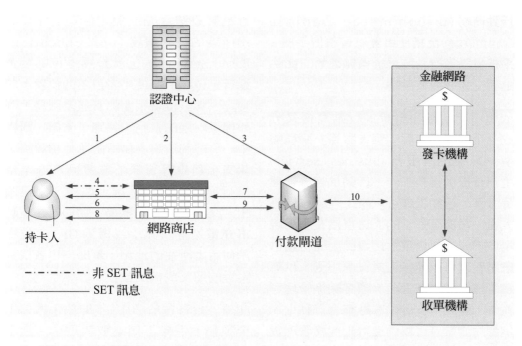

1. 持卡人從認證中心取得認證資料。

2. 網路商店從認證中心取得認證資料。

3. 付款閘道從認證中心取得認證資料。

4. 持卡人上網購買產品或服務。

5. 網路商店傳送認證資料給持卡人。

6. 持卡人將訂購及付款資訊傳送給網路商店。

7. 網路商店將持卡人的訂購及付款資訊傳送給付款閘道，由付款閘道決定是否接受這項交易。

8. 網路商店傳送交易完成訊息給持卡人。

9. 網路商店傳送請款訊息給付款閘道。

10. 付款閘道透過金融網路處理網路商店的請款要求。

圖 10.15 SET 的交易流程

10-5 行動商務

行動商務 (m-commerce，mobile commerce) 泛指使用者以智慧型手機、平板電腦等行動裝置透過無線通訊網路進行交易或商業活動。

依照不同的應用對象，行動商務又分成「企業服務」與「個人服務」兩種類型，其中**企業服務** (business service) 主要是提供行動工作、行動供應鏈管理等服務，**行動工作**可以讓工程師、維修人員、司機等外出的人員直接在服務現場取得或更新企業內部資訊，而**行動供應鏈管理**可以連接企業資源規劃、供應鏈管理、需求鏈管理、顧客關係管理等系統，達到上下游供應鏈整合行動化，例如物流業者可以透過行動商務管理貨運車隊，讓客戶即時查詢貨物的運送進度與簽收記錄。

至於**個人服務** (customer service) 主要是提供即時通訊、社群、遊戲、音樂、電影、電視、新聞、電子書、App 下載、資料同步、生活情報、氣象預報、交通路況、定位導航、餐廳訂位、旅館訂房、美食外送、叫車、租車、行動購物、行動銀行、行動支付等服務，尤其是行動裝置結合 App 與 QR 碼更帶動許多創新服務，串連起虛擬網路與實體通路，例如通勤族透過手機掃描燈箱廣告上的 QR 碼或下載商店的 App，就能以優惠價訂購產品，之後再撥空到商店取貨，順便逛商店，說不定又隨手購買其它產品，形成一股 **O2O** (Online to Offline) 風潮。

行動裝置結合 App 與定位功能亦發展出所謂的**在地服務** (LBS，Location-Based Service)，也就是透過行動裝置進行定位，偵測使用者目前的位置，然後提供與該位置相關的資訊及服務，例如提供附近的景點、餐廳、旅館、購物中心、便利商店、醫療院所、提款機、叫車、租車等資訊；或透過 GPS 定位進行導航，提供路況、地標、測速照相、交通事故、停車場、加油站、電動車充電站等資訊；或透過 GPS 定位標示使用者所在的地點，幫助使用者找到附近的朋友或被朋友找。

此外，金管會於 2013 年開放手機信用卡業務，手機不僅能取代現金、金融卡、信用卡、悠遊卡，變身為行動銀行進行**行動支付**，還能當成電子票證搭乘高鐵、火車等大眾運輸工具，甚至是機場的電子登機證。

除了搶占行動支付的市場，銀行亦積極推廣自家的 App 讓客戶透過行動裝置管理帳戶，查詢存款餘額、信用卡消費記錄、定存、轉帳、繳費、繳稅、貸款、保險、購買外幣等。

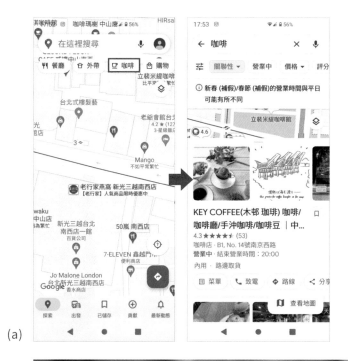

(a)

(b)

(c)

圖 10.16　(a) 手機結合定位功能提供在地服務
　　　　　(b) 使用行動銀行 App 管理銀行帳戶
　　　　　(c) 透過手機使用美食外送服務 (圖片來源：shutterstock)

10-6 網路行銷

網路行銷 (Internet marketing) 是網際網路＋行銷，也就是針對網際網路的目標客戶行銷產品或服務，令客戶獲得產品或服務的相關資訊，甚至讓客戶參與行銷計畫，以維持並促進企業與客戶之間的關係。隨著無線通訊與行動上網的普及，網路行銷已經成為企業行銷策略中不可或缺的一環。

網路行銷和「傳統行銷」不同，表 10.2 是兩者的比較。對企業來說，網路行銷不僅能拓展市場，還能迅速反應市場需求，有助於企業推出新產品或改變行銷計畫。

表 10.2 網路行銷 V.S. 傳統行銷		
比較項目	網路行銷	傳統行銷
市場定位 (positioning)	小眾市場 (目標客戶明確，適合發展個人化 / 客製化產品)	大眾市場
產品 (product)	除了消費性產品，更增加了非實體性產品的銷售機會，例如軟體、音樂、電影、線上課程、資訊商品、金融商品、服務性商品等	以消費性產品為主
定價 (price)	彈性定價、行銷成本低、去中間化	價格會受到行銷成本高、有中間商等因素的影響
通路 (place)	虛擬通路成本低，沒有店租、沒有倉儲，而且無時間限制、無區域限制 (全球性)	通路空間成本高，例如店租、倉儲等，而且有時間限制、有區域限制 (區域性)
推廣 (promotion)	推廣成本低、傳遞速度快、反應速度快、互動行銷 (例如透過對於社群的聆聽與討論，了解消費者的需求，進而形塑消費者的購物決策)	推廣成本高、傳遞速度慢、反應速度慢、單向行銷 (客戶被動接受，無法進行互動)

早期的網路行銷方式是以網路廣告為主，接著發展出關鍵字行銷、搜尋引擎行銷、許可式行銷、聯盟網站行銷、病毒式行銷、行為瞄準行銷等方式，之後又發展出更多元化的方式，例如部落格行銷、微網誌行銷、微電影行銷、社群行銷、直播行銷等。

10-6-1 網路廣告

網路廣告 (Internet advertising) 指的是到入口網站或與產品或服務相關的社群媒體刊登付費廣告，例如橫幅廣告、文字超連結廣告、按鈕廣告、贊助廣告、動態廣告、輪播廣告等。為了吸引瀏覽者的目光，有些廣告會設計成線上遊戲、有獎徵答、線上投票等形式。

圖 10.17 網路廣告的篇幅有限，加入創意就更顯得彌足珍貴

10-6-2 關鍵字行銷

關鍵字 (keyword) 指的是與產品或服務相關的描述，例如搬家公司的關鍵字可以是「搬家」、「專業搬家」、「搬家清運」等，也就是業者希望消費者會在搜尋引擎使用什麼文字敘述找到業者的網站，而**關鍵字行銷** (keyword marketing) 是廣告主向搜尋引擎購買特定的關鍵字，當瀏覽者搜尋該關鍵字時，就會將廣告主的網站顯示在搜尋結果的前面。

圖 10.18 Google 會將購買關鍵字廣告的網站顯示在搜尋結果的前面

關鍵字行銷的收費方式通常採取**點閱計費** (PPC，Pay Per Click)，只有在瀏覽者點閱廣告主刊登的關鍵字廣告時，廣告主才需要付費。舉例來說，假設 A 公司在搜尋引擎上面對關鍵字「發熱衣」出價 5 元，而今天總共有 100 人點閱 A 公司的關鍵字廣告，那麼 A 公司今天應該付給搜尋引擎的關鍵字廣告費用為 5×100 = 500 元。

和傳統的媒體廣告或網路上的刊登付費廣告比起來，關鍵字行銷具有精準、效率、低預算門檻的特點，而且只要預付給搜尋引擎的廣告費用尚未被點閱完畢，廣告主隨時可以針對正在進行中的關鍵字廣告進行檢討與修正，將廣告的效果發揮到最大。

10-6-3 搜尋引擎行銷

搜尋引擎行銷 (SEM，Search Engine Marketing) 的構想起源於網站的新瀏覽者大多來自搜尋引擎，而且使用者通常只會留意搜尋結果中排名前面的幾個網站，因此，廣告主想要提高流量，就必須設法提高網站在搜尋結果中的排名，例如購買關鍵字廣告，因為排名愈前面，就愈有機會被使用者找到。

除了購買關鍵字廣告，另外還有一種方法叫做**搜尋引擎優化** (SEO，Search Engine Optimization)，指的是利用搜尋引擎的運作規則調整網站的內容與結構，來提高網站在搜尋結果中的自然排名。

舉例來說，假設我們在 Google 以「青森蘋果」進行搜尋，得到如圖 10.19 的搜尋結果，其中以紅線框起來的部分屬於贊助商廣告，也就是向 Google 購買關鍵字廣告的網站，真正的搜尋結果是列在贊助商廣告的後面，而 SEO 的目標就是提高自然排名，這往往比付費廣告更容易獲得信賴。

SEO 的效果取決於搜尋引擎所採取的搜尋演算法，而搜尋引擎為了增加搜尋的準確度及避免人為操縱排名，有時會變更搜尋演算法，使得 SEO 成為一項愈來愈複雜的工作，也正因為如此，有不少網路行銷公司會推出網站 SEO 服務，代客調整網站的內容與結構，增加網站被搜尋引擎收錄的機會，進而提高曝光率及流量。

10-6-4 許可式行銷

許可式行銷 (permission marketing) 指的是先向消費者徵求傳送產品資訊或促銷活動的許可，舉例來說，當消費者加入網站或品牌的會員時，通常會被詢問日後是否願意收到電子郵件廣告或簡訊廣告，為了得到消費者的許可，廠商通常得花點心思，例如發送贈品、紅利積點、電子折價券或抽獎。

許可式行銷的關鍵在於「需求」與「價值」，如何滿足消費者的需求，進而提供有價值的資訊，以達到行銷的目的，化被動為主動，有別於過去被動的等待消費者上門。

圖 10.19　在 Google 以「青森蘋果」進行搜尋的結果

表 10.3	搜尋引擎優化 (SEO) V.S. 點閱計費 (PPC)	
	SEO	PPC
由誰執行	由廣告主自己執行或委託專業的 SEO 網路行銷公司執行。	由搜尋引擎執行，廣告主再付費給搜尋引擎，費用則視關鍵字的排名競爭度而定，關鍵字愈熱門，其單次點閱費用就愈高。
時效	視關鍵字及網站的結構而定，通常需要數天至數月不等的時間來獲得穩定的最佳搜尋排名，而且還要配合搜尋引擎的搜尋演算法調整執行方向。	付費就能申請，數小時後就會看到，刊登速度快。
成本	成本主要發生在把關鍵字排名上去的時間與費用，不會因為點閱人數太多而增加廣告費用。	時間成本雖然低，但若關鍵字太熱門、點閱人數太多或遭到同業惡意點閱，將支付龐大的廣告費用。
廣告效益	SEO 為自然排名，前 20 名的點閱率高達 70%。	PPC 為廣告性質，點閱率通常低於 5%。
適合的產業	適合關鍵字熱門度較高、點閱人數較多的產業。	適合臨時短期的活動、點閱人數較少或較冷門的產業。

10-6-5 聯盟網站行銷

聯盟網站行銷 (affiliated web site marketing) 是由多個網站結盟為合作夥伴，替某個網站或網路商店增加廣告曝光機會，進一步擴大市場規模。以圖 10.20 為例，網站 B、C、D 均為網站 A 的聯盟網站，當消費者經由網站 B、C、D 的超連結進入網站 A，並成功採購網站 A 的產品或服務時，網站 A 就會根據交易筆數或交易金額支付一定比例的佣金給網站 B、C、D。

10-6-6 病毒式行銷

病毒式行銷 (viral marketing) 是發揮創意，將故事、照片、梗圖等吸引人的元素穿插融入於產品或服務，然後透過電子郵件或社群媒體散播出去，讓網友覺得有趣或有意義，而轉傳出去與朋友分享，達到一傳十、十傳百的效果。由於是網友主動分享，所以成本低廉，同時廣告主也往往因此接觸到更多原本行銷範圍之外的消費者，快速提升了口碑的製造、傳遞與回應。

10-6-7 行為瞄準行銷

行為瞄準行銷 (behavioral targeting) 指的是追蹤使用者在不同網站之間所做的行為，包括裝置的作業系統、瀏覽的網頁、停留的時間、執行的搜尋、存取的線上內容、填寫的資料、購買的產品等，藉此了解使用者的興趣與目的，然後客製廣告內容，增加各式廣告的有效性。

當使用者透過智慧型手機上網時，還可以根據 GPS 定位精準掌握使用者的位置資訊，伺機投放在地廣告。這也就不難理解為何使用者在短短幾分鐘前才瀏覽的衣服、鞋子、包包、3C 產品廣告會如影隨形般地出現在之後瀏覽的網頁、臉書或 YouTube 影片，或者，在使用者即將抵達目的地之前就開始收到周邊店家的廣告、促銷活動或折價券。

目前許多網站設有專門的工具用來蒐集瀏覽者的行為資料，然後儲存於資料庫，再販售給資料仲介商，而資料仲介商會將這些資料轉賣給想要在網路上置入廣告的廠商。

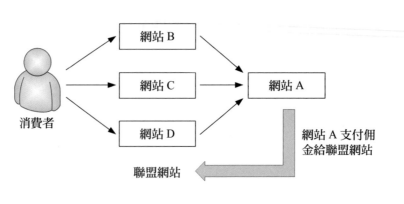

圖 10.20 聯盟網站行銷

此外，許多網站允許諸如 Google Ad Manager、Microsoft Advertising、Yahoo Native Ads 等廣告服務廠商在沒有明確告知的情況下，透過追蹤程式跨網站追蹤使用者的點擊流向，從上一個網站追蹤到下一個網站，緊緊跟隨著使用者，重複投放廣告。

雖然網站業者和廣告服務廠商宣稱這只是要打造更貼心的個人化服務，提供更精準的廣告行銷，但其中卻潛藏著極大的隱私權威脅，而且尾隨不去的廣告也令人困擾，更嚴重的是若這些資料管理不當，被駭客或有心人士盜賣給犯罪集團，將成為治安的隱憂。

10-6-8 部落格行銷

過去的行銷方式通常是廣告主設計訊息，然後透過大眾媒體或網路散播出去，但在部落格出現後，部落客所發布的文章經常會吸引大批人潮與心得分享，於是廣告主也開始將產品訊息、促銷活動等內容以文章的形式發布到部落格，或請部落客撰寫開箱文與試用心得，讓網友在觀看之餘可以下單購買，這就是**部落格行銷** (blog marketing)。舉例來說，電商平台為了增進讀者與作者、讀者與電商平台的接觸溝通，於是為書籍的作者設立部落格，如此一來，不僅為作者提供了一個推廣書籍的管道，也給了購買書籍的讀者再次造訪電商平台的理由。

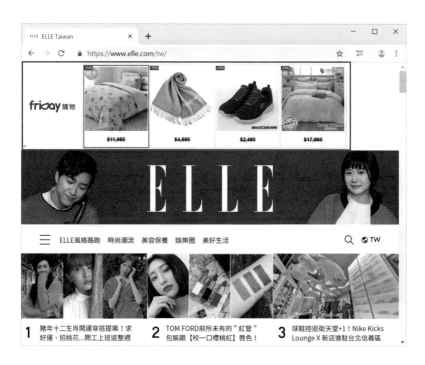

圖 10.21　行為瞄準行銷讓使用者瀏覽過的產品廣告如影隨形般地出現在之後瀏覽的網頁

10-6-9 微網誌行銷

微網誌行銷（microblog marketing）和部落格行銷是不同的，由於微網誌的文字數較少，而且有「粉絲」和「好朋友」的概念，因此，在廣告主加入微網誌後，所著重的並不是像部落格那樣要寫出動人的文章，而是要發布引人討論的話題，維持溝通的品質，激勵消費者踴躍回應，「粉絲」和「好朋友」的數量愈大，影響力就愈深遠。企業常見的微網誌行銷方式是將產品訊息、促銷活動、線上客服等內容以即時訊息的形式發布到微網誌，讓消費者可以獲得即時回應並看到其它消費者的意見做為參考。

10-6-10 微電影行銷

微電影是具有完整故事情節的短片（可能只有幾分鐘），能夠在媒體平台上播放，適合在短時間、移動狀態下觀看，例如行動裝置。由於微電影是透過故事來詮釋一些抽象的概念，例如企業形象、公益宣傳、教育推廣、個人創意、時事潮流等，比一般的廣告更容易吸引觀眾目光、激起觀眾共鳴，因此，也有不少廣告主投入**微電影行銷**（micro film marketing）。不過，在微電影日趨商業化後，廣告主除了要發揮創意吸引網友主動觀看，更要注意別讓商業操作凌駕在故事情節之上，以免引起觀眾反感，成了負面行銷。

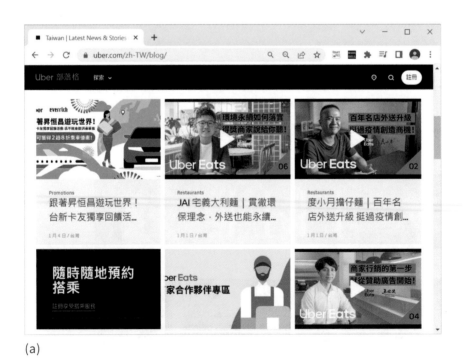

(a)

(b)

圖 10.22 (a) 企業透過部落格和消費者分享心得　(b) 企業藉著推出溫馨動人的微電影來塑造企業形象　(c) 臉書、Instagram 儼然成為社群行銷的最佳平台

10-6-11 社群行銷

隨著臉書、Instagram、LINE、LinkedIn、Snapchat、抖音等社群媒體的活躍用戶快速增加，**社群行銷** (social marketing) 正方興未艾。事實上，社群媒體正是進行病毒式行銷的理想管道，不僅快速散播、成本低廉，而且能夠接觸到原本行銷範圍之外的消費者。以臉書為例，常見的行銷方式有店家推出打卡按讚享優惠、企業祭出好康活動募集粉絲、發布動態消息或開直播銷售產品、贊助明星或網紅做廣告業配、購買臉書置入廣告等。有了強大的臉書粉絲專頁做為後盾，企業可以即時發布產品訊息，然後透過粉絲的動態消息來散播。

為了累積粉絲人數並維持人氣，企業也學會了單純的銷售產品很難吸引消費者，唯有找出特定的社群，用心經營，滿足他們的需求，提供打動人心的內容，並讓消費者彼此交流，分享心得、興趣與價值，才能培養出消費者的認同與信賴，開創亮麗的業績。

除了臉書之外，LINE 和 Instagram 也是常見的社群行銷平台，其中 LINE 在台灣擁有高度的用戶黏著度，不只是企業，包括政府單位或政治人物也會推出 LINE 官方帳號，進行產品行銷或政令宣導。至於 Instagram 的功能則是以照片、影片、標籤、標題為主，相當適合著重視覺美感的品牌或網紅。

(c)

11-6-12 直播行銷

從電視媒體直播運動賽事、演唱會、頒獎典禮到電競比賽，影音直播早已行之數年，但就在 YouTube、Facebook 陸續推出線上直播服務，直播突然成為熱門的網路活動。以 Facebook Live 功能為例，使用者只要在手機上按一個鍵，就能即時分享當下實況，而且能夠邀請觀眾留言，直接與留言的觀眾互動，增加觀眾的參與感。

由於影片的視覺效果比較容易吸引觀眾的目光，再加上觀眾喜歡即時分享的真實性與互動性，使得直播成為常見的行銷方式。企業希望透過直播行銷呈現品牌真實的一面，傳遞更多產品訊息，獲得更多回饋意見，進一步拉近品牌與消費者的距離，建立消費者對品牌的信任。

要如何進行直播呢？下面是一些建議：

● **準備工作**：首先要確定網路速度夠快，接著要減少背景和環境噪音，最後是找出讓觀眾看得清楚的直播位置，如能預演一下更好。

● **事前宣傳**：透過 Facebook、LINE、簡訊等管道宣傳即將到來的直播。

● **設定主題**：以自在的態度進行直播，一開始先自我介紹，接著說明直播的主題，同時別忘了請觀眾給予意見，適時做出回應或調整內容，常見的主題有幕後花絮、名人開講、網路研討會、現場採訪、時事評論等。

● **結果分析**：直播結束後會歸檔成影片，記得感謝觀眾收看並回應觀眾意見，然後分析觀看人數變動，做為下次直播的參考。

圖 10.23　美食部落客透過直播示範做菜和觀眾互動 (圖片來源：shutterstock)

資 訊 部 落

網紅經濟

「網紅」指的是在生活中或網路上因為某個事件、某個特質或某種行為吸引網民的關注、互動與追蹤的人。網紅並不限定是人，也可以是動物或虛擬人物。隨著臉書、Instagram、抖音、YouTube、Twitch 等各式平台的風行，讓素人有機會一躍成為網路世界吹捧的網路紅人，名氣甚至超越一般的明星或公眾人物。

網紅通常是 YouTuber、直播主或是在臉書、Instagram 擁有龐大粉絲的名人，靠著其影響力與流量帶動「網紅經濟」的崛起。網紅的收入模式通常有下列幾種：

■ **廣告業配**：愈來愈多廠商會編列預算找網紅做開箱文或置入式行銷，一來是想藉助網紅的影響力銷售產品，二來是想透過網紅與粉絲的留言互動，了解消費者的反應。

■ **廣告分潤**：以 YouTuber (YouTube 影片創作者) 為例，只要訂閱人數達 1,000 人，且在過去 12 個月內累計達 4,000 小時的有效影片觀看時數，或在過去 90 天內累計達 1,000 萬次的有效 Shorts 觀看次數，就能獲得廣告分潤。

■ **付費訂閱**：對於一些提供專業性或教育性內容的頻道，觀眾是願意付費訂閱的，而且有逐漸成長的趨勢。

■ **直播打賞**：直播主與直播平台簽約除了能夠獲得簽約金之外，還可以獲得觀眾的打賞，通常是購買直播平台提供的虛擬禮物送給喜歡的直播主。

■ **創立品牌**：根據網紅和粉絲的特質打造品牌銷售產品，比起傳統的銷售方式，不僅客戶群更加明確，產品的曝光度和銷售速度也更快。

圖 10.24 YouTuber 的影片創作類型多元，遊戲攻略是常見的主題

10-7 行動行銷

行動行銷 (mobile marketing) 是針對智慧型手機、平板電腦等行動裝置的使用者行銷產品或服務,最常見的就是行動廣告,包括簡訊、即時通訊廣告、社群媒體廣告、產品目錄、行動折價券、內容贊助等不同的類型,例如企業藉著推出免費貼圖吸引使用者加入 LINE 好友,進而透過 LINE 發送行動折價券或產品訊息給使用者。

由於行動裝置具有個人化、即時性、互動性、在地性、隨時連線、螢幕小等特點,有別於傳統的電視、廣播或報章雜誌等媒體,因此,一個成功的行動廣告不只是要將廣告「推」(push) 向使用者,更重要的是吸引使用者主動將廣告「拉」(pull) 進自己的行動裝置。

以結合在地服務的行動廣告為例,使用者點擊距離目前位置 3 公里內之店家的機率高達 4 成,換言之,行動廣告的點擊率與使用者的目前位置具有高度相關,只要在適當的時間、適當的地點投放相關的行動廣告,就能提高行銷精準度。

有些行動行銷則是結合 App,除了將行動廣告置入熱門的 App,或加入 App 服務成為協力廠商(例如加入 GPS 導航軟體成為周邊景點),還可以建置企業專屬的行動網站或開發符合企業需求的 App,而一個能夠獲得廣泛下載的 App,不僅要實用或有趣(例如設計小遊戲、串連 YouTube 影片),最好還要提供在地服務或結合社群媒體,將社群行銷的舞台從PC延伸到各種行動裝置。

(a)

(b)

(c)

圖 10.25 (a) 企業藉著推出免費貼圖吸引使用者加入 LINE 好友 (b) 將行動廣告置入熱門的 App (例如臉書) (c) 企業建置專屬的行動網站方便使用者進行瀏覽

本·章·回·顧

- **電子商務** (e-commerce) 泛指組織或個人透過網際網路進行銷售或購買產品、服務、資訊等商業行為，涵蓋了資訊科技、商業服務、企業管理、法律政策等領域。

- 電子商務具有潛在市場大、行銷成本低、自由競爭、速度快、無時間及地域限制、個人化 / 客製化、互動佳等特點。

- 根據供給者與消費者的關係，電子商務可以分成 **B2C** (Business to Customer)、**B2B** (Business to Business)、**C2C** (Customer to Customer)、**B2G** (Business to Government) 等四種常見的經營模式，近年來則興起了以消費者為核心的 **C2B** (Customer to Business)、從線上到線下的 **O2O** (Online to Offline)、融合線上與線下的 **OMO** (Online Merge Offline) 等經營模式。

- 常見的電子付款系統包括電子現金、電子支票、線上信用卡、電子錢包、第三方支付等。

- 電子商務的興起使得網路交易的安全備受重視，主要的安全機制有 **SSL/TLS** 與 **SET**。

- **行動商務** (m-commerce) 泛指使用者以行動裝置透過無線通訊網路進行交易或商業活動。

- **在地服務** (LBS，Location-Based Service) 是透過行動裝置進行定位，偵測使用者目前的位置，然後提供與該位置相關的資訊及服務，例如提供附近的景點、餐廳、旅館、購物中心、提款機、叫車、租車等資訊。

- **網路行銷** (Internet marketing) 是網際網路＋行銷，常見的方式有網路廣告、關鍵字行銷、搜尋引擎行銷、許可式行銷、聯盟網站行銷、病毒式行銷、行為瞄準行銷、部落格行銷、微網誌行銷、微電影行銷、社群行銷、直播行銷等。

- **行動行銷** (mobile marketing) 是針對行動裝置的使用者行銷產品或服務，最常見的就是行動廣告，包括簡訊、即時通訊廣告、社群媒體廣告、產品目錄、行動折價券、內容贊助等。

學·習·評·量

一、選擇題

( ) 1. 下列何者不是電子商務的特點？

　　　A. 市場較小　　　B. 無時間限制　　　C. 速度快　　　D. 自由競爭

( ) 2. 下列何者為 B2G 經營模式的供給者？

　　　A. 企業　　　　　B. 個人　　　　　　C. 政府　　　　D. 學校

( ) 3. 下列何者為 B2C 經營模式的消費者？

　　　A. 企業　　　　　B. 個人　　　　　　C. 政府　　　　D. 學校

( ) 4. 下列哪種行銷方式是透過完整故事情節的短片來做宣傳？

　　　A. 微電影行銷　　B. 部落格行銷　　C. 微網誌行銷　　D. 臉書行銷

( ) 5. 下列哪種經營模式可以將消費者從虛擬網路帶到實體通路？

　　　A. B2B　　　　　B. B2C　　　　　　C. C2C　　　　D. O2O

( ) 6. 消費者在 ASUS 網站購買手機屬於下列哪種電子商務經營模式？

　　　A. B2C　　　　　B. C2C　　　　　　C. B2B　　　　D. O2O

( ) 7. 沃爾瑪 (Wal-Mart) 針對其供應商所成立的私人產業網路屬於下列哪種
　　　電子商務經營模式？

　　　A. B2C　　　　　B. C2C　　　　　　C. B2B　　　　D. O2O

( ) 8. 電子現金不具有下列哪個特點？

　　　A. 匿名性　　　　B. 流通性　　　　C. 重複使用性　　D. 可分性

( ) 9. 下列何者具有網購代收代付的特點？

　　　A. 電子現金　　　B. 第三方支付　　C. 電子支票　　D. 加密信用卡

( ) 10. 下列關於網路行銷與傳統行銷的比較何者錯誤？

　　　A. 網路行銷的成本較低　　　　　B. 傳統行銷有區域限制

　　　C. 網路行銷的反應速度較快　　　D. 傳統行銷的市場定位為小眾市場

( ) 11. 下列敘述何者錯誤？

　　　A. 第三方支付可以保障買方收到產品並確認品質

　　　B. 電子錢包是讓消費者進行電子交易並儲存交易記錄的軟體

　　　C. 電子支票和傳統支票最大的差異在於前者無法延遲付款

　　　D. 電子現金的匿名性可以保護消費者的隱私

(　　) 12. 下列關於 SSL 與 SET 的敘述何者錯誤？

　　　　A. SSL 可以驗證信用卡的有效性　　B. SSL 具有加密的功能

　　　　C. SET 的交易都要支付手續費　　　D. SET 的安全性比 SSL 高

(　　) 13. 知名的 Amazon 屬於下列哪種電子商務經營模式？

　　　　A. B2C　　　　　　　　　　　B. C2C

　　　　C. B2B　　　　　　　　　　　D. O2O

(　　) 14. 下列哪個網站的經營模式屬於 C2C 電子商務？

　　　　A. 博客來　　　　　　　　　　B. Yahoo! 奇摩購物中心

　　　　C. momo 購物網　　　　　　　D. 露天市集

(　　) 15. 下列關於搜尋引擎優化 (SEO) 和點閱計費 (PPC) 的敘述何者錯誤？

　　　　A. SEO 的目標是要提高自然排名　　B. SEO 適合臨時短期的活動

　　　　C. PPC 是依照點閱次數計費　　　　D. PPC 的關鍵字愈熱門就愈貴

二、簡答題

1. 簡單說明何謂電子商務？它具有哪些特點？

2. 簡單說明何謂 B2C 經營模式並舉出一個實例。

3. 簡單說明何謂 B2B 經營模式並舉出一個實例。

4. 簡單說明何謂 C2C 經營模式並舉出一個實例。

5. 簡單說明何謂 B2G 經營模式並舉出一個實例。

6. 簡單說明何謂 O2O 經營模式並舉出一個實例。

7. 簡單說明何謂在地服務 (LBS) 並舉出一個實例。

8. 簡單說明何謂電子錢包並舉出一個實例。

9. 簡單說明何謂第三方支付並舉出一個實例。

10. 簡單說明何謂關鍵字行銷？

11. 簡單說明何謂行為瞄準行銷？

12. 簡單說明何謂搜尋引擎行銷？

13. 簡單說明何謂社群行銷？

14. 簡單說明何謂行動行銷？

15. 根據我國的法律，網路拍賣需要課稅嗎？若純粹是拍賣自己的二手產品，那麼會被課稅嗎？

資訊系統

11-1 企業的組織層級

企業是由不同的組織層級與特定的功能所組成,在企業的組織層級中,大致上可以分成**管理者** (managers) 與**工作者** (workers) 兩種類型,而管理者又可以分成**高階主管、中階主管**與**作業主管**,工作者又可以分成**知識工作者、資料工作者**與**生產工作者**,其中知識工作者通常是和中階主管一起工作,而資料工作者與生產工作者通常是和作業主管一起工作。層級愈高,人數就愈少,呈現金字塔狀 (圖 11.1)。

管理者的工作目標如下:

● **規劃** (plan):制定企業的短程、中程及長程目標。

● **組織** (organize):決定企業如何使用人力、機器、資訊、金錢等資源。

● **招募** (staffing):聘僱及訓練員工。

● **指導** (direct):指導員工完成工作,達到企業的目標。

● **控管** (control):控管員工的工作進度及品質。

高階主管 (senior managers) 的工作目標著重於「規劃」,比方說,為了因應行政院推展觀光,舉家出遊風氣日盛,於是汽車公司的高階主管將拓展休旅車生產線列入營運目標之一;**中階主管** (middle managers) 的工作目標著重於「組織」和「招募」,比方說,既然汽車公司的營運目標之一是要拓展休旅車生產線,所以中階主管必須結合研發、設計及製造等人力來組成這條生產線,同時評估相關成本;**作業主管** (operational managers) 的工作目標著重於「指導」和「控管」,比方說,汽車公司的作業主管必須指導及控管員工進行零件生產、焊接、塗裝、檢測等工作。

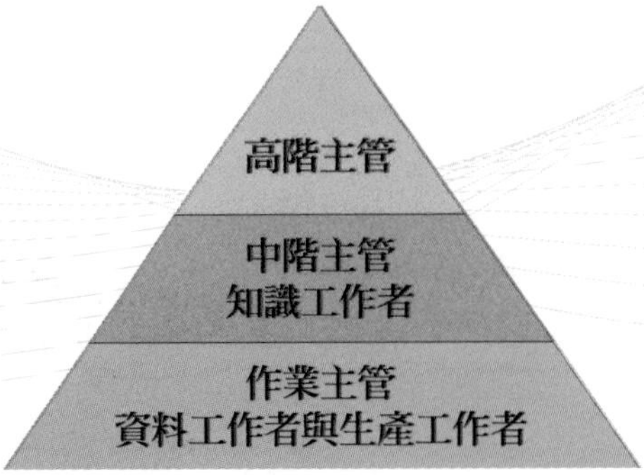

圖 11.1 企業的組織層級

知識工作者 (knowledge workers) 負責創新產品與服務，例如科學家、工程師、設計師、分析師、建築師、律師、研發人員等；**資料工作者** (data workers) 負責處理資料與檔案，例如秘書、會計、辦公人員、繪圖人員等；**生產工作者** (production workers) 負責製造產品與服務，例如技工、作業人員、包裝人員、品管人員等。

此外，企業通常包括下列的功能性部門：

● **財務會計** (finance)：處理金錢相關事宜，包括總帳、應收付帳款、現金管理、固定資產、稅務會計、成本會計、財務報告等。

● **人力資源** (human resource)：管理人事，包括聘僱及訓練員工、生涯規劃、薪資、福利、績效審核等。

● **生產製造** (manufacturing)：製造產品與服務。

● **業務行銷** (marketing)：宣傳及銷售產品與服務。

● **資訊服務** (information service)：管理電腦化資訊系統。

圖 11.2　企業是由各種人員所組成 (圖片來源：ASUS)

11-2 資訊系統的架構

根據《Management Information Systems》一書的定義，**資訊系統** (IS，Information System) 是一組相互關聯的元件，負責蒐集、處理、儲存及散布資訊，以支援企業的決策與控管，同時資訊系統亦可協助管理者與工作者分析問題，重塑工作流程，創新產品與服務。

圖 11.3 是資訊系統的架構，企業的資訊是由資訊系統中的「輸入」、「處理」、「輸出」等三個活動所產生：

● **輸入** (input)：從企業內部或外界環境蒐集所得、尚未整理的人、事、時、地、物等資料。

● **處理** (processing)：將蒐集所得、尚未整理的資料轉換成有價值的資訊。

● **輸出** (output)：將處理完畢的資訊提供給有需要的人員或活動。

此外，資訊系統還必須具有**回饋** (feedback) 的功能，可以將部分輸出的資訊送回給企業內部人員進行評估或修正輸入。

資訊系統並不純粹是電腦科學，而是涵蓋了諸多領域，包括作業研究、管理學、經濟學、社會學、心理學等。所謂**管理資訊系統** (MIS，Management Information System) 指的是針對企業所設計的**電腦化資訊系統** (CBIS，Computer Based Information System)，以電腦為主要工具，包括硬體、軟體、資料庫、網路通訊、雲端運算、人工智慧、大數據分析等技術，目的是提升企業的競爭力、效率與獲利。

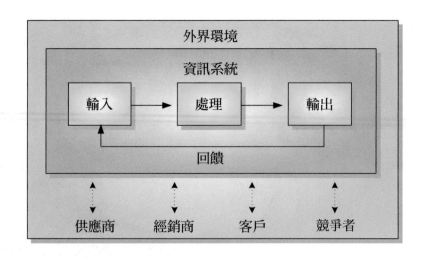

圖 11.3 資訊系統的架構 (資料來源：Management Information Systems, Laudon)

資訊部落

資料、資訊與資訊系統

資料 (data) 是尚未處理的文字、圖形、聲音、視訊等，例如以鍵盤所輸入的文字、以數位相機或手機所拍攝的照片，以數位攝影機所拍攝的影片，以麥克風所錄製的聲音等，均屬於資料 (圖 11.4(a))。

資訊 (information) 是已經處理的文字、圖形、聲音、視訊等，例如速食店將每位工讀生的工作時數、時薪輸入電腦，然後經過運算，得到每位工讀生的薪資，這份薪資就是屬於資訊；又例如以數位相機所拍攝的照片經過合成並題字，然後列印出來，該列印稿就是屬於資訊 (圖 11.4(b))。

對許多企業來說，他們可能非常擅長蒐集大量資料，卻不見得能夠從這些資料獲得幫助，其中的關鍵在於能否將資料轉換成有價值的資訊，所謂的「有價值」包括「正確性」(資訊是否可信？)、「時效性」(資訊是否夠新？)、「方便性」(資訊是否容易取得？)、「重要性」(資訊是否影響決策？)、「關聯性」(資訊是否與目前情況相關？)、「珍貴性」(資訊是否機密？) 等，而**資訊系統** (information system) 的主要任務之一就是將資料轉換成有價值的資訊。

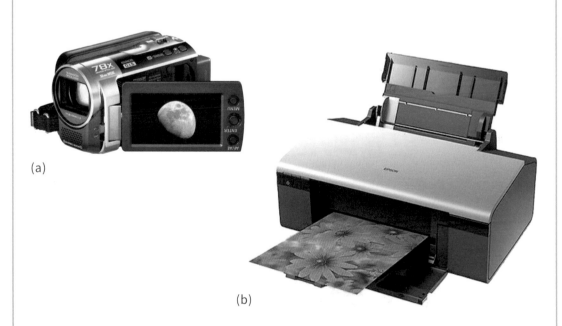

(a)

(b)

圖 **11.4** (a) 數位攝影機所拍攝的影片屬於資料 (圖片來源：Panasonic)
(b) 印表機的列印稿屬於資訊 (圖片來源：EPSON)

11-3 資訊系統的重要性

您只要觀察人們的日常生活和企業的經營模式，很容易就能看到無所不在的資訊科技與系統，例如：

● 在大眾運輸工具上、在公共場所中、在家庭或辦公室裡，許多人透過行動裝置無線上網，傳送即時訊息、電子郵件、瀏覽網頁、貼文、打卡、照相、錄音、錄影、直播、查地圖、查路況、玩遊戲、遠距教學、遠距工作、視訊會議、視訊看診等。

● 企業利用線上協同作業和社群網站改善知識分享及團隊合作流程，或經營粉絲專頁、官方帳號和影音頻道，維繫與顧客的關係。

● 行動網路平台提升了企業的決策效率與回應顧客的速度。

● 愈來愈多企業與個人擁有自己的網站，進而活絡了電子商務與行動商務，並令網路廣告快速成長。

● 報章雜誌的訂閱率急遽下滑，取而代之的是多元化的部落格與線上新聞、線上影片等，部落格甚至成為孕育新作家的溫床。

接下來我們將進一步從全球化經濟、創新經營模式、企業組織轉變、電子商務等方面說明資訊系統的重要性。

全球化經濟

全球化經濟為企業帶來了機會與挑戰，歐美日等先進國家除了將製造業移往人力成本較低廉的新興國家，例如中國、印度、越南、泰國、印尼、馬來西亞、墨西哥等，同時也將一些非核心、低技術、低薪資的工作外包到這些國家，例如資料處理、客服中心、金融服務、AI資料標註、程式開發等。

此外，全球化經濟讓企業能夠將市場拓展到全世界，卻也面臨著來自全世界的競爭，於是就需要資訊系統協助企業控管全球業務、維繫供應商與合作夥伴、提供全球配送系統、全球協同作業、24小時在不同國家運作、快速回應市場變化、提升產能與效率、獲取競爭優勢、保有適當利潤等。

創新經營模式

在過去經濟體系是以製造業和工業為主，然而隨著資訊科技快速發展，逐漸轉變成提供資訊與知識的服務型經濟體系，發展出有別於傳統的創新經營模式，於是就需要資訊系統協助企業將資訊與知識最佳化、創新產品與服務、進行經營決策、改善顧客體驗等。

舉例來說，Netflix的出現顛覆了傳統的影片租賃模式，掀起網路電視浪潮，甚至成為有線電視的強大競爭者，它所推出的訂閱制可以讓用戶透過包月的方式無限制觀看影片與電視節目，而它所使用的推薦系統可以根據用戶的觀看習慣推薦影片，同時它還自製高品質的影集與電影來提升用戶的黏著度。

圖 11.5 資訊科技改變了人們的工作型態與社交生活 (圖片來源：ASUS、shutterstock)

企業組織轉變

傳統的企業組織屬於垂直集中式，只要遵循**標準作業程序** (SOP，Standard Operating Procedures)，就可以生產大量產品與服務；但現在企業組織趨於扁平化、分散化、數位化、自動化，於是就需要資訊系統協助企業。

企業組織所面臨的轉變包括：

● **扁平化**：愈來愈多企業放棄傳統的官僚層級進行縮編，減少中階主管與作業主管，使組織層級趨於扁平化，一來是因為高階主管可以透過資訊系統控管更多散布在全球各地的員工，二來是因為現在的員工擁有比以往更高的教育水準，能夠透過資訊系統取得足夠的資訊進行決策判斷，也能夠透過資訊系統和位於全球各地的其它員工協同作業。至於企業進行縮編的結果不僅能夠減少管理成本，同時能夠提升營運績效。

● **分散化**：為了角逐國際市場，許多跨國企業在全球各地設立辦公室或工廠，然後透過網際網路、電子郵件、視訊會議等方式，和全球各地的夥伴一起工作。比方說，台灣的製造業或電子業會在台灣保留一個較小的中央辦公室，裡面可能只有業務部門或研發部門，業務人員在台灣接單，研發人員在台灣設計產品，所接的訂單及所設計的藍圖則轉往設立於中國或東南亞的工廠進行大量生產。

另外還有一種稱為**虛擬組織** (virtual organization) 的企業，以圖 11.7 為例，虛擬組織並不是實際存在的企業，而是透過網路及創意建立行銷公司、製造公司、物流公司、財務公司與顧客之間的連線。在虛擬組織中，行銷公司是一家獨立的企業，負責推廣產品，有了顧客訂單後，製造公司又是另一家獨立的企業，負責根據訂單進行生產，然後透過獨立的物流公司及財務公司將產品送給顧客並收取費用。

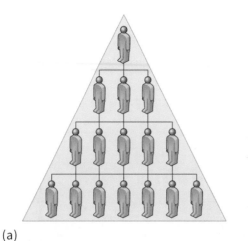

(a)

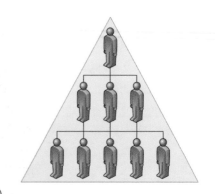

(b)

圖 **11.6** (a) 傳統的組織層級較複雜　(b) 扁平化的組織層級較精簡

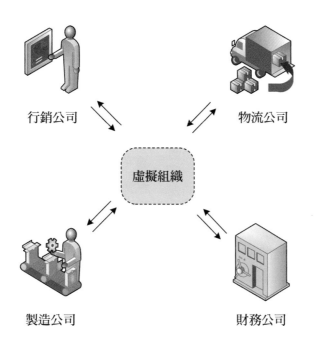

行銷公司

物流公司

虛擬組織

製造公司

財務公司

圖 11.7　虛擬組織結合了不同的企業

● **數位化** (digitalization)：企業的數位化泛指三個方面，首先是**企業關係** (business relationships) 數位化，也就是企業與供應商、經銷商、員工或顧客之間的關係均以數位化的方式來維繫，比方說，以數位化網路連接企業與供應商，提升原料供應及產品製造的效率；以數位化網路連接企業與經銷商，讓庫存管理及銷售業績更精準；以數位化網路連接企業與員工，增進知識分享及團隊合作；以數位化網路連接企業與顧客，提供個人化服務及增加顧客滿意度。

其次是**企業流程** (business processes) 數位化，也就是企業的研發、製造、行銷等流程均以數位化的方式來達成。

最後是**企業資產** (business assets) 數位化，也就是企業的財務、產品、服務、人力資源、知識、專利、智慧財產權、商標、營業祕密等資產均以數位化的方式來管理。

在過去，諸如音樂、電影、書籍、圖像、繪畫、科學發明、軟體程式等創意為了透過實體通路進行傳銷，通常會以錄音帶、錄影帶、光碟或印刷品等實體媒介的形式發售，而在數位化的世界中，創意則被大量的數位化。雖然這有助於其散布銷售，卻也面臨著更容易被盜版的風險，於是如何保護企業的創意，以及如何做才不會侵犯他人的創意，便成了企業不容忽視的重要課題。

- **自動化**：自動化工作流程取代傳統的人力工作流程，使得企業對於生產工作者的需求減少，但對於電腦系統、通訊系統、工程師、設計師等知識與資料工作者的需求則相對增加。

- **客製化** (customization)：21 世紀是標榜個人風格的時代，愈來愈多不追求流行、不愛名牌，但求做自己的逆流行消費者，使得市場區隔逐漸消失，企業再也不能粗略地以性別、年齡或收入劃分消費者，而是得依照不同顧客的需求，量身打造專屬的產品與服務，以展現顧客的個性及品味，此時，能夠幫忙抓住主顧客、進行客製化行銷的資訊系統就更重要了。

電子商務

電子商務並不侷限於透過網際網路或其它相關的資訊科技銷售產品與服務，還涵蓋了廣告、議價、配送、收付款等活動。根據經濟部網際網路商業應用計劃的定義，電子商務的精神乃是運用資訊科技，同時藉由企業流程改造，達到降低成本、提升效率、增加顧客滿意度的目標。多數企業已經將電子商務納入組織發展計劃，而資訊系統正是企業發展電子商務的重要基礎。

圖 11.8　無論是汽車或資訊產業，對於工程師與設計師的需求比以往更高 (圖片來源：ASUS)

11-4 資訊系統的類型

誠如前面所言,企業是由不同的組織層級所組成,因而需要不同的資訊系統來支援各個管理層級的決策,例如**交易處理系統** (TPS) 與**電子資料處理** (EDP) 可以協助作業主管維持企業的基本活動及日常交易;**管理資訊系統** (MIS) 與**決策支援系統** (DSS) 可以協助中階主管監控企業的營運情況及制定非例行性決策;**主管支援系統** (ESS) 可以協助高階主管制定企業的短程、中程及長程目標或其它非例行性決策。

此外,企業還需要導入**企業應用系統** (enterprise application) 來協調跨層級與跨企業的流程,常見的有**企業資源規劃** (ERP)、**供應鏈管理** (SCM)、**顧客關係管理** (CRM)、**知識管理** (KM) 等,其中**知識管理系統**又分成**整體企業知識管理系統**、**知識工作系統** (KWS) 與**智慧技術** (例如資料探勘、專家系統、機器學習、深度學習、生成式 AI、機器人、電腦視覺等),以下有進一步的說明。

11-4-1 交易處理系統 (TPS) 與電子資料處理 (EDP)

交易處理系統 (TPS,Transaction Processing System) 與**電子資料處理** (EDP,Electronic Data Processing) 泛指利用電腦化的系統來執行並記錄企業的基本活動及日常交易,例如產能、庫存、訂單、銷售業績、帳款、薪資、員工出勤記錄等。這是企業內部最基本的系統,也是企業內部其它系統的資料來源。

作業主管可以透過 TPS 或 EDP 維持企業的基本活動及日常交易,而中高階主管可以透過 TPS 或 EDP 監控企業的內部作業,並瞭解企業與外界環境的關係。一旦 TPS 或 EDP 無法正常運作,企業可能會因此停擺,試想,若高鐵的訂票系統當機,將會給高鐵和旅客帶來多大困擾。

不同部門的 TPS 或 EDP 各異,例如:

- 財務會計部門的 TPS 或 EDP 可能要處理損益表與資產負債表等報表的總帳、應收付帳款、現金管理、固定資產、稅務會計、成本會計、財務報告、預算審核、薪資計算、勞健保費用、退休金提撥等資訊。

- 人力資源部門的 TPS 或 EDP 可能要處理員工身家調查、訓練課程、生涯規劃、出勤補助、薪資制度、福利系統、績效審核等資訊。

- 生產製造部門的 TPS 或 EDP 可能要處理零件庫存、進貨、出貨、機器維修、生產排程、原料採購、組裝、品管、運輸等資訊。

- 業務行銷部門的 TPS 或 EDP 可能要處理市場調查、行銷計劃、促銷活動、報價、簽約、訂單處理等資訊。

- 資訊服務部門的 TPS 或 EDP 可能要處理電腦軟硬體採購、安裝、維修與升級、網路管理、安全設定、技術支援等資訊。

11-4-2 管理資訊系統(MIS)

管理資訊系統 (MIS，Management Information System) 可以將來自企業內部 TPS 或 EDP 的資訊 (例如產能、庫存、訂單、銷售業績等)，彙整成每年、每季、每月或每週的定期資訊及報表給中階主管參考 (圖 11.9)，以監控企業的營運情況，並預測未來的績效，例如 MIS 報表可以列出品牌服飾今年冬季發熱衣的銷售統計給中階主管評估業績達成率，並進一步預測明年的目標，然後根據庫存調整產能。

註：有些書籍的 MIS 一詞泛指各種資訊系統，而本節的 MIS 一詞專指提供服務給中階主管的資訊系統。

11-4-3 決策支援系統(DSS)

決策支援系統 (DSS，Decision Support System) 可以將來自企業內部 MIS、TPS、EDP 的資訊及外界環境的相關資訊 (例如競爭者的產品、價位、行銷方式等)，彙整成可供分析的資訊及報表給中階主管參考，以制定非例行性決策。

相較於 MIS 彙整出來的資訊及報表是預先定義好、結構化、具有少數分析能力，DSS 彙整出來的資訊及報表則具有高度分析能力，使用者只要更改假設，DSS 就會根據新的假設做出評估，例如在顧客指定數量及預算的前提下，該使用哪些材料才能爭取最大獲利；或在顧客指定數量及材料的前提下，又該提出哪種報價才能符合利潤空間。

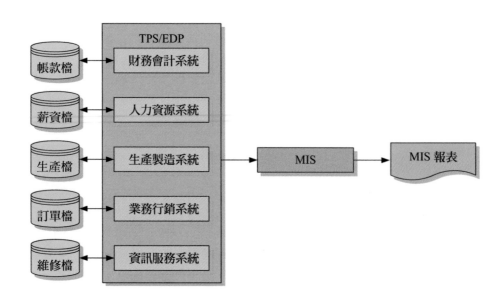

圖 11.9 MIS 可以將來自企業內部 TPS 或 EDP 的資訊彙整成定期資訊及報表

11-4-4 主管支援系統 (ESS)

主管支援系統 (ESS,Executive Support System) 可以將來自企業內部 DSS、MIS 的資訊及外界環境的相關資訊(例如國際原料上漲、新制定的稅法或營利事業法、基本工資調漲、股價、策略聯盟等),彙整成資訊及報表給高階主管參考。和 DSS 不同的是 ESS 不僅具有高度分析能力,同時能夠指出未來趨勢,高階主管可以藉此制定企業的短程、中程及長程目標或其它非例行性決策。

11-4-5 企業資源規劃 (ERP)

早期企業的核心業務,例如財務、人事、資訊、製造、銷售等,往往是各自獨立的 TPS 或 EDP。為了減少不必要的工作流程與文書往返,企業開始導入**企業資源規劃** (ERP,Enterprise Resource Planning),以重建或整合多個交易程序。

典型的 ERP 會從企業內部蒐集各種交易程序的交易資料,轉換並儲存於單一的資料庫或資料倉儲,讓企業的不同部門可以共享這些資料,有效協助企業降低成本、即時反應、產銷協調、改善顧客服務、加快交貨速度、管理現金流動(圖 11.10)。

舉例來說,當顧客下訂單時,ERP 會將資訊自動送往相關的部門,包括業務部會被通知要處理訂單,工廠會被通知要生產貨物並出貨,財務部會被通知要向顧客寄送發票並收款等。

不過,ERP 的規劃與建置相當複雜,必須花費許多成本,包括軟硬體更新、教育訓練等,因此,有些企業並不會全面導入 ERP,而是採取逐步更新的方式,以降低風險及成本。

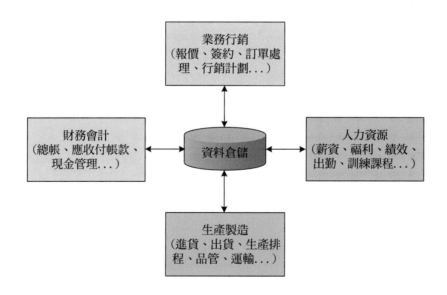

圖 11.10 ERP 會透過統一的資料倉儲讓不同部門共享資料

11-4-6 供應鏈管理 (SCM)

供應鏈 (supply chain) 指的是產品或服務從原料開始，進行生產、配送、銷售到交付給顧客的過程，包括從供應商、製造商、批發商、零售商到顧客之間的資訊流、物流、金流等方面的活動與關係，而**供應鏈管理** (SCM，Supply Chain Management) 可以協助供應鏈的各個環節分享原料採購、訂單內容、生產計畫、庫存、物流配送、財務等相關資訊，進而提升產品或服務的品質、降低成本、減少庫存、增加獲利。

11-4-7 顧客關係管理 (CRM)

顧客關係管理 (CRM，Customer Relationship Management) 指的是企業透過資訊科技與各種管道（例如電話、電子郵件、網站、臉書粉絲專頁、LINE 官方帳號、實體商店等），蒐集顧客的資料（例如基本資料、交易記錄、客戶服務、商品評論、活動回應、問卷調查等），然後加以分析，找出顧客的購買偏好，掌握與顧客接觸的機會，進而促使顧客購買產品或服務。

CRM 顛覆了傳統以產品為核心的行銷方式，改以顧客為核心。這種轉變導因於產品通路縮短（由批發演變為零售或直銷）及 20/80 法則 (80% 的獲利來自 20% 的顧客)。有了 CRM，企業便能抓住主顧客，提供個人化行銷，強化服務品質並塑造企業形象。

11-4-8 知識管理 (KM)

知識 (knowledge) 指的是有價值的資訊，也就是經過整理、比較、聯想、討論、價值判斷或經驗累積後所萃取的資訊，而**知識管理** (knowledge management) 是用來挖掘、儲存、傳播與應用知識的企業流程。

知識管理系統又分成下列三種類型：

● **整體企業知識管理系統** (enterprise-wide knowledge management system)：所有員工基於通用的目的，合力挖掘、儲存、傳播與應用知識，進而提升企業的效率、競爭力和創新能力。這種系統包括知識庫、搜尋引擎、社群平台、企業內容管理系統、學習管理系統等不同的工具，可以促進員工之間的知識分享與協同作業。

● **知識工作系統** (KWS，Knowledge Work System)：這是協助知識工作者挖掘新知識的系統，第 11-4-10 節有進一步的說明。

● **智慧技術** (intelligent techniques)：包括資料探勘、專家系統、機器學習、深度學習、生成式 AI、機器人、電腦視覺等技術，以挖掘知識、萃取知識並解決問題，第 11-4-11 節會介紹專家系統。

11-4-9 辦公室自動化系統 (OAS)

辦公室自動化系統 (OAS，Office Automation System) 通常涵蓋了文書處理、試算表、資料庫管理、投影片製作、電子郵件、視訊會議、工作排程等相關的軟硬體。諸如秘書、會計、辦公人員、繪圖人員等資料工作者，以及科學家、工程師、設計師、分析師、建築師、律師、研發人員等知識工作者，都需要 OAS，以提升他們在辦公室的生產力 (圖 11.11)。

圖 11.11 Microsoft Office 是相當普遍的辦公室自動化系統 (OAS)

11-4-10 知識工作系統 (KWS)

除了辦公室自動化系統 (OAS) 之外，知識工作者還需要**知識工作系統** (KWS，Knowledge Work System)，以協助他們挖掘新知識，將新知識應用至企業，創新產品與服務。KWS 通常涵蓋了科學、數學、醫學、工程、財務或繪圖專用的工作站和相關的軟體，例如設計師可以使用**電腦輔助設計系統** (CAD，Computer-Aided Design) 快速繪製產品設計圖，財務分析師可以使用投資工作站快速找到即時和歷史的市場資訊及研究報告，令顧客的投資流程更加精準與順暢。

11-4-11 專家系統 (ES)

專家系統 (ES，Expert System) 指的是讓電腦從蒐集豐富的資料庫中擷取資料，進而成為某個領域的專家，例如法律、會計、醫療、財務、金融等。舉例來說，假設我們將心臟方面的知識蒐集成電腦的資料庫，日後只要輸入病情徵兆的描述，電腦就可以從資料庫中進行資料比對，將相關的病因、名稱及用藥詳列出來，成為心臟醫學方面的專家系統。

專家系統不僅擁有專家的知識與經驗,而且能夠模仿專家的推理方式,針對特定領域的問題提供建議或解答。一個完整的專家系統包括下列三個元件(圖 11.12):

- **知識庫**:這是由知識工程師與專家進行訪談,擷取其知識與經驗後,所建立的知識經驗法則。

- **推理引擎**:這是根據知識庫的知識經驗法則進行推理,以提供建議或解答。

- **使用者介面**:這是讓使用者與專家系統互動的介面,以描述問題、提供建議或解答。

專家系統的優點是節省成本(聘請人類專家往往所費不貲)、沒有時間限制(人類專家無法 24 小時工作)、沒有區域限制、可靠度高、容易傳播;缺點則是缺乏人類專家所具有的彈性、創造力及規劃力,一旦碰到超出其知識領域的問題將無能為力。

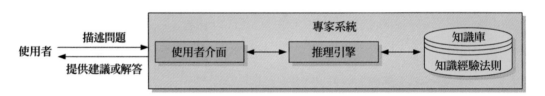

圖 11.12 專家系統的架構

11-4-12 設計暨製造自動化資訊系統(CAD、CAM、CIM)

設計暨製造自動化相關的資訊系統泛指下列三種:

- **電腦輔助設計**(CAD,Computer-Aided Design):這是產品的設計人員透過電腦和輔助設計軟體在螢幕上設計產品規格,例如手機、汽車、飛機、家電等,有需要的話,還可以放大、縮小、傾斜、旋轉、儲存或列印,同時 CAD 能夠提升協同設計效率,因為設計團隊中的每個人均能存取一致的產品規格。

- **電腦輔助製造**(CAM,Computer-Aided Manufacturing):這是產品的製造人員透過電腦和輔助製造軟體將製造過程予以自動化,CAM 能夠從 CAD 取得產品規格、規劃製程、控制生產線並檢測品質,以提升製造效率。

- **電腦整合製造**(CIM,Computer-Integrated Manufacturing):這是一門整合 CAD、CAM 和其它資訊系統的管理哲學,也就是使用電腦整合設計產品規格、規劃製程、控制生產線、檢測品質等與設計製造相關的活動。

本·章·回·顧

- 在企業的組織層級中，大致上可以分成**管理者** (managers) 與**工作者** (workers) 兩種類型，而管理者又可以分成**高階主管、中階主管**與**作業主管**，工作者又可以分成**知識工作者、資料工作者**與**生產工作者**。

- 企業通常包括**財務會計** (finance)、**人力資源** (human resource)、**生產製造** (manufacturing)、**業務行銷** (marketing) 與**資訊服務** (information service) 等功能性部門。

- **資訊系統** (IS，Information System) 是一組相互關聯的元件，負責蒐集、處理、儲存及散布資訊，以支援企業的決策與控管。

- 企業的資訊是由資訊系統中的「輸入」、「處理」、「輸出」等三個活動所產生，而且資訊系統還必須具有「回饋」的功能。

- 全球化經濟、創新經營模式、企業組織轉變、電子商務等商業變遷突顯了資訊系統的重要性，其中企業組織所面臨的轉變包括層級扁平化、工作地點分散化、數位化、自動化、客製化等。

- **交易處理系統** (TPS) 與**電子資料處理** (EDP) 可以協助作業主管維持企業的基本活動及日常交易；**管理資訊系統** (MIS) 與**決策支援系統** (DSS) 可以協助中階主管監控企業的營運情況及制定非例行性決策；**主管支援系統** (ESS) 可以協助高階主管制定企業的短程、中程及長程目標或其它非例行性決策。

- **企業應用系統** (enterprise application) 可以用來協調跨層級與跨企業的流程，常見的有**企業資源規劃** (ERP)、**供應鏈管理** (SCM)、**顧客關係管理** (CRM)、**知識管理** (KM) 等，其中**知識管理系統**又分成**整體企業知識管理系統、知識工作系統** (KWS) 與**智慧技術**。

學·習·評·量

一、選擇題

( )1. 在資訊系統的架構中,下列何者可以將蒐集所得、尚未整理的資料轉換成有價值的資訊?
A. 輸入
B. 輸出
C. 處理
D. 回饋

( )2. 在資訊系統的架構中,下列何者可以將部分輸出的資訊送回給企業內部人員進行評估或修正輸入?
A. 輸入
B. 輸出
C. 處理
D. 回饋

( )3. 下列哪種資訊系統可以產生每年、每季、每月或每週的定期資訊及報表,協助中階主管評估業績達成率並預測明年的目標?
A. 管理資訊系統 (MIS)
B. 決策支援系統 (DSS)
C. 主管支援系統 (ESS)
D. 企業資源規劃 (ERP)

( )4. 下列哪種資訊系統的主要功能是維持企業的基本活動及日常交易?
A. 管理資訊系統 (MIS)
B. 決策支援系統 (DSS)
C. 專家系統 (ES)
D. 交易處理系統 (TPS)

( )5. 企業的數位化不包括下列哪個方面?
A. 企業關係
B. 企業流程
C. 企業資產
D. 企業形象

( )6. 下列哪種資訊系統可以協助知識工作者挖掘新知識?
A. 辦公室自動化系統 (OAS)
B. 知識工作系統 (KWS)
C. 電腦輔助製造 (CAM)
D. 企業資源規劃 (ERP)

( ) 7. 下列哪種資訊系統可以協助企業抓住主顧客？

    A. 供應鏈管理 (SCM)

    B. 顧客關係管理 (CRM)

    C. 知識管理 (KM)

    D. 企業資源規劃 (ERP)

( ) 8. 下列關於 ERP（企業資源規劃）、SCM（供應鏈管理）、CRM（顧客關係管理）三者對於企業的重要性及彼此之間的關係，哪個敘述錯誤？

    A. 三者必須相輔相成才能提升經營效率

    B. 對於企業內部而言，必須加強 ERP 以鞏固核心競爭力

    C. 三者的關係是「顧客 ⇄ SCM ⇄ ERP ⇄ CRM ⇄ 供應商」

    D. 對於企業外部而言，必須加強 SCM 和 CRM

( ) 9. 下列何者不是專家系統的優點？

    A. 節省成本

    B. 隨機應變

    C. 沒有時間限制

    D. 沒有區域限制

( ) 10. 下列哪種資訊系統可以管理上游的供應商與下游的顧客之間的鏈結程序？

    A. 供應鏈管理 (SCM)

    B. 顧客關係管理 (CRM)

    C. 知識管理 (KM)

    D. 企業資源規劃 (ERP)

二、簡答題

1. 簡單說明資訊系統的架構。

2. 簡單說明企業的數位化泛指哪三個方面？

3. 簡單說明何謂交易處理系統 (TPS)？

4. 簡單說明何謂管理資訊系統 (MIS) 與決策支援系統 (DSS)？兩者主要的差別為何？

5. 簡單說明企業通常包括哪些功能性部門？其所負責的事項為何？

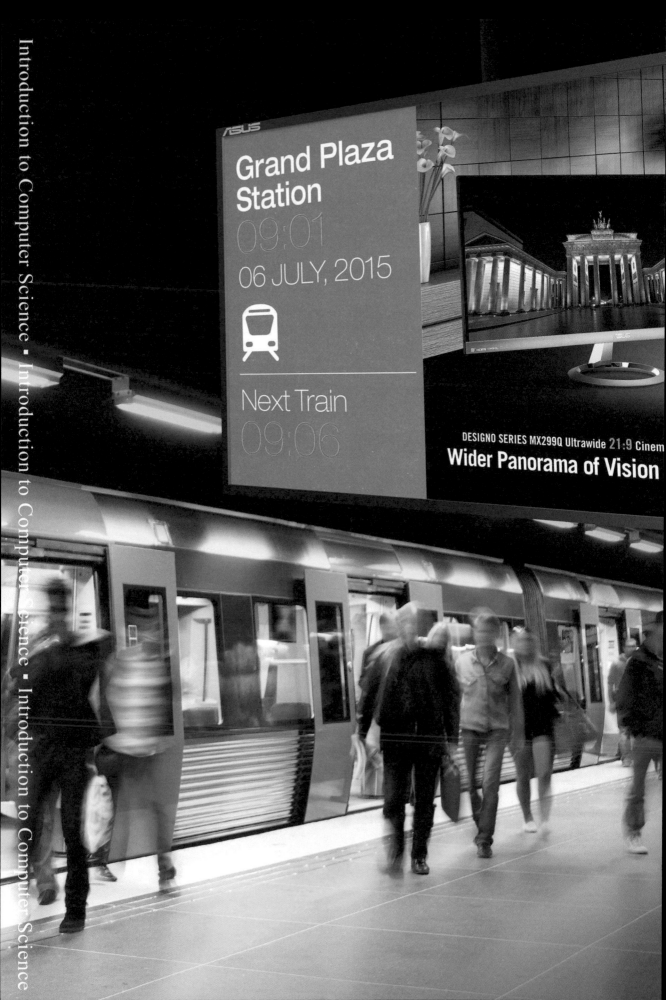

CHAPTER

12

資料庫與大數據

12-1 資料的階層架構

早期人們是透過紙張表格和檔案櫃來管理資料，所有資料都是由文字、數字、符號等字元所組成，而在電腦普及後，資料管理的概念亦隨之改變，因為在電腦世界中，資料不再是單純的字元，而是包含如圖 12.1 的階層架構。

圖 12.1　資料的階層架構

● **位元** (bit)：位元是電腦的資料基本單位。

● **字元** (character)：字元是使用一個位元組來表示的資料，例如英文字母、阿拉伯數字、符號等。

● **欄位** (field)：欄位是使用者存取資料的最小單位，由一個或多個字元所組成。欄位均有唯一的**欄位名稱** (field name) 做為識別，**欄位大小** (field size) 則是欄位最多可以包含幾個字元。由於欄位是用來存放資料，所以不同的資料會有不同的**資料類型** (data type)，例如文字、數字、貨幣、日期 / 時間、備忘、是 / 否、自動編號、超連結、物件等。

● **記錄** (record)：記錄是由一個或多個欄位所組成，以圖 12.2(a) 為例，該資料表共有 9 筆記錄，每筆記錄各有 7 個欄位，欄位名稱為「識別碼」、「姓氏」、「名字」、「電子郵件地址」、「商務電話」、「公司」、「職稱」，而圖 12.2(b) 則是各個欄位的欄位內容，包括欄位名稱、資料類型、欄位大小、驗證規則等。每筆記錄內可能有一個唯一的欄位做為識別，例如圖 12.2(a) 的「識別碼」欄位是唯一的，可以用來識別所有記錄，該欄位稱為**主鍵** (primary key) 或**鍵欄位** (key field)。

● **檔案** (file)：檔案又分成**資料檔案** (data file) 與**程式檔案** (program file)，前者是一個或多個記錄的集合，而後者是用來開啟資料檔案的程式。

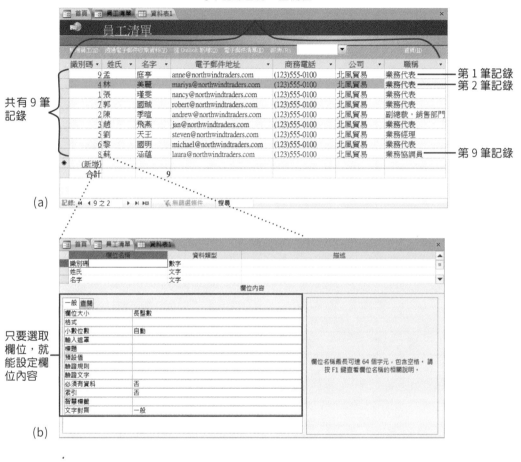

圖 12.2 (a) 記錄是由一個或多個欄位所組成 (b) 每個欄位有各自的欄位內容

● **資料庫** (database)：資料庫是一個或多個資料檔案的集合，適合用來存放格式固定與邏輯相關的資料，以進行自動化管理、快速查詢及統計，例如選課資料、客戶資料、訂單資料等。

我們將用來操作與管理資料庫的軟體稱為**資料庫管理系統** (DBMS，DataBase Management System)，例如 Microsoft Access、SQL Server、Oracle Database、IBM Db2、MySQL、MariaDB 等。透過 DBMS，使用者可以對資料進行定義、建立、處理與共享，其中**定義** (defining) 是指明資料類型、結構及相關限制，**建立** (constructing) 是輸入並儲存資料，**處理** (manipulating) 是包括查詢、新增、更新、刪除等動作，而**共享** (sharing) 是讓多個使用者同時存取資料庫。

生活中有許多事物可以透過 DBMS 來做管理，例如學校的選課系統、公司的進銷存系統、圖書館的圖書目錄、醫療院所的病歷系統等，只要存放在資料庫，就可以透過 DBMS 的查詢、報表等功能進行處理，而且 DBMS 還具有維護資料、保護資料安全性及完整性的功能。

下面是一個例子，這是一個**關聯式資料庫** (relational database)，也就是資料庫內包含數個**資料表** (table)，而且資料表之間會有共通的欄位，使資料表之間產生關聯。假設關聯式資料庫內有如下的四個資料表，名稱為「學生資料」、「國文成績」、「數學成績」、「英文成績」，其中「座號」欄位為共通的欄位。

座號	姓名	出生年月日	通訊地址
11	小丸子	2000/1/1	台北市羅斯福路三段 9 號 9 樓
12	花輪	2001/5/6	台北市師大路 20 號 3 樓
13	藤木	2000/12/20	台北市溫州街 42 巷 7 號之 1
14	小玉	2001/3/17	台北市龍泉街 3 巷 12 弄 28 號
15	丸尾	2000/8/11	台北市金門街 100 號 5 樓

座號	國文分數		座號	數學分數		座號	英文分數
11	80		11	75		11	82
12	95		12	100		12	97
13	88		13	90		13	85
14	98		14	92		14	88
15	93		15	97		15	100

有了這些資料表，我們就可以使用 DBMS 進行查詢，例如座號 15 的學生叫什麼、英文分數高於 90 的有哪幾位、將數學分數由高至低排列等。此外，透過共通的欄位還可以產生新的資料表，例如結合「學生資料」、「國文成績」、「數學成績」、「英文成績」等資料表，進而產生如下的「總分」資料表。

座號	姓名	總分	通訊地址
11	小丸子	237	台北市羅斯福路三段 9 號 9 樓
12	花輪	292	台北市師大路 20 號 3 樓
13	藤木	263	台北市溫州街 42 巷 7 號之 1
14	小玉	278	台北市龍泉街 3 巷 12 弄 28 號
15	丸尾	290	台北市金門街 100 號 5 樓

12-2 資料庫模式

資料庫模式 (database model) 指的是資料庫存放資料所必須遵循的規則與標準，資料庫通常是根據特定的資料庫模式所設計，例如階層式 (heirarchical)、網狀式 (network)、關聯式 (relational)、物件導向式 (object-oriented) 等，有些資料庫則是結合了關聯式和物件導向式的特點，屬於物件關聯式 (object-relational)，另外還有 NoSQL 資料庫泛指非關聯式資料庫。

12-2-1 階層式資料庫

階層式資料庫 (hierarchical database) 是以樹狀結構的形式呈現，每個實體都只有一個父節點，但可以有多個子節點，就像父親與子女的關係一樣。以圖 12.3 為例，Department 節點只有一個父節點 Company，但有兩個子節點 Employee 和 Job。

12-2-2 網狀式資料庫

網狀式資料庫 (network database) 是根據 CODASYL DBTG (COmputer DAta SYstems Language DataBase Task Group) 提出的網狀模式所設計，以有向圖形結構的形式呈現，每個實體可以有多個子節點，也可以有多個父節點，同時使用存取路徑表示資料之間的鏈結。

以圖 12.4 為例，裡面總共有三個節點 Production、Store、Manufacturer 和兩個鏈結 S-P、M-P，其中 Production 節點有兩個父節點 Store 和 Manufacturer，而鏈結 S-P 指的是節點 Store 鏈結到節點 Production，代表商店與商品之間的銷售關係，鏈結 M-P 指的則是節點 Manufacturer 鏈結到節點 Production，代表製造廠商與商品之間的生產關係。

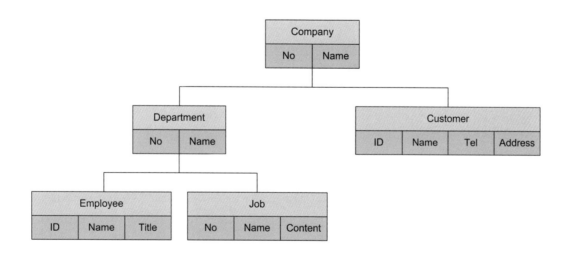

圖 12.3 階層式資料庫

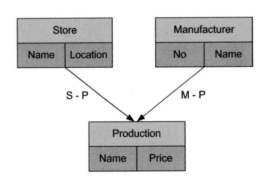

圖 12.4 網狀式資料庫

12-2-3 關聯式資料庫

關聯式資料庫 (RDB，Relational DataBase) 是以由列與行所構成的**資料表** (table) 來存放資料，每個橫列稱為**記錄** (record) 或**實體** (entity)，代表真實世界中的一個物件，例如公司的員工、部門或專案；而每個直行稱為**欄位** (field) 或**屬性** (attribute)，代表實體的特徵，例如員工的編號、姓名或職稱。

不同的資料表之間會有共通的欄位，使資料表之間產生**關聯** (relation)，代表不同實體之間的關聯性，故資料表又稱為**關聯表** (relation table)。圖 12.5 是一個關聯式資料庫，裡面有 Company、Department、Employee、Project 等四個資料表，其中虛線指示的部分為共通的欄位。

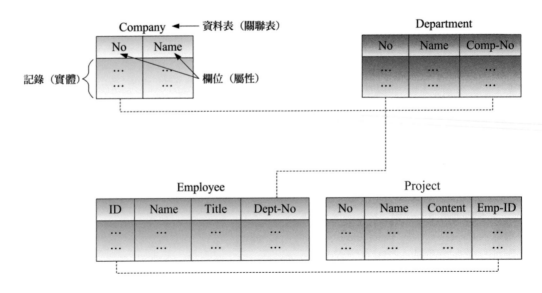

圖 12.5 關聯式資料庫

關聯式資料庫管理系統稱為 RDBMS (Relational DBMS)，例如 Microsoft Access、SQL Server、Oracle Database、IBM Db2、MySQL、MariaDB 等，這些 RDBMS 均支援一種叫做 SQL (Structured Query Language) 的結構化查詢語言，以進行資料擷取與資料維護。SQL 是由 IBM 公司所提出，後來美國國家標準協會 (ANSI) 與國際標準組織 (ISO) 以 IBM SQL 為基礎，制定了一套標準的關聯式資料庫查詢語言叫做 ANSI SQL。

12-2-4 物件導向式資料庫

階層式和網狀式資料庫屬於早期的資料庫系統，大約在 1960 年代中期到 1980 年代，接著在 1970 年代晚期發展出關聯式資料庫並成為主流。之後到了 1980 年代物件導向式程式語言誕生，加上多媒體、地理資訊、科學實驗、工程設計等特殊領域需要儲存新類型且結構複雜的資料，遂發展出**物件導向式資料庫** (OODB，Object-Oriented DataBase)，又稱為**物件資料庫** (ODB，Object DataBase)。

物件導向式資料庫是以物件來存放資料，而物件包含資料與用來處理資料的動作，優點是存取資料的速度較快，能夠存放更多類型的資料，包括文字、圖形、聲音、影像、空間資訊、即時資訊等，例如**地理資訊系統** (GIS，Geographical Information System) 可以存放地圖與空間資訊，應用於環境科學、都市計畫、交通運輸、GPS 導航等方面。

物件導向式資料庫管理系統稱為 **OODBMS** (Object-Oriented DBMS) 或 **ODBMS** (Object DBMS)，例如 Objectivity, Inc. 的 Objectivity、Progress Software 的 ObjectStore、Versant Object Database 等，這些 OODBMS 所支援的是一種類似 SQL 的查詢語言叫做 **OQL** (Object Query Language)。

12-2-5 NoSQL資料庫

NoSQL 資料庫泛指非關聯式資料庫，和關聯式資料庫主要的差別在於不使用 SQL 查詢語言，不使用固定欄位或格式存放資料，能夠彈性增加或縮減所管理的資料量，適合用來管理大型分散式系統的資料，能夠針對圖像、影音、網站、社群媒體等不同形式的資料進行快速檢索。

隨著雲端運算與大數據分析的興起，關聯式資料庫對於儲存巨量資料和新類型的資料逐漸顯得捉襟見肘，於是發展出數種 NoSQL 資料庫，例如 SimpleDB、MongoDB、Apache Cassandra 等，其中 Amazon Web Services 的 **SimpleDB** 是一種可用性高、靈活且可擴展的 NoSQL 資料存放區，提供了在雲端進行資料檢索與查詢的核心資料庫功能，大幅減少管理人員的負擔，而且是按儲存資料和發出要求實際使用的資源付費，成本比自行建置資料庫管理系統來得低，適合中小企業或以網站為營運模式的新創公司。

12-3 資料庫操作實例

為了讓您瞭解資料庫的實際運作，我們將使用 Microsoft Access 建立一個資料庫，裡面包含第 12-1 節的「學生資料」、「國文成績」、「數學成績」、「英文成績」等四個資料表。

12-3-1 啟動與認識Microsoft Access

請按 [開始] \ [Access]，啟動 Microsoft Access。

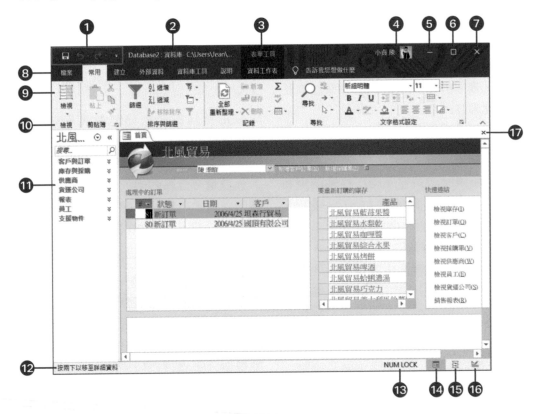

❶ 快速存取工具列	❼ 關閉按鈕	⓭ 鍵盤按鍵狀態
❷ 標題列	❽ 索引標籤	⓮ 表單檢視
❸ 關聯式索引標籤	❾ 功能區	⓯ 版面配置檢視
❹ 使用者	❿ 指令	⓰ 設計檢視
❺ 最小化按鈕	⓫ 功能窗格	⓱ 關閉目前頁面按鈕
❻ 最大化 / 還原按鈕	⓬ 狀態列	

Access 資料庫比較重要的物件如下：

● **資料表** (table)：資料表是由「列」與「欄」所組成的表格，每個橫列稱為「記錄」(record)，代表資料的實體，每個直行稱為「欄位」(field)，代表資料的特徵，例如下圖的一個橫列是一位員工，而一個直行是員工的姓氏、名字、電子郵件地址等。

● **查詢** (query)：查詢功能可以用來檢視、新增、變更、刪除或根據指定的條件顯示查詢結果，以做彙整、統計與分析，當資料表更新時，查詢結果亦會隨之更新。

● **表單** (form)：表單功能可以用來替資料庫應用程式建立使用者介面，而且表單除了連接到資料來源之外，亦能輸入、編輯或顯示資料來源的資料。您可以將表單想像成使用者查看與擷取資料庫的窗口，有效的表單不僅能避免輸入不正確的資料，同時能加快資料庫的存取，因為使用者不必辛苦搜尋所需要的項目。

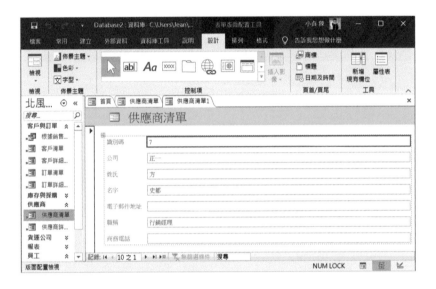

● **報表** (report)：當您要列印資料表或查詢結果時，可以直接列印出來，或使用報表功能進行列印，如此不僅能讓格式更美觀，還能在其中加入運算、圖表或其它功能，以提高可讀性。

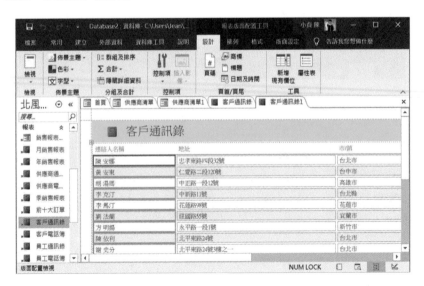

12-3-2 開啟空白資料庫

請依照如下步驟開啟空白資料庫：

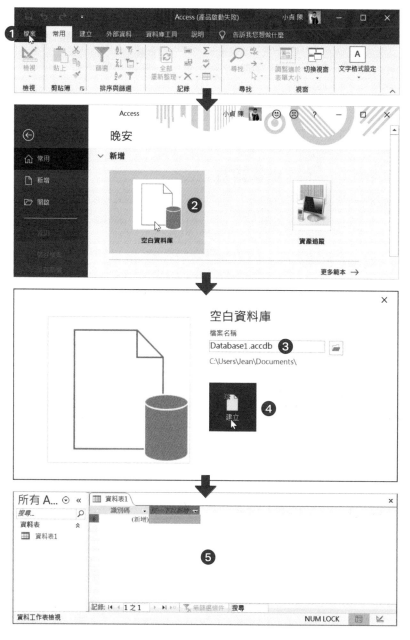

❶ 按 [檔案] 標籤　❷ 選取 [空白資料庫]　❸ 輸入檔名　❹ 按 [建立]　❺ 出現空白資料庫

12-3-3 定義資料表的欄位名稱與資料類型

請依照如下步驟定義資料表的欄位名稱與資料類型：

1. 依照下圖操作，將資料表名稱設定為「學生資料」。

❶ 按［檢視］　❷ 輸入資料表名稱　❸ 按［確定］

2. 輸入第一個欄位名稱為「座號」，然後選擇資料類型為「數字」，有需要的話，還可以設定欄位內容，此處是省略不做設定。

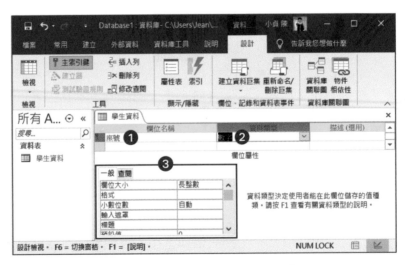

❶ 輸入欄位名稱為「座號」　❷ 選擇資料類型為「數字」　❸ 此處可以設定欄位內容

3. 依序輸入「姓名」、「出生年月日」、「通訊地址」等欄位名稱，然後選擇資料
   類型分別為「簡短文字」、「日期 / 時間」、「簡短文字」。

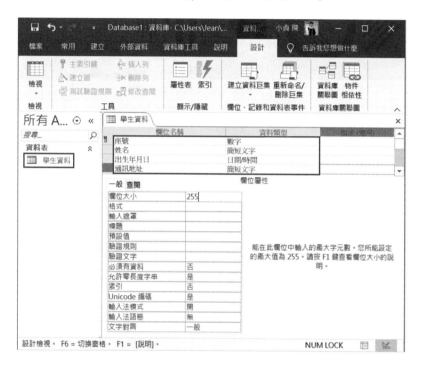

4. 在 [**建立**] 標籤頁點取 [**資料表**] 按鈕，新增一個資料表，接著仿照步驟 1.
   ～ 3. 將資料表名稱設定為「國文成績」，然後新增「座號」和「國文分數」
   兩個欄位，其資料類型均為「數字」，得到如下結果。

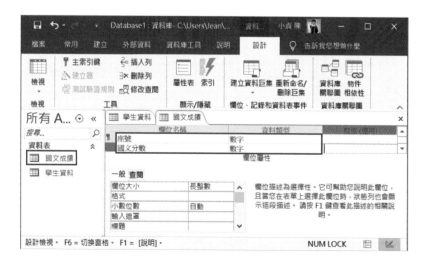

5. 在 [**建立**] 標籤頁點取 [**資料表**] 按鈕,新增一個資料表,接著仿照步驟 1.
~ 3. 將資料表名稱設定為「數學成績」,然後新增「座號」和「數學分數」
兩個欄位,其資料類型均為「數字」,得到如下結果。

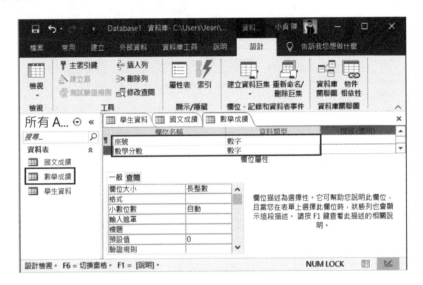

6. 在 [**建立**] 標籤頁點取 [**資料表**] 按鈕,新增一個資料表,接著仿照步驟 1.
~ 3. 將資料表名稱設定為「英文成績」,然後新增「座號」和「英文分數」
兩個欄位,其資料類型均為「數字」,得到如下結果。

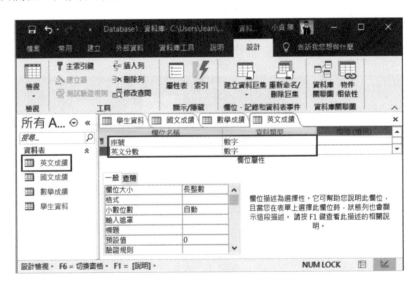

12-3-4 輸入資料表的資料

資料表建立完畢後,請依照如下步驟輸入資料:

1. 在「學生資料」資料表按一下滑鼠右鍵,選取 [**開啟**],螢幕上會出現如下對話方塊要求您儲存資料表,請按 [**是**],然後依序輸入學生的座號、姓名、出生年月日及通訊地址,得到如下結果。

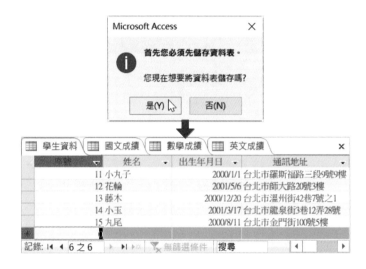

2. 仿照前述步驟輸入「國文成績」、「數學成績」、「英文成績」等資料表,得到如下結果。

12-3-5 設定關聯式資料庫

資料輸入完畢後,請依照如下步驟設定關聯式資料庫:

1. 在 [建立] 標籤頁點取 [查詢設計] 按鈕,接著在 [顯示資料表] 對話方塊中選取要建立關聯式資料庫的資料表,此處是按住 [Ctrl] 鍵選取四個資料表,然後按 [新增],再按 [關閉]。

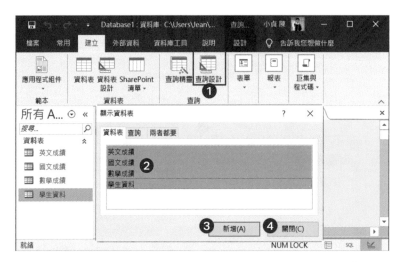

❶ 按 [查詢設計] ❷ 按住 [Ctrl] 鍵選取四個資料表 ❸ 按 [新增] ❹ 按 [關閉]

2. 出現如下的查詢視窗,裡面有步驟 1. 選取的四個資料表。

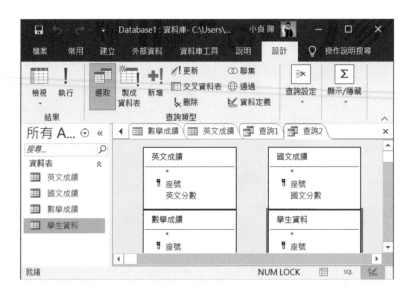

3. 由於我們希望將這四個資料表設定為關聯式資料庫，而且共通的欄位就是「座號」，所以要先建立關聯，請按住第一個資料表的「座號」欄位，拖曳到第二個資料表的「座號」欄位，就可以設定第一、二個資料表的關聯，然後仿照同樣步驟完成這四個資料庫的關聯，得到如下結果。

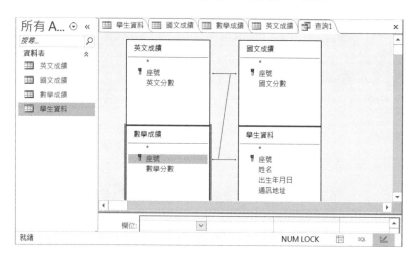

12-3-6 進行查詢

現在，我們要進行查詢，假設要產生一個包含「座號」、「姓名」、「國文分數」、「數學分數」、「英文分數」等五個欄位的資料表，其步驟如下：

1. 在第一個欄位按一下，然後從清單中選取 [**學生資料 . 座號**]，該選項表示「學生資料」資料表的「座號」欄位。

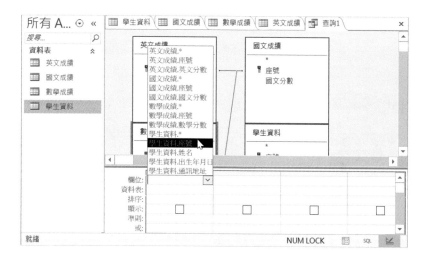

2. 在接下來的欄位中依序選取 [學生資料 . 姓名]、[國文成績 . 國文分數]、
   [數學成績 . 數學分數]、[英文成績 . 英文分數]。

3. 點取快速存取工具列的  [儲存檔案] 按鈕，在 [另存新檔] 對話方塊的 [查
   詢名稱] 欄位輸入這個查詢的名稱，例如「列出各科成績」，然後按 [確定]。

4. 在 [設計] 標籤頁點取 [執行] 按鈕，就會得到如下結果。

排序查詢

為了讓您更加熟悉查詢的技巧,我們來示範如何產生一個包含「座號」、「姓名」、「國文分數」三個欄位的資料表,而且要依照國文分數由高至低排序:

1. 在 [**建立**] 標籤頁點取 [**查詢設計**] 按鈕,接著選取「學生資料」和「國文成績」兩個資料表,然後按 [**新增**],再按 [**關閉**]。

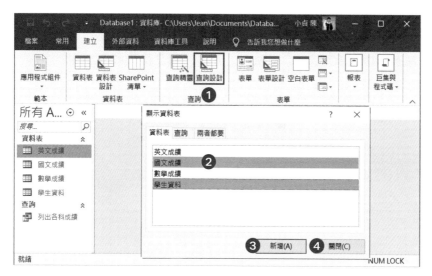

❶ 按 [查詢設計] ❷ 按住 [Ctrl] 鍵選取這兩個資料表 ❸ 按 [新增] ❹ 按 [關閉]

2. 將「座號」欄位設定為共通的欄位,並依序選取 [**學生資料.座號**]、[**學生資料.姓名**]、[**國文成績.國文分數**] 三個欄位,然後在國文分數的排序欄位按一下,從清單中選取 [**遞減**]。

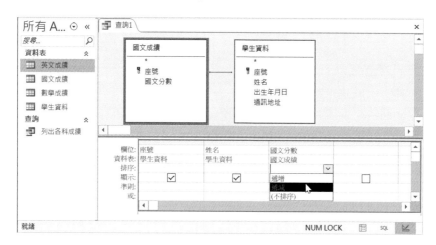

3. 點取快速存取工具列的 🖫 [**儲存檔案**] 按鈕，在 [**另存新檔**] 對話方塊的 [**查詢名稱**] 欄位輸入這個查詢的名稱，然後按 [**確定**]。

4. 在 [**設計**] 標籤頁點取 [**執行**] 按鈕，就會得到如下結果。

其它查詢

若要找出國文分數大於 90 之學生的座號、姓名及分數，可以建立如下查詢：

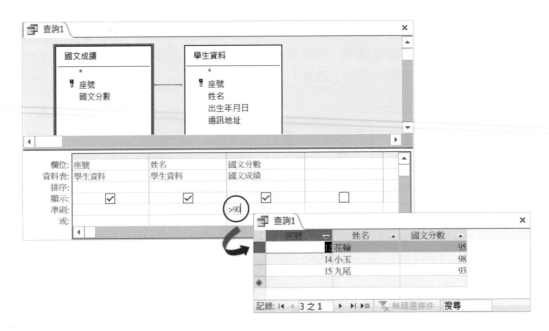

若要找出姓名以「小」開頭之學生的座號、姓名及數學分數，可以建立如下查詢：

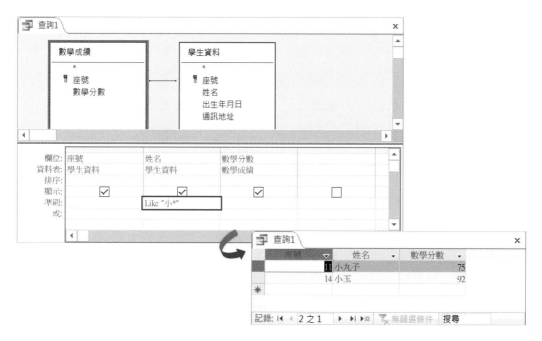

12-3-7 產生報表

我們可以利用「報表」功能讓查詢結果更美觀，請在欲建立報表的查詢按兩下，將之開啟，然後在 [建立] 標籤頁點取 [報表] 按鈕，就會得到如下結果。

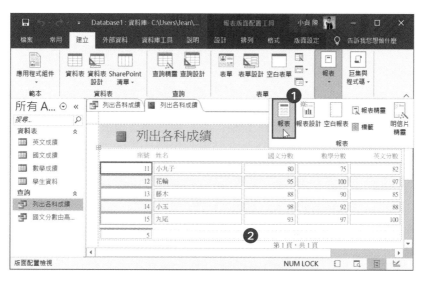

❶ 開啟查詢後按 [報表]　❷ 出現報表結果

12-4 資料倉儲

資料倉儲 (data warehouse) 是美國電腦科學家 William H. Inmon 於 1990 年所提出的一種資料儲存理論，目的是從多種資料來源擷取資料，然後透過特殊的資料儲存架構，分析出潛在的有價值的資訊，進而支援企業的決策支援系統，協助管理者進行商業決策，建構商業智慧，快速回應外在環境的變動。

資料倉儲的資料來源可能是企業內部的**線上交易處理** (OLTP，OnLine Transaction Processing) 長年所累積的大量資料，也可能是從外部蒐集而來的經濟統計數據、民眾消費習慣及未來發展趨勢等。資料倉儲可以在資料產生的同時就進行蒐集，也可以在指定的週期進行蒐集，例如各個營業據點在每天、每週或每月的營業金額與銷售明細。

另外有些較小型的資料倉儲專案叫做**資料市集** (data mart)，這是資料倉儲的子集合，用來支援企業的某些部門，而不是整個企業，所以其軟硬體需求、建構時間、成本及複雜度，都比資料倉儲來得精簡。

資料倉儲的資料具有下列幾個特點：

● **主題導向** (subject-oriented)：資料倉儲的資料模型設計著重於將資料依照意義歸類至相同的主題，也就是將與特定主題相關的資料集中在一起。

● **整合性** (integrated)：資料倉儲的資料是從不同的來源整合而來，並維持一致的條理。

● **時間變動性** (time-variant)：資料倉儲著重於隨著時間變化的動態資料，例如每週、每月或每年的營收變化，因而累積了許多歷史性資料。

● **非揮發性** (nonvolatile)：資料一旦存入資料倉儲，就會被保存下來，即使資料有錯誤，也不會被取代或刪除。

雖然資料倉儲也存放了大量資料，但它和前幾節所介紹的資料庫卻不盡相同，傳統資料庫著重於處理單一時間的單一資料，而資料倉儲著重於分析某段時間的整合性資料所呈現出來的走向與趨勢。資料倉儲通常包含企業內部的作業性資料、歷史性資料及外部資料，然後透過特殊的分析工具，挖掘出潛在的有價值的資訊，所以資料倉儲並不是單一的產品或服務，而是包含多項技術及工具的資料儲存架構。

資料倉儲可以做為**資料探勘** (data mining) 和**線上分析處理** (OLAP，OnLine Analytical Processing) 等分析工具的資料來源，而且資料倉儲中的資料必須經過篩選與轉換，分析工具才能得到正確的分析結果。

資料探勘

資料探勘 (data mining) 是資料倉儲的重要應用之一，又稱為**資料採礦**或**資料挖掘**，通常是結合了資料庫、統計學、企業智慧、機器學習、專家系統、財務管理等多種技術，針對大量資料進行分析與統計，挖掘出潛在的有價值的資訊，以建立有效的模型與規則。

企業可以透過資料探勘挖掘出隱藏於企業的趨勢、環境、問題、活動模型、資料特徵等，舉例來說，發熱衣製造廠商可以透過資料探勘取得曾經購買發熱衣的客戶名單，然後銷售部門藉此傳送發熱衣的促銷資訊給這些潛在客戶，進而提升銷售業績與客戶滿意度。

若將資料探勘應用到全球資訊網，則成了**網路探勘** (Web mining)，包含網站內容探勘、網站架構探勘和網站使用度探勘。以「網站使用度探勘」為例，它可以挖掘使用者瀏覽過哪些網頁？瀏覽多久時間？從開始瀏覽到購物結帳之間的瀏覽路徑為何？這些資訊可以用來瞭解客戶的消費行為、評估網站的效率，並做為個人化服務或推薦商品的基礎。

圖 12.6 資料探勘結合了多種技術

線上分析處理 (OLAP)

線上分析處理 (OLAP) 可以針對大量資料進行分析與統計，提供整合性資訊協助使用者進行決策，它和資料探勘同樣屬於分析工具，不同的是 OLAP 提供多維度的觀點，可以有效率地針對資料進行複雜的查詢，查詢條件是由使用者預先設定，而資料探勘則能由資訊系統主動挖掘尚未被察覺的潛在資訊。

12-5 大數據

大數據的特點

過去人們所蒐集到的資料大多屬於交易資料,可以使用固定格式來存放,但隨著網際網路與物聯網的興起,來自網路伺服器、社群媒體、企業營運數據或各種感測器的資料呈現爆炸性的成長,遠超過傳統的關聯式資料庫或資料倉儲所能處理的範圍,於是出現**大數據** (big data) 一詞,又稱為**巨量資料**、**海量資料**,指的是資料量巨大到無法在一定時間內以人工或常規軟體進行擷取、處理、分析與整合。

大數據有四個主要的特點,稱為 **4V**:

● Volume(容量)指的是資料量巨大,目前沒有明確的容量定義,單位可能從 TB 到 PB 或 EB 以上。

● Variety(多樣性)指的是資料類型多元,包括結構化、非結構化與半結構化資料,其中**結構化資料**具有固定格式,例如客戶資料、交易記錄、產品目錄等;**非結構化資料**沒有固定格式,例如文字、圖像、影音、電子郵件、網頁、社群媒體的貼文等;**半結構化資料**介於兩者之間,沒有固定格式,通常是文字,用於資料交換,例如 XML、JSON、CSV 等格式。

● Velocity(速度)指的是資料的生成速度及處理速度極快。

● Veracity(真實性)指的是資料的真實性,例如資料是否有造假或誤植、資料是否夠準確、資料是否有異常值等。

大數據分析的技術

大數據分析所涉及的技術包括:

● **資料蒐集**:從資料來源蒐集資料,例如透過企業內部系統蒐集客戶的活動記錄;透過物聯網的感測器蒐集溫度、濕度、交通流量、空氣汙染物等數據;透過穿戴式裝置上傳使用者的健康或運動數據;使用 Google Form、SurveyCake 等工具製作問卷並針對結果進行統計分析;使用網路爬蟲工具解析網頁並自動抓取網頁中的資料,以應用到搜尋引擎、市場調查、社群媒體分析、網路監控等。

網路爬蟲 (Web Crawler) 是一種自動化程式,能夠有系統地瀏覽全球資訊網,以蒐集網頁中的資料。雖然這是個有用的工具,但若不負責任的濫用,將會浪費大量頻寬,所以有些網站會拒絕網路爬蟲,以防止流量過大。

● **資料儲存**:大數據分析通常是使用分散式檔案系統,藉由分割資料與備份儲存來克服記憶體不夠大的問題,例如 **Apache Hadoop** 是一個能夠儲存並管理大數據的雲端平台,由 Apache 軟體基金會使用 Java 語言所發展的開放原始碼軟體框架,使用 **HDFS** (Hadoop Distributed File System) 分散式檔案系統將巨量資料分割成多個小份的區塊,然後製作多個備份分散儲存在叢集的電腦節點,即使有部分資料損毀,也可以利用其它節點的備份還原完整的資料。

● **資料分析**：使用 Hadoop MapReduce、Apache Spark 等大數據分析工具對資料進行分析與挖掘，找出有價值的資訊，其中 **Hadoop MapReduce** 屬於 Apache Hadoo 框架的運算模組，它會先將資料分析的工作進行拆解，然後分散到多個電腦節點平行處理，再將各個節點運算出來的結果傳送回來做整合，例如 Google 的搜尋引擎就是典型的大數據應用，它會根據使用者輸入的關鍵字，從全球資訊網的巨量資料中找出最相近的結果，而知名的拍賣網站 eBay 也是使用 Hadoop 來分析買家與賣家的交易行為。

● **資料視覺化**：資料分析的結果可以搭配 Tableau、Looker Studio、Power BI 等視覺化工具轉換成圖表，讓使用者更容易閱讀與理解，其中 **Tableau** 支援多種資料來源，包括電腦上的文字檔或試算表、企業伺服器上的關聯式資料庫或大數據、Web 上的公共領域資料 (例如美國人口普查局資料)、雲端資料庫 (例如 Google Analytics 網站流量統計服務、Amazon Redshift 亞馬遜資料倉儲服務…)，可以將資料分析的結果轉換成地圖或折線圖、散點圖、標靶圖、橫條圖、長條圖、圓形圖、樹狀圖等圖表。

(a)

(b)

圖 12.7 (a) Apache Hadoop 提供了大數據分析的關鍵技術 (b) Tableau 視覺化分析平台

大數據分析的應用

大數據分析已經廣泛應用到交通運輸、金融經濟、搜尋引擎、科學研究、能源探勘、軍事偵察、犯罪防治、醫療照護、電信通訊、生產製造、電子商務、社群媒體、物聯網、智慧物聯網、天文學、大氣學、生物學、社會學等領域。

舉例來說，傳統的汽車保險是依照年齡與性別去計算費率，年輕的男性往往被認為愛開快車而得付出較高的保費，但美國的進步保險公司利用物聯網和大數據分析的概念推出新型的汽車保險，透過在汽車安裝感測器，將開車時間、速度、急踩剎車次數等資料上傳到雲端做分析，安全駕駛的保費較低，危險駕駛的保費較高，讓費率合理化，不僅提升了保險業績，更降低了理賠成本。

其它應用實例還有很多，例如：

- Google 透過分析流量與搜尋關鍵字來改善搜尋結果和提升廣告收益。

- Facebook 透過分析使用者的行為數據來改善操作體驗和提升廣告收益。

- Amazon 透過分析消費者的瀏覽過程與購買記錄來改善產品推薦和制定價格策略。

- Netflix 透過分析使用者的觀看記錄與喜好來改善影片推薦和決定製作哪種影片。

- Uber 透過分析司機與乘客的行為數據來改善車輛調度和提升營運績效。

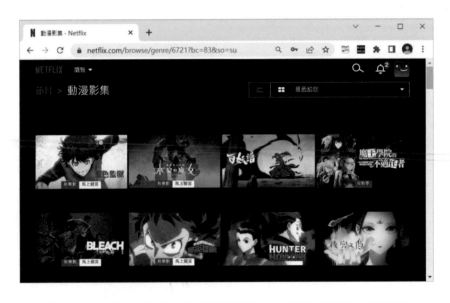

圖 12.8　Netflix 會分析使用者的觀看時間、觀看記錄和評論來推薦影片

本·章·回·顧

- 資料的階層架構由下至上依序為位元、字元、欄位、記錄、檔案、資料庫，其中**資料庫** (database) 是一組相關資料的集合。

- **DBMS** (DataBase Management System) 是用來操作與管理資料庫的軟體，透過 DBMS，使用者可以對資料進行定義、建立、處理與共享。

- 生活中有許多事物可以透過 DBMS 來做管理，例如選課資料、客戶資料、訂單資料等，只要存放在資料庫，就可以透過 DBMS 的查詢、報表等功能進行處理，而且 DBMS 還具有維護資料、保護資料安全性及完整性的功能。

- **資料庫模式** (database model) 指的是資料庫存放資料所必須遵循的規則與標準，資料庫通常是根據特定的資料庫模式所設計，例如**階層式** (heirarchical)、**網狀式** (network)、**關聯式** (relational)、**物件導向式** (object-oriented) 等，有些資料庫則是結合了關聯式和物件導向式的特點，屬於**物件關聯式** (object-relational)，另外還有 **NoSQL 資料庫**泛指非關聯式資料庫。

- **資料倉儲** (data warehouse) 是一種資料儲存理論，目的是從多種資料來源擷取資料，然後透過特殊的資料儲存架構，分析出潛在的有價值的資訊。另外有些較小型的資料倉儲專案叫做**資料市集** (data mart)，這是資料倉儲的子集合，用來支援企業的某些部門，而不是整個企業。

- **資料探勘** (data mining) 是資料倉儲的重要應用之一，通常是結合了資料庫、統計學、企業智慧、機器學習、專家系統、財務管理等多種技術，針對大量資料進行分析與統計，挖掘出潛在的有價值的資訊，以建立有效的模型與規則。若將資料探勘應用到全球資訊網，則成了**網路探勘** (Web mining)，包含網站內容探勘、網站架構探勘和網站使用度探勘。

- **大數據、巨量資料、海量資料** (big data) 一詞指的是資料量巨大到無法在一定時間內以人工或常規軟體進行擷取、處理、分析與整合，主要的特點有 **Volume**（容量）、**Variety**（多樣性）、**Velocity**（速度）、**Veracity**（真實性），稱為 **4V**。

學·習·評·量

一、選擇題

( ) 1. 下列何者不適合以資料庫管理系統來處理？

A. 選課系統　　　　　　　　　B. 客戶應收帳款
C. 簡報　　　　　　　　　　　D. 病歷系統

( ) 2. 下列何者不屬於 DBMS ？

A. SQL Server　　　　　　　　B. MariaDB
C. Access　　　　　　　　　　D. Visio

( ) 3. 下列哪種技術可以幫助網站分析顧客的消費行為？

A. 網路探勘　　　　　　　　　B. 管理資訊系統
C. 3D 列印　　　　　　　　　　D. 專家系統

( ) 4. 在資料的階層架構中，下列哪個敘述錯誤？

A. 可以用來識別所有記錄的欄位稱為主鍵
B. 記錄是由一個或多個欄位所組成
C. 資料庫是一個或多個資料檔案的集合
D. 位元是使用者存取資料的最小單位

( ) 5. 下列何者不是資料倉儲的應用？

A. 機器人　　　　　　　　　　B. 線上分析處理 (OLAP)
C. 決策支援系統　　　　　　　D. 資料探勘

( ) 6. 下列何者屬於 NoSQL 非關聯式資料庫？

A. SQL Server　　　　　　　　B. SimpleDB
C. Access　　　　　　　　　　D. IBM Db2

( ) 7. 以學生基本資料為例，下列何者最適合做為主鍵欄位？

A. 姓名　　　　　　　　　　　B. 生日
C. 學號　　　　　　　　　　　D. 性別

( ) 8. 下列何者是一個能夠儲存並管理大數據的雲端平台？

A. MySQL　　　　　　　　　　B. Objectivity
C. Access　　　　　　　　　　D. Hadoo

( ) 9. 關聯式資料庫的查詢語言叫做什麼？

A. OQL　　　　　　　　　　　B. SQL
C. RQL　　　　　　　　　　　D. MySQL

( ) 10. 下列關於大數據的敘述何者正確？

A. 所涉及的資料量巨大到無法在一定時間內以人工進行擷取

B. 可以應用到物聯網、電子商務、經濟金融等領域

C. 製造業可以透過大數據分析提升良率

D. 以上皆是

( ) 11. 下列關於關聯式資料庫的敘述何者正確？

A. SQL Server 和 MongoDB 均屬於關聯式資料庫

B. 一個關聯式資料庫可以包含多個資料表 (table)

C. 資料表之間可以透過 INSERT 指令合併成一個資料表

D. 資料表中不同列的相同欄位可以儲存不同類型的資料

( ) 12. 下列存取資料庫的行為，何者合乎資訊倫理？

A. 進入學校教務系統修改自己的英文成績

B. 在圖書館的資訊系統查詢計算機概論書單

C. 利用職務上臨時給的帳號讀取與工作無關的機密資料

D. 入侵學校網站修改網頁上的錯字

( ) 13. 下列何者屬於大數據分析工具？

A. Google Form　　　　　　　B. Tableau

C. Hadoop MapReduce　　　　D. SurveyCake

( ) 14. 下列何者是關聯式資料庫的基本資料結構？

A. 表格 (table)　　　　　　　B. 陣列 (array)

C. 樹 (tree)　　　　　　　　　D. 堆疊 (stack)

二、簡答題

1. 簡單說明常見的資料庫模式有哪些？

2. 簡單說明何謂資料倉儲？

3. 簡單說明何謂 DBMS？

4. 簡單說明何謂關聯式資料庫？

5. 簡單說明何謂大數據？主要有哪些特點？

CHAPTER

13

資訊安全

13-1 OSI 安全架構

資訊科技的快速發展為人們帶來前所未見的便利,卻也伴隨著**資訊安全** (Information Security) 的隱憂,如何確保資訊安全,免於被偷窺、竊取、竄改、損毀或非法使用,遂成為組織與個人不可忽視的重要課題。

根據 BS 7799 對於**資訊安全管理系統** (ISMS,Information Security Management System) 的定義,「對組織來說,資訊是一種資產,和其它重要的營運資產一樣有價值,所以要持續受到適當保護,而資訊安全可以保護資訊不受威脅,確保組織持續營運,將營運損失降到最低,得到最大的投資報酬率與商機」。為了有效評估組織的資訊安全需求,ITU-T 定義了 **X.800 OSI 安全架構** (X.800,Security Architecture for OSI) 建議書,其重點包含**安全攻擊**、**安全服務**與**安全機制**。

註:BS 7799 是英國標準協會 (BSI,British Standards Institution) 於 1995 年所制定的資訊安全管理標準,包含 **BS 7799 Part 1** (Code of Practice for Information Security Management,資訊安全管理實施細則) 和 **BS 7799 Part 2** (Information Security Management Systems Requirements,資訊安全管理系統規範) 兩個部分。

註:**ITU-T** (International Telecommunication Union-Telecommunication Standardization Sector,國際電信聯盟電信標準化部門) 是 ITU 於 1993 年成立的部門,致力於發展電信通訊領域與 OSI (Open System Interconnection) 標準,並將這類標準稱為「建議書」(recommendation)。

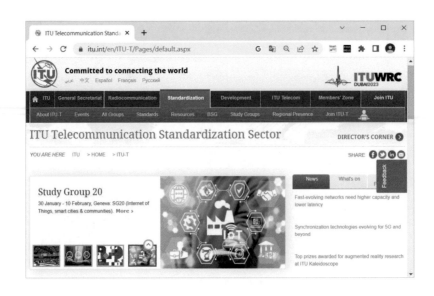

圖 **13.1** ITU-T 官方網站 (https://www.itu.int/ITU-T/) 提供了其所制定的各種建議書

13-1-1　安全攻擊

安全攻擊 (security attacks) 泛指任何洩漏組織資訊的行為，X.800 將安全攻擊分為下列兩種：

● **主動式攻擊** (active attacks)：主動式攻擊會企圖變更系統的資訊或影響系統的運作，例如攔截甲方透過網路傳送給乙方的訊息，然後加以竄改，再傳送給乙方 (圖 13.2(a))；或者，發送大量要求服務的訊息給伺服器，導致伺服器的效能降低甚至癱瘓，也就是所謂的「阻斷服務攻擊」。

● **被動式攻擊** (passive attacks)：被動式攻擊會企圖瞭解系統的資訊，但不會影響系統的運作，例如偷窺甲方透過網路傳送給乙方的訊息，但不會加以竄改 (圖 13.2(b))。正因為被動式攻擊不會變更系統的資訊，所以它並不容易偵測，重要的是預防資訊外洩，例如加密，我們會在第 13-6 節介紹加密的原理與應用。

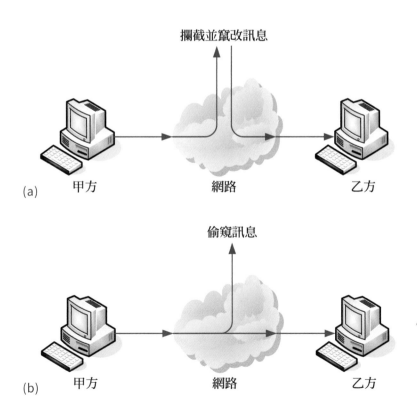

圖 13.2　(a) 竄改甲方透過網路傳送給乙方的訊息屬於主動式攻擊
　　　　　(b) 偷窺甲方透過網路傳送給乙方的訊息屬於被動式攻擊

13-1-2 安全服務

安全服務 (security services) 泛指用來加強資訊安全的服務，X.800 將安全服務分為下列五個類別：

● **認證** (authentication)：系統必須確認通訊雙方的身分，不能讓第三者偽裝成任一方去欺騙另一方。

● **存取控制** (access control)：系統必須控制哪些人能夠存取資訊，以及他們能夠在哪些情況下存取哪些資訊。

● **保密性** (confidentiality)：系統必須確保資訊不會外洩，包括不被竊聽和不被監控流量。

● **完整性** (integrity)：系統必須確保收訊端收到的資訊和發訊端送出的資訊相同，沒有遭受破壞或竄改。

● **不可否認性** (nonrepudiation)：系統必須防止通訊雙方否認資訊，也就是發訊端要能夠證明收訊端真的有收到資訊，而收訊端要能夠證明發訊端真的有送出資訊。

此外，X.800 還定義了一個與安全服務相關的系統特性，稱為**可用性** (availability)，這指的是系統必須維持可用的狀態，不能因為遭受攻擊，就失去可用性。

13-1-3 安全機制

安全機制 (security mechanisms) 泛指用來預防或偵測安全攻擊，以及復原安全攻擊的機制，X.800 將安全機制分為下列兩種，我們會在本章後續的內容中做進一步的討論：

● **特定安全機制** (specific security mechanisms)：這指的是可以合併到適當通訊協定的安全機制，例如加密、數位簽章、存取控制、資訊完整性、認證交換等。

● **一般安全機制** (pervasive security mechanisms)：這指的是沒有針對特定通訊協定的安全機制，例如事件偵測、安全稽核追蹤、安全復原、安全標籤等。

13-2 資訊安全管理標準

為了提供管理人員一套維護資訊安全的準則以茲遵循，國際上已經發展出數種相關標準，例如 TCSEC、ISO/IEC 15408、CC、BS 7799、ISO/IEC 27000 系列、CNS 27000 系列等。

TCSEC

TCSEC (Trusted Computing System Evaluation Criteria) 是美國國家電腦安全委員會 (NCSC) 於 1983 年所提出的可信賴電腦系統評估準則，做為廠商開發電腦系統及美國政府採購與建置電腦系統的安全依據，又稱為**橘皮書**，後來於 1987 年修訂成為**紅皮書**。TCSEC 將電腦系統分成 A、B、C、D 四個安全等級，其中以 A 級的安全性最高，B 級、C 級次之，D 級的安全性最低 (表 13.1)。

繼 TCSEC 之後，英國、法國、德國等歐洲國家於 1991 年提出 **ITSEC** (Information Technology Security Evaluation Criteria，資訊技術安全評估準則)，加拿大於 1993 年提出 **CTCPEC** (Canadian Trusted Computer Production Evaluation Criteria，加拿大可信賴電腦產品評估準則)，美國於 1993 年提出 **FC** (Federal Criteria，聯邦準則)。

為了讓這些源自 TCSEC 的準則有共同標準，ISO 遂制定了 **CC** (Common Criteria for Information Technology Security Evaluation，共通準則)，也就是資訊技術安全評估的國際標準 **ISO/IEC 15408**。

表 13.1 TCSEC 的安全等級 (每個安全等級又分為數個子等級，數字愈大，安全性就愈高)

等級		說明
D		最低保護 (Minimal Protection)，例如 MS-DOS。
C	C1	使用者自訂安全保護 (Discretionary Security Protection)，包括系統可以要求使用者輸入帳號與密碼進行登入，以及使用者可以設定檔案的存取權限，例如 IBM MVS/RACF、UNIX。
	C2	控制存取保護 (Controlled Access Protection)，除了具備 C1 的安全保護之外，還可以追蹤使用者鍵入的指令並提供更嚴格的檔案存取控制，例如 Novell Netware、Windows NT。
B	B1	標示安全保護 (Labeled Security Protection)，在 B 級保護中安全性最低，例如 AT&T UNIX SysV/MLS、IBM MVS/ESA/RACF。
	B2	結構保護 (Structured Protection)，在 B 級保護中安全性次之，例如 Multics。
	B3	安全範圍 (Security Domains)，在 B 級保護中安全性最高，例如 Honeywell XTS-200。
A	A1	經過驗證的設計 (Verified Design)，例如 Honeywell Secure Communication Processor、Boeing Aerospace SNS System。

ISO/IEC 27000 系列

ISO/IEC 27000 系列是國際上重要的資訊安全標準，它的前身源自英國標準協會 (BSI) 於 1995 年所制定的資訊安全管理標準 BS 7799，這項標準包含下列兩個部分：

- BS 7799 Part 1 (Code of Practice for Information Security Management，資訊安全管理實施細則)：這個部分提供了廣泛的安全控制措施，做為實施資訊安全的最佳細則，在 2000 年正式成為 ISO/IEC 17799 標準，在 2005 年修訂成為 ISO/IEC 17799:2005 標準，在 2007 年更名成為 ISO/IEC 27002，在 2013 年修訂成為 ISO/IEC 27002:2013。

- BS 7799 Part 2 (Information Security Management Systems Requirements，資訊安全管理系統規範)：這個部分提供了建立、實施與維護資訊安全管理系統的規範，指出實施機構應該遵循的風險評估標準，目的在於協助組織建立滿足需求的資訊安全管理系統，在 2002 年修訂成為 BS 7799-2:2002，在 2005 年正式成為 ISO/IEC 27001:2005，在 2013 年修訂成為 ISO/IEC 27001:2013。

ISO/IEC 27001:2013 包含下列 14 個控管領域 (control domain)：

- 資訊安全政策 (Information security policies)
- 資訊安全組織 (Organization of information security)
- 人力資源安全 (Human resource security)
- 資產管理 (Asset management)
- 存取控制 (Access control)
- 密碼學 (Cryptography)
- 實體與環境安全 (Physical and environmental security)
- 作業安全 (Operations security)
- 通訊安全 (Communications security)
- 系統取得、開發與維護 (System acquisition, development and maintenance)
- 供應商關係 (Supplier relationships)
- 資訊安全事故管理 (Information security incident management)
- 營運持續管理資訊安全層面 (Information security aspects of business continuity management)
- 遵循事項 (Compliance)

ISO/IEC 27000 系列其實是一系列的資訊安全相關標準，涵蓋了隱私權、保密性、網路與資訊安全等廣泛的議題，以下是其中幾個標準，中文翻譯可以對照下面的 CNS 27000 系列：

- **ISO/IEC 27000**：Information security management systems - Overview and vocabulary。

- **ISO/IEC 27001**：Information technology - Security Techniques - Information security management systems - Requirements。

- **ISO/IEC 27002**：Code of practice for information security management。

- **ISO/IEC 27003**：Information security management system implementation guidance。

- **ISO/IEC 27004**：Information security management - Monitoring, measurement, analysis and evaluation。

- **ISO/IEC 27005**：Information security risk management。

- **ISO/IEC 27006**：Requirements for bodies providing audit and certification of information security management systems。

CNS 27000 系列

CNS 27000 系列是經濟部標準檢驗局參考 ISO/IEC 27000 系列並加以中文化所制定的資訊安全相關標準，例如：

- CNS 27000：資訊技術－安全技術－資訊安全管理系統－概觀及詞彙。

- CNS 27001：資訊技術－安全技術－資訊安全管理系統－要求事項。

- CNS 27002：資訊技術－安全技術－資訊安全管理之作業規範。

- CNS 27003：資訊技術－安全技術－資訊安全管理系統實作指引。

- CNS 27004：資訊技術－安全技術－資訊安全管理－量測。

- CNS 27005：資訊技術－安全技術－資訊安全風險管理。

- CNS 27006：資訊技術－安全技術－提供資訊安全管理系統稽核與驗證機構之要求。

13-3 網路帶來的安全威脅

在網路問世之前，資訊安全就已經深受重視，這點從人們持續研究密碼學不難看出，只是網路的出現，加快了資訊流動的速度，也為資訊安全帶來嚴峻的考驗，例如層出不窮的駭客入侵事件、電腦病毒、勒索軟體、網路釣魚、身分盜用、網站非法販賣會員個人資料、監看網站的瀏覽者、電子商務交易安全、無線網路與行動通訊安全等。

常見的網路安全問題首推駭客入侵與電腦病毒肆虐，所謂**駭客** (hacker) 指的是未經授權而擅自存取他人電腦的人。在過去，駭客可能純粹是為了愛現、無聊、好奇或惡作劇而去入侵他人電腦，然後任意塗抹其網站或寫些駭客特有的笑話。

不過，到了目前，駭客活動已經不再侷限於入侵他人電腦，而是擴大到竊取資料、摧毀網站或電腦系統的網路暴力行為，甚至有國家刻意吸納駭客集結成**網軍** (cyber army)，發動**網路戰爭** (cyber warfare) 攻擊國防部、警政署、政府組織、電力公司、金融機構、航空公司等單位的電腦系統，或利用網軍操縱社群媒體，製造假新聞帶風向。

為了防止駭客入侵，有愈來愈多組織在聘請專人為其設計安全系統之際，會另外聘請**白帽駭客** (white-hat hacker)，這是一批受過專業訓練的電腦專家，他們會嘗試以駭客慣用的各種手法入侵組織的電腦系統，發掘其中的漏洞，然後加以防堵。

除了駭客之外，**電腦病毒** (computer virus) 所帶來的威脅亦不遑多讓，一開始，電腦病毒的攻擊目標是用戶端的電腦，例如在 1987 ~ 1993 年期間，當時的作業系統是 MS-DOS，而電腦病毒的攻擊目標主要是開機磁區和硬碟。

接著到了 1993 ~ 1995 年期間，當時的作業系統是著重於資料分享的 Windows 3.x，而電腦病毒的攻擊目標遂隨著區域網路的發展，擴張到伺服器端的電腦。

之後來到 1995 年，這是網際網路開始風行的時代，當時的作業系統是 Windows 95，電腦病毒的攻擊目標便透過網際網路，進一步延伸到對外開放的伺服器 (例如 FTP、BBS)、電子郵件及網站。

發展迄今，電腦病毒更是對組織與個人造成空前的衝擊，此時，電腦病毒已經演變成一個全面性的泛稱，涵蓋了「電腦病毒 / 電腦蠕蟲 / 特洛伊木馬」、「間諜軟體」、「網路釣魚」、「垃圾郵件」、「勒索軟體」等不同類型的**惡意程式** (malware)。

根據統計，在過去二十幾年間，惡意程式對使用者所造成的損失已經高達數十億美元。隨著無線通訊技術的蓬勃發展與物聯網的應用日趨多元，惡意程式的影響層面更是與日俱增，手機、智慧家電、物聯網、車聯網、自駕車、無人機、衛星導航裝置等都可能成為駭客攻擊的目標，甚至被駭客用來做為攻擊其它人的跳板，癱瘓整個網路。

13-4 惡意程式與防範之道

惡意程式 (malware) 泛指不懷好意的程式碼，表 13.2 是一些常見的惡意程式類型。有些惡意程式需要宿主程式，也就是依附於其它檔案或程式，無法獨立存在，例如電腦病毒、特洛伊木馬、後門，有些惡意程式則可以獨立存在，例如電腦蠕蟲、殭屍程式。

此外，我們也可以根據能否「自我複製」來分類，例如電腦病毒、電腦蠕蟲屬於會自我複製的惡意程式，而特洛伊木馬、後門屬於不會自我複製的惡意程式。

表 13.2　常見的惡意程式類型

類型	說明
電腦病毒 (virus)	這是一種會自我複製、依附於開機磁區或其它檔案的程式，通常會潛伏在電腦中伺機感染更多檔案，等到電腦符合特定時間或特定條件才會發作。
電腦蠕蟲 (worm)	這是會透過網路自我複製到其它電腦的程式。
特洛伊木馬 (trojan horse)	「特洛伊木馬」會偽裝成看似無害的軟體，在使用者下載並執行該軟體後，就會植入電腦並取得控制權，伺機進行惡意行為，例如竊取資料。
後門 (back door)	「後門」是程式設計人員留在程式中的秘密入口，用來在除錯階段獲得特殊權限或迴避認證程序，若後門忘記關閉，就會對電腦造成威脅。另一種「後門」則是攻擊者透過特洛伊木馬所植入，藉以遙控受害的電腦，例如開啟通訊埠或關閉防火牆。
間諜軟體 (spyware)	間諜軟體通常是透過「特洛伊木馬」、「後門」或在使用者下載程式的同時一起下載到電腦，並在不知不覺的情況下安裝或執行某些工作，進而監看、記錄並回報使用者的資訊。
網路釣魚 (phishing)	這是誘騙使用者透過網頁、電子郵件、即時通訊或簡訊提供其資訊的手段。
垃圾郵件 (span)	這種電子郵件具有未經使用者的同意、與使用者的需求不相干、以不當的方式取得電子郵件地址、廣告性質、散布的數量龐大等特性，最常見的就是網路釣魚郵件和各種廣告。
勒索軟體 (ransomware)	又稱為「勒索病毒」或「綁架病毒」，一旦入侵電腦，就會將電腦鎖起來或是將硬碟的某些檔案加密，然後出現畫面要求受害者支付贖金。
殭屍程式 (zombie)	這是會命令受感染的電腦對其它電腦發動攻擊的程式。

13-4-1 電腦病毒/電腦蠕蟲/特洛伊木馬

電腦病毒 (virus) 是一種會自我複製、依附於開機磁區或其它檔案的程式，當使用者以受感染的光碟或隨身碟開機、執行受感染的檔案、開啟受感染的電子郵件或網頁時，電腦病毒就會散播到使用者的電腦，然後以相同的方式散播出去。

電腦病毒在入侵電腦的當下通常不會立刻發作，而是潛伏在電腦中伺機感染更多檔案，等到電腦符合特定時間或特定條件才會發作，例如米開朗基羅病毒會在 3 月 6 日發作，破壞硬碟的資料，而 Bloody（天安門）病毒會在 6 月 4 日發作，在螢幕上顯示「Bloody! Jue. 4 1989」訊息。

除了電腦病毒之外，還有電腦蠕蟲和特洛伊木馬，其中**電腦蠕蟲** (worm) 是會透過網路自我複製到其它電腦的程式。由於電腦蠕蟲是獨立的程式，而且會主動經由電子郵件的通訊錄或網路的 IP 位址大量散播，所以其危害程度比起電腦病毒是有過之而無不及。

諸如 NIMDA（寧達）、SoBig（老大）、Blaster（疾風）、VBS_LOVELETTER（愛之信）、CodeRed（紅色警戒）、Slammer (SQL 警戒)、WORM_LOVEGATE.C（愛之門）、Sasser（殺手）、BAGLE（培果）、MYDOOM（悲慘世界）、NETSKY（天網）等，均是惡名昭彰且釀成慘重災情的電腦蠕蟲，其中 NIMDA（寧達）會經由 Windows 的安全漏洞爬進使用者的電腦，即便使用者只有連線上網，沒有傳輸檔案、收發電子郵件或瀏覽網頁等動作，它還是會主動爬進使用者的電腦並伺機散播。

至於**特洛伊木馬** (trojan horse) 一詞源自希臘神話的木馬屠城記，雖然不會自我複製，但會偽裝成看似無害的軟體，在使用者下載並執行該軟體後，就會植入電腦並取得控制權，伺機進行刪除檔案、竊取資料、監視活動等惡意行為，甚至以該電腦做為跳板，攻擊其它電腦，例如 Back Orifice 是會入侵電腦竊取資料的特洛伊木馬。

由於特洛伊木馬不像電腦病毒會感染其它檔案，所以不需要使用防毒軟體進行清除，直接刪除受感染的軟體即可。

早期電腦病毒、電腦蠕蟲和特洛伊木馬是互不相干的，但近年來單一類型的惡意程式已經愈來愈少，為了造成更大的破壞力，大部分是以「電腦病毒」加「電腦蠕蟲」或「特洛伊木馬」加「電腦蠕蟲」的類型存在，而且前者所佔的比例較高，例如 Melissa（梅莉莎）是屬於「電腦病毒」加「電腦蠕蟲」，它不僅會感染 Microsoft Word 的 Normal.dot 檔案（此為電腦病毒特性），還會透過 Microsoft Outlook 電子郵件大量散播（此為電腦蠕蟲特性）。

電腦中毒的症狀

由於設計電腦病毒者的動機不同，可能是好奇、惡作劇、蓄意攻擊或竊取資料，電腦中毒後的症狀亦不相同，常見的如下：

- 在沒有不正常斷電的情況下，突然自動關機、重新開機或無故當機。

- 檔案無法讀取、無法執行、被刪除、被加密或遭到破壞。

- 電腦變得很慢很卡，因為電腦病毒潛藏在電腦中監視您的活動，以竊取加密貨幣或帳號、密碼等資料，或利用電腦偷偷挖礦，或將電腦當作攻擊其它伺服器的跳板，使電腦成為「殭屍網路」的一員。

- 電腦在開機時自動載入不明軟體，接著立刻消失，但您最近並未安裝任何軟體，那麼極有可能是電腦病毒將自己加入開機自動載入清單。

- 朋友抱怨您寄來奇怪的電子郵件或訊息，因為電腦病毒會透過通訊錄傳送電子郵件或訊息給您的朋友，並將自己夾帶在裡面，誘騙受害者點按，以伺機散播到更多電腦。

- 瀏覽器出現不知名的工具列、附加元件或彈出奇怪的視窗，此時，瀏覽器可能已經被入侵，它們會監視網路流量，從中竊取帳號、密碼、信用卡卡號等資料。

手機中毒的症狀

隨著智慧型手機成為人手一機的配備後，愈來愈多不法集團將攻擊目標鎖定在手機，同樣的，手機中毒後的症狀亦不相同，常見的如下：

- 突然斷線。

- 無法撥打電話。

- 無法收發電子郵件或即時訊息。

- 出現沒安裝的 App。

- 已安裝的 App 當掉或無法執行。

- 不預期的開關機。

- 彈出視窗變多，可能是某些 App 夾帶廣告軟體。

- 手機很快就沒電或容易發燙，可能是感染挖礦病毒。

- 手機的帳單暴增，可能是被偷偷訂閱服務。

電腦病毒的感染途徑

除了傳統的光碟、隨身碟或檔案伺服器之外，許多電腦病毒都是透過網際網路快速蔓延，常見的感染途徑如下：

● **透過網路自動向外散播**：在過去，電腦病毒必須先以某種方式入侵電腦，伺機感染開機磁區或其它檔案，等到電腦符合特定時間或特定條件才會發作，例如 Friday the 13th（黑色星期五）病毒會在 13 號星期五發作，刪除正在執行的程式。然 ExploreZip（探險蟲）病毒終結了這項迷思，它會從受感染的電腦透過網路自動向外散播，覆蓋區域網路上遠端電腦的重要檔案。

● **透過電子郵件自動向外散播**：知名的 Melissa（梅莉莎）病毒堪稱此種感染途徑的始祖，它會將帶有電腦病毒的附加檔案藉由 Microsoft Outlook 通訊錄中的電子郵件地址自動寄出，造成郵件伺服器在短時間內因電子郵件暴增而變得緩慢甚至當機。

在過去，我們以為只要不開啟或執行電子郵件的附加檔案，就不會被感染。然泡泡男孩終結了這項迷思，它以電子郵件的形式在網路上散播，主旨為「Bubble Boy is back!」，即便使用者沒有開啟或執行電子郵件的附加檔案，只在預覽窗格中觀看電子郵件，泡泡男孩就會開始執行，然後搜尋通訊錄，將同樣的電子郵件藉由通訊錄中的電子郵件地址自動寄出。

● **透過即時通訊自動向外散播**：隨著即時通訊軟體的普及，開始有電腦病毒透過聯絡人清單大量散播，例如 WORM_RODOK.A 會透過即時通訊軟體的連絡人清單傳送網址誘騙使用者下載並執行病毒程式。

● **透過部落格、臉書、推特或社群網站進行散播**：由於部落格、臉書、推特或社群網站允許使用者在貼文中夾帶程式碼，遂成為電腦病毒的另一種散播管道，例如駭客在臉書的限時動態貼文誘騙使用者點按超連結觀看影片，一旦使用者允許下載播放程式的擴充功能，就會被植入特洛伊木馬，伺機竊取密碼或比特幣、以太幣等加密貨幣。

● **偽裝成吸引人的檔案誘騙下載**：有些電腦病毒會偽裝成熱門影片、圖片、音樂、遊戲、最新版軟體甚至是防毒軟體，誘騙使用者將藏有電腦病毒的檔案下載到自己的電腦。

例如 Transmission 下載軟體被植入 KeyRanger 病毒，一旦安裝該軟體，硬碟會被加密，必須向駭客支付贖金才能解密，而預防此類「綁架病毒」或「勒索軟體」最好的方法就是定期備份資料，萬一受感染，只要回復之前備份的資料即可。

電腦病毒的防範之道 ————

為了避免中毒,建議您留意下列原則:

● 安裝防毒軟體並持續更新病毒碼。

● 安裝 IP 路由器或防火牆。

● 持續更新作業系統、瀏覽器、即時通訊與電子郵件軟體。

● 定期利用雲端硬碟或光碟、隨身碟等外部的儲存裝置備份資料。

● 勿使用來路不明的光碟或隨身碟開機。

● 勿使用來路不明的 Wi-Fi,避免被植入木馬。

● 勿使用公共場所的 USB 充電孔,避免被竊取資料。

● 勿隨意點取網站的贊助廣告。

● 勿隨意點取即時通訊、簡訊或電子郵件中夾帶的網址。

● 勿隨意下載軟體、影片、圖片、音樂、遊戲等檔案。

● 勿開啟或執行盜版軟體、來路不明的檔案、程式或電子郵件,尤其是在開啟電子郵件的附加檔案之前,必須開啟防毒軟體的即時掃描功能。

● 在其它電腦使用過的隨身碟、行動硬碟等外部的儲存裝置必須先掃毒,才能在自己電腦使用。

● 慎選瀏覽的網站,避免遭到誘騙或被植入惡意程式。

● 製作緊急救援光碟,該光碟可以用來開機並掃描電腦病毒。

圖 13.3 在點取即時通訊或簡訊中夾帶的網址之前請務必三思

資 訊 部 落

手機病毒

第一隻手機病毒 Timofonica 於 2000 年 6 月在西班牙誕生，它發送了許多垃圾簡訊給西班牙電信公司 Telefonica 的用戶，所幸該公司迅速處理，才不致於釀成重大災情。此後雖然各地陸續傳出手機病毒所引發的損害，但和電腦病毒比起來，這些損害顯然輕微多了。

不過，隨著智慧型手機和行動裝置的普及，手機病毒所帶來的威脅已經不容小覷，這些裝置因為具備上網功能，再加上多數使用 Google Android 或 Apple iOS，作業系統的種類變少，病毒程式相對容易撰寫，遂成為有利於手機病毒四處散播的新管道。

傳統手機病毒的散播方式通常是透過簡訊和藍牙傳輸，而智慧型手機病毒的散播方式首推使用者自行下載的 App，裡面可能包含惡意程式，其次是手機上網瀏覽的網頁可能包含惡意程式，最後是使用者隨意點取簡訊、即時通訊或電子郵件中夾帶的網址，而遭到植入特洛伊木馬等惡意程式。

手機病毒所帶來的威脅主要是以妨礙手機正常運作、竊取資料、造成帳單暴增或金錢損失為大宗，例如有些手機病毒會暗藏在簡訊中，在開啟簡訊後，就會安裝側錄程式，將通話內容傳送給特定人士；另外有些手機病毒會將檔案加密並要求支付贖金，才會提供解密的私鑰，如同手機版的擄人勒索；還有些手機病毒會造成手機不斷向外發送垃圾郵件或撥打電話，損毀 SIM 卡與記憶卡，不斷開機與關機，甚至從手機錢包中偷錢，例如偽裝成金融機構的 App，一旦下載，就會安裝木馬程式，竊取裝置資訊，攔截簡訊的驗證碼，進而偷走銀行帳號裡面的錢。

手機病毒的防範之道除了安裝防毒軟體，更重要的是提高警覺，包括非必須時不要開啟藍牙傳輸、不要安裝來路不明的程式、不要隨意點取簡訊、即時通訊或電子郵件中夾帶的網址、手機不要越獄、不要使用來路不明的Wi-Fi、不要使用公共場所的 USB 充電孔等。

圖 13.4 智慧型手機的普及，儼然成為資訊安全的新隱憂 (圖片來源：Google)

13-4-2 間諜軟體

間諜軟體 (spyware) 通常是透過「特洛伊木馬」、「後門」或在使用者下載程式的同時一起下載到電腦，並在不知不覺的情況下安裝或執行某些工作，進而監看、記錄並回報使用者的資訊，然後將蒐集到的資訊販售給廣告商或其它不法集團。

有些間諜軟體甚至會重設瀏覽器的首頁、變更搜尋路徑或佔用大量系統資源，導致電腦的執行效率變差或連線速度變慢。

間諜軟體通常是由下列程式所組成：

● **鍵盤側錄程式**：這個程式可以監視使用者透過鍵盤所按下的每個按鍵，然後儲存於隱藏的檔案，再伺機傳送給攻擊者。

● **螢幕擷取程式**：由於鍵盤側錄程式看不到畫面，以致於無法完全掌控使用者的活動，此時只要搭配螢幕擷取程式，就可以擷取使用者的螢幕畫面，進而竊取重要的資料，例如銀行帳號與密碼、身分證字號、信用卡卡號、有效期限等。

● **事件記錄程式**：這個程式可以追蹤使用者在電腦上曾經從事過哪些活動，例如瀏覽過哪些網站、購買過哪些商品、傳送過哪些即時訊息、填寫過哪些資料等。

另外還有令人困擾的**廣告軟體** (adware)，它和間諜軟體有著某種程度的關聯性，通常會根據間諜軟體蒐集到的個人資訊，在未取得使用者同意的情況下，擅自產生與使用者偏好相關的彈出式廣告或超連結。

間諜軟體的防範之道

為了避免被植入間諜軟體，建議您多留意下列原則：

● 安裝防間諜軟體並持續更新（防毒軟體通常兼具這項功能）。

● 持續更新作業系統、瀏覽器、即時通訊與電子郵件軟體。

● 在下載、儲存與安裝程式的同時，必須提高警覺並仔細閱讀授權合約，勿隨意下載、儲存與安裝來路不明的程式。

● 慎選瀏覽的網站，尤其要小心免費的軟體下載、音樂下載或成人內容網站。

13-4-3 網路釣魚

網路釣魚 (phishing) 是誘騙使用者透過網頁、電子郵件、即時通訊或簡訊提供其資訊的手段，最常見的就是透過偽造幾可亂真的網頁、電子郵件、即時通訊或簡訊、誇大不實的廣告、網路交友或其它網路詐騙行為，竊取使用者的資訊，例如信用卡卡號、銀行帳號與密碼、遊戲帳號與密碼、營業秘密等，您可以將它視為網路版的詐騙集團。

除了網路釣魚之外，還有另一種更高明的手段叫做**網址嫁接** (pharming)，它不會直接誘騙使用者的資訊，而是透過網域名稱伺服器 (DNS) 將合法的網站重新導向到看似原網站的錯誤 IP 位址，然後以偽造的網頁蒐集使用者的資訊 (圖 13.5)。

網路釣魚的防範之道

為了避免落入網路釣魚與網址嫁接的陷阱，建議您多留意下列原則：

● 安裝防網路釣魚與網址嫁接軟體並持續更新 (防毒軟體通常兼具這些功能)。

● 持續更新作業系統、瀏覽器、即時通訊與電子郵件軟體。

● 合法公司通常不會以即時通訊或簡訊要求隱私資訊，一旦遇到類似的情況，務必提高警覺。

● 拒絕來路不明的即時通訊或簡訊，尤其是不要向陌生人洩漏隱私資訊。

● 在網頁上填寫重要資訊時，務必確認網址與內容均正確。

圖 13.5 網路釣魚郵件

13-4-4 垃圾郵件

垃圾郵件 (span) 指的是具有下列特性的電子郵件，最常見的就是網路釣魚郵件和各種廣告：

● 未經使用者的同意

● 與使用者的需求不相干

● 以不當的方式取得電子郵件地址

● 廣告性質，例如情色廣告、盜版軟體廣告、商品廣告、釣魚網站等

● 散布的數量龐大

若您經常收到來自陌生人、「收件者」或「副本」欄位沒有您的名稱或主旨用詞粗糙的電子郵件，表示您可能已經被垃圾郵件鎖定，此時，您可以封鎖來自該寄件者或該寄件者網域的電子郵件，也可以向提供電子郵件服務的廠商回報。

垃圾郵件的防範之道

為了避免被垃圾郵件鎖定，建議您多留意下列原則：

● 安裝防垃圾郵件軟體並持續更新（防毒軟體通常兼具這項功能）。

● 持續更新電子郵件軟體。

● 不要隨意公開自己的電子郵件地址。

● 根據用途使用不同的電子郵件地址，例如比較重要或涉及隱私的地址只給認識的人，比較不重要的地址可以給廠商、店家或不熟的人。

● 不要開啟來路不明且疑似為垃圾郵件的電子郵件。

電子郵件程式通常會自動過濾疑似垃圾郵件或網路釣魚郵件，不過有時會誤判，建議您定期檢查 [垃圾郵件](Junk Email) 資料夾，避免遺漏正常的郵件。

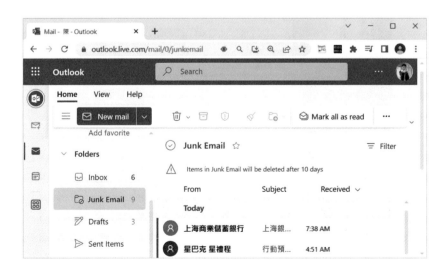

圖 13.6　電子郵件程式通常會自動過濾疑似垃圾郵件或網路釣魚郵件

13-4-5 勒索軟體

勒索軟體 (ransomware) 又稱為「勒索病毒」或「綁架病毒」，和其它電腦病毒最大的差異在於做案的手法就像綁架勒索一樣，一旦入侵電腦，就會將電腦鎖起來或是將硬碟的某些檔案加密，然後出現畫面要求受害者支付贖金，若不從的話，就摧毀解密金鑰，檔案再也無法解密。

勒索軟體通常是透過特洛伊木馬、網路釣魚或惡意網址誘騙受害者點取並下載到自己的電腦，而新一代的勒索病毒更進化到具有電腦蠕蟲的特性。以曾經聲名大噪的 WannaCry 為例，它會利用微軟作業系統的 SMB 漏洞主動感染尚未修復此漏洞的電腦，一旦入侵電腦，除了將檔案加密要求支付贖金，還會繼續往外入侵更多電腦，達到快速擴散的目的。

勒索軟體的防範之道

勒索病毒的防範之道和電腦病毒相同，比較重要的如下：

● 安裝防毒軟體並持續更新病毒碼。

● 持續更新作業系統、瀏覽器、即時通訊與電子郵件軟體。

● 定期利用雲端硬碟或外部的儲存裝置備份資料。

● 勿隨意點取即時通訊、簡訊或電子郵件中夾帶的網址。

● 勿隨意點取網站的贊助廣告。

● 勿隨意下載軟體、影片、圖片、音樂、遊戲等檔案。

● 慎選瀏覽的網站，避免遭到誘騙或被植入惡意程式。

圖 13.7　勒索軟體 WannaCry 要求支付贖金的畫面 (3 天內支付等值 300 美元的比特幣，超過 3 天就加倍至 600 美元，超過 7 天則摧毀解密金鑰)

13-5 常見的安全攻擊手法

根據 CERT/CC (Computer Emergency Response Team Coordination Center，電腦緊急應變小組及協調中心) 長期追蹤統計，發現網路與電腦系統的攻擊數量不僅與日俱增，而且手法愈來愈複雜，所造成的危害也更大。

下面是一些常見的安全攻擊手法：

● **惡意程式攻擊**：泛指不懷好意的程式碼，例如前一節所介紹的電腦病毒、電腦蠕蟲、特洛伊木馬、後門、間諜軟體、網路釣魚、垃圾郵件、勒索軟體、殭屍程式等。

● **阻斷服務攻擊** (DoS attack，Denial of Service attack)、**分散式阻斷服務攻擊** (DDoS attack，Distributed DoS attack)：DoS 的攻擊者會對網站或網路伺服器發出大量要求，導致它們收到太多要求超過負荷，而無法提供正常服務，諸如 Netflix、Twitter、Spotify、YAHOO!、Amazon、CNN.com 等知名網站均曾遭到 DoS 而癱瘓。

DDoS 的破壞力比 DoS 更強大，攻擊者會先透過網路把殭屍程式植入大量電腦，然後同時啟動這些被控制的電腦，對網站或網路伺服器啟動干擾指令，進行遠端攻擊。

● **偽裝攻擊** (spoofing attack)：攻擊者偽裝成可信任的網站或網路伺服器，或發送冒名的電子郵件，誘騙他人連結到惡意網站，進而伺機竊取登入資訊或重要資訊。

● **暴力攻擊** (brute force attack)：這種攻擊手法很常見，目的是要破解密碼，而破解密碼的方式有好幾種，例如直接監控網路、窮舉攻擊或字典攻擊，其中**窮舉攻擊**會逐一嘗試所有文數字的組合，而**字典攻擊**是預先定義一個常用單字檔案，然後逐一嘗試這些常用單字的組合。

● **利用漏洞入侵**：所謂「漏洞」指的是軟體設計不當或設定不當，導致攻擊者利用漏洞取得電腦的控制權，因此，即時修正軟體漏洞是很重要的。

● **竊聽攻擊** (sniffing attack)：攻擊者利用程式監控網路上的資訊，然後從中加以攔截。隨著無線網路的盛行，竊聽變得更容易了，因為不需要實體掛線，而且多數人在使用無線網路時，並沒有將資訊加密。

● **點擊詐欺** (click fraud)：這指的是個人或電腦程式故意點擊搜尋引擎的線上廣告，但不是真的想要了解或購買產品，而是要增加競爭者的行銷成本，因為廣告商通常是根據點擊次數付費給搜尋引擎，惡意點擊次數愈高，所要付出的費用就愈高。

● **無線網路盜連**：隨著無線網路的普及，盜連也日益嚴重，初階的盜連者可能只是透過行動裝置偷偷使用您的無線網路，而進階的盜連者可能透過您的無線網路入侵無線基地台，攔截使用者所送出的帳號與密碼，進而竊取重要資訊或做為攻擊他人的中繼站。

- **無線網路攻擊**：常見的手法之一是**竊聽攻擊**，只要是在射頻範圍內的機具，都可以收到無線訊號。另一種手法稱為**雙面惡魔** (evil twins)，駭客在公共場所設立一個看似值得信任的無線基地台，讓不知情的人透過該基地台上網，然後趁著他們登入網站或接收電子郵件時，竊取帳號、密碼、信用卡卡號等資訊。此外，駭客也可以對基地台使出**阻斷服務攻擊**，例如不斷地向基地台發出身分認證要求，導致認證伺服器過度忙碌，而無法回應使用者要求。

  Wi-Fi 最初採取的安全標準是 WEP (Wired Equivalent Privacy，有線等效加密)，但 WEP 容易被破解，後來改以安全性較高的 WPA (Wi-Fi Protected Access，Wi-Fi 保護存取)、WPA2、WPA3 取代 WEP。

- **社交工程** (social engineering)：人們經常以為安全攻擊是來自組織外部，卻忽略了組織內部的人員也可能成為安全隱憂。攻擊者可以利用面對面的交談、電話、電子郵件、即時通訊、臉書、偷走沒有上鎖的筆電或手機、翻看資源回收筒、便條紙或碎紙機等社交操縱的方式竊取合法使用者的帳號與密碼，然後入侵系統，或利用合法使用者暫時離開電腦卻忘了登出系統，伺機入侵系統。許多組織已經意識到這類社交工程的問題，轉而著手教育員工注意相關細節。

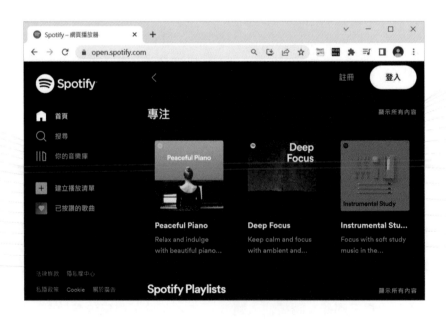

圖 **13.8** 諸如 Spotify 等知名網站均曾遭到 DoS 而癱瘓

13-6 加密的原理與應用

加密 (encryption) 是網路與通訊安全最重要的技術之一，目的是資訊保密。常見的加密方式有「對稱式加密」（秘密金鑰）與「非對稱式加密」（公開金鑰），以下各小節有進一步的說明。

13-6-1 對稱式加密

對稱式加密 (symmetric encryption) 又稱為**秘密金鑰** (secret key)，發訊端（以下稱甲方）與收訊端（以下稱乙方）必須協商一個不對外公開的秘密金鑰，甲方在將資訊傳送出去之前，先以秘密金鑰**加密** (encryption)，而乙方在收到經過加密的資訊之後，就以秘密金鑰**解密** (decryption)，如圖 13.9，我們將尚未加密的資訊稱為**本文** (plaintext)，而經過加密的資訊稱為**密文** (ciphertext)。

知名的對稱式加密演算法有 DES (Data Encryption Standard)、AES (Advanced Encryption Standard)、RC4 等。

由於對稱式加密的安全性取決於秘密金鑰的保密程度，並不是演算法，因此，對稱式加密演算法是公開的，硬體製造廠商能夠發展出低成本的晶片來實作演算法，而使用者的責任就是確保秘密金鑰不外洩。

對稱式加密的優點是演算法容易取得、運算速度快且安全性高，缺點則如下：

● 每對使用者都必須協商各自的秘密金鑰，所以 N 個使用者共需要 N(N - 1) / 2 個秘密金鑰。

● 一旦秘密金鑰外洩，雙方必須重新協商新的秘密金鑰。

● 雖然能夠做到資訊保密，但無法做到來源證明。

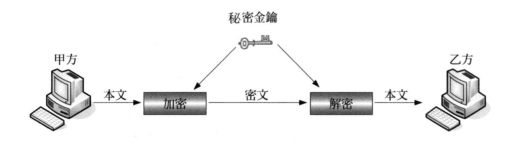

圖 **13.9** 對稱式加密

13-6-2 非對稱式加密

非對稱式加密 (asymmetric encryption) 又稱為**公開金鑰** (public key)，發訊端與收訊端各有一對**公鑰** (public key) 和**私鑰** (private key)，公鑰對外公開，私鑰不得外洩，每對公鑰和私鑰均是以特殊的數學公式計算出來，在將資訊以私鑰加密之後，必須使用對應的公鑰才能解密，而在將資訊以公鑰加密之後，必須使用對應的私鑰才能解密。

利用前述特點，非對稱式加密就能做到資訊保密。以圖 13.10(a) 為例，甲方在將資訊傳送出去之前，先以乙方的公鑰加密，而乙方在收到經過加密的資訊之後，就以乙方的私鑰解密，由於只有乙方才知道乙方的私鑰，所以也只有乙方能夠解密。

此外，非對稱式加密也能做到來源證明。以圖 13.10(b) 為例，甲方在將資訊傳送出去之前，先以甲方的私鑰加密，而乙方在收到經過加密的資訊之後，就以甲方的公鑰解密，由於只有使用甲方的公鑰才能解密，所以能夠證明資訊來源為甲方。

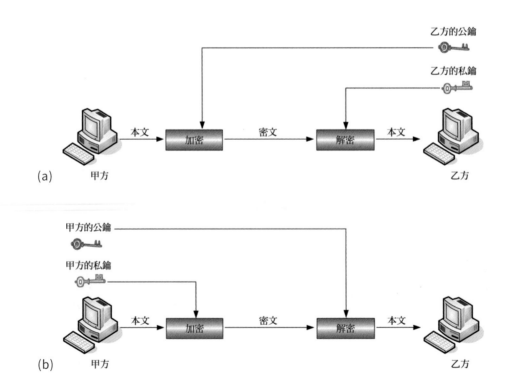

圖 13.10 (a) 將非對稱式加密應用於資訊保密 (b) 將非對稱式加密應用於來源證明

知名的非對稱式加密演算法有 RSA（依發明者 Rivest、Shamir、Adleman 來命名）、El Gamal 等，其中 **RSA** 是假設收訊端的公鑰和私鑰分別是一對數字 (n, d)、(n, e)，發訊端將資訊以**數學公式** $C = P^d \bmod n$ 加密，而收訊端將資訊以**數學公式** $P = C^e \bmod n$ 解密，其中 P 為本文，C 為密文。

以圖 13.11 為例，本文為 6，公鑰為 (33, 7)，私鑰為 (33, 3)，密文為 $6^7 \bmod 33$，得到 30，而收訊端在收到 30 之後，進行解密 $30^3 \bmod 33$，便能得到本文為 6。

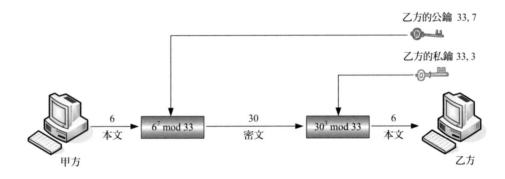

圖 13.11 RSA 演算法

為了防止公鑰和私鑰被竊聽者破解，RSA 演算法的發明者除了建議使用者選擇很大的數字之外，還要遵守下列原則：

● 選擇兩個很大的質數 p、q；

● 計算 n = p * q；

● 計算 z = (p - 1) * (q - 1)，然後選擇一個小於 n 且和 z 互質的數字 d；

● 選擇一個滿足 (d * e) mod z = 1 的數字 e。

舉例來說，假設質數 p、q 分別為 11、3，那麼 n = p * q = 33，z = (p - 1) * (q - 1) = 10 * 2 = 20，接著選擇一個小於 33 且和 20 互質的數字 d，例如 7，繼續選擇一個滿足 (7 * e) mod 20 = 1 的數字 e，例如 3，最後得到公鑰為 (n, d) = (33, 7)，私鑰為 (n, e) = (33, 3)。

非對稱式加密的優點如下，缺點則是運算複雜：

● N 個使用者只需要 2N 個金鑰，而且容易散播（例如將公鑰公布於網站）。

● 能夠做到資訊保密和來源證明。

13-6-3 數位簽章

當非對稱式加密應用於來源證明時，發訊端以自己的私鑰將資訊加密所得到的密文就是所謂的**數位簽章** (digital signature)，此時，發訊端所傳送的資訊是否保密已經不是重點，因為任何人都可以利用發訊端的公鑰將該資訊解密，重點是發訊端要讓收訊端確定該資訊真的是他所傳送的，因為沒有人知道發訊端的私鑰，自然就沒有人能夠偽裝成發訊端來傳送資訊。

數位簽章具有「不可否認性」，即便發訊端否認傳送過資訊，可是只要對照其私鑰和公鑰，就無所遁形；此外，數位簽章亦具有「完整性」，因為資訊若被竄改或損壞，在以發訊端的公鑰進行解密之後，將會是亂碼，而不是原來的資訊。

由於加密整份資訊需要花費較長時間，於是有人想出只針對資訊的某個區塊進行加密，該區塊稱為**摘要** (digest)(圖 13.12)，其原理如下：

1. 將資訊做雜湊函數運算，得到一個長度為 128 位元或 160 位元的摘要，知名的雜湊函數有 MD5 (Message Digest 5) 和 SHA-1 (Secure Hash Algorithm)，其特點是 1 對 1 且不可逆，即資訊的摘要是唯一的且無法從摘要推算出資訊。

2. 發訊端以自己的私鑰將摘要加密，然後和資訊一起傳送出去。

3. 收訊端在收到資訊和經過加密的摘要之後，以發訊端的公鑰將摘要解密，同時將資訊做雜湊函數運算，只要兩者的結果相同，就能確認是由發訊端所傳送。

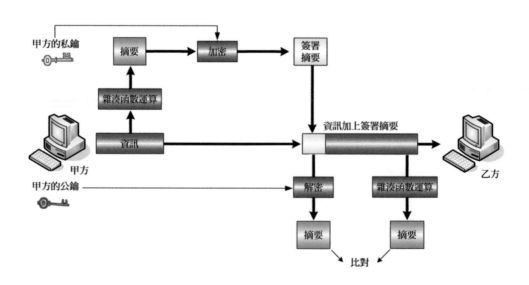

圖 13.12 針對資訊的某個區塊進行加密

13-6-4 數位憑證

既然公鑰是對外公開的,那麼使用者將自己的公鑰公布給大家知道似乎是理所當然,但實際情況卻不這麼理想,若有人冒名成某個使用者公布假造的公鑰,那麼其它人將無法分辨,而讓冒名者有機會偷窺原本要傳送給該使用者的資訊。

為了解決這個問題,遂發展出另一種機制,叫做**數位憑證** (DC,Digital Certificate),這是驗證使用者身分的工具,包含使用者身分識別與公鑰、憑證序號、有效期限、數位簽章演算法等資訊,透過數位憑證,就能確認使用者所公布的公鑰是真的。

數位憑證的格式與內容是遵循 ITU(國際電信聯盟)所建議的 X.509 標準,而且數位憑證通常是由使用者的交易對象(例如銀行)或具有公信力的單位所發放,即所謂的**認證中心** (CA,Certificate Authority)。下面是幾個國內外的認證中心,其中有些會提供免費申請或試用,有些則只提供付費申請。

● VeriSign (https://www.verisign.com/)

● TWCA 台灣網路認證 (https://www.twca.com.tw/)

● 中華電信通用憑證管理中心 (https://publicca.hinet.net/index.htm)

● 網際威信 (https://www.hitrust.com.tw/)

圖 13.13　TWCA 提供了數位憑證的相關服務

X.509 數位憑證的應用

X.509 數位憑證已經廣泛應用於許多網路安全技術，例如：

■ PGP、S/MIME：PGP 和 S/MIME 的目的都是提供安全的電子郵件服務，其中 PGP (Pretty Good Privacy) 是 Phil Zimmermann 以非對稱式加密演算法為基礎所提出，具備加密與認證的功能。在加密的方面，甲方在將電子郵件傳送出去之前，先以乙方的公鑰加密，而乙方在收到經過加密的電子郵件之後，就以乙方的私鑰解密，如此一來，只有乙方能夠將電子郵件解密；而在認證的方面，PGP 提供了數位簽章機制，甲方在將電子郵件傳送出去之前，先以甲方的私鑰加密，而乙方在收到經過加密的電子郵件之後，就以甲方的公鑰解密，如此一來，乙方便能確認該電子郵件的來源為甲方。

至於 S/MIME (Security/Multipurpose Internet Mail Extensions) 則是安全版的 MIME，而 MIME 是傳送電子郵件的標準。S/MIME 也是以非對稱式加密演算法為基礎所提出，和 PGP 一樣具備加密與認證的功能。

■ SSL/TLS、SET：SSL (Secure Sockets Layer) 是 Netscape 公司於 1994 年推出 Netscape Navigator 瀏覽器時所採取的安全協定，使用非對稱式加密演算法在網站伺服器與用戶端之間建立安全連線，目的是提供安全的網站服務，之後 IETF 將 SSL 標準化為 TLS (Transport Layer Security)；至於 SET (Secure Electronic Transaction) 則是要提供安全的線上付款服務，保護消費者與網路商店之間的信用卡或預付卡交易。

■ HTTPS、S-HTTP：HTTPS (HyperText Transport Protocol Secure) 是安全版的 HTTP，它會在網站伺服器與用戶端之間建立安全連線，HTTPS 連線經常應用於線上付款與企業資訊系統的敏感資訊傳輸；至於 S-HTTP (Secure HTTP) 則是訊息加密的 HTTP，和建立安全連線的 HTTPS 不同。

■ IPSec：前述的 PGP、S/MIME、HTTPS、S-HTTP 都是屬於應用層的安全機制，而 IPsec (Internet Protocol Security) 是屬於 IP 層的安全機制，提供了加密與認證的功能，安全傳輸能力跨越 LAN、WAN 及網際網路，諸如遠端登入、檔案傳輸、電子郵件、網頁瀏覽等分散式應用均涵蓋在其安全保護範圍內。

■ WEP、WPA、WPA2、WAP3：這些是 Wi-Fi 無線網路用來加密與認證的安全標準，其中 WPA3 提供更長的金鑰、更高的安全性，以取代 WPA2 及較舊的安全標準。

資 訊 部 落

公開金鑰基礎建設 (PKI)

公開金鑰基礎建設 (PKI，Public Key Infrastucture) 指的是用來建立、管理、儲存、分配與撤銷非對稱式加密數位憑證的一組軟硬體、人、政策與程序，目的是提供安全且有效率的方式來取得公開金鑰。PKI 包含認證中心 (CA，Certificate Authority)、註冊中心 (RA，Registration Authority)、數位憑證 (DC，Digital Certificate) 和加密演算法等部分，其中認證中心負責發放、分配與撤銷數位憑證，而註冊中心則承擔了部分來自認證中心的工作，例如憑證申請人的身分審核。

台灣的數位憑證應用是以公部門為主，私部門則以金融業為首，常見的如下：

- **自然人憑證**：這是一般民眾的網路身分證，可以透過網路使用電子化政府的各項服務，例如繳稅、繳罰款、申辦戶政等。

- **工商憑證**：這是企業的網路身分證，提供企業便利且安全的線上作業申請，例如公司預查、抄錄與變更登記、線上政府標案、勞保局網路申報等。

- **醫療憑證**：這是醫療院所的網路身分證，主要的應用為電子病例交換，以及醫療院所與衛生福利部的電子公文交換，並與健保 IC 卡整合。

- **金融憑證**：這是金融機構的網路身分證，任何通過憑證政策管理中心 (PMA) 核可的銀行，其所發放給客戶的憑證均能互通。

電子簽章

電子簽章 (electronic signature) 和前面介紹的數位簽章不同，它所涵蓋的範圍較廣，除了數位簽章之外，諸如指紋、掌紋、臉部影像、視網膜、聲音、簽名筆跡等能夠辨識使用者的資料均包含在內。

台灣的電子簽章法於民國 91 年 4 月 1 日正式實施，目的在於突破過去法律對於書面及簽章相關規定的障礙，賦予符合一定程序做成之電子文件及電子簽章，具有取代實體書面及親自簽名蓋章相同的法律效力，並結合憑證機構的管理規範，使負責簽發憑證工作的憑證機構具備可信賴性，以保障消費者的權益。

有效的電子簽章必須依附於電子文件並與其關聯，用來辨識並確認電子簽署人的身分及電子文件真偽，例如使用者在撰寫電子郵件時所輸入的姓名並不是有效的電子簽章，因為無法確認電子簽署人的身分，其它人亦可輸入該姓名。

13-7 資訊安全措施

在本節中,我們將介紹常見的資訊安全措施,包括存取控制、備份與復原、防毒軟體、防火牆、代理人伺服器、入侵偵測系統等。不過,由於安全攻擊手法不斷翻新,因此,您還是得隨時留意相關資訊。

13-7-1 存取控制

存取控制 (access control) 指的是系統必須控制哪些人能夠存取資源,以及他們能夠在哪些情況下存取哪些資源,比方說,限制使用者無法安裝新的應用程式,以免引發盜版軟體的爭議,或者限制使用者無法刪除系統檔案,以免造成電腦當機或其它執行錯誤。

身分認證 (authentication) 是存取控制最重要的環節,使用者必須向系統證明自己的身分,才能獲得授權,進而具有讀寫、執行、刪除等存取系統的權限,而且系統還必須具有自動稽核的能力,才能記錄使用者的行為。

身分認證通常可以透過「帳號與密碼」、「持有的物件」、「生物特徵」等方式來做鑑定,以下有進一步的說明。

帳號與密碼 ————————

管理人員可以根據一定的規則賦予使用者一組帳號與密碼,而且**帳號** (account) 必須唯一,例如學號、身分證字號、員工編號等,至於**密碼** (password) 則是由使用者自訂。

設定密碼時請留意下列事項:

● 不要使用容易聯想的密碼,例如電話號碼、生日、姓名、身分證字號等,否則容易被破解。

● 不要使用既有的英文單字,最好是組合文數字和特殊字元。為了方便記憶,可以試著將一個四個字母的英文單字和一個三個字母的英文單字組合在一起,中間的空缺放上 &、>、$、# 等特殊符號或阿拉伯數字,例如 mary#tom。

● 將密碼記在腦子裡,別寫在紙上。

● 大部分系統均不接受中文密碼。

● 大部分系統支援的密碼會區分英文字母的大小寫。

● 不同系統支援的密碼長度不一,通常為 6 ~ 12 個字元,愈長就愈安全。

除了使用者慎選密碼,管理人員也應該針對密碼實施一些管制措施,例如:

● 強制要求使用者定期變更密碼。

● 限制指定時間內連續嘗試登入的次數,避免遭到駭客以暴力攻擊程式破解帳號與密碼。

● 確實保護密碼檔的安全,例如妥善設定密碼檔的存取權限、慎選密碼檔的存放目錄。

● 取消離職員工或畢業學生的帳號。

持有的物件

持有的物件 (possessed object) 指的是使用者必須持有諸如鑰匙、磁卡、智慧卡、徽章等物件,才能進入辦公室、電腦室、開啟終端機或電腦等,其中智慧卡上面嵌有用來確認身分的晶片,然後透過辦公室或電腦室門口的偵測器,辨識使用者的身分,只有獲得許可的使用者才能進入。

持有的物件有時會結合**個人認證號碼** (PIN,Personal Identification Number),這是一組數字密碼,由管理人員或使用者設定,例如銀行會要求使用者為晶片卡或金融卡設定密碼,只有輸入正確的密碼,才能進行存提款、轉帳、繳稅等動作。

生物特徵

生物特徵 (biometrics) 指的是利用使用者的身體特徵來進行身分認證,例如指紋掃描器、手掌辨識系統、臉部辨識系統、虹膜辨識系統、聲音辨識系統、簽名辨識系統等裝置可以透過指紋、掌紋、臉部影像、虹膜、聲音、簽名筆跡進行認證。

以指紋辨識技術為例,使用者只要將手指放在一部像滑鼠大小的指紋掃描器,搭配相關的軟體,就可以取得指紋檔案,進而應用在門禁管理、犯罪偵查、進出海關或手機的指紋辨識功能等。此外,臉部辨識技術亦有顯著進步,使得相關的設備也經常被應用在身分認證,例如手機的臉部辨識解鎖功能。

圖 **13.14** 男子透過臉部辨識功能解鎖他的手機 (圖片來源:shutterstock)

13-7-2 備份與復原

電腦系統最有價值的部分往往不是外在的硬體設備，而是儲存裝置內的資料。雖然目前的儲存裝置已經相當耐用，但仍存在著損壞的風險，而且日益猖獗的駭客、病毒、無法預期的天災人禍也是資料潛伏的威脅，因此，每個電腦系統都應該有一套完善的備份與復原策略。

備份類型

我們可以使用光碟、磁帶、行動硬碟、磁碟陣列、NAS（網路附接儲存）、SAN（儲存區域網路）等裝置或雲端硬碟來備份資料，常見的備份類型如下：

● **完整備份**（full backup）：複製所有程式與檔案，備份時間最長，還原速度最快。

● **差異備份**（differential backup）：只複製上一次完整備份後有變動的程式與檔案，備份時間比完整備份短，還原速度比完整備份慢。

● **漸增備份**（incremental backup）：只複製上一次完整備份或漸增備份後有變動的程式與檔案，備份時間最短，還原速度最慢。

一個好的備份策略必須包含定期的完整備份，再搭配差異備份或漸增備份，若搭配差異備份，則還原過程需要上一次完整備份及上一次差異備份；若搭配漸增備份，則還原過程需要上一次完整備份及上一次完整備份後所進行的每次漸增備份。

星期日	星期一	星期二	星期三	星期四	星期五	星期六
28	29 每日漸增備份	30 每日漸增備份	31 每月底完整備份	1 每日漸增備份	2 每星期完整備份	3
4	5 每日漸增備份	6 每日漸增備份	7 每日漸增備份	8 每日漸增備份	9 每星期完整備份	10
11	12 每日漸增備份	13 每日漸增備份	14 每日漸增備份	15 每日漸增備份	16 每星期完整備份	17
18	19 每日漸增備份	20 每日漸增備份	21 每日漸增備份	22 每日漸增備份	23 每星期完整備份	24
25	26 每日漸增備份	27 每日漸增備份	28 每日漸增備份	29 每日漸增備份	30 每星期完整備份	31
1	2	3	4	5	6	7

圖 13.15 備份策略範例（每月底完整備份至少應該保存一年）

預防電力中斷

無論是夏季供電吃緊、地震、火災、水災、颱風、雷擊等天然災害，或使用者不小心踢掉電源等情況，都有可能引起跳電或電力中斷，其中最直接的衝擊就是磁碟可能因此損毀，為了保護磁碟上的系統與資料，使用者可以安裝不斷電系統。

不斷電系統 (UPS，Uninterruptible Power Supply) 可以在電網異常的時候 (例如停電、突波、欠壓、過壓…) 提供穩定的電力給電器設備，維持電器設備的正常運作，避免因為斷電造成資料遺失或業務損失。UPS 就像一個能夠反覆充電的電池，當電力中斷時，可以提供電腦數十分鐘不等的電力，讓使用者有足夠的時間儲存正在進行的工作並正常關閉電腦。

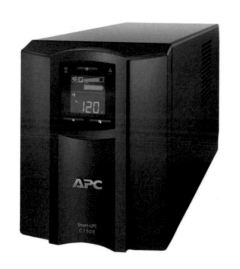

圖 13.16 不斷電系統 (圖片來源：amazon.com)

災害復原方案

一套完善的**災害復原方案** (disaster recovery plan) 必須包括下列四個部分：

● **緊急方案** (emergency plan)：這是在災害發生的當下，立刻要執行的動作，包括需要通報哪些機關組織 (例如消防局、警察局…) 及其聯絡電話、如何疏散人員、如何關閉硬體設備 (包括電腦系統、電源、瓦斯…) 等。

● **備份方案** (backup plan)：這是在緊急方案啟動之後，用來指示哪裡有備份資訊、備份裝置，以及使用步驟和所需時間。舉例來說，宏碁電腦位於汐止東方科學園區的總部雖然曾遭祝融肆虐，但由於它在桃園龍潭的宏碁渴望園區設有異地備份，所以在電腦系統與相關資訊付之一炬的情況下，仍能快速使用渴望園區的異地備份進行復原。

● **復原方案** (recovery plan)：這是在備份方案啟動之後，用來指示執行復原的過程，不同的災害可能有不同的復原方案，視災害的性質而定。

● **測試方案** (test plan)：這是在復原方案完成之後，用來指示執行測試的過程，所有復原的資訊都應該重新經過測試，確認其正確性。

13-7-3 防毒軟體

防毒軟體是用來防治電腦病毒的軟體，目前的防毒軟體大都能防治電腦病毒／電腦蠕蟲／特洛伊木馬、間諜軟體、網路釣魚、垃圾郵件、勒索軟體等惡意程式，常見的有趨勢科技 PC-cillin、Norton 諾頓防毒、Kaspersky 卡巴斯基、ESET 防毒、Avira 小紅傘等。

在安裝防毒軟體後，該軟體會自動更新病毒定義檔、安全資訊、程式、資源等，以確保電腦、智慧型手機或平板電腦不會受到日新月異的惡意程式感染，並防範網路詐騙、保護社群隱私、密碼管理安全、安心網購交易等。

以趨勢科技的「雲端防護技術」為例，這是將持續增加的惡意程式、協助惡意程式入侵電腦的郵件伺服器，以及散播惡意程式的網站伺服器等資訊，儲存在雲端安全防護資料庫，使用者一連上網路，就能受到最新的病毒防護，達到「來自雲端（網路）的威脅，由雲端來解決」的目標。雲端防毒不僅能即時更新威脅資訊並主動攔截惡意程式，而且所佔用的電腦資源也比傳統的防毒方式來得少，兼顧了安全與效能。

圖 13.17　面對層出不窮的網購詐騙案、LINE 或臉書帳號被盜、釣魚簡訊等資安威脅，趨勢科技 PC-cillin 採取 AI 智能防護技術讓防毒防詐一次到位

13-7-4 防火牆

防火牆 (firewall) 是一種用來分隔兩個不同網路的安全裝置,例如私人網路與網際網路 (圖 13.18),它會根據預先定義的規則過濾進出網路的封包,只有符合規則的封包才能通過,不符合規則的封包就予以丟棄,屬於**封包過濾型防火牆**。防火牆可以阻擋企圖透過網際網路進入私人網路的駭客或病毒、蠕蟲等惡意程式,也可以限制私人網路的使用者所能存取的服務,例如允許收發電子郵件,但不能使用 FTP 將資料傳送到網際網路,或防止駭客利用私人網路的電腦攻擊他人的電腦。

防火牆比較重要的功能包括使用者認證、網路位址轉換、稽核與預警、過濾垃圾郵件等,其中**稽核** (auditing) 指的是系統記錄功能,也就是記錄系統的內部活動及交易行為,然後定期分析系統記錄,一旦察覺有任何異常或遭到入侵破壞,就提出**預警** (alerting),讓管理人員進行補救動作。

防火牆又分成下列兩種類型:

● **硬體防火牆**:這種防火牆本身包含記憶體、處理晶片等專用的硬體,效能較佳,成本較高,再加上硬體是特製的規格,所以安全性較高。

● **軟體防火牆**:這種防火牆是採取軟體技術來過濾封包,會佔用作業系統的資源,效能較差,成本較低,安全性則取決於所採取的軟體技術及作業系統,但一般的作業系統通常有安全漏洞,所以軟體防火牆的安全性往往比不上硬體防火牆。

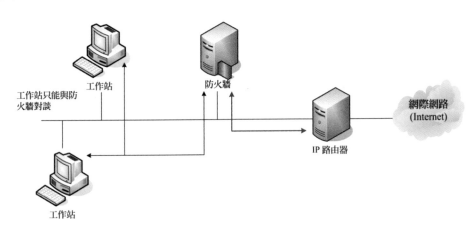

圖 13.18 防火牆位於私人網路與網際網路之間

13-7-5 代理人伺服器

代理人伺服器 (proxy server) 是在私人網路與網際網路之間擔任中介的角色，兩端的存取動作都必須透過代理人伺服器。當有網際網路的封包欲傳送至私人網路時，必須先傳送給代理人伺服器，它會檢查封包是要傳送給私人網路內的哪部電腦及相關的存取權限，確認無誤後才會傳送給該電腦，否則就將封包丟棄。

反之，當有私人網路的封包欲傳送至網際網路時，亦必須先傳送給代理人伺服器，它會將封包的標頭 (header) 改為自己的位址，再將封包傳送出去 (圖 13.19)。由於代理人伺服器完全隔斷私人網路與網際網路，故安全性比「封包過濾型防火牆」來得高。

圖 13.19　代理人伺服器

13-7-6 入侵偵測系統

相較於防毒軟體、防火牆或代理人伺服器是被動阻擋網路攻擊，**入侵偵測系統** (IDS，Intrusion Detection System) 則是主動偵測網路攻擊，畢竟攻擊手法不斷翻新，而防毒軟體、防火牆或代理人伺服器往往無法立即更新，因此，除了靠它們築起第一道防線之外，最好再搭配入侵偵測系統做為第二道防線。

常用的入侵偵測方法如下：

● **異常統計偵測法** (statistical anomaly detection)：這是蒐集合法使用者的行為，然後加以統計，進而產生驗證規則，再根據驗證規則檢視系統是否出現異常行為。

● **規則偵測法** (rule-based detection)：這是預先定義一組規則，然後和使用者的行為做比對，以判斷該使用者是否符合入侵者的條件。

● **蜜罐** (honeypots)：這是一種誘捕攻擊者的系統，蜜罐內的資訊看起來似乎很重要，但其實都是假的資訊，合法使用者並不會去加以存取，一旦有人存取蜜罐，就會立刻通知管理人員採取適當的處理。

本·章·回·顧

- **X.800 OSI 安全架構**建議書的重點包含安全攻擊、安全服務與安全機制,其中**安全攻擊**泛指任何洩漏組織資訊的行為;**安全服務**泛指用來加強資訊安全的服務,分為認證、存取控制、保密性、完整性、不可否認性等類別;**安全機制**泛指用來預防或偵測安全攻擊,以及復原安全攻擊的機制。

- **惡意程式** (malware) 泛指不懷好意的程式碼,例如電腦病毒、電腦蠕蟲、特洛伊木馬、後門、間諜軟體、網路釣魚、垃圾郵件、勒索軟體、殭屍程式等。

- 常見的安全攻擊手法有惡意程式攻擊、阻斷服務攻擊、偽裝攻擊、暴力攻擊、利用漏洞入侵、竊聽攻擊、點擊詐欺、無線網路盜連、無線網路攻擊、社交工程等。

- **對稱式加密** (symmetric encryption) 的發訊端與收訊端必須協商一個不對外公開的秘密金鑰,發訊端在將資訊傳送出去之前,先以秘密金鑰加密,而收訊端在收到經過加密的資訊之後,就以秘密金鑰解密。

- **非對稱式加密** (asymmetric encryption) 的發訊端與收訊端各有一對公鑰和私鑰,公鑰對外公開,私鑰不得外洩,在將資訊以私鑰加密之後,必須使用對應的公鑰才能解密,而在將資訊以公鑰加密之後,必須使用對應的私鑰才能解密。

- 非對稱式加密可以應用於資訊保密與來源證明,當它應用於來源證明時,發訊端以自己的私鑰將資訊加密所得到的密文就是所謂的**數位簽章** (digital signature)。

- **數位憑證** (digital certificate) 是驗證使用者身分的工具,包含使用者身分識別與公鑰、憑證序號、有效期限、數位簽章演算法等資訊,透過數位憑證,就能確認使用者所公布的公鑰是真的。數位憑證的格式與內容是遵循 ITU 所建議的 X.509 標準。

- 常見的資訊安全措施有存取控制、備份與復原、防毒軟體、防火牆、代理人伺服器、入侵偵測系統等,其中**防火牆** (firewall) 可以用來分隔私人網路與網際網路,然後根據預先定義的規則過濾進出網路的封包;**代理人伺服器** (proxy server) 是在私人網路與網際網路之間擔任中介的角色,兩端的存取動作都必須透過代理人伺服器;**入侵偵測系統** (intrusion detection system) 則是會主動偵測網路攻擊。

學·習·評·量

一、選擇題

( ) 1. 下列何者是以公開金鑰為基礎的加密演算法？
A. DES
B. AES
C. RC4
D. RSA

( ) 2. 下列何者應該不是電腦病毒的發作症狀？
A. 發出奇怪的聲音或訊息
B. USB 埠故障
C. 無故自動關機或重新開機
D. 經常執行的程式突然無法執行

( ) 3. 下列何者是電腦病毒的感染途徑？
A. 透過電子郵件自動向外散播
B. 透過即時通訊自動向外散播
C. 偽裝成熱門軟體誘騙下載
D. 以上皆是

( ) 4. 下列哪種安全攻擊手法的目的是要破解密碼？
A. 阻斷服務攻擊
B. 無線網路盜連
C. 後門攻擊
D. 暴力攻擊

( ) 5. 在使用對稱式加密的前提下，N 個使用者需要協商幾個秘密金鑰？
A. $N(N-1)/2$
B. N^2
C. N
D. 2N

( ) 6. 下列哪個安全服務類別會要求系統必須確保資訊不會外洩，包括不被竊聽和不被監控流量？
A. 認證
B. 完整性
C. 保密性
D. 不可否認性

( ) 7. 下列何者會傳染其它檔案？
A. 電腦病毒
B. 間諜軟體
C. 特洛伊木馬
D. 垃圾郵件

( ) 8. 下列哪種手段會透過網域名稱伺服器 (DNS) 將合法的網站重新導向到看似原網站的錯誤 IP 位址？
A. 間諜軟體
B. 網址嫁接
C. 網路釣魚
D. 僵屍程式

( ) 9. 下列哪種手段會誘騙使用者透過電子郵件或網站提供其資訊？
A. 電腦病毒
B. 電腦蠕蟲
C. 特洛伊木馬
D. 網路釣魚

( ) 10. 下列何者會命令被感染的電腦對其它電腦發動攻擊？
A. 勒索軟體
B. 殭屍程式
C. 後門
D. 電腦蠕蟲

( ) 11. 下列何者能夠主動偵測網路攻擊？
A. 防毒軟體　　　　　　　　B. 防火牆
C. 入侵偵測系統　　　　　　D. 代理人伺服器

( ) 12. 下列關於密碼設定的說明何者錯誤？
A. 不要使用生日之類的密碼　B. 盡量不要將密碼寫在紙上
C. 密碼的長度與安全性無關　D. 使用者應該定期變更密碼

( ) 13. 下列何者無法降低電腦中毒的機率？
A. 定期做完整備份　　　　　B. 啟動防毒軟體並持續更新
C. 啟動防火牆　　　　　　　D. 勿開啟陌生郵件夾帶的可執行檔

( ) 14. 在使用非對稱式加密的前提下，假設甲方要傳送一份只有乙方能夠解
密的資訊，那麼甲方必須使用下列何者進行加密？
A. 甲方的公鑰　　　　　　　B. 乙方的公鑰
C. 甲方的私鑰　　　　　　　D. 乙方的私鑰

( ) 15. 下列何者可以用來分隔私人網路與網際網路，然後根據預先定義的規
則過濾進出網路的封包？
A. 防毒軟體　　　　　　　　B. 防火牆
C. 入侵偵測系統　　　　　　D. 代理人伺服器

( ) 16. 當電腦中了勒索病毒無法開啟重要檔案時，下列何者是比較好的解決
方式？
A. 到資源回收桶還原檔案　　B. 使用磁碟清理工具清理病毒
C. 定期使用磁碟重組工具　　D. 定期備份檔案於離線儲存裝置

二、簡答題

1. 我們可以隨意下載網路上的圖片、影片、音樂或程式嗎？簡單說明其中隱
藏的安全威脅。

2. 簡單說明在網路攻擊中，DNS (Domain Name System) 伺服器為何經常成
為被攻擊的對象？

3. 簡單說明對稱式加密的原理，以及其優缺點。

4. 簡單說明非對稱式加密的原理，以及它如何應用於資訊保密與來源證明。

5. 名詞解釋：主動式攻擊、被動式攻擊、惡意程式、阻斷服務攻擊、社交工
程、暴力攻擊、勒索軟體、後門、電腦蠕蟲、特洛伊木馬、間諜軟體、網
路釣魚、垃圾郵件、駭客、網址嫁接、點擊詐欺、防火牆、代理人伺服器、
數位憑證、生物辨識裝置。

Introduction to Computer Science ▪ Introduction to Computer Science ▪ Introduction to Computer Science
ASUS

資訊倫理
與法律

14-1 資訊倫理

資訊科技的發達為人們的生活帶來前所未有的便利，卻也引發了健康風險、環保爭議、取代人力、容錯率不足、非人性化、現實與虛擬混淆、數位落差、侵犯隱私權、侵犯智慧財產權、電腦犯罪等問題。

對於這些問題，除了透過科技保護技術和現行的法律來加以防範及懲處之外，還需要一套社會自主的規範機制，也就是「資訊倫理」。**倫理** (ethics) 指的是定義個人或群體行為的道德標準，而**資訊倫理** (computer ethics) 就是和資訊相關的道德標準。

資訊倫理涉及下列四個議題，簡稱為 **PAPA**，源自 Richard O. Mason 所提出的論文「Four Ethical Issues of the Information Age」：

● **隱私權** (Privacy)：這指的是人們可以決定自己的哪些資訊能夠公開，以及在哪些情況、哪些保護措施下公開，而不會被強迫揭露給他人，受到無謂的窺視或干擾。

● **正確性** (Accuracy)：這指的是誰該負責資訊的真實性與正確性，若資訊有錯誤，又是誰該負責，以及如何讓受害者獲得賠償。原則上，資訊的使用者應學會在眾多資訊中辨識正確的資訊，而資訊的提供者應提供正確且註明出處來源的資訊，至於資訊的管理者則應妥善管理資訊，避免資訊被窺視、竊取或竄改。

● **財產權** (Property)：這指的是誰擁有資訊或資訊傳播的管道，以及資訊交換的公平合理價格為何。資訊的使用者應瞭解哪些行為會侵犯他人的財產權，一旦侵犯他人的財產權，又該負哪些責任。

● **存取權** (Accessibility)：這指的是一個人或一個組織在哪些情況、哪些保護措施下有權利或許可取得哪些資訊，例如人們可以透過付費的方式，合法下載軟體、音樂或影片。

在有些時候，合乎倫理和合乎法律並不完全相符，比方說，在過去，劫富濟貧的行為可能會被視為義俠，然這卻是不合法的；而在現在，安樂死在某些國家是合法的，但卻牴觸了一般的道德標準。

此外，現行的法律往往跟不上資訊科技的發展腳步，導致法律修訂永遠落在社會變遷的後面，變成資訊科技引領著社會快速前進，而社會變遷又引領著法律緩步修訂，中間就會出現法律的模糊地帶，此時，資訊倫理就顯得相當重要，唯有人們提升自我的道德標準，內化為自我的規範機制，才能在「對」與「錯」、「好」與「壞」之間做出正確的抉擇。

下面的道德規範摘要自「**教育部校園網路使用規範**」：

● 尊重智慧財產權，避免下列可能涉及侵害智慧財產權之行為：

■ 使用未經授權之電腦程式。

■ 違法下載、拷貝受著作權法保護之著作。

■ 未經著作權人之同意，將受保護之著作上傳於公開之網站。

■ BBS 或其它線上討論區之文章，經作者明示禁止轉載，而仍然任意轉載。

■ 架設網站供公眾違法下載受保護之著作。

■ 其它可能涉及侵害智慧財產權之行為。

● 禁止濫用網路系統，使用者不得為下列行為：

■ 散布電腦病毒或其它干擾或破壞系統機能之程式。

■ 擅自截取網路傳輸訊息。

■ 以破解、盜用或冒用他人帳號及密碼等方式，未經授權使用網路資源，或無故洩漏他人之帳號及密碼。

■ 無故將帳號借予他人使用。

■ 隱藏帳號或使用虛假帳號，但經明確授權得匿名使用者不在此限。

■ 窺視他人之電子郵件或檔案。

■ 以任何方式濫用網路資源，包括以電子郵件傳送廣告信、連鎖信或無用之信息，或以灌爆信箱、掠奪資源等方式，影響系統之正常運作。

■ 以電子郵件、線上談話、BBS 或類似功能之方法散布詐欺、誹謗、侮辱、猥褻、騷擾、非法軟體交易或其它違法之訊息。

■ 利用學校之網路資源從事非教學研究等相關之活動或違法行為。

● 尊重網路隱私權，不得任意窺視使用者之個人資料或有其它侵犯隱私權之行為。但有下列情形之一者，不在此限：

■ 為維護或檢查系統安全。

■ 依合理之根據，懷疑有違反校規之情事時，為取得證據或調查不當行為。

■ 為配合司法機關之調查。

■ 其它依法令之行為。

下面是 Computer Ethics Institute（計算機倫理學會）所提出的「**資訊倫理十誡**」(The Ten Commandments of Computer Ethics)（資料來源：http://cpsr.org/issues/ethics/cei/）：

1. 不可以使用電腦傷害他人（例如散布謠言詆毀他人、散布私密照片妨害他人隱私、操控致命武器、網軍攻擊水力電力等公共設施）。

2. 不可以干擾他人的電腦工作（例如勒索軟體將電腦鎖起來而無法使用）。

3. 不可以偷窺他人的電腦檔案（例如偷窺銀行傳送給消費者的驗證碼電子郵件，進而盜刷信用卡）。

4. 不可以使用電腦從事偷竊的行為（例如竊取商業機密、破解比特幣錢包）。

5. 不可以使用電腦做偽證（例如散布假新聞、使用深偽技術製造假影片）。

6. 不可以複製或使用沒有付費的軟體（例如安裝盜版軟體）。

7. 不可以在未經許可或未支付適當酬勞之前使用他人的電腦資源（例如偷偷利用他人電腦挖礦或當作攻擊其它伺服器的跳板）。

8. 不可以侵犯他人的智慧財產權（例如下載未經授權的音樂或影片）。

9. 對於所撰寫的程式或所開發的系統應該考量其對社會的影響（例如加密貨幣的挖礦過程會耗費大量電力，使能源短缺問題更加嚴峻）。

10. 在使用電腦時應該保持對他人的體諒與尊重（例如網路霸凌將造成他人的身心傷害）。

此外，ACM 亦針對資訊專業人員提出了下面的道德規範 (ACM Code of Ethics and Professional Conduct)（資料來源：https://www.acm.org/code-of-ethics）：

1. 一般的道德規範

    1.1 造福社會與人類

    1.2 避免危害他人

    1.3 必須誠實及值得信賴

    1.4 必須公正沒有歧視

    1.5 尊重包括著作權與專利在內的所有權

    1.6 適當引用他人的智慧財產

1.7 尊重他人的隱私

1.8 尊重機密

2. 更多的專業職責

2.1 努力實現高品質、高效能並尊重專業工作的過程及產品

2.2 獲得並維持專業能力

2.3 了解並尊重專業工作相關的法令

2.4 接受並提供適當的專業稽核

2.5 對於電腦系統及其影響給予全面性的完整評估,包括其潛在的風險

2.6 尊重契約、同意書及指派給您的職責

2.7 改善大眾對於電腦化及其後果的了解

2.8 只有在獲得授權時才能存取電腦及通訊資源

3. 組織的領導權責

3.1 宣示身為組織成員對於社會的責任,並鼓勵接受這樣的責任

3.2 負責管理設計與建置資訊系統的人員和資源,以提供工作品質

3.3 了解並支援經適當授權使用組織內電腦及通訊資源的行為

3.4 確保使用者及會受到系統影響的人,在評估與設計系統需求時,有管道表達其需求,而且將來開發出來的系統必須經過驗證並確認符合這些需求

3.5 宣示並支持那些用來保護使用者及會受到系統影響的人其尊嚴的政策

3.6 提供機會讓組織成員學習關於系統的原理與限制

4. 遵循這套規範

4.1 支持並發揚光大這套規範

4.2 如違反這套規範將視同違反 ACM 的會員規定

註:ACM(Association for Computing Machinery,計算機學會)是一個全球性的計算機專業技術組織,致力於推廣電腦圖學、多媒體、作業系統、軟體工程、人工智慧、程式語言等資訊科學應用。ACM 主辦了數個獎項用來表彰計算機領域的專業成就,其中最知名的是被譽為計算機領域的諾貝爾獎─Turing Award(圖靈獎)。

14-2 電腦犯罪

電腦犯罪 (computer crime) 指的是利用電腦相關技術從事非法行為,而**網路犯罪** (cyber crime) 是電腦犯罪的一種,指的是利用網路所提供的服務從事非法行為。由於網路具有成本低、快速散布、大量散布、匿名性高、討論度高等特點,使得新型態的電腦犯罪層出不窮。

事實上,電腦可以是犯罪的工具,也可以是犯罪的目標,前者的例子有使用電腦發送垃圾郵件、攔截或側錄他人的電子通訊內容、非法下載受著作權法保護的數位化作品等;而後者的例子有入侵未經授權的電腦以竊取資料、入侵受保護的電腦以進行破壞等。

我們在第 13-5 節介紹過常見的安全攻擊手法,此處不再重複講解,以下各小節將探討電腦犯罪的類型、刑責、蒐證與起訴。

14-2-1 電腦犯罪的類型與刑責

散布電腦病毒與駭客入侵

無論是撰寫並散布電腦病毒,或是入侵他人電腦或網站等駭客行為,都將觸犯刑法第三十六章「妨害電腦使用罪」,條款如下:

- 第 358 條:無故輸入他人帳號密碼、破解使用電腦之保護措施或利用電腦系統之漏洞,而入侵他人之電腦或其相關設備者,處三年以下有期徒刑、拘役或科或併科三十萬元以下罰金。

- 第 359 條:無故取得、刪除或變更他人電腦或其相關設備之電磁紀錄,致生損害於公眾或他人者,處五年以下有期徒刑、拘役或科或併科六十萬元以下罰金。

- 第 360 條:無故以電腦程式或其他電磁方式干擾他人電腦或其相關設備,致生損害於公眾或他人者,處三年以下有期徒刑、拘役或科或併科三十萬元以下罰金。

- 第 361 條:對於公務機關之電腦或其相關設備犯前三條之罪者,加重其刑至二分之一。

- 第 362 條:製作專供犯本章之罪之電腦程式,而供自己或他人犯本章之罪,致生損害於公眾或他人者,處五年以下有期徒刑、拘役或科或併科六十萬元以下罰金。

- 第 363 條:第三百五十八條至第三百六十條之罪,須告訴乃論。

至於入侵他人電腦或網站後所做的行為，則有不同的條款，例如：

- 損毀他人系統，使之無法運作，將觸犯刑法第 352 條「毀棄、損壞他人文書或致令不堪用，足以生損害於公眾或他人者，處三年以下有期徒刑、拘役或三萬元以下罰金」。

- 損毀他人電腦，使之不堪使用，將觸犯刑法第 354 條「毀棄、損壞前二條以外之他人之物或致令不堪用，足以生損害於公眾或他人者，處二年以下有期徒刑、拘役或一萬五千元以下罰金」。

- 利用所竊取的帳號上網，使被竊取者負擔上網費用，將觸犯刑法第 339-3 條「意圖為自己或第三人不法之所有，以不正方法將虛偽資料或不正指令輸入電腦或其相關設備，製作財產權之得喪、變更紀錄，而取得他人之財產者，處七年以下有期徒刑，得併科七十萬元以下罰金」。

- 竊取檔案或電子郵件等資料，將觸犯刑法第 320 條「竊盜罪」，若又洩漏他人，將觸犯刑法第 318-1 條「無故洩漏因利用電腦或其他相關設備知悉或持有他人之秘密者，處二年以下有期徒刑、拘役或一萬五千元以下罰金」。

- 以指令、程式或其它工具開啟經過加密的檔案，將觸犯刑法第 315 條「妨害秘密罪」和「營業秘密法」。有些駭客純粹是為了嘲笑固若金湯的電腦公司或證明自己的技術超群，然此舉卻已構成犯罪，同時依照刑法第 318-2 條，加重其刑至二分之一。

案例分享

民國 92 年 3 月 31 日總統府網站突然出現一則訊息，「愚人節是國定假日，全國放假一天」，經刑事警察局偵九隊調查，發現是一名年僅 17 歲的高中生以高明的駭客手法闖過總統府網站的防火牆，並直接竄改網頁內容。

由於當時還沒有「妨害電腦使用罪」，只有刑法第 352 條和刑法第 354 條可以懲處，但因屬告訴乃論，而總統府對該名學生網開一面，不提出告訴，於是整起事件便在學生道歉之後落幕。若將時空換至現在，入侵總統府網站將觸犯刑法第 358 條「入侵電腦罪」，處三年以下有期徒刑、拘役或科或併科三十萬元以下罰金。

案例分享

民國 87 年一名大學生撰寫以其英文姓名縮寫「CIH」命名的電腦病毒（國外稱為「車諾比」病毒），該病毒不僅大規模感染學校的電腦，同時在全世界釀成慘重災情，由於它會重新格式化硬碟，導致數十萬電腦用戶的資料受損。

雖然該名大學生一開始只受到學校記大過處分，但事隔年餘仍有受害者堅持對他提出告訴，於是警方以刑法第 354 條將他函送法辦。若將時空換至現在，將觸犯刑法第 362 條「製作犯罪電腦程式罪」，處五年以下有期徒刑、拘役或科或併科六十萬元以下罰金。

販售個人資料

一直以來都有人在網路上販售個人資料或各種名單，這種行為將觸犯「個人資料保護法」。

案例分享

前面案例中入侵總統府網站的高中生，之後幾年涉嫌陸續入侵國中基測與大學入學考試中心電腦系統，竊取逾一百萬筆考生的姓名、照片與成績等相關資料，並將 90 年國中基測、92 年與 93 年大考中心學測的考生資料，分三次轉賣給補習班做為招生之用，事後年僅 19 歲的嫌犯深感後悔，更擔心資料會流入詐騙集團手中，於是主動向刑事警察局偵九隊自首。

雖然這兩個案例的主角都是同一人，但第二個案例發生於民國 94 年，當時已經有「妨害電腦使用罪」，所以是觸犯刑法第 358 條「入侵電腦罪」和第 359 條「破壞電磁紀錄罪」，再加上有轉賣資料給補習班，所以還觸犯「個人資料保護法」。

販售或故買贓物

網際網路的發達，使它成為銷贓管道之一，在一些二手貨或拍賣網站不時會出現贓物的蹤跡，無論是販售或故買贓物，均會觸犯刑法的「贓物罪」。

販售或購買盜版軟體

無論是在市面上或網路上販售或購買沒有合法授權的作業系統、應用軟體、音樂、影片、圖庫、電子書等數位化產品，均會觸犯「著作權法」；若所販售的為色情影片，將觸犯刑法的「妨害風化罪」；若色情影片內有未滿 18 歲的青少年，將觸犯「兒童及少年性剝削防制條例」。

交易違禁品或管制品

無論是在市面上或網路上販售或購買違禁品、管制品，例如 K 他命、FM2、搖頭丸、大麻、RU486、毒品、槍砲彈藥刀械等，均是違法的行為，可能觸犯「藥事法」、「毒品危害管制條例」、「槍砲彈藥刀械管制條例」。

案例分享

一名楊姓青年涉嫌在 Yahoo! 奇摩登錄「軍火教父」網站，供不特定人士上網查詢槍枝販賣資訊，之後經警方查獲，台北地院認為楊姓青年的行為已經觸犯刑法第 153 條「煽惑他人犯罪或違背法令罪」，判處有期徒刑五個月，緩刑三年。

網路蟑螂 (域名搶註)

網路蟑螂 (cyber squatter) 指的是蓄意將他人的姓名、公司名稱或商標搶註為網域名稱，再以高價轉售給有需要的企業或個人。目前雖然無相關法律可管此種投機行為，但企業仍可依「商標法」和「公平交易法」尋求保護之道，一旦其商標遭到搶註為網域名稱，且銷售或提供相同或類似之商品或服務，便可對侵害商標專用權者請求損害賠償、排除其侵害。

網路賭博

由於國內禁止賭博，因此，在網路上開設賭博網站供第三人賭博財物，將觸犯刑法的「賭博罪」。此外，即便是將賭博網站開設在國外，只要在國內有賭博行為或結果，一樣是觸犯刑法的「賭博罪」。

詐欺

諸如盜刷信用卡、虛設行號、網路老鼠會、利用網路廣告、即時通訊或電子郵件騙取他人財物等行為，均會觸犯刑法第 339 條的「詐欺罪」。至於電玩寶物、虛擬貨幣、道具、遊戲帳號雖為虛擬，卻於現實世界中有一定的財產價值，故以動產論之，若有竊盜或詐欺行為，仍會觸犯刑法第 359 條「破壞電磁紀錄罪」。

案例分享

一名男子盜用網友在「天堂」遊戲中的帳號與密碼，將該網友持有的虛擬寶物（市價高達數萬元）轉移到自己所使用的人物身上，藉以增強功力，最後經該網友報警處理。

由於當時尚未有「妨害電腦使用罪」，而虛擬寶物於現實世界中有一定的財產價值，於是警方以刑法的「竊盜罪」和「詐欺罪」將他函送法辦。若將時空換至現在，盜用虛擬寶物將觸犯刑法第 359 條「破壞電磁紀錄罪」。

侮辱、誹謗、妨害信譽、恐嚇

這須視具體犯罪事實而定，如針對特定人或可推知之人發表具有侮辱、誹謗、妨害信譽、恐嚇的文字，侵害當事人的人格或隱私權益，可能觸犯刑法第二十七章「妨害名譽及信用罪」、第 305 條「恐嚇罪」、第 346 條「恐嚇取財罪」或公平交易法的「營業誹謗罪」。

案例分享

小明自恃憲法保障人民的言論自由，並誤認為 BBS、臉書和部落格屬於私有空間，因而經常在上面發表肆無忌憚的言論或對他人做人身攻擊。

基本上，由於 BBS、臉書和部落格大都對外開放，屬於公共場所，任何人都必須對自己發表的文章或言論負責，因此，小明做人身攻擊的行為已經觸犯刑法第二十七章「妨害名譽及信用罪」，可能構成第 309 條「公然侮辱罪」、第 310 條「誹謗罪」、第 313 條「妨害信用罪」。

 **案例分享**

A 男和 B 女原是一對情侶，後來分手，A 男為了報復 B 女，於是將兩人的親密照片貼上網路供人瀏覽，然這些親密照片是 A 男偷拍的，B 女並不知情，最後兩人為此對簿公堂。

基本上，A 男的行為涉及下列兩個部分：

■ 偷拍：由於親密照片的拍攝 B 女並不知情，因此，A 男的偷拍行為已經觸犯刑法第 315-1 條「妨害秘密罪」，其第二款規定：「無故以錄音、照相、錄影或電磁紀錄竊錄他人非公開之活動、言論、談話或身體隱私部位者，處三年以下有期徒刑、拘役或三十萬元以下罰金」。

■ 上傳猥褻照片：首先，此舉已經觸犯刑法第 235 條「散布猥褻物品罪」，散布、播送或販賣猥褻之文字、圖畫、聲音、影像或其他物品，或公然陳列，或以他法供人觀覽、聽聞者，處二年以下有期徒刑、拘役或科或併科九萬元以下罰金。

其次，A 男涉嫌意圖散布、播送、販賣而偷拍，所以還可能觸犯刑法第 315-2 條「圖利妨害秘密罪」，其第三項規定：「製造、散布、播送或販賣前二項或前條第二款竊錄之內容者，依第一項之規定處斷」，處五年以下有期徒刑、拘役或科或併科五十萬元以下罰金。

案例分享

A 女和 B 女因為細故發生爭吵，A 女為了報復 B 女，於是到一夜情網站貼上「我要找人一夜情」等不堪的留言並公布 B 女的姓名、住址、行動電話，導致 B 女備受不明人士的電話騷擾。

基本上，A 女的行為已經觸犯刑法第 309 條「公然侮辱罪」和第 310 條「誹謗罪」，前者必須在「公然」的情況下，即多數人或不特定人可以共見共聞的情況下，做出令受害者覺得受到侮辱的言語或行為，而後者是指摘或傳述損害他人名譽的「具體事件」，所以 A 女的行為已經構成「誹謗罪」。

散布色情資訊

諸如開設色情網站、張貼色情猥褻圖片、提供色情超連結、散布買春賣春資訊等行為，均會觸犯刑法第 235 條「散布猥褻物品罪」，該法條規定散布、播送或販賣猥褻之文字、圖畫、聲音、影像或其他物品，或公然陳列，或以他法供人觀覽、聽聞者，處二年以下有期徒刑、拘役或科或併科九萬元以下罰金。

若猥褻行為對象未滿十八歲，則違反「兒童及少年性剝削防制條例」，根據該條例第 36 條第一項規定，拍攝、製造兒童或少年為性交或猥褻行為之圖畫、照片、影片、影帶、光碟、電子訊號或其他物品，處一年以上七年以下有期徒刑，得併科新臺幣一百萬元以下罰金。

案例分享

警方查獲一名高中生涉嫌開設色情網站，以招募會員的方式，提供會員觀賞猥褻圖片。在此同時，警方亦查獲另一起號稱台灣地區最大的「浮聲豔影」色情貼圖網站，該網站不僅提供國外色情網站的超連結，還提供大量未成年少女色情圖片。這些行為均觸犯刑法第 235 條「散布猥褻物品罪」和兒童及少年性剝削防制條例第 40 條「電腦網路散播色情廣告罪」。

網路霸凌

「網路霸凌」指的是透過網路發表文字、照片或影片，持續對他人嘲笑、騷擾、侮辱、誹謗或恐嚇，造成他人的身心傷害，例如在臉書張貼留言或變造過的照片嘲笑某位同學、成立社團或群組攻擊某個人、網路公審、散布假新聞、灌爆他人的臉書、洗版、人肉搜索公布個資等行為。

很多霸凌者以為自己無須對網路上的言行負責，但事實上，網路霸凌一樣會觸法，視具體犯罪事實而定，例如人肉搜索公布個資將觸犯「個人資料保護法」和刑法的「妨害秘密罪」，而散布假新聞將觸犯社會秩序維護法第 63 條「散佈謠言，足以影響公共之安寧者，處三日以下拘留或新臺幣三萬元以下罰鍰」。

至於以不實言論、威逼利誘、恐嚇或侮辱性文字灌爆他人的臉書、洗版，將觸犯刑法第二十七章「妨害名譽及信用罪」、第 305 條「恐嚇罪」、第 346 條「恐嚇取財罪」。

警察局破獲網路應召站，由兩名未成年少女在網咖或夜店吸收其它未成年的中輟生，然後在網路上招攬嫖客以進行援交。這個案例涉及下列法律刑責：

■ 在網路上張貼援交等性暗示的訊息是否犯法？

此舉已經違反兒童及少年性剝削防制條例第 40 條「以宣傳品、出版品、廣播、電視、電信、網際網路或其他方法，散布、傳送、刊登或張貼足以引誘、媒介、暗示或其他使兒童或少年有遭受第二條第一項第一款至第三款之虞之訊息者，處三年以下有期徒刑，得併科新臺幣一百萬元以下罰金」。

■ 嫖客是否犯法？

依照其性交易對象成年與否有不同的罰則，若已經成年，則是違反社會秩序維護法第 80 條，處新臺幣三萬元以下罰鍰；若尚未成年，則是違反兒童及少年性剝削防制條例第 31 條「與未滿十六歲之人為有對價之性交或猥褻行為者，依刑法之規定處罰之。十八歲以上之人與十六歲以上未滿十八歲之人為有對價之性交或猥褻行為者，處三年以下有期徒刑、拘役或新臺幣十萬元以下罰金」，前者指的是刑法第 227 條，規定如下：

◆ 對於未滿十四歲之男女為性交者，處三年以上十年以下有期徒刑。

◆ 對於未滿十四歲之男女為猥褻之行為者，處六月以上五年以下有期徒刑。

◆ 對於十四歲以上未滿十六歲之男女為性交者，處七年以下有期徒刑。

◆ 對於十四歲以上未滿十六歲之男女為猥褻之行為者，處三年以下有期徒刑。

此外，若是在違反被害人之意願下達成性交易，則違反刑法第 221 條「強制性交罪」，處三年以上十年以下有期徒刑。

■ 援交少女是否犯法？

援交少女除了依照兒童及少年性剝削防制條例第 19 條第二項規定，交由社會局緊急短期收容中心安置之外，亦可能被法院裁定安置於兒童及少年福利機構、寄養家庭或中途學校，接受最多兩年的特殊教育。

資訊部落

使用深偽技術製造假影片的法律責任

深偽 (deepfake) 一詞是 deep learning (深度學習) 與 fake (偽造) 的組合,意指基於深度學習的圖像合成技術,可以將現有的圖像或影片疊加至目標圖像或影片,常見的應用是將影片中的人臉換成他人的臉,若再結合語音偽造技術,就可以製造幾可亂真的影片。

深偽技術本身是中立的,並沒有善惡好壞之分,重點在於人們如何使用該技術,例如演藝公司利用深偽技術打造虛擬的偶像團體,或者影音產業利用深偽技術替電影裡面的角色加上變臉、變老、變年輕、變性等效果,這些都是正面的應用,但也避免不了負面的應用,例如有人利用深偽技術假造烏克蘭總統澤倫斯基呼籲烏軍向俄羅斯投降的影片;國內某位 YouTuber 利用深偽技術將知名女藝人或政治人物的臉移花接木到色情影片,不僅侵害他人的隱私與名譽,也造成社會大眾難以辨識網路資訊的可靠性與真實性。

雖然 YouTuber 濫用個資變造色情影片的行為可以透過個人資料保護法來處罰,不過,這個事件已暴露出現行個人資料保護法在資料蒐集與利用的規定和新興科技的發展有所脫節,為此,立法院於民國 112 年 1 月三讀通過如下的刑法部分條文修正 (資料來源:法務部 112/01/07 新聞稿):

- 增訂第 28 章之 1「妨害性隱私及不實性影像罪章」,以彰顯性隱私權及人格權之保護。

- 增訂未經他人同意攝錄性影像罪,最重處 3 年有期徒刑。若有散布之行為,處 6 月以上 5 年以下有期徒刑;若有意圖營利而散布之行為,處 9 月以上 7 年 6 月以下有期徒刑。

- 增訂以強暴、脅迫攝錄性影像罪,最重處 5 年有期徒刑。若有散布之行為,處 1 年以上 7 年以下有期徒刑;若有意圖營利而散布之行為,處 1 年 6 月以上 10 年 6 月以下有期徒刑。

- 增訂未經他人同意散布性影像罪,最重處 5 年有期徒刑。

- 增訂製作或散布他人不實性影像罪,最重處 5 年有期徒刑。若有意圖營利之行為,最重處 7 年有期徒刑。

- 修正刑法第 91 條之 1 規定,就性侵犯之強制治療期間採定期延長而無次數限制,維護社區安全並兼顧治療權益。

14-2-2 電腦犯罪的蒐證與起訴

電腦犯罪通常不容易被察覺，即使被察覺，個人或公司也可能會選擇隱而不報（為了避免麻煩或擔心影響公司股價與信譽），使得蒐證更加困難，而且就算已經查到電腦犯罪，起訴也不一定會成立，因為有些司法人員可能沒有接受過專業的資訊教育，無法充分瞭解電腦犯罪的複雜度。

儘管有內政部警政署刑事警察局偵九隊專責資訊、網路、科技犯罪之偵查，但網路上販售盜版軟體、管制品、毒品、槍砲彈藥刀械、詐騙、色情交易網站、賭博網站及駭客卻仍肆無忌憚，其間的因素很多，例如：

● 網際網路的使用者身分或來源網址容易造假，匿名性高，不易查出犯罪者的真實身分。

● 網際網路具有無遠弗屆、快速散布、大量散布等特點，影響力極大，並助長跨國犯罪，不少詐騙集團就是將機房設置在國外以躲避查緝。

● 電腦犯罪不像刑案現場會留下血跡、指紋、DNA、凶器、目擊證人等實體證據，而且電磁紀錄容易被抹除，使得犯罪證據有限且容易被銷毀，破案率低，無法對心存僥倖的犯罪者發揮嚇阻作用。

● 法律的制定往往跟不上科技發展的速度，以致於新型態的電腦犯罪層出不窮，卻不一定有適合的法律來加以懲處，再加上國際間沒有共同的法律標準，駭客可以從不同國家進行網路犯罪，卻不一定會遭到起訴，或是起訴後獲判無罪。

● 系統漏洞沒有即時修正，以及駭客工具容易取得，都會造成駭客橫行。

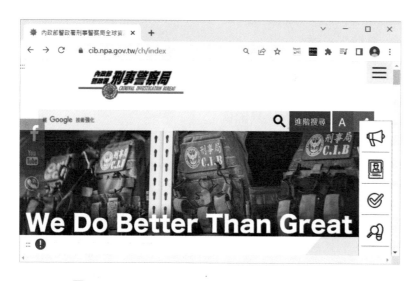

圖 14.1　刑事警察局網站提供了豐富的犯罪預防資訊

資訊部落

網路購物與相關法規

網路購物大致上可以分成拍賣、網路商店、購物網站等類型,「拍賣」指的是透過奇摩拍賣、蝦皮或露天市集等拍賣平台進行交易,當拍賣經營到一定程度時,可以升級進駐成為「網路商店」,提供更好的物流及金流服務;至於「購物網站」則又分成廠商推出的購物網站或像 momo、PChome 線上購物、博客來等購物網站。

雖然網路購物非常方便,但也潛藏著不少陷阱,例如不肖業者在收到消費者付款後卻沒有寄出商品、商品與標示不符、業者錯誤標價不願意出貨而取消買賣契約、有心人士蓄意買空賣空等。面對著這些風險,消費者在進行網路購物時應注意下列事項:

- 查證業者身分(包括公司名稱、統一編號、地址、電話等)
- 瞭解商品的相關資訊(包括型號、售價、規格、產地來源等)
- 詳讀交易事項(包括保固期、退換貨規定等)
- 保護個人隱私(避免提供與交易無關的個人資訊)
- 選擇安全的付款方式(例如貨到付款)
- 保存交易資料(例如簽收單、列印交易記錄等)
- 留意網路詐騙(例如誇大療效、超額贈品、價差太大等)

根據消費者保護法第 19 條的規定,「通訊交易或訪問交易之消費者,得於收受商品或接受服務後七日內,以退回商品或書面通知方式解除契約,無須說明理由及負擔任何費用或對價。但通訊交易有合理例外情事者,不在此限。」,也就是所謂的**七天鑑賞期**,而業者應於通知到達後一個月內,至消費者之住所或營業所取回商品。

不過,為了保護業者不受到消費者的惡意蒙騙,消費者保護法第 19 條第 3 項亦規定,契約解除後,應依民法第 259 條的規定,**由當事人雙方互負回復原狀的義務**:

一、由他方所受領之給付物,應返還之。

二、受領之給付為金錢者,應附加自受領時起之利息償還之。

三、受領之給付為勞務或為物之使用者,應照受領時之價額,以金錢償還之。

四、受領之給付物生有孳息者,應返還之。

五、就返還之物,已支出必要或有益之費用,得於他方受返還時所得利益之限度內,請求其返還。

六、應返還之物有毀損、滅失,或因其他事由,致不能返還者,應償還其價額。

14-3 資訊隱私權

資訊隱私權 (information privacy) 泛指個人和企業拒絕或限制他人蒐集、處理及利用其資訊的權利。在國內，除了適用於企業的「**營業秘密法**」，法務部於民國 84 年針對個人制定「**電腦處理個人資料保護法**」，之後於民國 99 年修正為「**個人資料保護法**」，並於民國 101 年正式上路，目的是規範個人資料之蒐集、處理及利用，以避免人格權受侵害，並促進個人資料之合理利用。

「**個人資料**」涵蓋自然人的姓名、出生年月日、身分證字號、護照號碼、特徵、指紋、婚姻、家庭、教育、職業、病歷、醫療、基因、性生活、健康檢查、犯罪前科、聯絡方式、財務情況、社會活動及其它得以直接或間接方式識別該個人的資料；而「**蒐集**」是以任何方式取得個人資料，此時應向當事人告知目的與使用範圍，並應依當事人的請求提供閱覽、複本、刪除或更正；「**處理**」是記錄、輸入、儲存、編輯、更正、複製、檢索、刪除、輸出、連結或傳送個人資料；「**利用**」是在蒐集的目的與使用範圍內利用個人資料，當目的消失或期限屆滿時，應主動或依當事人的請求，刪除、停止處理或利用。

美國的隱私權保護主要是依據憲法第一修正案，其中最重要的是 1974 年的「**隱私權法**」，規範聯邦政府如何蒐集、利用及揭露資料。之後針對個人資料管理制定數個法案，例如「金融隱私權法」、「隱私保護法」、「電子通訊隱私權法」、「電腦安全法」、「影音隱私保護法」、「駕駛隱私保護法」、「電子化政府法」、「健康保險可攜性和責任法 (HIPAA)」、「兒童線上隱私保護法」等。

歐盟的隱私權保護比美國更嚴格，除了於 1998 年實施 Data Protection Directive (資料保護指令)，規定歐盟的企業或機構在蒐集或利用個資之前，必須明確告知當事人並徵求同意，更於 2018 年實施 **GDPR** (General Data Protection Regulation，一般資料保護規則)。GDPR 不僅對於個資的定義比過去更廣泛、擁有史上最高的罰款金額，而且一體適用在歐盟註冊登記的企業、要販售商品或服務到歐盟的企業或會蒐集歐盟公民個資的企業，同時賦予個人更多權利，例如拒絕購物習慣、駕駛習慣等個資被蒐集的「**拒絕權**」，或要求資料管理者刪除個人已公開之資料的「**被遺忘權**」。

表 14.1	新舊個資法的比較	
	個人資料保護法 (新法)	**電腦處理個人資料保護法 (舊法)**
適用行業	所有行業	公務機關及徵信業、醫院、學校、電信業、金融業、證券業、保險業及大眾傳播業等八大行業
保護範圍	所有個人資料	經電腦處理之個人資料
舉證責任	企業必須證明有妥善保管個人資料	受害者必須證明企業有外洩個人資料
賠償金額	每人每一事件為五百元至二萬元，而造成多數人權利受損之單一事件最高總額為二億元	每人每一事件為二萬元至十萬元，而造成多數人權利受損之單一事件最高總額為二千萬元

在看過不同國家針對資訊隱私權所設立的法案後，接下來我們要討論幾個涉及資訊隱私權爭議的情況。

濫發垃圾郵件

垃圾郵件不僅違法蒐集個人資料，並侵犯資訊隱私權中不受他人任意干擾的權利。目前有些國家已經制定反垃圾郵件相關法案，例如日本於 2002 年制定「特定電子郵件法」和「反垃圾郵件法」，歐盟於 2003 年制定「隱私電子通訊法」，美國於 2003 年制定「反垃圾郵件法」，以及台灣於 2012 年初審通過「濫發商業電子郵件管理條例」草案，未來收到濫發商業電子郵件的收信人可以向違法發信人請求每封 500～2000 元的民事損害賠償，總賠償金額上限 2000 萬元。廣告主、廣告代理商、未經同意蒐集電子郵件位址者和郵件濫發程式之供應者與發信人負連帶責任。

監看網站的瀏覽者

隨著大數據分析技術的進步，人們在網際網路的活動幾乎處在隨時被監看的狀態，例如人們才剛在購物網站瀏覽了幾件洋裝或幾個化妝品，這些商品的廣告很快就出現在接下來瀏覽的網頁、臉書、Instagram 或 YouTube 影片。

事實上，人們在不同網站之間所做的行為早已被鎖定，許多網站業者允許諸如 Google Ad Manager、Microsoft Advertising、Yahoo Native Ads 等廣告服務廠商追蹤其訪客，在沒有明確告知的情況下蒐集訪客所瀏覽的網頁、執行的搜尋、存取的線上內容、填寫的資料、購買的商品等個人資料，然後據此客製廣告內容。尤其是當人們透過智慧型手機上網時，廣告服務廠商還可以根據 GPS 定位精準掌握人們的位置資訊，伺機投放在地廣告。

圖 14.2 人們一進入臉書就會出現客製廣告

雖然網站業者和廣告服務廠商宣稱這只是要打造更貼心的個人化服務，提供更精準的廣告行銷，但其中卻潛藏著極大的隱私權威脅，若訪客的個人資料管理不當，被駭客或有心人士盜賣給犯罪集團，將成為治安的隱憂。

例如臉書就曾經發生大規模使用者個資外流的事件，不僅造成公司股價下挫，更造成使用者的不信任感；而知名的跨國飯店業者萬豪國際 (Marriott International) 亦傳出至少 3.27 億筆客戶個資外流，這些個資甚至包括客戶的出生年月日、護照號碼、住址、信用卡卡號及有效期限，犯罪集團可以利用這些真實資料進行盜刷或詐騙。

面對這些風險，建議您慎選網站與可信賴的網路商店，切勿任意下載軟體或提供自己的個人資料，不要輕易相信陌生人或誇大不實的廣告，注意網路求職陷阱和網路交友陷阱，方為明哲保身之道。

此外，W3C 亦針對瀏覽者的隱私權提出了 P3P (Platform for Privacy Preferences) 專案。P3P 是一套讓網站傳送隱私權政策給瀏覽者的協定，包括網站如何蒐集資訊（例如瀏覽者提供、位置資訊、裝置資訊等），如何利用這些資訊（例如顯示瀏覽者的姓名與照片、顯示瀏覽過的商品廣告等），以及瀏覽者可以視自己的隱私權程度設定願意提供哪些資料給網站，目前已經有許多網站根據 P3P 制定隱私權政策。

監看員工使用電腦的情況

企業監看員工在上班時間內瀏覽的網站、電子郵件、即時通訊內容、鍵盤使用率（評估產能）等請況，是否會觸犯刑法的「妨害秘密罪」呢？依照刑法第 315 條規定「無故開拆或隱匿他人之封緘信函、文書或圖畫者，處拘役或九千元以下罰金。無故以開拆以外之方法，窺視其內容者，亦同」。

這條規定必須出於「無故」才符合處罰條件，若企業為了管理上的需要、防止營業秘密外洩、事先徵得員工同意（在勞動契約中明定）或其它正當理由，就可以監看員工使用電腦的情況，而出於「無故」與否則須視個案來認定。

之前國內一家廠商以員工對外轉寄電子郵件為由，開除若干名員工，這個事件掀起國內對於隱私權、勞基法的廣泛討論。原則上，若勞資雙方的勞動契約中已經明文禁止該行為，那麼資方開除勞方的動作就沒有違反勞基法；反之，若勞動契約中沒有明文禁止該行為，那麼資方必須提出勞方有違反工作規則、洩漏技術上或營業上的秘密等重大過失，才能將之開除。

為了保護電子郵件不被第三者偷窺（包括企業的雇主或政府機關在內），目前已經發展出數種解決方案，例如第 13 章所介紹的 PGP、S/MIME 等。

人肉搜索、公布資料

「人肉搜索」指的是利用搜尋引擎、社群網站等網路媒介找出特定對象的相關資料,例如照片、影片、住址、電話、社群貼文…,進而公布資料號召網友評論,這樣會觸犯個資法嗎?

若人肉搜索所拼湊出來的資料讓人得以直接或間接方式辨識出當事人,就要遵守個資法第 19 條,在特定目的與情形下蒐集資料,例如法律明文規定、已合法公開之個人資料、經當事人同意、為增進公共利益所必要等情形,同時也要遵守個資法第 20 條,在特定目的必要範圍內利用,但增進公共利益所必要、為免除當事人之生命、身體、自由或財產上之危險、為防止他人權益之重大危害、經當事人同意、有利於當事人權益等情形得為特定目的外之利用。

例如透過人肉搜索找出罪犯或踢爆官員貪污是基於公共利益,並不會觸犯個資法,但透過人肉搜索公布情敵的個資進行網路公審就不是基於公共利益,不僅會觸犯個資法,而且參與網路公審亦可能觸犯刑法第 309 條「公然侮辱罪」和第 310 條「誹謗罪」。

此外,我們經常可以在臉書、店家門口、社區或學校的公布欄看到監視器畫面的截圖,提醒民眾注意不法人士,而且截圖中往往可以透過臉孔等特徵直接或間接辨識出當事人,這樣也會觸犯個資法嗎?

若自然人是基於個人或家庭活動之目的(例如保障居家安全),而公布監視器畫面,並不會觸犯個資法;但若像店家這種非公務機關要公布監視器畫面,就要遵守個資法第 20 條,如果只是因為消費糾紛想公審客人,就有觸犯個資法的疑慮。

圖 14.3 公布小偷的監視器畫面並不會觸犯個資法 (圖片來源:shutterstock)

14-4 智慧財產權

智慧財產 (intellectual property) 指的是由人類的精神活動所產生的成果，例如文學、科學、藝術或其它學術範圍的創作，而佔有和支配智慧財產的法律地位即為**智慧財產權** (IPR，Intellectual Property Rights)，其所涵蓋的範圍廣泛，包括：

● 著作權

● 商標權

● 專利權

● 產地標示

● 工業設計

● 積體電路之電路佈局權

● 未公開資訊之保護（營業秘密）

● 授權契約中違反競爭行為之管理（公平交易）

智慧財產權屬於無體財產權，它是一種抽象存在的權利，其具體表現須藉由相關法令呈現，例如著作權法、商標法、專利法、光碟管理條例、營業秘密法、積體電路電路佈局保護法、植物品種及種苗法、公平交易法等，其中與電腦軟體關係較為密切的有著作權法、專利法和營業秘密法，以下各小節有進一步的說明。

14-4-1 著作權法

根據**著作權法**的規定，著作包括下列幾項，而著作人係指創作著作之人：

一、語文著作

二、音樂著作

三、戲劇、舞蹈著作

四、美術著作

五、攝影著作

六、圖形著作

七、視聽著作

八、錄音著作

九、建築著作

十、電腦程式著作

下列各款不得為著作權之標的：

一、憲法、法律、命令或公文。

二、中央或地方機關就前款著作作成之翻譯物或編輯物。

三、標語及通用之符號、名詞、公式、數表、表格、簿冊或時曆。

四、單純為傳達事實之新聞報導所作成之語文著作。

五、依法令舉行之各類考試試題及其備用試題。

著作人於著作完成時即享有著作權，並受到著作權法的保護，無須經過法律程序加以申請。著作權法可以讓著作人在將著作上市後，保護其所有權，防止著作的全部或部分被盜拷或被重製，一旦所有權受到侵害，著作人可以透過法律訴訟爭取損害賠償。

著作權包括下列兩個部分，在使用他人著作時，除了不能侵犯其著作人格權，還必須得到著作財產權人的同意或授權：

● **著作人格權**：這是用來保護著作人的名譽、聲望及其人格利益，專屬於著作人本身，不得讓與或繼承，包括公開發表權、姓名表示權及禁止不當改變權。

● **著作財產權**：這是賦予著作人財產上的權利，使之獲得經濟利益，以繼續從事創作，包括重製權、公開口述權、公開播送權、公開上映權、公開演出權、公開展示權、改作權、編輯權及出租權。

下面是幾個關於著作權法常見的問題。

Q：著作財產權有期限嗎？

A：著作財產權存續於著作人之生存期間及其死亡後五十年，共同著作則存續至最後死亡之著作人死亡後五十年，若著作於著作人死亡後四十年至五十年間首次公開發表者，那麼著作財產權之期間將自公開發表時起存續十年。

Q：在網路上找到的圖片或文章可以任意轉載、放入網站、作業或報告嗎？

A：前一頁有列出五款著作不得為著作權之標的，若在網路上找到的圖片或文章屬於這五款著作，就可以直接使用，否則必須取得著作人的授權，而且在取得授權的過程中必須將用途告訴著作人，若是非商業用途，有些著作人可能會同意免費授權，只要標示著作人即可。

Q：受雇人於職務上完成之著作，其著作權是屬於受雇人或雇用人？

A：若雙方沒有在契約中約定，則以受雇人為著作人，享有著作人格權，而雇用人享有著作財產權。為了避免受雇人日後主張其著作人格權，影響雇用人對於著作的利用，多數雇用人會在僱傭契約中約定以雇用人為著作人，享有著作人格權與著作財產權。

Q：受聘完成之著作，其著作權是屬於受聘人或出資人？

A：若雙方沒有在契約中約定，則以受聘人為著作人，享有著作人格權與著作財產權，但出資人得利用該著作，例如出版、重製、公開展示等，但不得讓與及授權。

Q：在哪些情況下我可以合法使用已公開發表的著作？

A：常見的情況如下：

- 編製應經教育行政機關審定之教科用書，或教育行政機關編製教科用書者，在合理範圍內，得重製、改作或編輯已公開發表的著作。

- 為報導、評論、教學、研究、考試命題或其它正當目的，在合理範圍內，得引用已公開發表的著作。

- 供個人或家庭等非營利目的，在合理範圍內，得利用圖書館及非供公眾使用之機器重製已公開發表的著作。

- 合理使用已公開發表的著作，至於合理使用的判斷標準則包括非商業目的或非營利教育目的、所利用的質量在整個著作的佔比、利用結果對著作潛在市場與現在價值的影響，尤其要記得標示著作人。

Q：我可以透過 P2P 軟體下載音樂、影片或軟體嗎？

A：凡透過 P2P 軟體下載未經授權的音樂、影片或軟體均是違法的，若再散布出去或加以販售，所涉及的刑責就更重了。

Q：什麼是創用 CC 授權？

A：**創用 CC 授權** (Creative Commons license) 提供了一系列有彈性的著作權授權方式，如表 14.2，目的是為了讓著作能更廣為流通，並做為其它人據以創作及分享的基礎，換言之，當一項著作採取創用 CC 授權時，任何人只要遵守授權條款，就能加以利用，不用再去取得著作權人的同意。

表 14.2 創用 CC 標誌

標誌	意義	說明
ⓘ	Attribution (BY, 姓名標示)	您可以重製、散布、傳輸及改作本著作 (包括商業用途)，但須按照著作人指定的方式進行姓名標示。
🄎	NonCommercial (NC, 非商業性)	您可以重製、散布、傳輸及改作本著作，但不得為商業用途。
⊜	NoDerivs (ND, 禁止改作)	您可以重製、散布、傳輸本著作 (包括商業用途)，但不得改作本著作。
↻	ShareAlike (SA, 相同方式分享)	您可以重製、散布、傳輸及改作本著作 (包括商業用途)，若您改作本著作，僅在遵守與本著作相同的授權條款下，才能散布由本著作產生的衍生著作。

Q： 我可以在臉書、BBS、網站或部落格提供軟體的破解碼、音樂、影片或軟體嗎？

A： 只要是提供未經授權的音樂、影片或軟體均是違法的，而提供破解軟體的相關資訊，例如破解碼，亦是違法的。

Q： 教授提供建議給學生，然後由學生撰寫成電腦程式，則著作權歸誰？

A： 由於建議、構想、觀念等並非著作權之標的，所以電腦程式的著作權屬於撰寫該程式的學生。

Q： 我可以在臉書、部落格或網站內提供他人網站的超連結嗎？

A： 目前網站名稱和網址並非著作權之標的，因此，若只是在網站內列出他人網站名稱或網址做為超連結，並不會侵犯其著作權。不過，若是在網站內抓取他人網站的內容做為超連結，那麼無論修改與否，都會侵犯其著作權。

Q： AI 創作是否受著作權法保護？

A： 最近有不少人使用 AI 工具生成文學、美術、音樂等作品，例如使用 ChatGPT 生成短詩與小說、使用 Midjourney 生成圖像、使用 MusicLM 生成音樂。不過，著作權法的立法目的在於保護「人」的著作權益，並沒有明文保護 AI 創作。原則上，我們可以從兩個方面來討論，若 AI 是輔助創作，在生成過程中有投入人為的創作意圖與創作參與，而 AI 只是被動接受人為的操作，那麼該創作就會受著作權法保護；反之，若 AI 是獨立創作，在生成過程中人只是下達簡單指令，沒有投入創作意圖與創作參與，那麼該創作就不受著作權法保護。

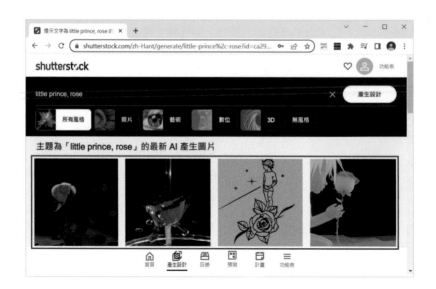

圖 14.4　使用 AI 工具根據「little prince, rose」關鍵字所生成的圖像

14-4-2 專利法

專利法除了和著作權法一樣可以保護開發者的產品與技術，不被他人抄襲或模仿，更可以將專利授權給他人，令其所發明的產品與技術被更廣泛的使用。

專利分為下列三種：

● **發明專利**：「發明」係指利用自然法則之技術思想之創作，發明專利權期限自申請日起算二十年屆滿。

  可供產業上利用之發明，無下列情事之一，得依本法申請取得發明專利：

  ■ 申請前已見於刊物者。

  ■ 申請前已公開實施者。

  ■ 申請前已為公眾所知悉者。

  此外，下列各款不予發明專利：

  ■ 動、植物及生產動、植物之主要生物學方法，但微生物學之生產方法不在此限。

  ■ 人類或動物之診斷、治療或外科手術方法。

  ■ 妨害公共秩序或善良風俗者。

● **新型專利**：「新型」係指利用自然法則之技術思想，對物品之形狀、構造或組合之創作，新型專利權期限自申請日起算十年屆滿，有妨害公共秩序或善良風俗者，不予新型專利。

● **設計專利**：「設計」係指對物品之全部或部分之形狀、花紋、色彩或其結合，透過視覺訴求之創作，設計專利權期限自申請日起算十五年屆滿。應用於物品之電腦圖像及圖形化使用者介面，亦得依本法申請設計專利。可供產業上利用之設計，無下列情事之一，得依本法申請取得設計專利：

  ■ 申請前有相同或近似之設計，已見於刊物者。

  ■ 申請前有相同或近似之設計，已公開實施者。

  ■ 申請前已為公眾所知悉者。

由此可知，軟體開發者可以為自己的軟體申請專利權，但諸如數學公式、物理學定律或一些自然定律等已為公眾所知悉者，則不能申請專利。

最後我們要討論下列幾個問題：

● **受雇人於職務上完成之發明、新型或設計，其專利權屬於受雇人或雇用人？**若雙方沒有在契約中約定，則專利申請權及專利權屬於雇用人，但雇用人應支付受雇人適當的報酬，且受雇人享有姓名表示權。

● **受聘完成之發明、新型或設計，其專利權屬於受聘人或出資人？**若雙方沒有在契約中約定，則專利申請權及專利權屬於受聘人，但出資人得實施其發明、新型或設計；反之，若雙方在契約中約定專利申請權及專利權屬於出資人，則受聘人享有姓名表示權。

14-4-3 營業秘密法

相對於著作權法和專利法是用來保護公開之後的產品與技術，**營業秘密法**則是用來保護隱含在產品與技術背後的方法、技術、製程、配方、程式、設計或其它可用於生產、銷售或經營之資訊，避免這些資訊洩漏出去給競爭對手或社會大眾知道。為了保護營業秘密，企業通常會要求員工或客戶簽署保密協議。

根據營業秘密法的規定，有下列情形之一者，為侵害營業秘密，其中「不正當方法」係指竊盜、詐欺、脅迫、賄賂、擅自重製、違反保密義務、引誘他人違反其保密義務或其它類似方法：

一、以不正當方法取得營業秘密者。

二、知悉或因重大過失而不知其為前款之營業秘密，而取得、使用或洩漏者。

三、取得營業秘密後，知悉或因重大過失而不知其為第一款之營業秘密，而使用或洩漏者。

四、因法律行為取得營業秘密，而以不正當方法使用或洩漏者。

五、依法令有守營業秘密之義務，而使用或無故洩漏者。

至於營業秘密的歸屬，受雇人於職務上研究或開發之營業秘密，歸雇用人所有，但契約另有約定者，從其約定。

受雇人於非職務上研究或開發之營業秘密，歸受雇人所有，若其營業秘密係利用雇用人之資源或經驗者，雇用人得於支付合理報酬後，於該事業使用其營業秘密。

此外，出資聘請他人從事研究或開發之營業秘密，其營業秘密的歸屬依契約之約定，契約未約定者，歸受聘人所有，但出資人得於業務上使用其營業秘密。數人共同研究或開發之營業秘密，其應有部分依契約之約定，契約未約定者，推定為均等。

有別於專利權必須透過法律程序加以申請，營業秘密和著作權同樣屬於「創作完成保護」，無須經過法律程序加以申請，就能獲得保護，且專利權和著作權有保護期限，而營業秘密只要符合營業秘密法的保護要件，就能持續獲得保護。

舉例來說，假設甲、乙兩個公司屬於同業，甲公司的員工王大明竊取客戶名單轉賣給乙公司，那麼王大明與乙公司是否違反營業秘密法？由於客戶名單具有商業價值，而王大明是以竊取的「不正當方法」取得客戶名單，故王大明違反營業秘密法，至於乙公司是否違法呢？這得視乙公司對於王大明竊取的行為是否知情而定，若乙公司知情，那麼乙公司就是違法，若乙公司不知情，並在知情後立刻停止使用，這樣就不會違法。

本·章·回·顧

- **倫理** (ethics) 指的是定義個人或群體行為的道德標準,而**資訊倫理** (computer ethics) 就是和資訊相關的道德標準。

- 資訊倫理涉及**隱私權** (privacy)、**正確性** (accuracy)、**財產權** (property) 和**存取權** (accessibility) 等四個議題。

- **電腦犯罪** (computer crime) 指的是利用電腦相關技術從事非法行為,而**網路犯罪** (cyber crime) 是電腦犯罪的一種,指的是利用網路所提供的服務從事非法行為,例如散布電腦病毒與駭客入侵、販售個人資料、販售或故買贓物、販售或購買盜版軟體、交易違禁品或管制品、網路蟑螂(域名搶註)、網路賭博、詐欺、侮辱、誹謗、妨害信譽、恐嚇、散布色情資訊、網路霸凌、散布假新聞、製造並散布假影片等。

- 造成電腦犯罪肆無忌憚的因素很多,包括快速散布、大量散布、匿名性高、證據有限、破案率低、缺乏國際共同的法律標準、系統漏洞沒有即時修正、駭客工具容易取得等。

- **資訊隱私權** (information privacy) 泛指個人和企業拒絕或限制他人蒐集、處理及利用其資訊的權利。

- **智慧財產** (intellectual property) 指的是由人類的精神活動所產生的成果,而佔有和支配智慧財產的法律地位即為**智慧財產權** (IPR,Intellectual Property Rights)。智慧財產權屬於無體財產權,其具體表現須藉由相關法令呈現,例如著作權法、商標法、專利法、光碟管理條例、營業秘密法、積體電路電路佈局保護法、植物品種及種苗法、公平交易法等。

- 著作人於著作完成時即享有著作權,並受到**著作權法**的保護。著作權包括**著作人格權**和**著作財產權**兩個部分,前者用來保護著作人的名譽、聲望及其人格利益,專屬於著作人本身,不得讓與或繼承,而後者是賦予著作人財產上的權利,使之獲得經濟利益,以繼續從事創作。

- **專利法**除了可以保護開發者的產品與技術,不被他人抄襲或模仿,更可以將專利授權給他人,令其所發明的產品與技術被更廣泛的使用。

- **營業秘密法**可以用來保護隱含在產品與技術背後的方法、技術、製程、配方、程式、設計或其它可用於生產、銷售或經營之資訊。

學·習·評·量

一、選擇題

( ) 1. 在資訊倫理的四大議題中,人們有權決定自己的哪些資訊能夠公開,屬於下列哪個議題?
  A. 隱私權   B. 正確性
  C. 財產權   D. 存取權

( ) 2. 下列何者違反網路應用倫理守則?
  A. 不隨意破解他人的密碼   B. 不以訛傳訛
  C. 對自己的言論負責   D. 隨意使用電子郵件發送廣告

( ) 3. 下列哪種法律可以用來保護隱含在產品與技術背後的方法或技術?
  A. 著作權法   B. 專利法
  C. 公平交易法   D. 營業秘密法

( ) 4. 下列哪種法律可以令發明者的產品與技術被更廣泛的使用?
  A. 著作權法   B. 專利法
  C. 公平交易法   D. 營業秘密法

( ) 5. 下列關於電腦犯罪的敘述何者錯誤?
  A. 撰寫並散布電腦病毒將觸犯刑法的「妨害電腦使用罪」
  B. 在網路上販售個人資料將觸犯「個人資料保護法」
  C. 從事援交的未成年少女將觸犯刑法的「妨害風化罪」
  D. 在網頁上教人自製炸彈將觸犯刑法的「煽惑他人犯罪或違背法令罪」

( ) 6. 下列哪個敘述正確?
  A. 即使將賭博網站開設在允許博弈的國家,仍無法在國內經營賭博行業
  B. 由於電玩寶物是虛擬的,所以偷了他人的電玩寶物並不違法
  C. 由於憲法保障言論自由,所以濫發垃圾郵件並不違法
  D. 經由 P2P 軟體免費下載音樂的行為在目前是無法可管的

( ) 7. 下列哪個行為並不違法?
  A. 張貼他人的私密照片   B. 以匿名方式寫文章攻擊他人
  C. 使用 AI 進行創作   D. 散布假新聞或假消息

( ) 8. 網路購物非常方便,但若購買下列哪種物品將會觸犯法律?
  A. 玩具手槍   B. 水果刀
  C. 衣服   D. 搖頭丸

( ) 9. 下列哪個行為並不會違反著作權法?
  A. 拷貝購買的音樂光碟轉賣同學   B. 購買盜版軟體
  C. 拷貝購買的軟體光碟做備份   D. 隨意下載音樂

( ) 10. 下列何者不是電腦犯罪難以遏止的原因？
  A. 難以查出犯罪者的真實身分
  B. 缺乏國際共同的法律標準
  C. 網路基礎建設非常好
  D. 駭客工具容易取得

( ) 11. 下列何者不在著作權法的保護範圍內？
  A. 美術創作
  B. 電腦程式
  C. 建築著作
  D. 政府公文

( ) 12. 下列敘述何者正確？
  A. 以侮辱性文字灌爆他人的臉書不會違法
  B. 基於居家安全公布小偷監視器畫面不會違法
  C. 任何 AI 創作都不受著作權保護
  D. 透過人肉搜索踢爆官員貪污將觸犯個人資料保護法

二、簡答題

1. 簡單說明學校或社會之所以要提倡資訊倫理的理由何在？純粹倚賴制定法律來防範電腦犯罪不行嗎？為什麼？

2. 簡單說明 AI 創作是否受著作權法保護。

3. 簡單說明哪些著作不在著作權法的保護範圍？舉出三個實例。

4. 簡單說明濫發垃圾郵件可能涉及的法律問題。

5. 簡單說明人肉搜索並公布資料可能涉及的法律問題。

6. 簡單說明撰寫並散布惡意程式可能涉及的法律問題。

7. 簡單說明使用深偽技術製造假影片可能涉及的法律問題。

8. 簡單說明電腦犯罪難以遏止的原因。

9. 企業可以監看員工的電子郵件或即時通訊內容嗎？試提出您的看法。

10. 著作人需要為自己的著作申請著作權嗎？其著作人格權可以轉讓或出售嗎？而其著作財產權有期限嗎？

2024 新趨勢計算機概論(適合資管、商管學群)

作　　者：陳惠貞
企劃編輯：石辰蓁
文字編輯：詹祐甯
設計裝幀：張寶莉
發 行 人：廖文良

發 行 所：碁峰資訊股份有限公司
地　　址：台北市南港區三重路 66 號 7 樓之 6
電　　話：(02)2788-2408
傳　　真：(02)8192-4433
網　　站：www.gotop.com.tw
書　　號：AEB004400
版　　次：2023 年 05 月初版
　　　　　2024 年 10 月初版二刷
建議售價：NT$580

國家圖書館出版品預行編目資料

　　新趨勢計算機概論. 2024(適合資管、商管學群) / 陳惠貞著. -- 初
　　　版. -- 臺北市：碁峰資訊, 2023.05
　　　　面；　公分
　　　ISBN 978-626-324-494-8(平裝)
　　　1.CST：電腦
312　　　　　　　　　　　　　　　　　　　112005562